neumatics and Hydraulics : Fundamentals to
pplications in Facilities Maintenance practical test

설비보전 실기의 기초부터 응용

공압♥유압 사이

변인수 지음

도서출판 홍릉

저자소개

변인수 한국폴리텍대학 교수

대구경북경제자유구역청 건축 심의위원(現)
조달청 평가위원(現)
중소벤처기업부 한국중소벤처기업유통원 평가위원(現)
중소벤처기업부 중소기업기술정보진흥원 평가위원(現)
국립재난안전연구원 평가(자문)위원(現)
대구광역시 달서구청 심의위원(現)
한국전기공사협회 전기 · 에너지 · 자원산업 전문가 평가위원(現)
한국산업인력공단 외부전문가 심사위원(現)
대구공업대학교 전기전자과 교수(前)
대구광역시 건설기술 심의위원(前)
경상북도 건설기술 심의위원(前)
대중소기업농어업협력재단 제품개발 전문위원단 심사위원(前)
한국산업인력공단 글로벌숙련기술 심사위원(前)
대구광역시 기능경대회 기술위원(前)

설비보전 실기의 기초부터 응용

공압♥유압 사이

인　쇄: 2025년 6월 30일 초판 1쇄
발　행: 2025년 7월　4일 초판 1쇄

저　자: 변인수
발행인: 송 준
발행처: 도서출판 홍릉
주　소: 01093 서울시 강북구 인수봉로 50길 10
등　록: 1976년 10월 21일 제5-66호

전　화: 02-999-2274~5, 903-7037
팩　스: 02-905-6729
e-mail: hongpub@hongpub.co.kr
http://www.hongpub.co.kr
ISBN: 979-11-5600-977-1(93560)

정　가: 23,000원

머 리 말

설비보전 학문과 이와 관련된 자격증은 산업 현장에서 기계 및 설비의 유지보수, 점검, 고장진단 및 수리를 전문적으로 수행할 수 있는 능력 인증의 국가기술 자격증입니다. 기계, 설비, 전기·전자 관련 기기의 유지보수 분야의 중간 기술자의 임무를 수행할 수 있도록 준비된 인력을 양성하는 데 목적이 있습니다.

이에 따라, 기초와 원천기술 개발의 인력양성이 중요하게 대두되었지만, 우수 인력 부족이 심각하게 제기되었습니다. 이에 더욱더 설비보전 학문이 중요시되고 있습니다.

설비보전 전공자와 자격증 취득자의 산업체 수행 직무는 다음과 같은 업무를 수행합니다.

1. 설비 점검 및 예방보전: 기계 및 설비의 상태를 정기적으로 확인하고 이상 징후를 사전 감지하여 고장을 예방.
2. 고장진단 및 정비: 설비의 이상 및 고장 원인을 분석하고 적절한 정비와 수리를 수행.
3. 전기·전자, 공압·유압 제어기술 활용: 기계 시스템 내의 전기 제어, 공압(Air Pressure), 유압(Hydraulic) 기술을 활용한 제어 및 유지보수.
4. 배관·압력용기 보수: 플랜트나 공장의 배관 라인, 압력탱크, 열교환기 등은 시간이 지남에 따라 누설이나 파열이 발생할 수 있습니다. 이럴 때 가스절단 후 재용접을 통해 즉각적인 수리가 가능해야 하므로, 용접은 필수 역량.

설비보전 전공자와 자격증 취득자는 다음과 같은 분야에서 근무할 수 있습니다.

1. 제조업체의 설비보전팀, 자동화 생산설비 유지보수팀
2. 기계와 플랜트 산업
3. 반도체·디스플레이·자동차 설비 유지관리 분야
4. 공공기관 및 공기업 설비정비 직렬 등

끝으로 영원한 후원자인 사랑하는 나의 가족(아내 영옥, 딸 하은, 아들 하건), 출판을 준비해주신 홍릉출판사 대표님, 김기용 상무님, 편집장님, V-AMT 시뮬레이터 프로그램을 제공해주신 ㈜큐빅테크 김부섭 대표님과 ㈜퍼시엠 김형주 과장님께 감사를 드립니다.

저자 변인수 교수

본 교재로 통한 강의는 아래표의 강의계획표(15주+α)로 진행하면 보다 효율적으로 강의가 이루어질 것으로 생각됩니다.

주	주 제	강 의 내 용
1	전기 기초 이론 (Electric Base Theory)	1.1 옴의 법칙(Ohm's law) → 1.6 논리 게이트(Logic gate)
2	공압 제어 (Air Pressure Control)	2.1 공압제어(Air Pressure Control) → 2.2 공압 시스템 구성요소(System Components)
3		2.3 기본 회로 개요(Basic Circuit Overview) → 2.6 유지보수와 고장진단(Maintenance & Troubleshooting)
4	유압 제어 (Oil Pressure Control)	3.1 유압 제어(Oil Pressure Control) → 3.3 유압 시스템의 고장 진단 및 유지보수
5	시뮬레이션 사용법 (Simulation Use) 공압기초 실습 (Basic Practice) –기본설계	4.1 그래픽 설정(Graphics Setting) → 4.3 메뉴바(Menu Bar) 실습1 : 램프제어 → 실습5 : 편 솔레노이드를 이용한 단동 실린더(OR)
6	공압 기초 실습 (Basic Practice) –기본설계	실습6 : 편 솔레노이드를 이용한 단동 실린더(NOT) → 실습10 : 편 솔레노이드를 이용한 복동 실린더(타이머)
7		실습11 : 양 솔레노이드를 이용한 복동 실린더(우선회로–인터록) → 실습15 : 편 솔레노이드를 이용한 복동 실린더(단속/연속 반복)
8	공압 응용 실습 (Application Practice)–공개문제	실습1 : 편 솔레노이드를 이용한 단동 실린더 → 실습4 : 편 솔레노이드를 이용한 단동 실린더(OR)
9		실습5 : 편 솔레노이드를 이용한 단동 실린더(NOT) → 실습8 : 편 솔레노이드를 이용한 단동 실린더(자기유지)
10		실습8 : 편 솔레노이드를 이용한 복동 실린더(자기유지–자동복귀) → 실습12 : 양 솔레노이드를 이용한 복동 실린더(우선회로–인터록)
11	유압 기초 실습 (Basic Practice) –기본설계	실습1 : 편 솔레노이드를 이용한 단동 실린더 → 실습7 : 편 솔레노이드를 이용한 복동 실린더(단속/연속 반복)
12		실실습8 : 편 솔레노이드를 이용한 복동 실린더(타이머) → 실습12 : 편 솔레노이드를 이용한 복동 실린더(단속/연속 반복)
13	유압 응용 실습 (Application Practice)–공개문제	실습1 : 유압1 [기본/(1)유지보수/(2)유지보수]/(3)유지보수] → 실습3 : 유압3 [기본/(1)유지보수/(2)유지보수/(3)유지보수]
14		실습4 : 유압4 [기본/(1)유지보수/(2)유지보수/(3)유지보수] → 실습6 : 유압6 [기본/(1)유지보수/(2)유지보수/(3)유지보수]
15		실습7 : 유압7 [기본/(1)유지보수/(2)유지보수/(3)유지보수] → 실습8 : 유압8 [기본/(1)유지보수/(2)유지보수/(3)유지보수]
16	가스절단 및 용접 (Cutting and welding)–작업개요 APPENDIX	8.1 요구사항 → 8.5 수험자 지참준비물 목록 1.1 출제기준(필기) → 1.2 출제기준(실기)

차 례

1장 전기 기초 이론(Electric Base Theory)

2장 공압 제어(Air Pressure Control)

3장 유압 제어(Oil Pressure Control)

4장 시뮬레이션 사용법(Simulation Use)

5장 공압기초 실습(Basic Practice)–기본설계

6장 공압응용 실습(Application Practice)–공개문제

7장 유압기초 실습(Basic Practice)-기본문제

8장 유압응용 실습(Application Practice)-공개문제

9장 가스절단 및 용접(Cutting and welding)-작업개요

APPENDIX

제 1 장

전기 기초 이론

(Electric Base Theory)

1.1 옴의 법칙(Ohm's law)

옴의 법칙은 독일 물리학자 조지 시몬 옴(george simon ohm, 1787 ~ 1854) 교수가 1827년 정립하였고 대부분 금속을 포함한 물질은 그 물질 속의 전류밀도를 전기장으로 나누면 상수값 σ(시그마)을 가진다고 하였다. 옴의 법칙은 자연의 기본 법칙이 아니라 특정 물질에서만 성립하는 관계식이다. 옴의 법칙의 기본 관계식은

$$I = \frac{V}{R} \qquad V = IR \qquad R = \frac{V}{I}$$

이 식은 도체 양단의 전위차가 1 V일 때 1 A의 전류가 흐른다면 도체의 저항은 1 Ω임을 나타낸다. 대부분 물질은 옴의 법칙이 성립하지만 어떤 경우는 전류와 저항에 의한 열효과 등으로 물성이 바뀌고 그 결과로 저항의 값 자체가 바뀔 수도 있으며 PN접합 다이오드와 같은 반도체계에서도 옴의 법칙이 성립하지 않는다.

최근 구조의 폭이 나노미터(10^{-9} m) 정도로 아주 작은 나노선을 통한 전자를 이동할 수 있는 물질들이 상용화되고 있다. 이런 나노선은 온도가 아주 낮고 순수한 전자 도선이라도 전자의 파동 성질로 인하여 근원적인 전기 저항이 생겨 옴의 법칙이 성립하지 않는다.

1.2 전류(Current)

전류는 전위가 높은 곳에서 낮은 곳으로 연속적으로 전하(전자)가 이동하는 현상을 말한다. 에너지를 가지고 있는 입자인 전하는 전기적인 위치에너지가 높은 곳에서 낮은 곳으로 이동하며 이는 중력으로 인하여 물이 높은 곳에서 낮은 곳으로 흐르는 원리와 같다. 전류는 기전력(전압)이라는 힘으로 흐르며 전류가 흐르는 길을 전기 회로 또는 전자회로라 하고 물이 흐르는 수로와 같으며 전류에 의하여 에너지를 공급받는 장치를 부화(저항)라 한다.

$$I = \frac{V}{R}$$

전류의 단위는 암페어(A: ampere)이고 단위 시간당 1 C의 전하가 흐르는 비율이다.

1 A는 임의의 전자 도선 단면적을 1초 동안 1 C의 전하가 통과할 때의 양을 의미하며 또한 1 A의 양은 도선에 1초 동안 약 6.25×10^{18} 개의 전하가 단면적을 통과한다.

전류의 방향은 (+) 양극의 양전하에서 (-) 음극의 음전하로 이동하며 전자는 전류의 반대 방향으로 이동하게 된다.

전기·전자회로에서 건전지는 회로의 에너지원이고 건전지의 한쪽에서는 (+) 양전하와 다른 한쪽에서는 (-) 음전하가 존재하며 전도성 도체와 연결되면 이 전하들은 경로를 따라 흘러 부하에서 결합하려는 성질을 가지고 있다. 이 전하들은 외부의 전도성 도체 경로로만 흐를 수 있는데 건전지 내의 화학반응에 관련된 상반되는 힘 때문이다. 만약에 금속선을 두 단자에 연결한다면 전하는 금속선을 통하여 반대 단자로 흐를 것이다. 이와 같은 전하들의 흐름을 전류라고 한다.

전류는 단위 시간당 흐르는 전하의 양으로 정의되고 전류(I)는

$$I = \frac{Q}{t}$$

Q: 전하, t: 시간

도체 내부의 전하 흐름의 관점에서 보면 전하 운반자가 (+) 양전하라면 전위차에 의해서 전하의 운동 방향은 시계방향으로 전류의 방향이 될 것이다. 하지만 실제로 금속 내부에서 전하 운반자의 (-) 음전하를 가진 전자로 (-) 음전하가 반시계방향으로 흐르는 것은 (+) 양전하가 오른쪽으로 흐르는 것과 같은 효과를 가진다.

전류가 전자 도선에 흐르면 전자 도선 주위에 자기장이 발생하게 되는데 이 원리를 이용해 전자석, 전류계, 전동기, 자기부상 고속철도처럼 전기에너지를 물리적 에너지로 바꿀 수 있다.

전류가 유전체(전해질) 용액에서 흐르면 화학적인 분해가 일어나고 물에 전류를 흐르게 하면 전기분해가 일어나 (+) 양극에 산소가 (-) 음극 주위에 수소가 분포하게 되고 이를 응용하여 수소 에너지를 만들어 하이브리드 수소 자동차의 연료를 만들게 된다. 건전지, 축전지 등에서는 화학분해 작용을 응용하여 전하를 모아두는 전기에너지 저장장치로 활용하고 있다.

수도관에 물이 흐르고 있다고 가정할 때 수도관 속에서 흐르는 물의 세기를 측정하려면 단위 시간당 수도관 끝에서 나오는 물의 양을 측정하면 되고 이 양이 전하의 총량과 같게

된다. 전류의 세기는 회로의 어떤 지점을 1초 동안에 지나는 전하의 수로 나타낼 수 있고 1초 동안 지나가는 전하의 수가 많으면 많을수록 전류는 증가하고 전하의 수가 적으면 적을수록 전류는 감속하게 된다.

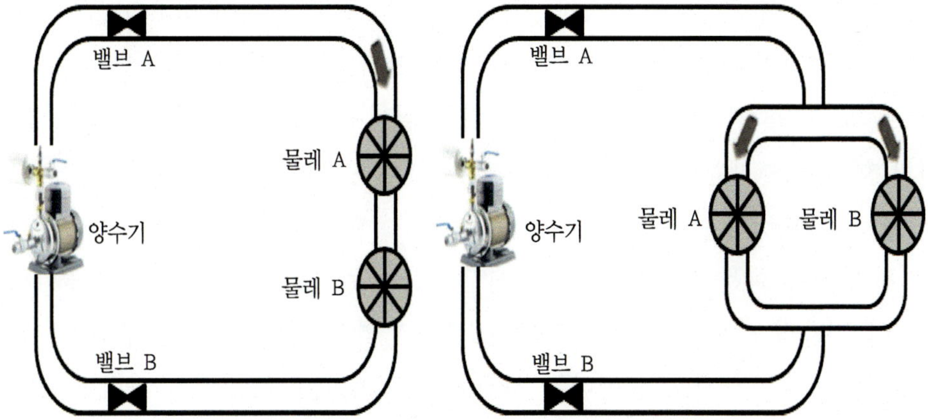

그림1.1 전류를 물의 흐름에 비유(직렬, 병렬).

그림 1.1과 같이 양수기(전압)를 파이프로 연결하고 중간 밸브(A, B)를 열어주면 수압(전압의 차) 차에 의해서 높은 쪽의 물(전류)은 수압이 낮은 쪽으로 물이 흐르고 양쪽의 수위가 같아지면 물이 흐르지 않게 된다. 이는 전류가 흐를 수 있는 조건은 전압의 차가 발생해야만 흐를 수 있다.

수압이 높은 곳에서 낮은 곳으로 흐르는 물은 물레(저항)를 회전시키는 에너지원이 된다. 일정한 수압 차를 유지해주면 흐르는 물의 양도 일정하고 물은 한 방향으로 계속 흐르게 되어 일정하게 물을 공급해 줄 수 있게 된다.

또한 물레(A, B)를 직렬로 연결하면 물레에 받는 물의 양은 같으므로 물레를 회전시키는 에너지는 같지만 물레(A, B)를 병렬로 연결하면 물의 양이 분산되므로 물레를 회전시키는 에너지는 분산되어 공급되게 된다.

금속 도선에 저항이 있다면 전류가 저항에서 열에너지나 운동에너지로 변환되기 때문에 전류나 전압이 일정하고 저항의 손실이 없으면 전기에너지의 힘은 전류의 제곱에 비례하여 상승하게 된다.

1.2.1 직류(Direct)와 교류(Alternating)

전류의 종류에는 시간에 따라 크기와 방향이 변하지 않는 직류(DC: direct current)와 주기적으로 변화하고 주파수가 포함된 교류(AC: alternating current)로 구분한다. 즉 직류엔 주파수가 없으며 교류에는 주파수가 포함되어 있다.

초기의 전기2는 이탈리아 물리학자 카운트 알렉산드로 볼타(count alessandro volta, 1745~1827)가 1791년 이탈리아 해부학자 루이지 알로이시오 갈바니(luigi aloisio galvani, 1737~1798)가 보여준 '개구리 다리의 실험'을 보고 연구에 착수하여 1794년 금속 물질의 화학작용 때문에 전류를 발생시켰다. 이는 전지의 발명이며 그 후로 축전기, 검전기 등을 발명하였다.

오늘날 전기·전자 학문의 가장 중요한 전압의 단위로 '볼트'를 쓰는 것은 볼타의 이름에서 나왔으며 기계적 동력을 전기로 만드는 '발전기'의 발명이 있었다. 전선을 여러 겹 감은 뒤 전류를 통해주면 자석이 된다는 사실은 알고 있었지만 변하는 자력선이 생기는 것은 모르고 있었다. 초기 발전기의 발전은 '정류자'라고 하는 장치를 통해서 직류로 만드는 직류발전기가 사용돼 전기의 상용화 되었지만, 실제 활용도는 미미했다.

이후에 에디슨이 백열전구를 발명하면서부터 직류발전기를 사용하여 전구의 불을 밝혔지만, 백열전구의 짧은 수명과 직류의 단거리 전송으로 인하여 효율성이 떨어져 실용화에 제약을 받았다. 따라서 발전기를 동작시켜 발생한 전류는 기본적으로 교류 전류이며 이것을 '정류자'를 통해서 직류로 변환하여 사용된다.

직류의 특징을 살펴보면

① 직류는 약칭으로 DC의 기호로 쓰인다.

② 교류보다 주파수 간섭현상이 없으므로 안정적으로 전력송전이 가능하다.

③ 장거리에 있는 부하 측에 공급하려면 아주 큰 전압으로 전송해야 한다.

교류의 특징을 살펴보면

① 교류는 약칭으로 AC의 기호로 쓰인다.

② 직류보다 발전기에서 전자기유도 원리로 쉽게 발전할 수 있다.

③ 직류보다 장거리 전력송전이 가능하지만, 주파수로 인한 간섭현상이 발생하므로 전력송전 효율은 떨어진다.

1.3 전압(Voltage)

전압이란 전류가 흐를 때 발생하는 전위의 차를 전압이라 한다. 전위란 전기적 위치에너지가 전기장 내에서 전하가 위치하는 위치에너지를 말한다. 전위차가 높을수록 전압이 높은 것이다. 이는 전류와 저항에서 둘 중 하나만 상승하게 되면 전압은 증가하게 된다. 옴의 법칙에 따라 전압 V는

$$V = I\,R$$

공기가 들어있는 풍선의 크기로 살펴보면

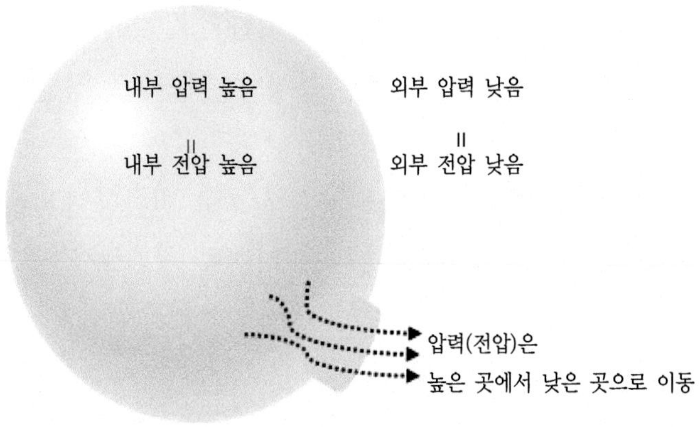

그림1.2 압력의 위치에너지.

그림 1.2와 같이 풍선에 공기가 가득 들어있고 이때 풍선 내의 공기 압력은 외부보다 높다. 풍선 입구를 열면 압력이 높은 곳에서 낮은 곳으로 흐르기 때문에 공기가 외부로 나가게 된다.

풍선 내의 공기가 많으면 많을수록 내외부의 압력 차는 커지게 되어 공기가 빠르게 외부로 나가게 된다.

전압도 풍선에서 공기가 빠지는 것과 같고 전압이 높은 곳에서 낮은 곳으로, 전하가 많은 곳에서 적은 곳으로 흐르게 된다. 따라서 전압 차가 클수록 전하의 흐름이 많아지게 된다.

1.3.1 전압계(Voltmeter)

플레밍의 법칙을 응용하여 자력과 도선에 흐르는 전류에 따라 받는 힘의 크기가 변화하는 정도로 만들어진다. 플레밍의 오른손 법칙은 자력과 힘으로 전선에 발생하는 전류의 크기가 변화하는 원리를 이용하는 법칙이다.

측정기는 두 가지 종류로 보이는데 측정 결과가 눈금으로 표시되는 지시전압계와 숫자로 표시되는 디지털 전압계로 나눌 수 있다.

첫째로 눈금 지시전압계의 원리는 가동코일형, 가동철편형, 전류력계형 등의 원리로 분류되며 회로에서 전압은 병렬로 연결되었을 때에는 양단간이 항상 일정하므로 전압을 측정하려면 지시전압계를 회로에 병렬로 접속하여야 한다.

가동코일형 방식은 가장 기본적인 전압계로 직류전압을 측정하는 데 사용되며 정밀도가 우수하고 주위 영향을 많이 받지 않아 안정적인 지시전압계이다.

가동철편형 방식은 일반적으로 교류 전압을 측정하는데 사용되며 상용주파수가 60~400 Hz까지의 교류 전압을 측정할 수 있는 지시전압계이다.

전류력계형 방식은 직류와 교류 전압을 모두 측정하는데 매우 정밀하게 측정할 수 있는 지시전압계이다.

둘째로 디지털 전압계는 측정되는 전압을 디지털신호로 변환하여 숫자로 표시하는데 지시전압계보다 정밀도가 높고 전압의 측정 결과를 디지털 형태로 검출하여 컴퓨터로 처리할 수도 있다.

1.3.2 고전압(High voltage)

고전압이란 높은 전압으로 전류를 밀어내는 압력을 말하며 전기설비기준에 관한 규칙에 따라 직류는 750 V 이상이고 교류는 600 ~ 7,000 V 이하를 말하며 7,000 V 이상을 초고전압이라 한다. 고전압을 사용하는 감전 재해 방지대책을 살펴보면

① 내전압 시험 장소는 방책으로 구획하고 출입문에는 안전 플러그를 적용해서 전원의 개폐를 도모하도록 해야 한다.

② 방책 외부에서 저전압 회로의 조작 스위치와 비상 차단 스위치를 설치하고 이 스위치를 조작하여 고전압회로를 개폐하도록 해야 한다.

③ 전원에 타이머를 조합하여 설정한 인가 시간이 지나면 자동으로 고전압을 차단하도록 해야 한다.

④ 작업순서를 작성하여 현장에 비치하도록 해야 한다.

내전압은 절연으로 규정된 교류 전압을 60초 동안 인가하여 기기가 파괴되지 않고 견딜 수 있는 전압의 한도를 말한다. 즉 기계나 부품의 절연 부분이 파괴되지 않고 사용할 수 있는 전압의 한도를 말한다. 평가 방법은 전기설비 기준의 품질 규격에 규정되어 있는 전위 경도(K: KV/mm)에 시험편 두께(D: mm)를 곱한 값으로 측정한다.

1.3.3 정격전압(Rated voltage)

정격전압은 전기·전자 장비의 정격에 의해 전압으로 장비들을 안전하게 사용할 수 있는 전압의 한도를 말한다. 선로의 공칭전압(nominal voltage)의 ± 15 %를 넘지 않는 범위이며 발전기에서는 발전기의 출력 전압을 뜻하며 우리나라의 표준 정격전압은 110 V, 220 V, 3.3 KV, 6.6 KV, 11 KV 등`으로 정해져 있다.

변압기에서는 부하의 단자전압을 2차 측 정격전압이라 하며 2차 측 정격전압에서 권수비를 곱한 것이 1차 측 정격전압이 된다.

전동기에서는 정격출력(P = I×V)을 내는 데 필요한 전압을 말하며 표준 정격전압은 110 V, 220 V의 2종이 있으며. 여자기는 3.3 KV, 6.6 KV, 11 KV의 3종으로 정해져 있다. 여기서 여자기란 주 발전기 또는 주 전동기의 계자 권선에 여자 전류를 공급하기 위한 별개의 발전기를 여자기라고 한다.

전압 변동률은 어떤 정해진 정격전압에서 실제로 전압의 변화 정도를 %로 나타낸 것이다. 가정이나 학교에 들어오는 전압은 정격전압이 220 V이지만 전선이나 변압기의 상태가 불량이라면 주변에서 큰 전력을 사용하는 전기기기가 있어 같은 선의 전압을 사용하는 학교까지 영향을 미쳐 전압 정격보다 낮아지거나 혹은 정격보다 높아질 수가 있다. 이렇게 변하는 정도를 1/100 %로 나타낸 것이 전압 변동률이다.

직류발전기의 정격전압 V_2가 발생하고 회전 속도를 바꾸지 않고 무부하 상태로 했을 때의 정격전압을 V_0로 하면, 전압 변동률(δ)는

$$\delta = \frac{V_0 - V_2}{V_2} \times 100\,\%$$

1.3.4 전압강하(Voltage drop)

저항을 여러 개 직렬로 연결하고 전류가 각 저항을 통과할 때마다 옴의 법칙($V = I \times R$)으로 전압이 작아지거나 한 개의 저항값이 켜져 전압이 작아지면서 나타나는 현상을 전압강하라 한다. 이때 전체 전압은 각 저항의 전압강하 값을 더한 합과 같게 된다. 변압기의 예로서 1차 코일 전압(V_1)에 비해 2차 코일 전압(V_2)이 작을 때 코일에 감은 수(n)의 비율만큼 작아진다. 전압강하를 이용한 변압기를 강압기라 하고 전위는 전기적 위치에너지를 일컫는다. 물이 같은 높이에서 흐르지 않듯 전류도 같은 전위에서 흐르지 않는다. 전기적인 위치에너지 차이가 있을 때 전류가 흐르게 된다. 주어진 전압에 여러 저항을 사용하게 되면 전체 전압은 각각 저항에 걸리는 전압으로 나뉘게 된다.

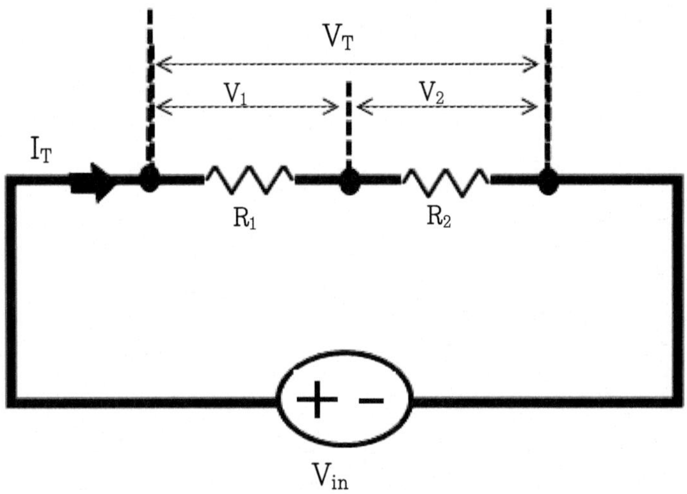

그림1.3 전압강하 회로.

그림 1.3과 같이 저항을 직렬로 연결하고 처음 저항 R_1에만 전원 전압 V_{in}을 연결했을 때 저항 R_1에 전압 V_1이 전원 전압과 같이 V_{in}이지만 저항 R_2을 연결했을 경우 V_2만큼 전압이 강하된다. 따라서 전체 전압 V_T는 전압 V_1과 V_2의 합이 된다. 직렬로 연결한 저항 R_1과 R_2의 경우 전류는 같으므로 전체 전류(I_T)는

$$V_T = V_1 + V_2$$
$$= (I_T \times R_1) + (I_T \times R_2)$$
$$= I_T \times (R_1 + R_2)$$

$$I_T = \frac{V_T}{(R_1 + R_2)}$$

저항 R_1에 의한 전압강하는

$$V_1 = I_T \times R_1$$

저항 R_2에 의해 강하된 전압은

$$V_2 = I_T \times R_2$$

저항 R_1과 저항 R_2의 전체 전압강하는

$$V_T = V_1 + V_2$$

큰 저항일수록 전압강하가 커지는 것을 위 공식으로 확인할 수 있다. 회로에 직렬로 연결한 회로에서 R_2에 의한 전압강하 비율은

$$\frac{V_2}{V_T} = \frac{I_T \times R_2}{I_T(R_1 + R_2)}$$
$$= \frac{R_2}{R_1 + R_2}$$

따라서 전압강하는 저항 R_2가 R_1에 비해 아주 작으면 전압강하는 무시할 수 있으나 R_1에 근접하게 R_2을 연결하거나 R_1에 비해 아주 크면 전압강하가 한쪽으로 쏠림 현상이 발

생해 회로에 많은 부담을 줄 수 있다.

도선의 길이가 길어지면 도선에 의한 저항이 커져 길이가 길어질수록 전압강하가 많이 발생하게 된다.

전원에서 멀리 떨어진 곳에 모터를 구동하는 경우에 모터 구동의 정격전압 220 V에 동작하며 전압강하의 허용범위가 ± 5% 내외라면 전선에 의한 최대 전압강하 V_{MAX}는

$$\begin{aligned} V_{MAX} &= 220 \times \frac{5}{100} \\ &= 11\ V \end{aligned}$$

모터의 전력이 3,000 W라면 모터에 흐르는 전류(I)는

$$P = V \times I$$

$$I = \frac{P}{V}$$

$$I = \frac{3000}{220}$$

$$= 13.6\,A$$

따라서 회로 선의 전압은 11 V가 걸리고 전류는 13.6 A가 흐르게 된다. 옴의 법칙에 따라 저항은 0.8 Ω으로 구할 수 있다. 도선의 비 저항률(ρ: resistivity)이 0.02 Ω/m이고 모터까지의 거리가 2m라고 하면 도선의 저항(R)은

$$R = \frac{비저항 \times 거리}{단면적}$$

$$0.8 = \frac{0.02 \times 2}{단면적}$$

$$단면적 = 0.8 \times 0.02 \times 2$$

$$= 0.032\ m^2$$

1.4 저항(Resistance)

도선에 흐르는 전류를 방해하는 정도를 나타내는 물리적인 크기로서 단위면적당 물체에 흐르는 전류의 반대 방향으로 작용하는 힘이기 때문에 전류 제어가 가능하다. 저항의 단위는 옴(Ω)이며 전자회로의 도선에 전압을 가할 때 전원의 전위차와 도선에 흐르는 전류와의 비를 의미한다. 이로 인하여 저항(R)의 크기는

$$R = \frac{V}{I}$$

그림 1.4와 같이 도선의 길이와 단면적의 크기에 따라 저항의 크기는

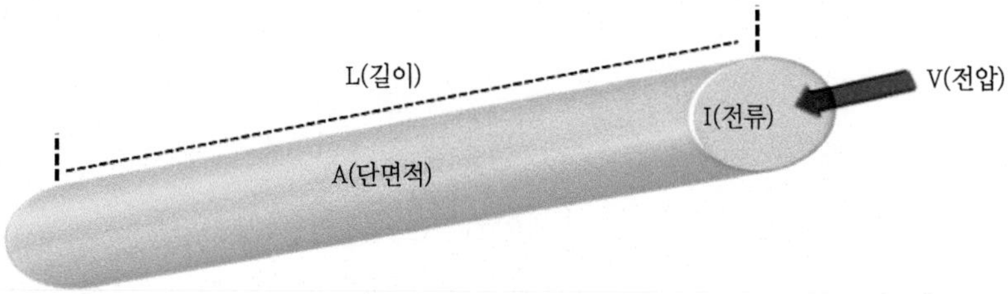

그림1.4 단면적에 대한 저항 크기.

$$R = \rho\frac{L}{A}$$

ρ: 비저항률[Ω/m], L: 도선의 길이[m], A: 도선의 단면적[m^2]

비 저항률(ρ: resistivity)은 물질의 단위 길이와 면적당의 고유한 저항을 말하며 물질마다 고유한 값을 가지고 있다. 일반적인 도체는 온도가 높아질수록 저항이 커지므로 저항의 값은 온도에 비례해서 증가 및 감소한다.

그러나 반도체와 부도체는 온도가 높아질수록 저항이 낮아지며 전해질은 전해질의 농도가 높아지고 이온의 이동성이 커질수록 저항값은 낮아지는 성질이 있다.

따라서 도체인 경우 온도에 비례하고 반도체인 경우에는 반비례하는 성질이 있다. 이와 반대로 전도도(σ: conductivity)는 전류가 얼마나 잘 통하는가의 정도를 말하며 전류가 잘 흐르는 정도를 나타내는 크기이다.

전도율 또는 도전율로 표현하기도 한다. 일반적으로 고유한 전기 저항 크기의 역수로 나타내며 도체의 전도도는 표준이 되는 금속 구리가 가지는 전도도와의 비율을 백분율로 나타내며 전도도(σ)의 크기는 아래 공식으로 구할 수 있다.

$$\sigma = \frac{1}{\rho} \quad 1/\Omega \cdot \mathrm{m}$$

저항의 발생 원인은 금속 도선 내부에서 전자들이 자유롭게 움직일 수 있어서 이동 중에 전자 간의 충돌이나 전자와 도선 내부표면과의 충돌로 열이 발생하게 되고 이로 인하여 전자의 이동이 느려지면서 저항이 발생하게 된다.

예를 들어 건전지의 (+) 양극과 (-) 음극을 전자 도선으로 연결하면 낮은 전위의 (-) 음전하를 가진 전자들은 높은 전위의 (+) 양전하와 같은 전위가 되기 위하여 (-) 음극의 전자가 (+) 양극으로 이동하게 된다.

그런데 대부분의 금속 재료들은 소량의 불순물을 포함하고 있고 격자에 구조적 결함을 가지고 있어서 원활한 전자의 흐름을 방해하게 된다.

이러한 금속 도선에 흐르는 전자들은 다양한 방해물로 인하여 운동 방향이 불규칙하게 이동하게 되는 것이다. 하지만 이러한 운동 방향의 진로를 방해해도 긴 시간을 두고 보면 전자들은 전자 도선 내부에 변함없이 걸려 있는 전기장의 방향으로 서서히 이동하여 종착지인 (+) 양극에 도착하게 된다.

또한, 전자 도선에 전자들의 불규칙한 이동으로 인하여 발열이 발생하게 되며 이를 응용한 백열전구, 전기매트, 전기난방, 전기밥솥, 전기다리미와 같은 전열 기구로 제작되어진다.

그러나 일반 전자기기에서 발열이 발생하면 전력 손실이 생기고 전자기기 내의 절연성과 내구성이 저하되는 원인이 된다. 저항은 전류의 흐름을 방해하는 기능이 있는 소자이다. 저항은 크게 고정저항과 가변저항으로 나누어지며 사용하는 재료에 따라 탄소계와 금속계로 분류된다.

저항의 값은 멀티미터기를 사용하여 알 수 있지만, 측정기가 없을 때는 저항의 표면에 있는 컬러 코드로 계산하여 알 수 있다. 그림 1.5는 저항의 컬러 코드로 저항값을 구하는 방법을 나타낸 것이다. 저항의 크기 계산은 저항의 컬러 코드 자릿수는 4개 또는 5개로 이루어진다.

자릿수가 4개인 저항의 경우는 컬러1(n1), 컬러1(n1), 컬러2(n2), 컬러3(n3), 컬러4(n4)로 구성되며 컬러1(n1)은 10의 자릿수, 컬러2(n2)는 1의 자릿수, 컬러3(10n)은 승수 곱, 컬러4는 저항의 오차범위를 나타낸다.

자릿수가 5개인 저항의 경우는 컬러1(n1), 컬러1(n1), 컬러2(n2), 컬러3(n3), 컬러4(n4), 컬러5(n5)로 구성되며 컬러1(n1)은 100의 자릿수, 컬러2(n2)는 10의 자릿수, 컬러3(n3)은 1의 자릿수, 컬러4(10n)는 승수 곱, 컬러5는 저항의 오차범위를 나타낸다.

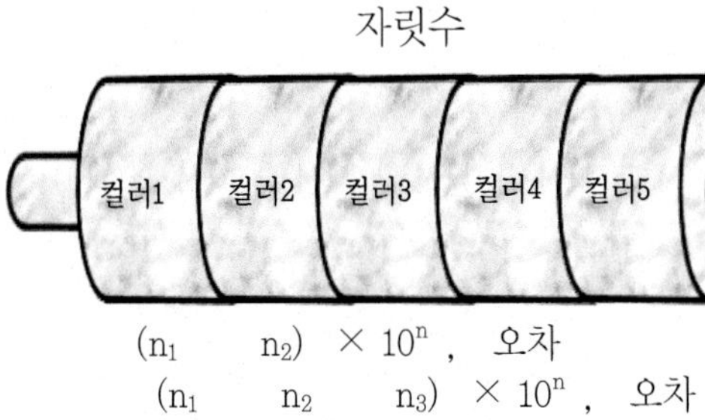

색깔 / 자릿수	Black 흑	Brown 갈	Red 적	Orange 등	Yellow 황	Green 녹	Blue 청	Violet 자	Gray 회	White 백	Gold 금	Silver 은
컬러1(n_1)	0	1	2	3	4	5	6	7	8	9	-	-
컬러2(n_2)	0	1	2	3	4	5	6	7	8	9	-	-
컬러3(n_3)	0	1	2	3	4	5	6	7	8	9	-	-
컬러4($\times 10^n$)	1	10^1	10^2	10^3	10^4	10^5	10^6	10^7	10^8	10^9	10^{-1}	10^{-2}
컬러5(오차)	-	-	±2%	-	-	-	-	-	-	-	±5%	±10%

그림1.5 저항 컬러 코드표.

예를 들어 컬러코드 저항의 크기를 구해 보았다.

아래 그림과 같이 4개의 저항 컬러코드가 있다면 저항의 크기는

= 32×10^{3} ±10%

= 32,000 Ω ±10%

➡ 32 KΩ ±10%

아래 그림과 같이 4개의 저항 컬러코드가 있다면 저항의 크기는

= 50×10^{6} ±10%

= 50,000,000 Ω ±10%

➡ 50 MΩ ±10%

아래 그림과 같이 5개의 저항 컬러코드가 있다면 저항의 크기는

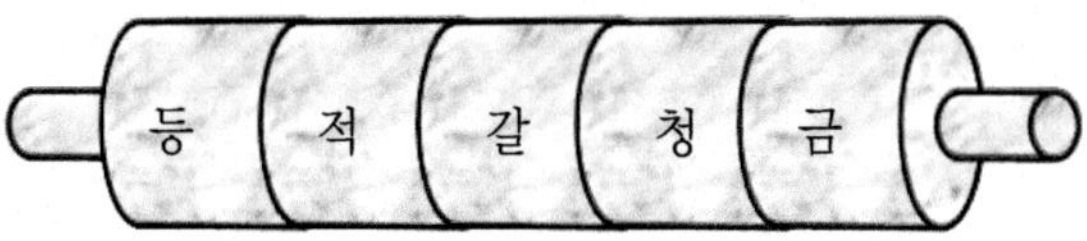

= 321×10^{6} ±5%

= 321,000,000 Ω ±5%

➡ 321 MΩ ±5%

1.4.1 가변 저항기(Variable resistor)

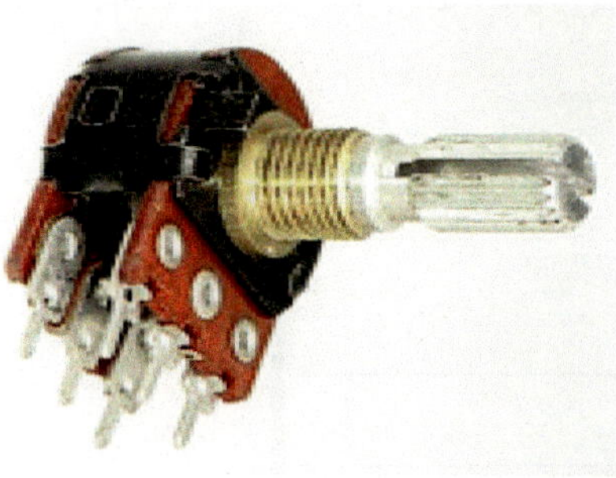

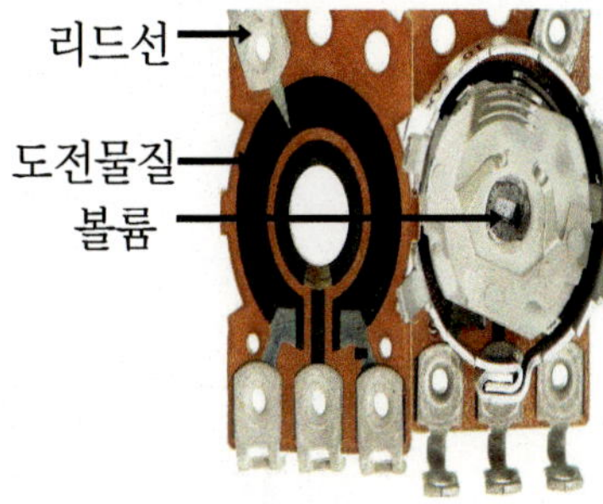

그림1.6 가변 저항기 구조.

가변 저항기는 그림 1.6과 같이 저항값을 임의로 바꿀 수 있는 형태이며 손잡이를 돌리기나 스위치로 저항값을 제어하는 저항기이며 일반적으로 권선형 고정 저항기와 권선형 가변 저항기로 분류한다.

권선형 가변 저항기는 절연체 권선심에 저항선을 감아 만들며 권선형이므로 대전력용으로 제조가 쉬우므로 주로 전류, 전력 제어용 가변 저항부에 많이 사용한다.

하지만 크기가 크고 높은 저항값을 얻기가 쉽지 않아 유도성분이 발생하기 쉬워 고주파를 사용하는 회로에는 부적합하다. 아래 표와 같이 가변 저항기의 장단점이 나타나 있다.

장 점	단 점
온도특성이 우수	고가
밀도, 안정성 우수	높은 저항값 제조 어려움(kΩ~)
내전압이 양호	발열 발생(대전력용)
	고주파수용 불가능

1.4.2 저항 연결(Connection)

(1) 직렬연결(Series)

저항의 직렬연결은 각각의 저항을 일렬로 접속하는 것이며 그림 1.7과 같이 직렬 회로의 전체 저항 R_T는

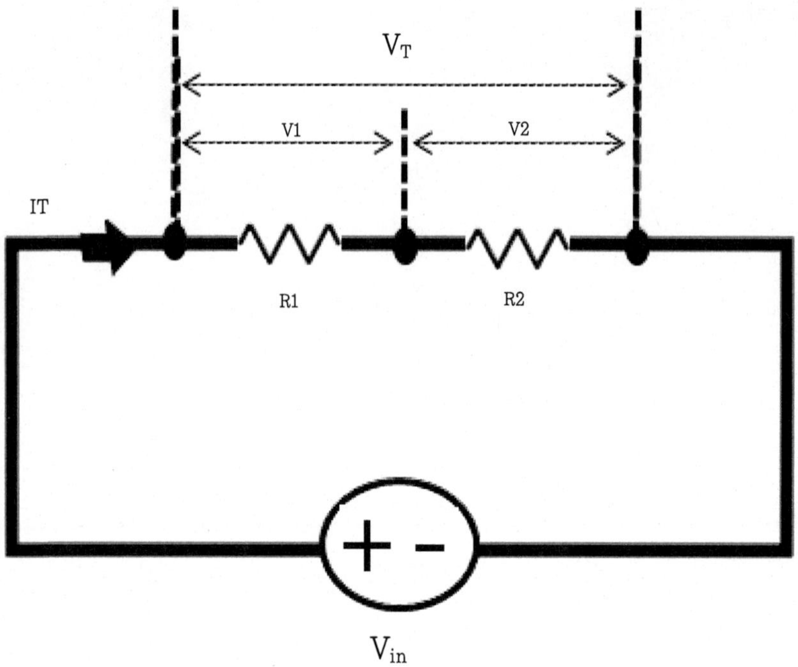

그림1.7 저항 직렬연결.

$$R_T = \frac{V_T}{I_T} = \frac{(R_1 + R_2)I_T}{I_T} = R_1 + R_2$$

저항이 n개로 직렬 회로에 연결되었을 때 전체 저항 R_T는

$$R_T = R_1 + R_2 + \cdot\cdot\cdot + R_n$$

직렬로 연결된 각 저항의 전압 V_1, V_2는

$$V_1 = R_1 I_T,\ V_2 = R_2 I_T$$

(2) **병렬연결**(Parallel)

저항의 병렬연결은 회로에서 2개 이상의 저항 양 끝을 각 한 곳에서 연결하여 접속하는 것이며 저항이 n개로 병렬 회로에 연결되었을 때 전체 저항 R_T는

$$R_T = \frac{1}{\frac{1}{R_1} + \frac{1}{R_2} + \cdot \cdot \cdot + \frac{1}{R_n}}$$

그림 1.8과 같이 병렬 회로의 전체 저항 R_T의 계산은

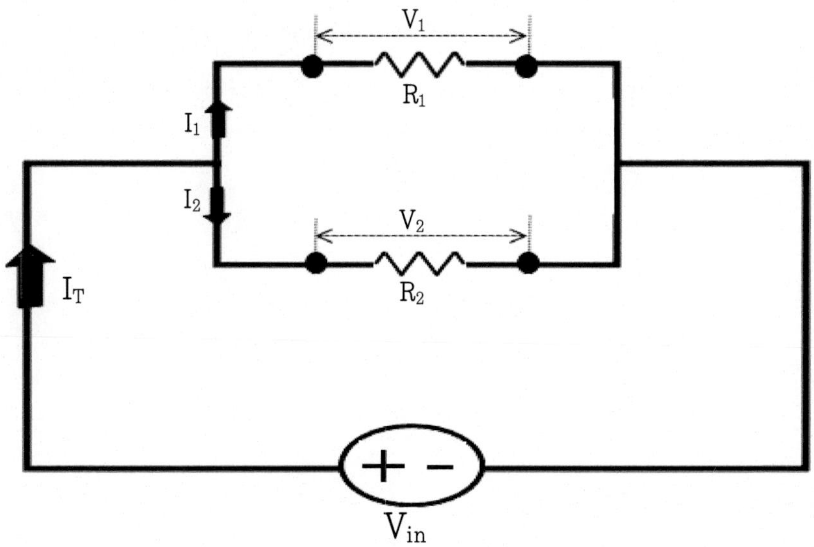

그림1.8 저항 병렬연결.

$$R_T = \frac{1}{\frac{1}{R_1} + \frac{1}{R_2}} = \frac{1}{\frac{R_1 + R_2}{R_1 \times R_2}}$$

$$= \frac{R_1 \times R_2}{R_1 + R_2}$$

회로에 병렬로 연결된 각 저항의 전류 I_1, I_2와 전체 전류 I_T는

$$I_T = I_1 + I_2$$

$$I_1 = \frac{V_{in}}{R_1} = \frac{R_2}{R_1 + R_2} I_T, \quad I_2 = \frac{V_{in}}{R_2} = \frac{R_1}{R_1 + R_2} I_T$$

$$I_T = \frac{V_{in}}{R_T} = \frac{V_{in}}{\frac{R_1 \times R_2}{R_1 + R_2}}$$

$$= \frac{R_1 + R_2}{R_1 \times R_2} V_{in}$$

컨덕턴스(G: conductance)는 저항의 역수이며 전류를 얼마나 잘 흘릴 수 있는지를 표현한 정도를 나타낸다. 기호는 G이며 단위는 모(mho) Ω^{-1}로 표현한다.

$$I = G \times V$$

$$\Rightarrow V = \frac{I}{G}$$

$$\Rightarrow G = \frac{I}{V} = \frac{1}{R}\ \Omega^{-1}$$

(3) 휘스톤브릿지(Wheatstone bridge)

휘스톤브릿지 회로는 그림 1.9와 같이 4개의 저항 O, P, Q, R을 브릿지 형태로 연결하고 그 중앙에 검류계(G) 접속하여 검류계의 전류를 "0 A"가 되도록 미지 저항의 값을 변화하게 하여 평형상태를 만드는 회로이다.

저항 O, P, Q, R에서 한 개의 미지 저항이 있다고 가정하고 아래 공식으로 미지 저항을 알아내면 평형상태가 된다. 평형 조건은 대각선으로 마주 보는 저항의 곱으로 서로 같아야 한다.

휘스톤브릿지 회로의 응용은 빛, 온도, 압력, 무게와 같은 물리적인 양의 변화로 미지의 저항값이 변화하게 되고 변화된 저항값을 전압으로 변환 출력하여 사용하게 된다.

$$OQ = RP$$

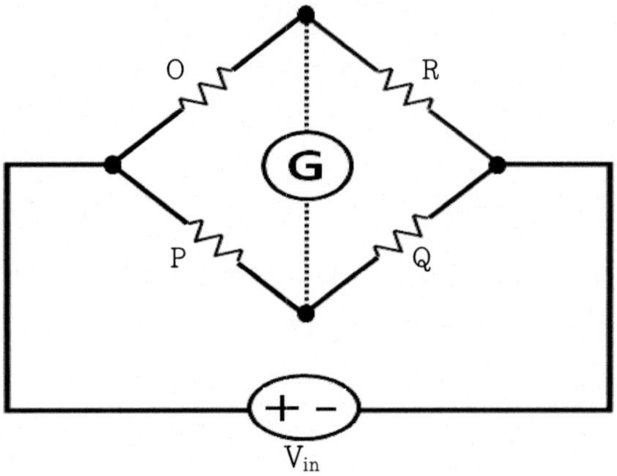

그림1.9 휘트톤브릿지 회로.

미지의 저항이 Q라고 하면

다음과 같이 저항 O= 1 Ω, R= 2 Ω, P= 4 Ω으로 연결하고 미지의 저항 Q의 저항값을 구하면 검류계(G) = 0 A가 된다. 미지의 저항인 Q의 저항값은

$$OQ = RP$$

$$Q = \frac{RP}{O}$$

$$= \frac{2 \times 4}{1} = 8 \ ohm$$

따라서 저항의 값을 정확하게 측정할 수 있는 회로이며 저항을 추가하여 미지의 저항을 비례적으로 구할 수 있다.

1.5 키르히호프 법칙(Kirchhoff's law)

키르히호프의 법칙이란 독일의 물리학자 구스타프 로베르트 키르히호프(Gustav robert kirchhoff 824 ~ 1887)가 정립한 전기·전자 회로에 대한 법칙이다.

처음으로 1840년대 전하량과 에너지 보존을 다루는 2개의 이론 식을 편찬한 전기 회로 교재로부터 출발하였다.

전기전자공학 분야에서 가장 많이 사용되고 있으며 키르히호프의 법칙에는 전류 법칙(KCL: kirchhoff's current law)과 전압 법칙(KVL: kirchhoff's voltage law)이 있다. 전기·전자회로 해석으로 가장 기본적이고 중요한 법칙으로 응용되어 진다.

1.5.1 전류 법칙(KCL: Current law)

키르히호프의 전류 법칙은 그림 1.10과 같이 회로의 분기점을 기준으로 흘러들어오는 전류의 합과 흘러나가는 전류의 합은 항상 "0 A"가 된다. 즉 흘러들어오는 만큼 흘러나간다는 의미가 된다. 분기점을 기준으로 전하가 자동으로 생기거나 없어지지 않는다는 전하 보존의 법칙을 기초로 정립되었다.

일반적인 형태로 키르히호프의 전류 법칙을 정리하면

"어떤 분기점에 대하여 그 분기점에 접속된 모든 방향에서 흘러들어오는 전류의 양과 흘러나가는 전류의 양은 항상 같다."

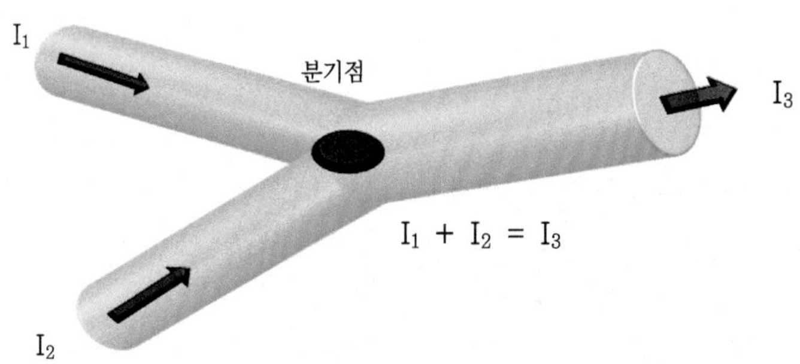

그림1.10 키르히호프 전류 법칙.

그림1.11과 같은 회로에서 저항을 통하여 나가는 모든 전류의 합은 전체 전류(I_T)가 된다.

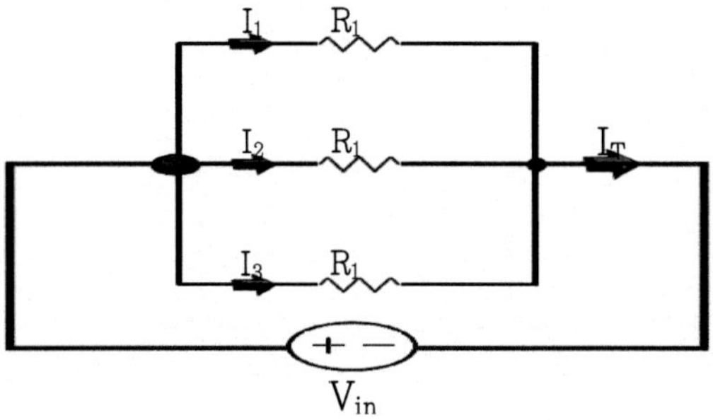

그림1.11 키르히호프 전류 법칙 회로.

$$i_1 + i_2 + i_3 + \dots + i_n - i_T = 0\ A$$

$$\sum_{k=1}^{n} \widetilde{I_K} = 0\ A$$

폐회로 영역의 내외부에 있는 저항에 흐르는 전류는 그 영역에 대한 키르히호프 전류 법칙 논리식을 작성하는 데 아무런 영향을 주지 않는다.

따라서 키르히호프의 전류 법칙을 정리하면

분기점에 들어오는 전류의 합과 나가는 전류의 합은 같다.

분기점에서의 전류의 총합은 "0 A"

1.5.2 전압 법칙(KVL: Voltage law)

키르히호프 전압 법칙은 임의의 폐회로에서 회로 내의 전압강하의 모든 전위차의 합은 "0 V"이다. 임의의 폐회로를 따라 360° 회전하여 원점으로 돌아왔을 때 그 회로의 전압의 총합은 각 저항에 의한 전압강하의 총합과 같아진다….

즉 회로에서 전류의 방향을 시계방향 또는 반시계방향으로 정하고 시계방향으로 돌아가는 전원 전압과 전압강하는 (+) 부호로 정하고 반시계방향으로 돌아가는 전원 전압과 전압강하는 (-) 부호로 정한다.

그림 1.12와 같은 회로에서 어느 지점에서 다른 지점 사이의 전위차는 두 지점 사이를 연결하는 회로 요소들의 양단에 나타나는 전압의 합과 같다. 만일 회로를 따라 어떤 경로

를 거쳐 원래의 출발지점으로 돌아왔을 때 그 경로상에 존재하는 회로 요소들의 전압을 모두 합하면 “0 V”가 된다.

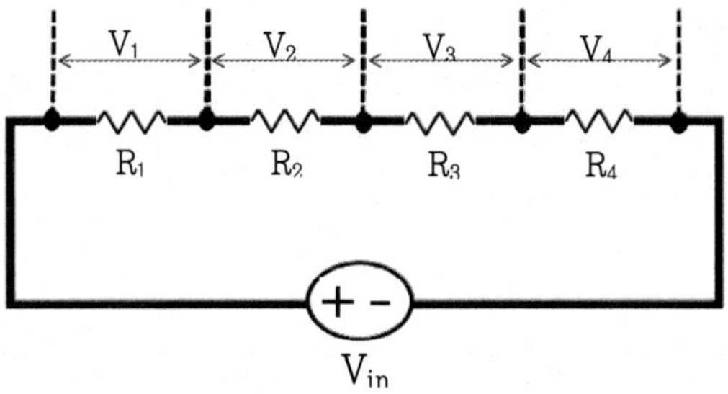

그림1.12 키르히호프 전압 법칙 회로.

즉

$$V_1 + V_2 + V_3 + \dots + V_n - V_{in} = 0\ V$$

$$\sum_{k=1}^{n} \widetilde{V_K} = 0\ V$$

폐회로 영역의 내외부에 있는 저항의 전압은 그 영역에 대한 키르히호프 전압 법칙 논리식을 작성하는 데 아무런 영향을 주지 않는다.

폐회로에 인가된 전원 전압의 합과 저항으로 분배된 전위의 차(전압강하)의 합은 그 루프 안에서는 같다. 공급된 전원 전압은 완전히 폐쇄된 루프에서의 전하량이 증가하거나 감소하지 않으며 처음 공급된 전하량을 유지한다는 의미이다.

논리식으로 해석하면 임의의 폐회로에서 “저항에서의 전압강하의 합은 공급전압과 같다” 라는 의미이며 또는 “폐회로에서 전압과 전압강하의 총합은 “0 V”이다” 라고도 표현될 수 있다. 이때 전원 전압의 방향과 전압강하의 방향은 서로 반대로 해석되기 때문이다.

어느 순간에 어느 폐회로를 따라 일주할 때 전압강하의 합은 “0 V”이 된다.

따라서 키르히호프의 전압 법칙을 정리하면

폐회로에서 전압의 합과 저항에서 전압강하의 합은 같다.

전압과 전압강하의 총합은 “0 V”

1.6 논리 게이트(Logic gate)

1.6.1 BUFFER

buffer(버퍼) 게이트는 입력 A와 출력 Y의 전기적 성질이 다른 2개의 회로가 있을 때 2개의 회로 사이를 전기적인 문제가 생기지 않도록 결합하거나 출력신호를 시간상으로 지연시키거나 입력값을 변화 없이 출력하는 역할을 한다.

그림 1.13과 같이 buffer 게이트에 대한 기호, 논리식과 입력에 대해서 출력으로 나타내는 결과를 진리표로 나타내었다.

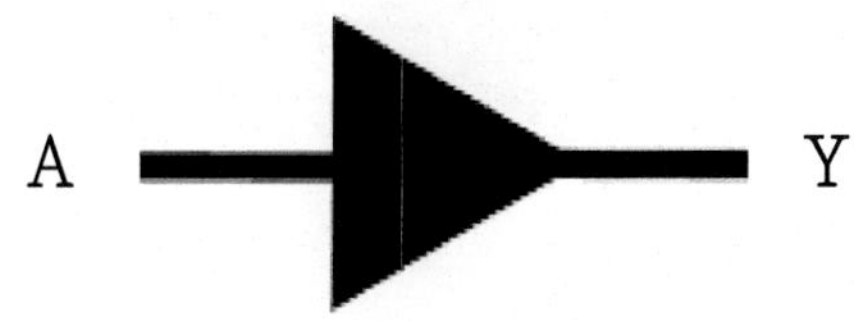

$$A = Y$$

입력(A)	출력(Y)
0	0
1	1

입력(A)	입력(B)	출력(Y)
0	0	0
0	1	HIGH-Z
1	0	1
1	1	HIGH-Z

그림1.13 buffer 게이트 기호, 논리식, 진리표.

입력 B가 HIGH(1)면 출력은 HIGH-Z 상태가 되어 HIGH(1)도 LOW(0)도 아닌 상태의 출력이 나온다. HIGH-Z 상태는 입력과 출력이 연결되어 있지 않다고 생각하면 된다. Z는 임피던스를 의미한다.

1.6.2 NOT

NOT 게이트는 1개의 입력과 1개의 출력만을 가지며 입력 논리를 부정하여 반대 상태로 출력하는 소자로서 인버터라고도 한다. 동작 상태를 살펴보면 입력이 HIGH(1)일 때는 LOW(0)로 출력하며 입력이 LOW(0)일 때는 HIGH(1)로 출력한다.

그림 1.14와 같이 NOT 게이트에 대한 기호, 논리식과 입력에 대해서 출력으로 나타나는 결과를 진리표로 나타내었다. 부정 또는 보수연산의 표시기호는 " ‾ "(bar)로 표기하며 72시리즈 TTL IC 부품번호는 74LS04이다.

A = Y

입력(A)	출력(Y= $\overline{A}$)
0	1
1	0

그림1.14 NOT 게이트 기호, 논리식, 진리표.

NOT 게이트에 입력되는 2개의 논리적인 값의 논리 전압 레벨은 논리적인 "1"의 값을 +5 V, 논리적인 "0"의 값을 0 V로 대응시킨 것이며 실제로 게이트에 입력되는 신호는 이 전압 레벨 값이 된다.

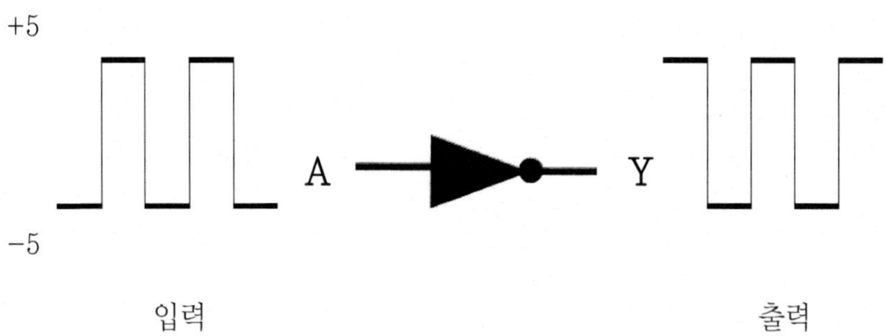

그림1.15 NOT 게이트 입출력 파형.

1.6.3 AND

AND 게이트는 그림 1.16과 같이 2개 이상의 입력과 1개의 출력만을 가지며 논리적 승산에 의한 결과를 출력으로 한다. 즉 동작 상태를 살펴보면 모든 입력이 HIGH(1)일 때만 HIGH(1)로 출력하며 어느 한 입력이라도 LOW(0)일 때는 LOW(0)로 출력한다.

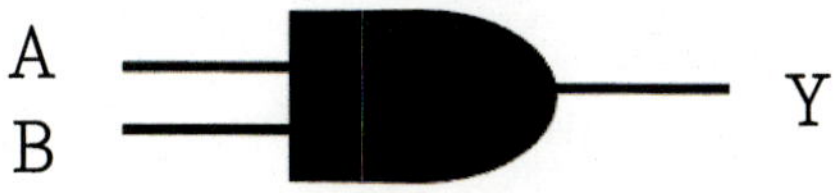

$$A \cdot B = Y$$

입력(A)	입력(B)	출력(Y)
0	0	0
0	1	0
1	0	0
1	1	1

그림1.16 AND 게이트 기호, 논리식, 진리표.

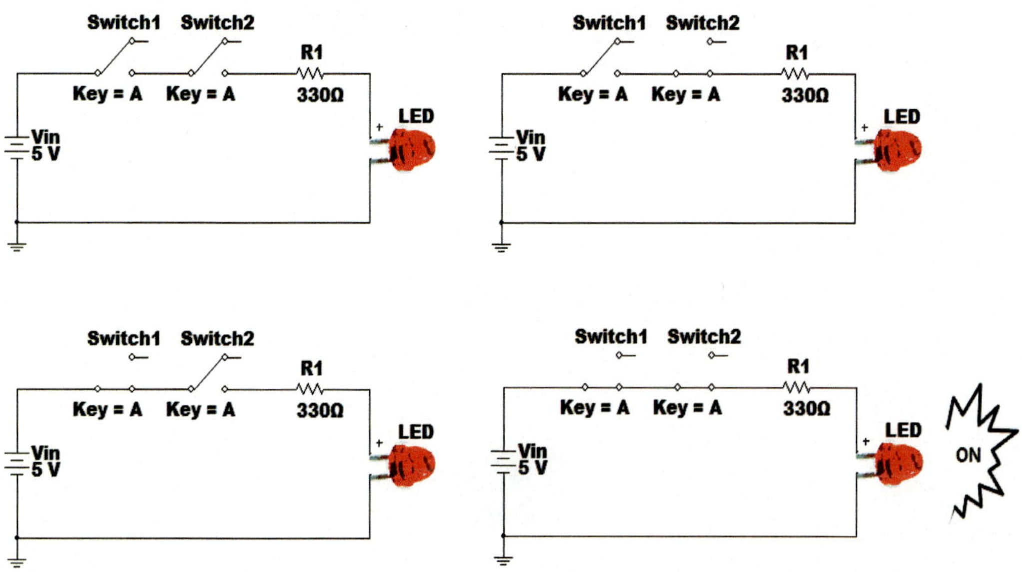

그림1.17 AND 게이트 동작 회로도.

그림 1.17과 같이 AND 게이트 동작 회로에 +5 V를 인가하고 스위치1, 2가 “열림”, 스위치1 “열림”과 스위치2 “닫힘”, 스위치1 “닫힘”과 스위치2 “열림”으로 하면 LED에 LOW(0) 상태로 되어 불이 꺼지게 된다.

그러나 스위치1, 2가 모두 “닫힘”으로 하면 LED에 HIGH(1) 상태로 되어 불이 들어오게 된다. 반대로 둘 중에 하나라도 스위치를 닫힘으로 하면 LED에 LOW(0) 상태로 되어 불이 꺼지게 된다.

따라서 AND 게이트 동작 회로는 일반적인 직렬 회로의 전류 흐름과 같다.

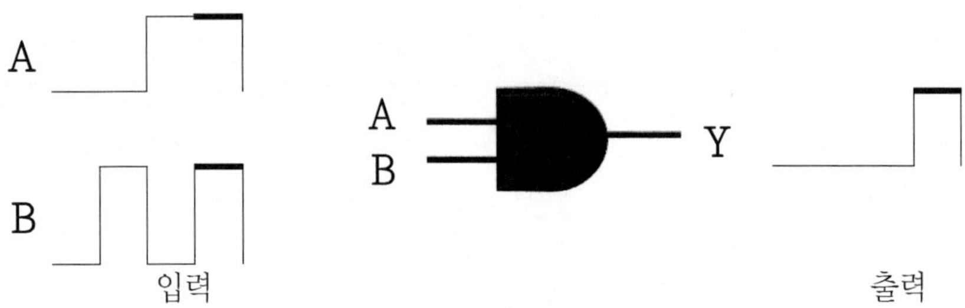

그림1.18 AND 게이트 입출력 파형.

그림 1.18과 같이 시간상으로 변화하고 있는 2개의 펄스 파형을 AND 게이트 입력으로 인가하였을 경우의 출력 파형을 보면 2개의 입력이 모두 HIGH(1)일 때만 출력이 HIGH(1)로 나타나고 그 이외에는 모두 LOW(0) 출력이 됨을 알 수 있다.

1.6.4 OR

OR 게이트는 그림 1.19와 같이 2개 이상의 입력과 1개의 출력만을 가지며 논리적 가산에 의해 결과를 출력으로 한다.

동작 상태를 살펴보면 1개의 입력이라도 HIGH(1)일 때는 HIGH(1)로 출력하며 모든 입력이 LOW(0)일 때만 LOW(0)로 출력한다.

$$A + B = Y$$

입력(A)	입력(B)	출력(Y)
0	0	0
0	1	1
1	0	1
1	1	1

그림1.19 OR 게이트 기호, 논리식, 진리표.

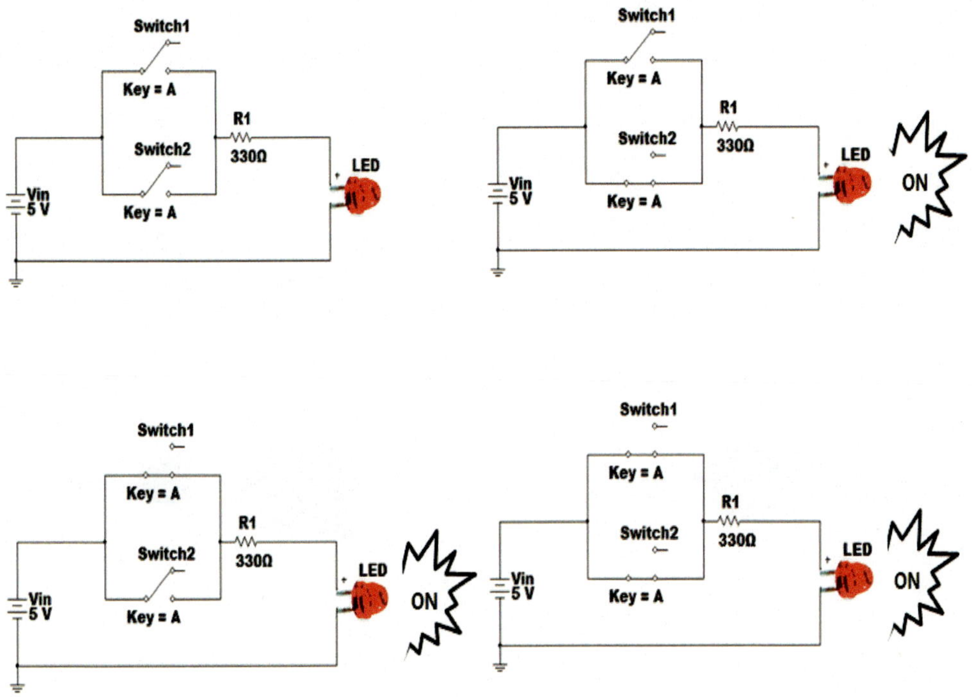

그림1.20 OR 게이트 동작 회로도.

그림 1.20과 같이 OR 게이트 동작 회로에 +5 V를 인가하고 스위치1, 2가 "열림"으로 하면 LED에 LOW(0) 상태로 되어 불이 꺼지게 된다.

그러나 스위치1 "열림"과 스위치2 "닫힘", 스위치1 "닫힘"과 스위치2 "열림"으로 하면 LED에 HIGH(1) 상태로 되어 불이 들어오게 된다.

따라서 OR 게이트 동작 회로는 일반적인 병렬 회로의 전류 흐름과 같다.

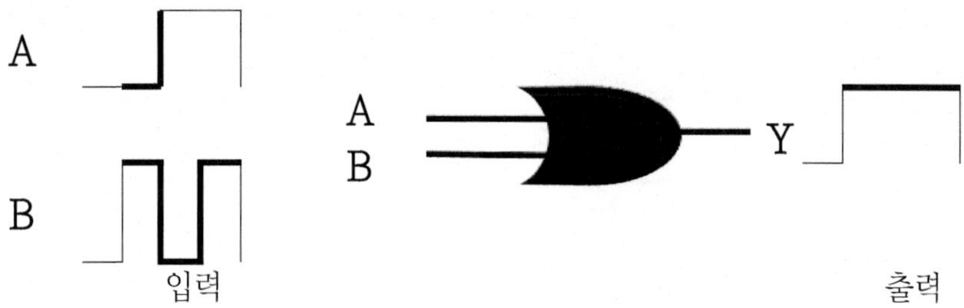

그림1.21 OR 게이트 입출력 파형.

그림 1.21과 같이 시간상으로 변화하고 있는 2개의 펄스 파형을 OR 게이트 입력으로 인가하였을 경우의 출력 파형을 보면 2개의 입력 중 어느 1개라도 HIGH(1)일 때는 출력이 HIGH(1)로 나타나며 모든 입력이 LOW(0)일 때만 LOW(0) 출력이 됨을 알 수 있다.

1.6.5 NAND(NOT AND)

NAND 게이트는 NOT AND 게이트의 줄임말로써 AND 게이트와 NOT 게이트를 결합한 것이다. 즉 AND 출력에 대해서 부정(인버터)한 것이다. 동작 상태를 살펴보면 1개의 입력이라도 LOW(0)일 때는 HIGH(1)로 출력하며 모든 입력이 HIGH(1)일 때만 LOW(0)로 출력한다.

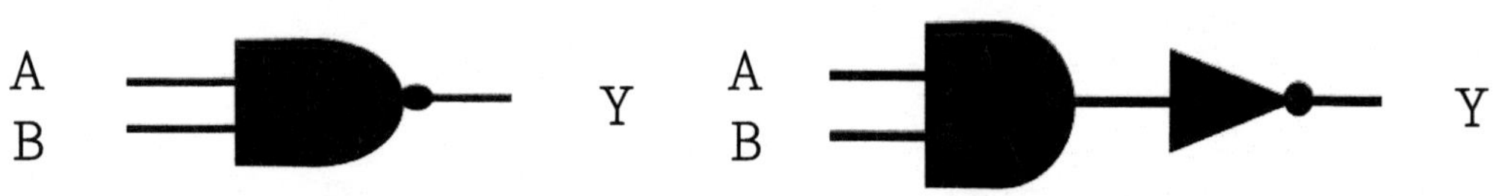

$$\overline{A \cdot B} = Y$$

입력(A)	입력(B)	출력(Y)
0	0	1
0	1	1
1	0	1
1	1	0

그림1.22 NAND 게이트 기호, 논리식, 진리표.

그림 1.22와 같이 2개의 입력을 가진 NAND 게이트에 대한 기호, 논리식과 입력에 대해서 출력으로 나타나는 결과를 모아서 요약한 진리표를 나타내었다.

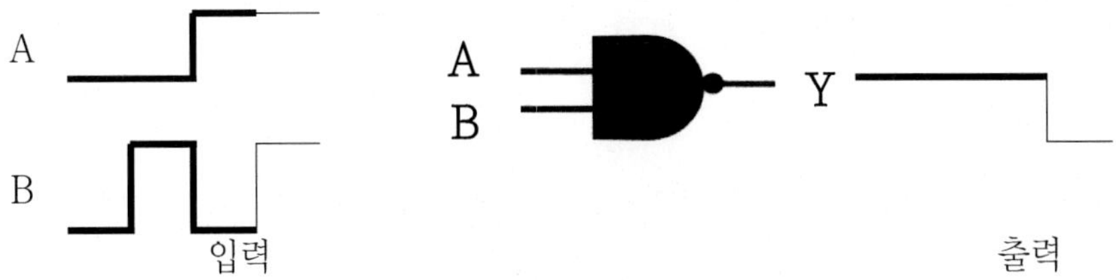

그림1.23 NAND 게이트 입출력 파형.

그림 1.23과 같이 시간상으로 변화하고 있는 2개의 펄스 파형을 NAND 게이트 입력으로 인가하였을 경우의 출력 파형을 보면 2개의 입력이 모두 HIGH(1)일 때만 출력이 LOW(0)로 나타나고 그 이외에는 모두 HIGH(1)가 됨을 알 수 있다.

1.6.6 NOR(NOT OR)

NOR 게이트는 그림 1.24와 같이 NOT OR 게이트로서 OR 게이트와 NOT 게이트를 결합한 것이다. 다시 말하면 OR 출력에 대해서 부정(인버터)한 것이다.

동작 상태를 살펴보면 입력이 모두 LOW(0)일 때만 HIGH(1)로 출력하며 어느 1개의 입력이라도 HIGH(1)일 때는 LOW(0)로 출력한다.

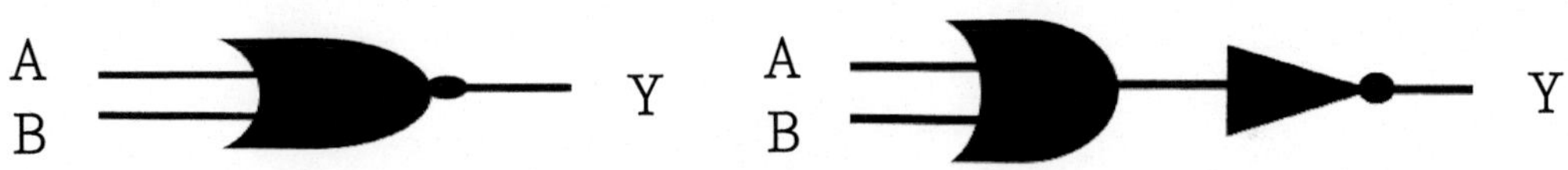

$$\overline{A + B} = Y$$

입력(A)	입력(B)	출력(Y)
0	0	1
0	1	0
1	0	0
1	1	0

그림1.24 게이트 기호, 논리식, 진리표.

시간상으로 변화하고 있는 2개의 펄스 파형을 NOR 게이트 입력으로 인가하였을 경우의 출력 파형을 보면 아래 그림 1.25와 같다.

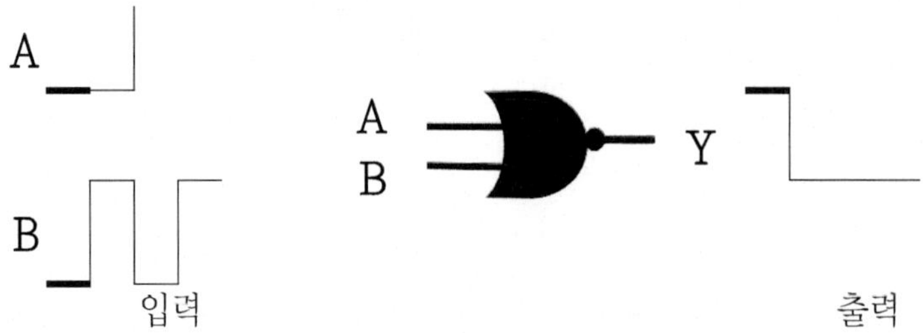

그림1.25 NOR 게이트 입출력 파형.

2개의 입력이 모두 LOW(0)일 때만 출력이 HIGH(1)로 나타나고 그 이외에는 모두 LOW(0)가 됨을 알 수 있다.

1.6.7 XOR(Exclusive OR)

XOR 게이트는 입력 중 홀수 개의 "1"이 입력된 경우에 출력은 "1"이 되고 그렇지 않은 경우에 출력은 "0"이 된다.

2입력 XOR 게이트의 경우 그림 1.26과 같이 2개의 입력 중 1개가 "1"이면 출력이 "1"이 되고 2개의 입력 모두가 "0"이거나 또는 2개의 입력 모두가 "1"이라면 출력은 "0"이 된다.

$$\begin{aligned} A \oplus B &= Y \\ &= \overline{A}B + A\overline{B} \end{aligned}$$

입력(A)	입력(B)	출력(Y)
0	0	0
0	1	1
1	0	1
1	1	0

그림1.26 XOR 게이트 기호, 논리식, 진리표.

여기서 시간상으로 변화하고 있는 2개의 펄스 파형을 XOR 게이트 입력으로 인가하였을 경우의 출력 파형을 보면 그림 1.27과 같다.

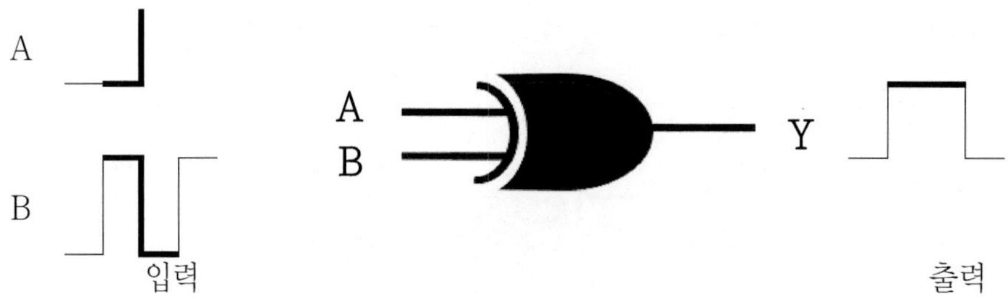

그림1.27 XOR 게이트 입출력 파형.

1.6.8 NXOR(NOT exclusive OR)

NXOR 게이트는 입력 중 짝수 개의 HIGH(1)가 입력될 때 출력이 HIGH(1) 되고 그렇지 않으면 출력이 LOW(0) 된다.

2입력 NXOR 게이트의 경우 2개의 입력이 다를 때 출력이 LOW(0) 되고 2개의 입력이 같으면 출력은 HIGH(1) 된다.

그림 1.28과 같이 2개의 입력을 가진 NXOR 게이트에 대한 기호, 논리식과 입력에 대해서 출력으로 나타나는 결과를 진리표로 나타내었다. 72시리즈 TTL IC 부품번호는 74LS266, 74LS136이다.

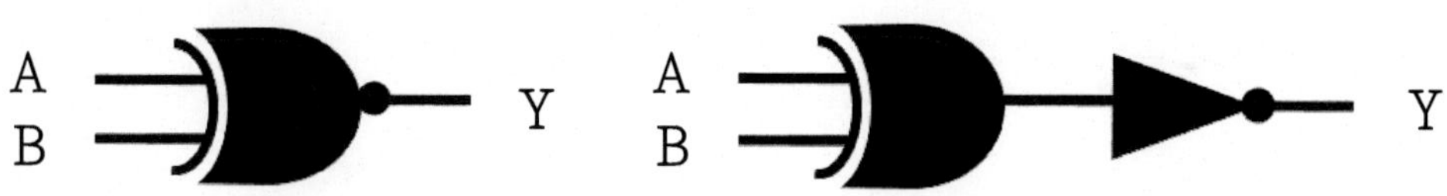

$$\overline{A \oplus B} = Y$$

입력(A)	입력(B)	출력(Y)
0	0	1
0	1	0
1	0	0
1	1	1

그림1.28 NXOR 게이트 기호, 논리식, 진리표.

시간상으로 변화하고 있는 2개의 펄스 파형을 NOR 게이트 입력으로 인가하였을 경우의 출력 파형을 보면 그림 1.29과 같다.

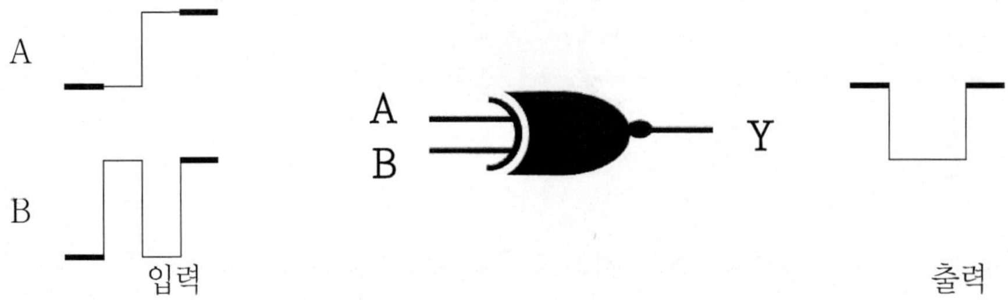

그림1.29 NXOR 게이트 입출력 파형.

제 2 장

공압 제어

(Air Pressure Control)

2.1 공압 제어(Air Pressure Control)

공압 제어는 압축 공기를 에너지원으로 사용하여 기계적 움직임을 유도하고 제어하는 기술이다. 또한, 공압 제어는 특히 간단한 반복 동작이 필요한 산업용 기계에 널리 사용되고 있다. 기본적으로 누름 버튼(PB: Push Button)을 누르면 작동하는 회로이다.

동작 흐름은

PB ON ⇒ **릴레이 작동** ⇒ **솔레노이드 밸브 작동** ⇒ **실린더 전진/후진**

아래 표는 공압 회로 내에서의 장치에 대한 기능을 작성한 표이다.

장치	기능
압축기	공기 생성
필터	오염물 제거
레귤레이터	압력 조정
밸브	공기 방향 전환
실린더	직선 운동을 수행하는 장치. A+, A- 등 위치를 감지함
센서	실린더의 위치를 감지하여 신호를 보냄
솔레노이드 밸브	전기 신호 때문에 작동하는 공기 밸브
릴레이	전기 신호를 분기하거나 제어하는 장치
타이머	일정 시간 지연 후 작동하도록 하는 전기 장치

※ 적용 분야

-자동차 조립 공정: 용접, 조립, 이송 등의 단순 반복 작업

-포장 기계: 상자 접기, 밀봉, 절단

-반도체 장비: 웨이퍼 이송 장치, 클린룸 내 자동화 설비

아래 표는 공압 제어와 전기제어의 장단점을 작성한 표이다.

구분	공압 제어	전기 제어
에너지원	압축 공기	전기
반응 속도	빠름	보통
정밀도	낮음	높음
위치 제어	어려움	용이
유지보수	용이	복잡

2.1.1 공압 제어 기초

(1) 주요 제어 요소

① 전원 장치와 퓨즈: 24V DC, 220V AC 등

회로에 안정적으로 전원을 공급하며, 과전류 방지를 위한 보호 소자

② 스위치(Switch): 작동 신호 입력

수동 또는 자동으로 회로를 개방/차단하는 장치

예: 누름 버튼, 셀렉터 스위치

③ 릴레이(Relay): 중계 제어

입력 신호에 따라 접점을 전환하여 다른 회로를 제어하는 중계 장치

※ 릴레이: 소 전류로 대전류 회로를 제어하는 전자기적 스위치

④ 솔레노이드 밸브(Solenoid Valve): 방향 제어 밸브 작동

전기 신호 때문에 밸브 내부의 코일이 작동하여 방향 제어 수행

※ 솔레노이드: 전류가 흐르면 자기장을 발생시키는 코일로, 기계적 작동을 유도함

⑤ 센서(Sensor)

작동 조건을 감지하여 신호를 전기적으로 변환하는 장치

예: 근접 센서, 광전 센서, 리밋 스위치 등

⑥ 실린더: 공압 출력 수행

실제 동작이 이루어지는 장치로서 단동 실린더, 복동 실린더가 있다.

(2) 센서

센서(sensor)는 공압 제어 시스템에서 위치, 압력, 거리, 유무 감지 등 다양한 정보를 감지하여 전기적 신호로 변환하는 핵심 장치다.

이 신호는 릴레이나 PLC 등 제어 장치에 입력되어 이후 동작을 유도한다.

※ 센서(sensor): 물리적인 상태(위치, 거리, 압력 등)를 전기 신호로 바꾸는 장치. 자동화에서 필수적이다..

아래 표는 공압 시스템(Pressure System) 센서 종류에 다른 감지 방식과 특징을 작성한 표이다.

센서명	감지 방식	특징
리밋 스위치(LS:Limit Switch)	물리적 접촉	내구성 강함, 기계식
근접 센서(Proximity Sensor)	비접촉식	금속, 비금속 감지, 고속 동작
포토 센서(Photo Sensor)	빛 감지	투광/수광 방식, 감지 범위 조정
자석 리드 스위치 (Magnetic Reed Switch)	자기장 감지	실린더 내부 자석 감지에 최적
압력 센서(PS:Pressure Sensor)	압력 변화 감지	공압 회로의 안전 감시용
로터리 엔코더(Rotary Encoder)	회전량 감지	정밀 위치 제어

① 리밋 스위치(LS: Limit Switch)

기계적인 접촉을 통해 동작 상태를 감지

실린더의 종단 위치 확인용으로 주로 사용

액추에이터 (Actuator): 누르면 작동

스프링, 접점: 동작 시 전기 접점을 열고 닫음

② 근접 센서(Proximity Sensor)

금속 물체의 접근을 감지
비접촉 방식으로 내구성 우수
NPN/PNP 센서: NPN은 마이너스(-) 출력, PNP는 플러스(+) 출력.
사용 중인 PLC와 호환 필수

※ 정전용량형(S1): 분극작용, 금속, 비금속 감지

($C = E\frac{A}{d}$(E: 유전체, A: 전극사이의 면적, d: 전극간의 거리)

※ 유도형(S2): 금속 감지

와전류가 유도되어 진동자에서 에너지를 추출합니다. 이를 통해 진동자 출구에서 레벨 변화가 발생

③ 포토 센서(Photoelectric Sensor)

광원(LED)을 발광하고, 수광기로 반사/차단 상태를 감지
슬롯형, 반사형, 투과형 방식 있음
감지 거리 제어 가능
소형 대상물 감지 가능

④ 자석 리드 스위치(Magnetic Reed Switch)

실린더 피스톤 내부에 있는 자석의 위치를 감지

실린더의 A+, A−, B+, B− 위치 확인에 사용

실린더 A+: 실린더 A가 끝까지 전진했을 때의 위치 상태를 의미함

- 누름 버튼 스위치: 손으로 누르면 작동
- 토글 스위치: 방향을 전환하여 ON/OFF
- 셀렉터 스위치: 다단 조정 가능 (예: AUTO/MANUAL)
- 리셋 스위치: 초기화용 버튼
- 리밋 스위치: 기계적 접촉 방식의 위치 스위치

2.2 공압 시스템 구성요소(System Components)

공압 시스템 장치는 공기 공급원(Air Supply System), 공기 정화 장치(Air Preparation Unit / F.R.L Unit), 제어 밸브(Control Valve), 작동기(Actuator), 센서장치(Sensor Equipment)와 같이 5가지 주요 요소로 구성된다.

2.2.1 공기 공급원(Air Supply System)

공압 시스템의 출발점으로, 대기 중 공기를 압축하여 시스템 전반에 압축 공기를 공급하는 장치이다. 주요 구성요소서 압축기(Compressor)는 대기 공기를 고압으로 압축하고, 공기 저장 탱크(Air Receiver)는 압축된 공기를 일정 압력으로 저장한다.

압축기는 전기를 이용하여 작동하며, 압력 설정값에 도달하면 자동 정지하는 자동운전 기능(Auto Operation)을 내장하고 있다. 드라이어(Dryer)는 공기 습기, 기름 성분을 제거하며 냉각기(Cooler) 및 기름 분리기(Oil Separator)는 공기의 온도 및 오염도 제어한다.

현장 실무 예로서 압축기에서 발생하는 고열을 식히고, 수분과 기름 등을 제거하지 않으면 밸브나 실린더 내부에서 부식이나 고장을 일으키게 된다.

공기는 기체이므로 쉽게 압축이 되고 압축성을 이용하면 일정 부피 내에 에너지를 저장

할 수 있습니다. 하지만 이로 인해 위치 정밀 제어에는 불리함이 발생한다.

압축성은 공기와 같은 기체는 외부 압력에 의해 부피가 감소할 수 있는 성질이며 이를 이용해 에너지를 저장하고, 구동기로 전달할 수 있다.

공압 흐름 경로는 [대기 공기] → [압축기] → [탱크] → [필터] → [레귤레이터] → [밸브] → [실린더]로 공기가 흐르고 있다.

※ 열역학적 원리

–등온 압축: 온도를 일정하게 유지하며 압축 → 에너지 손실 적음

–단열 압축: 열 교환 없이 압축 → 빠른 반응, 높은 온도 상승

2.2.2 공기 정화 장치(Air Preparation Unit / F.R.L Unit)

압축 공기 내 불순물(수분, 먼지, 기름 등)을 제거하고, 적정 압력과 윤활 상태를 유지해주는 장치이다. 세부 구성으로 필터(Filter)는 압축 공기 내 이물질 제거하고 마이크로 단위(μm)의 미세 먼지를 걸러내며, 일반적으로 5μm 이하 필터가 사용된다.

레귤레이터(A: Regulator)는 정압 유지(지정된 압력 범위 제어)한다. 루브리케이터는(B: Lubricator)는 공기와 함께 소량의 윤활유 주입하는 장치이다.

설치 위치로 공급 라인의 초입 또는 제어 밸브 앞쪽에 설치한다.

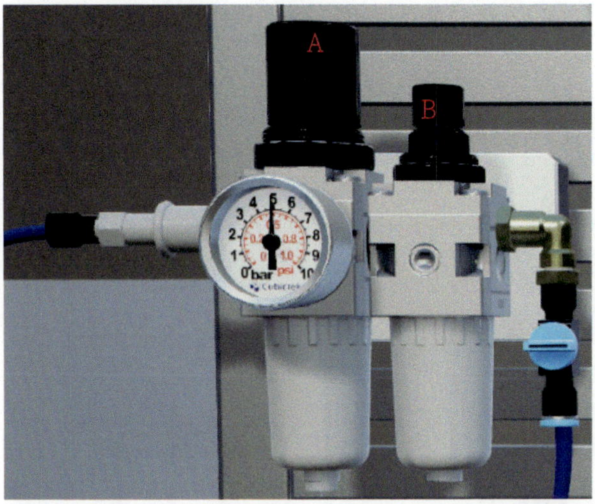

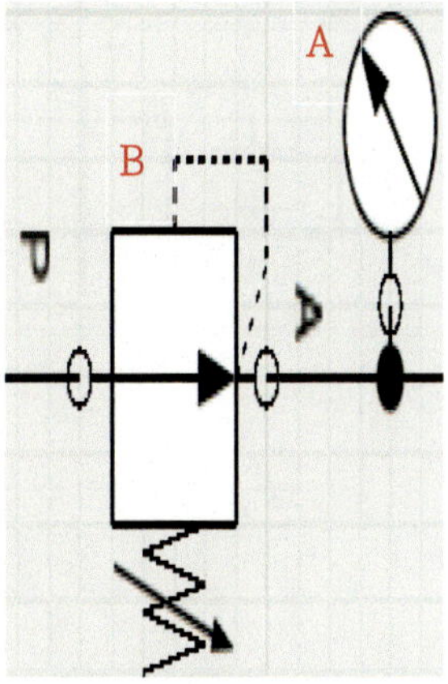

감압밸브 압력계

2.2.3 제어 밸브(Control Valve)

압축 공기의 흐름(속도)을 제어하고, 흐름 방향을 제어하는 장치이다.
공압 회로의 두뇌 역할을 하며, 밸브의 조작 상태에 따라 실린더의 동작이 결정된다.
아래 표는 제어 밸브의 기본구성 기호와 설명한 표이다,

기호	의미
□ 사각형	밸브의 1개 동작 상태 (전환 전, 전환 후 등)
→, ↑, ↓, ←	공기 흐름 방향
×, ⊤ 교차선	포트 폐쇄(닫힘)
── 포트 연결선	포트 간 연결
P	압축 공기 공급 포트(Pressure)
A, B	작업 포트(Actuator: 실린더와 연결)
R, S 또는 T	배기 포트(Return, Exhaust)

※ 포트(Port): 밸브에 연결되는 입출력 구멍. 압축 공기 공급, 실린더 작동, 배기 등이 이루어지는 위치.

(1) 기호

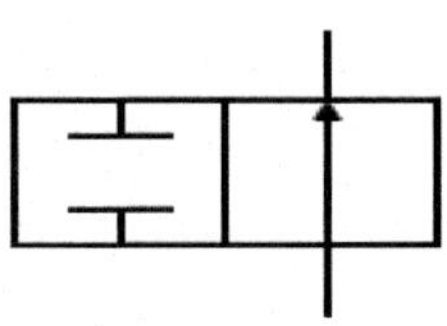

가장 간단한 밸브(Valve)라도
스위치(S/W) 위치는 2개가 된다.

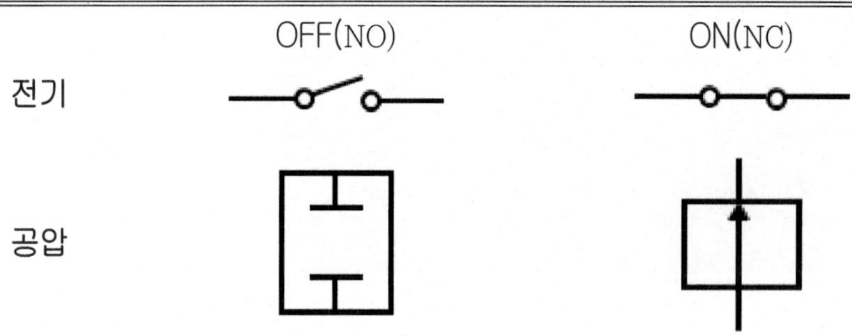

(2) 밸브의 기호 표시법(포트)

[5/2W 밸브]

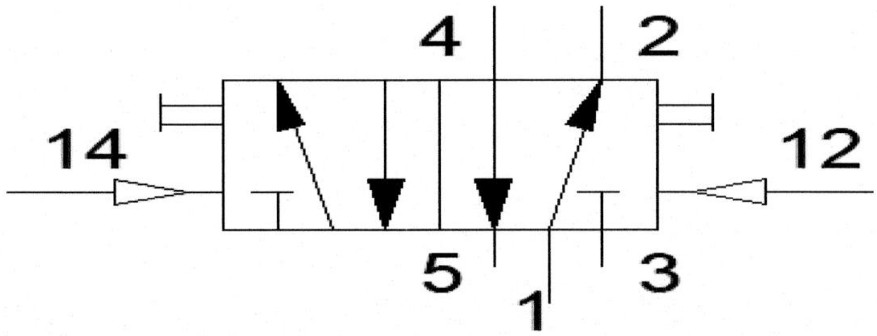

포트	ISO - 1219	ISO - 5599/II	설명
작 업 라 인	A, B, C ···	2, 4, 6 ···	실린더로 가는 작업 포트, 포트 실린더로 공기 공급(출력)
공 급 라 인	P	1	포트 압축 공기 공급
배 기 구	R, S, T(유압)···	3, 5, 7 ···	잉여 공기 배출(배기)
제 어 라 인	X, Y, Z, ···	14, 12, 10 ···	

① 밸브 표시법

아래 표는 밸브의 연결구의 기호와 내용을 작성한 표이다.

내용	기호
밸브의 스위치 전환 위치(switching position)는 4각형 표시	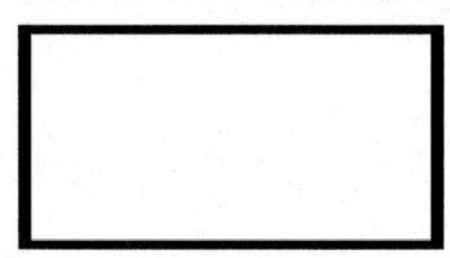
겹쳐져 있는 4각형의 개수는 밸브 전환 위치의 개수 표시	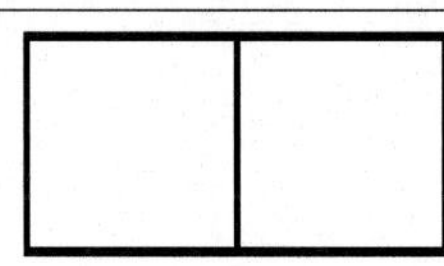
직선은 유로를 나타내며 화살표는 공기(기름) 흐르는 방향 표시	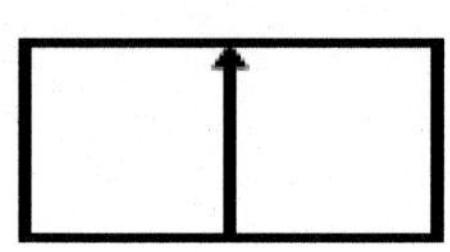

내용	기호
차단(shut-off) 위치는 4각형 안에 직각으로 표시	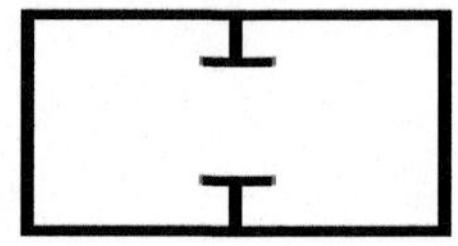
유로의 접점은 점으로 표시된	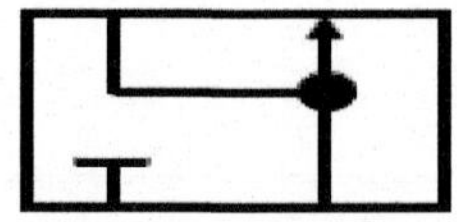
출구와 입구의 연결구는 4각형밖에 직선으로 표시	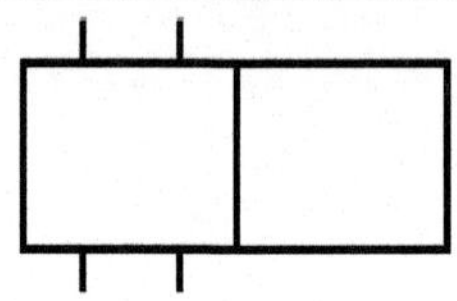
밸브의 다른 제어 위치는 4각형의 좌우로 움직임	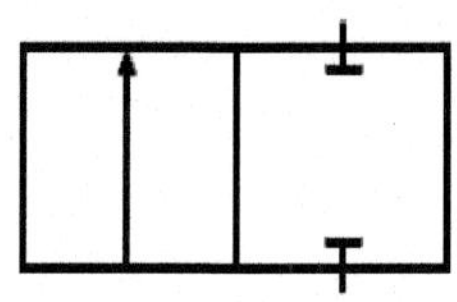
밸브의 스위치 위치는 a, b, c 등의 소문자로 표시	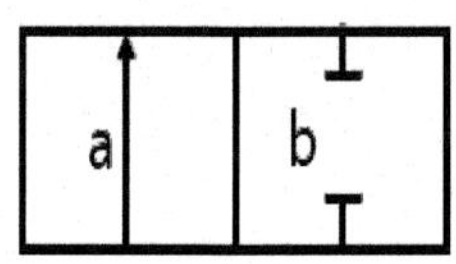
3개의 전환 위치를 갖는 밸브에서 중간위치는 중립위치	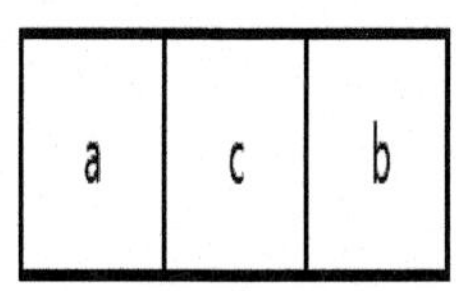

② 포트와 위치 수에 따른 분류

- 밸브 포트 수 + 위치 수 표기법

  방향 제어 밸브는 일반적으로 "X/2", "X/3" 식으로 표기됨.

  예: 5/2 밸브 → 포트 5개, 위치 2개

• 밸브를 표시할 때 부가적으로 붙는 것.

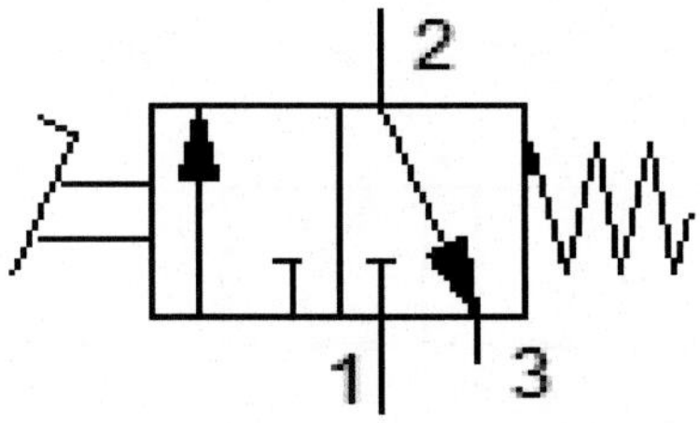

[3/2W 밸브(NC형)]

스프링 복귀형

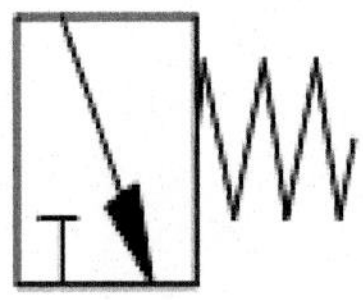

초기

풋-페달 작동

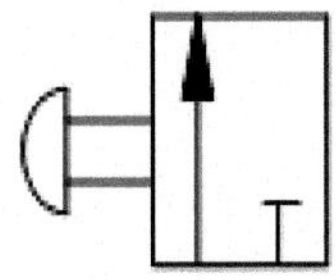

동작

• 포트 수 및 위치 표시법

종류		KS 기호
포트 수	전환 위치의 수	1 2 3
2포트	2위치	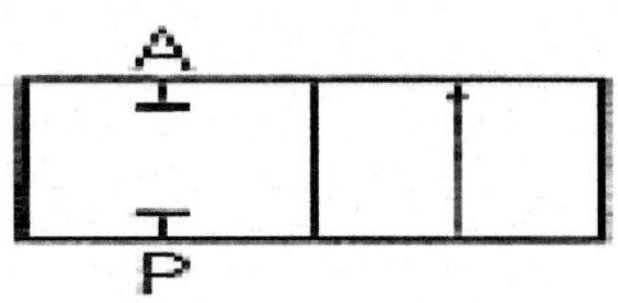
3포트	2위치	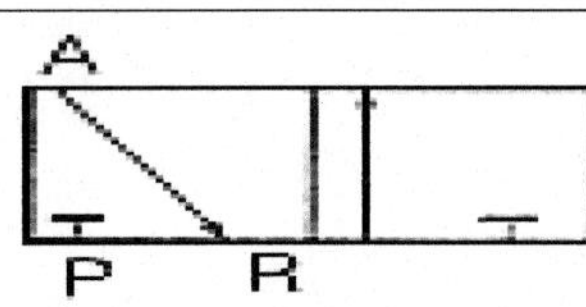 단동 실린더 제어용 사용
	3위치 (올포트블록)	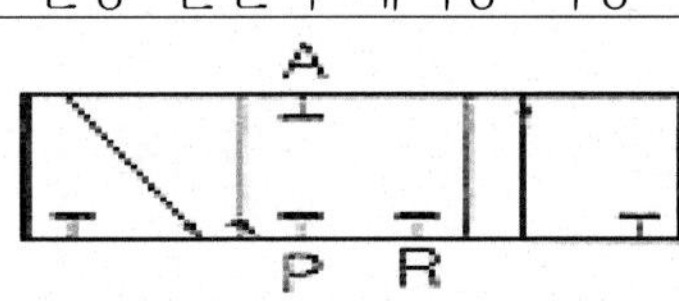

종류		KS 기호
포트 수	전환 위치의 수	1 2 3
4포트	2위치	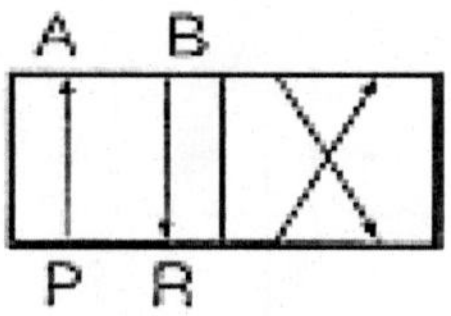 (복동 실린더용 소형 밸브 등 사용)
	3위치 (올포트블록)	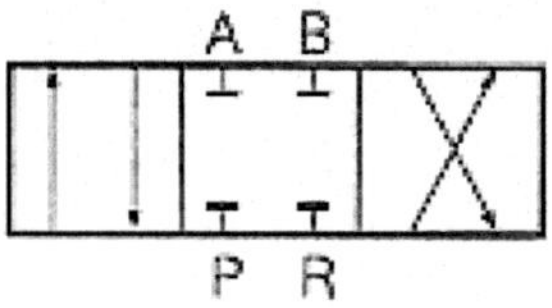
	3위치 (ABR 접속)	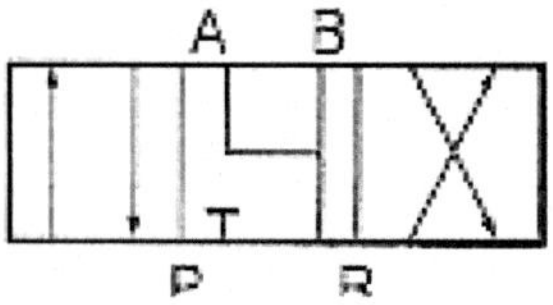
	3위치 (PAB 접속)	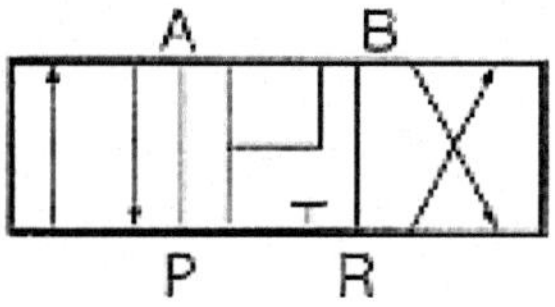
5포트	2위치	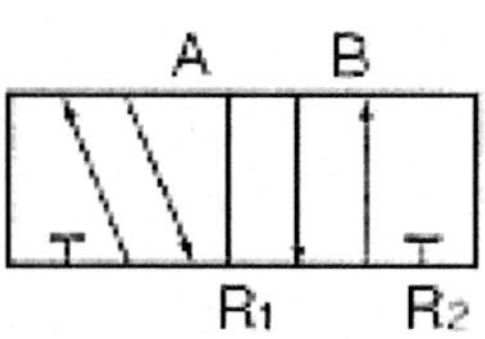 (복동 실린더 제어에 많이 사용)
	3위치 (올포트블록)	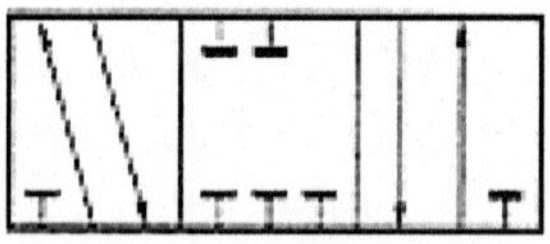 (중간위치 제어 가능)

(3) 밸브 전환 및 귀환 방법(Transition and Return)

① 방향 제어 밸브(Flow Control Valve): 흐름 속도제어

종류	실물	기호
3/2W 공압작동스위치(NC)	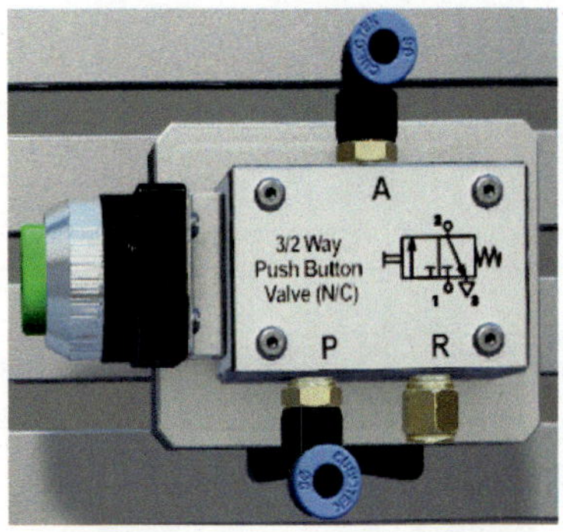	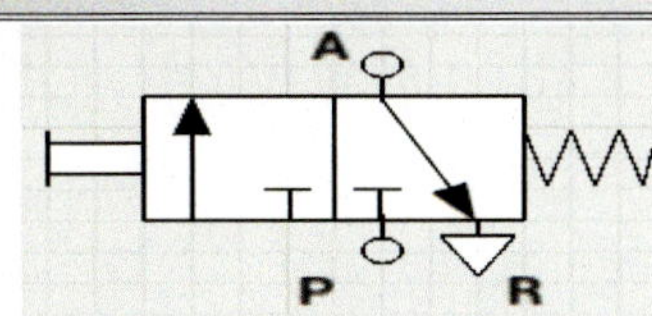 초기 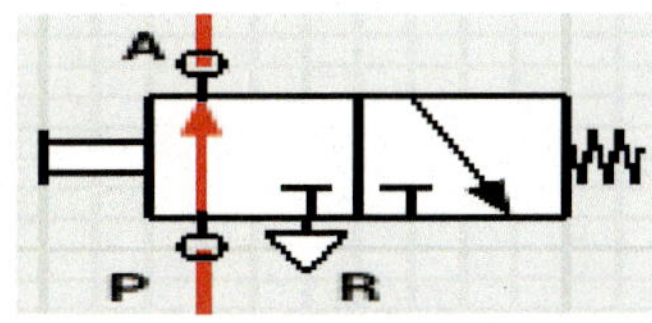 동작

✔ 3/2 방향 제어 밸브 (스프링 리턴, 누름 버튼 작동)

포트: P(압력) / A(작동) / R(배기)

✔위치: 2개

작동: 누름 버튼 누르면 P → A, 버튼 놓으면 스프링에 의해 복귀되어 A → R

※ 스프링 리턴(Spring Return): 밸브 내부 스프링에 의해 자동으로 원위치 복귀방식.

3/2W 공압작동스위치(NO)	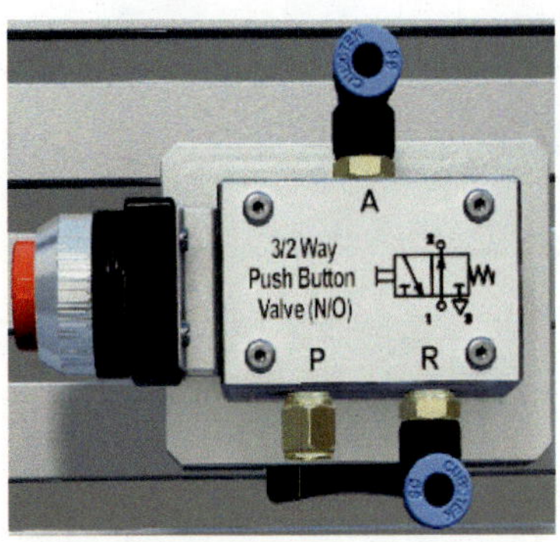	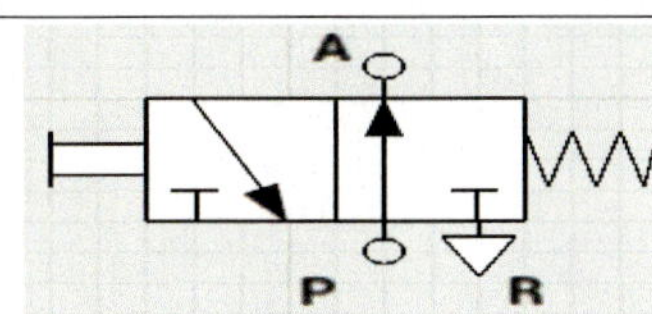 초기 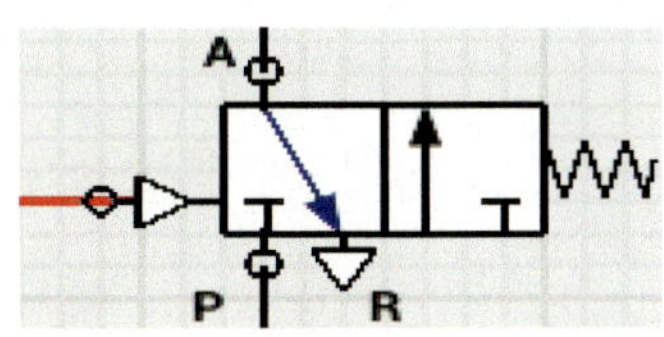 동작

3/2W
선택스위치(NC)

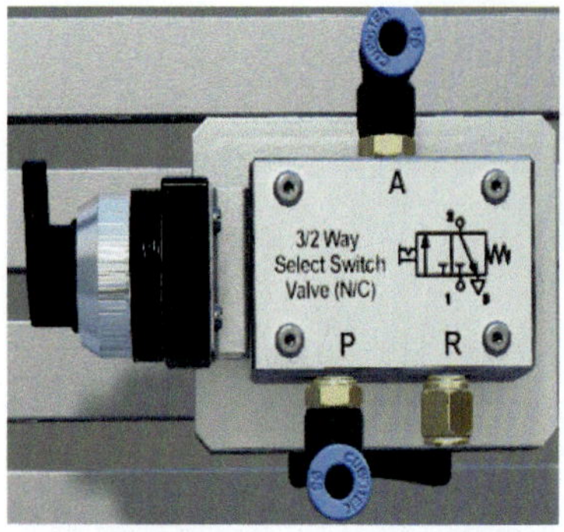

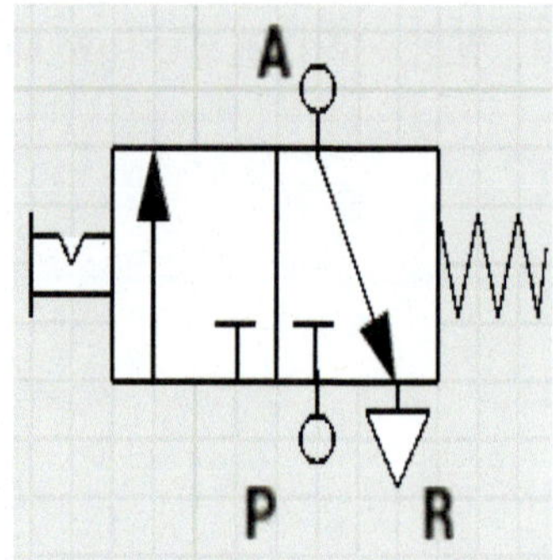

3/2W
선택스위치 작동
밸브(NO)

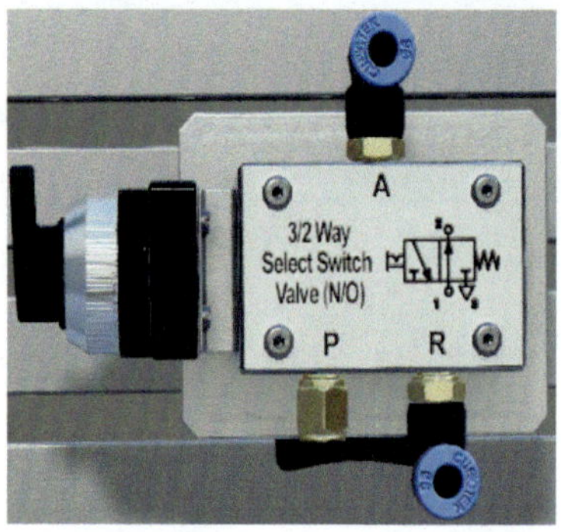

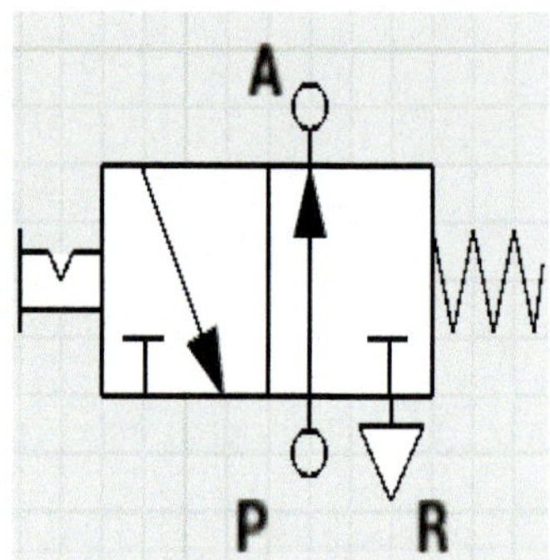

5/2W
공압작동밸브
(공압복귀)

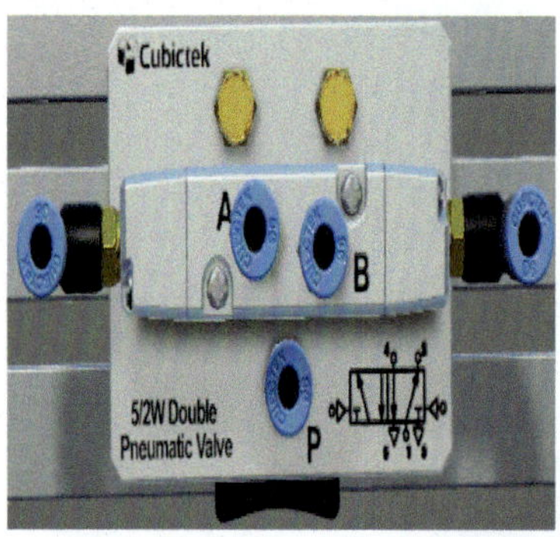

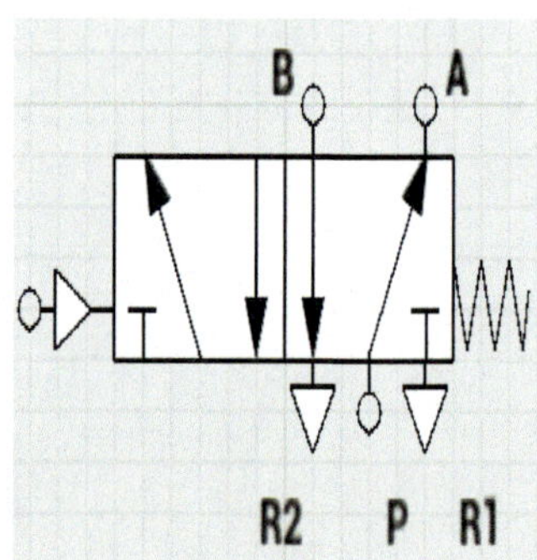

✔ 5/2 방향 제어 밸브 (솔레노이드 + 스프링 복귀형)
포트: P(압력) / A, B(작동) / R1, R2(배기)

✔ 위치: 2개
작동: 전기 신호로 솔레노이드 작동(누름 버튼 누르면 P → A, B)) → 위치 전환, 신호 차단 시 스프링으로 복귀

※ 솔레노이드(Solenoid): 전기 자극으로 코일이 작동해 밸브의 위치를 전환하는 장치.

5/2W
공압작동밸브
(스프링복귀)

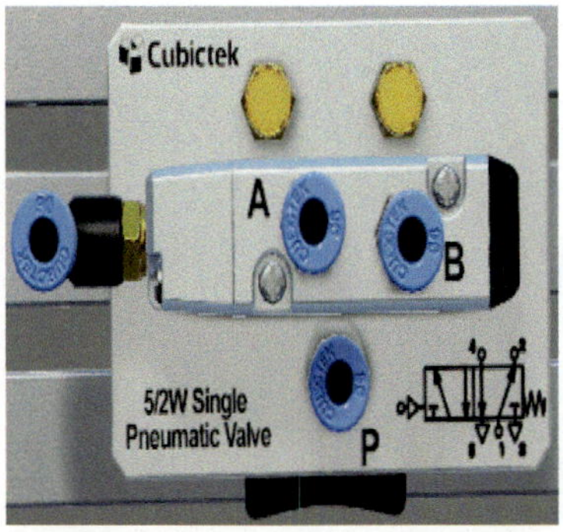

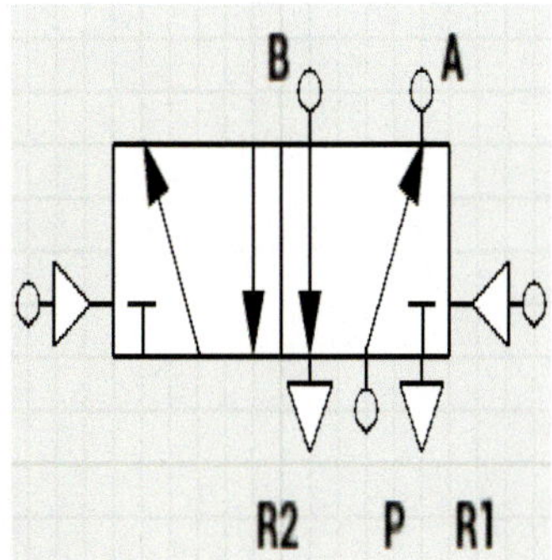

✔ 5/3 방향 제어 밸브(중간위치 포함)
포트: P(압력) / A, B(작동) / R1, R2(배기)

✔ 중립위치(Closed center) ➡ P 차단, A·B 차단

✔ 중립위치(Floating center) ➡ P 차단, A·B 개방

✔ 중립위치(Pressurized center) ➡ P → A·B 공급

※ 중립위치가 존재하여 중간 정지, 공기 배기 유지, 압력 유지 등 다양한 상태 제어 가능

3/2W
공압작동밸브(NC)

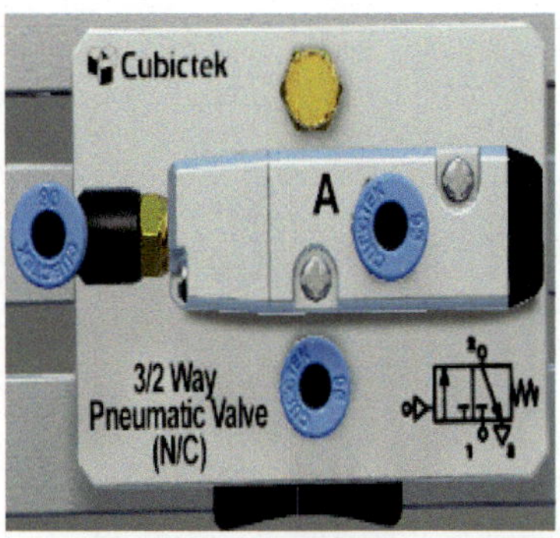

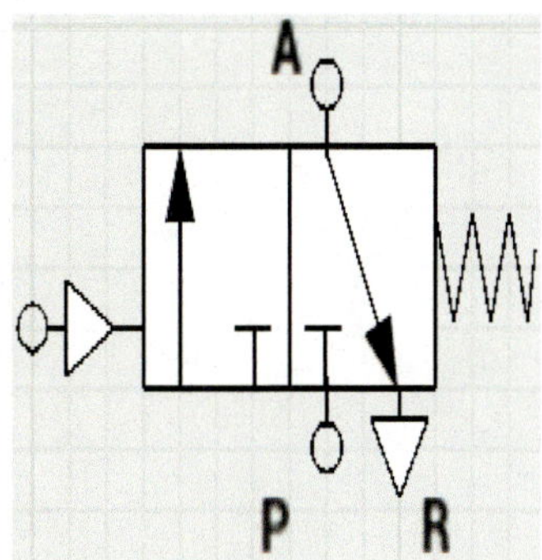

3/2W
공압작동밸브(NO)

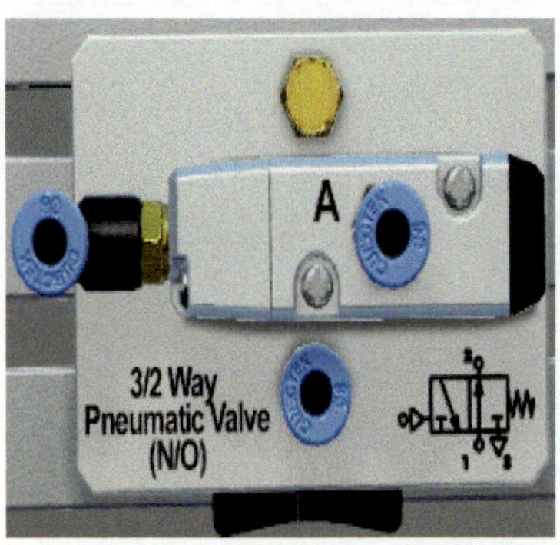

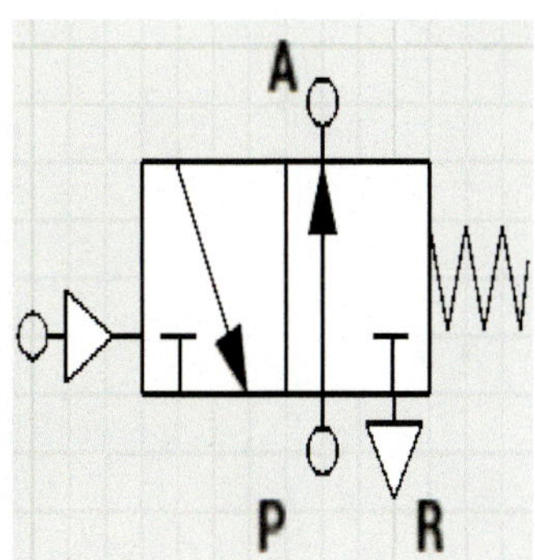

Two(AND) 밸브	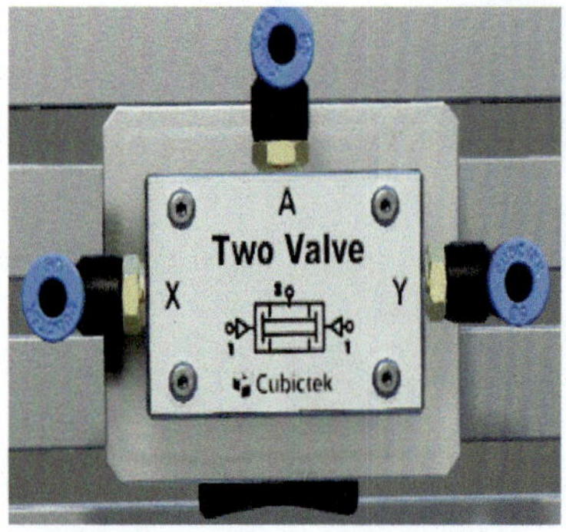	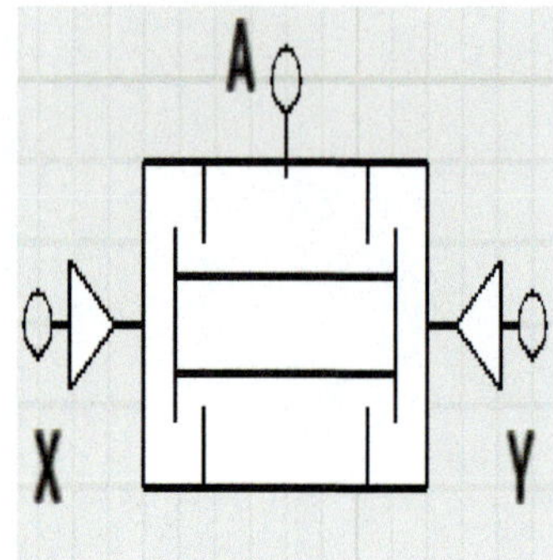
써틀(OR) 밸브	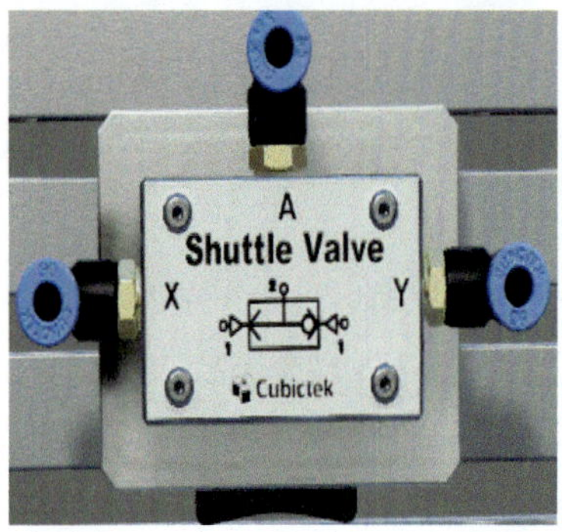	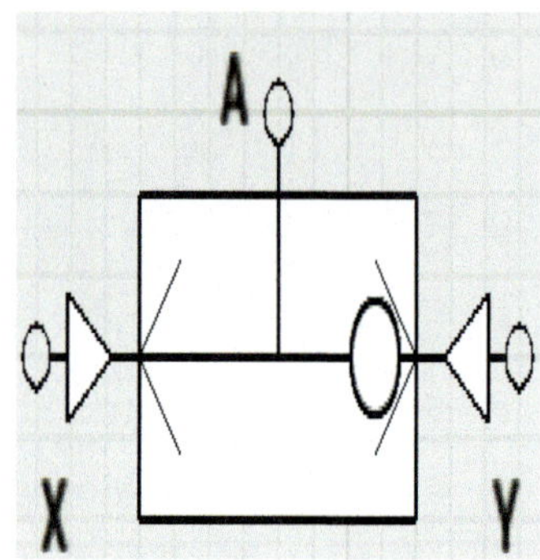
3/2W 편솔레노이드 밸브	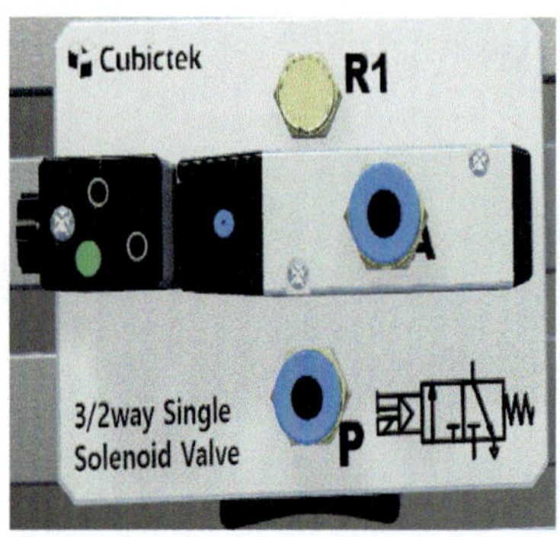	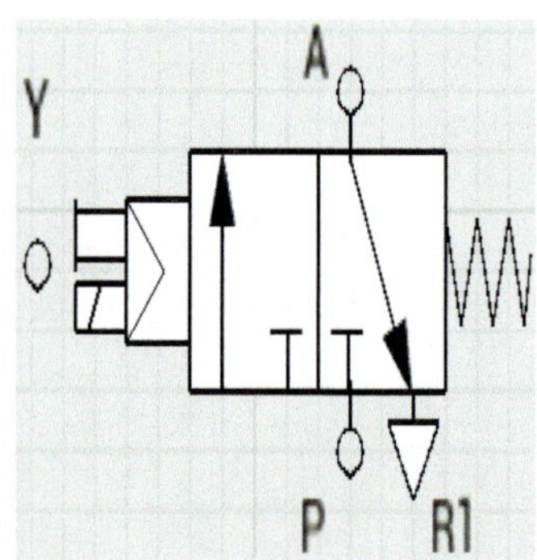
5/2W 편솔레노이드 밸브	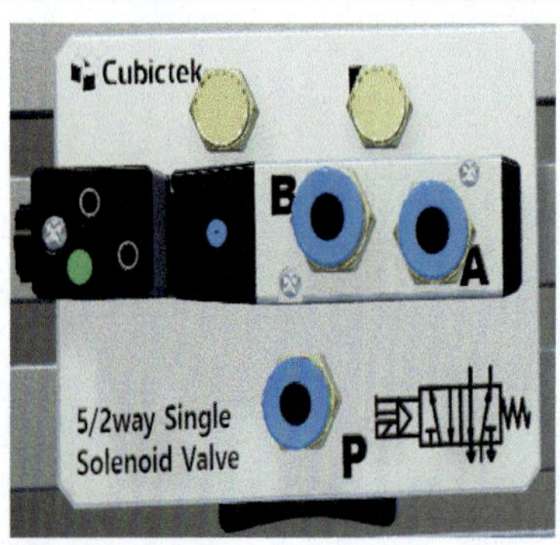	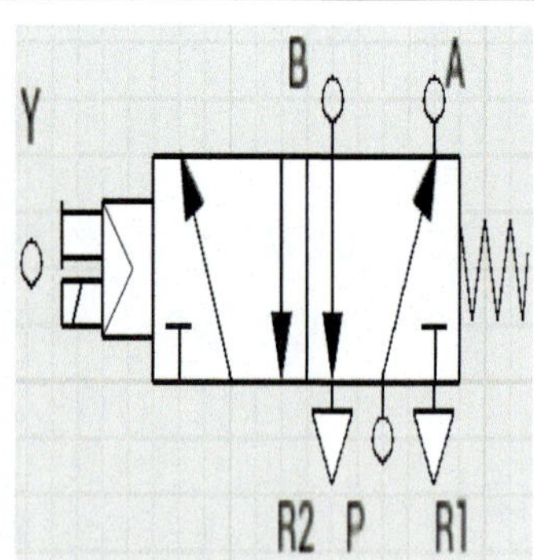

5/2W 양솔레노이드 밸브	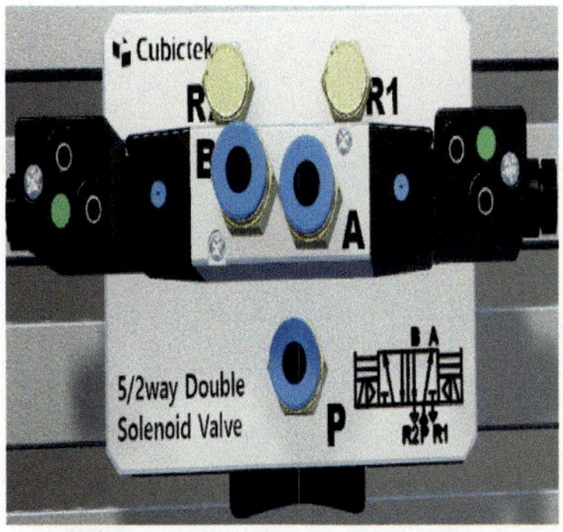	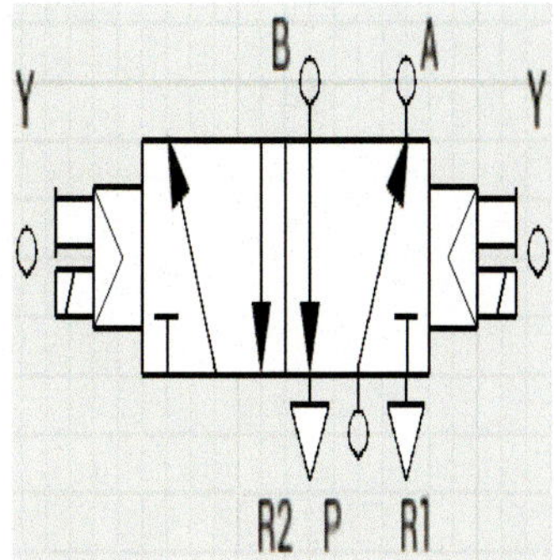

② 유량 제어 밸브(Flow Control Valve): 공기 흐름 속도제어

종류	실물	기호
일방향유량제어	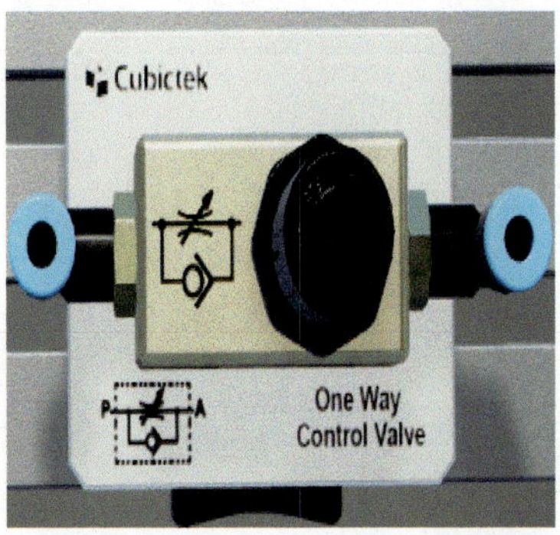	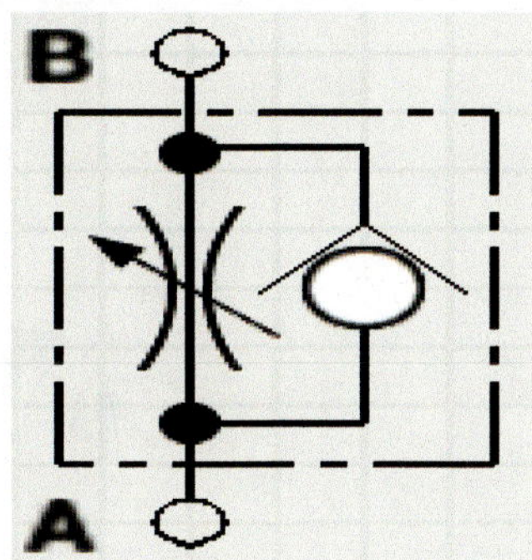
급속배기밸브	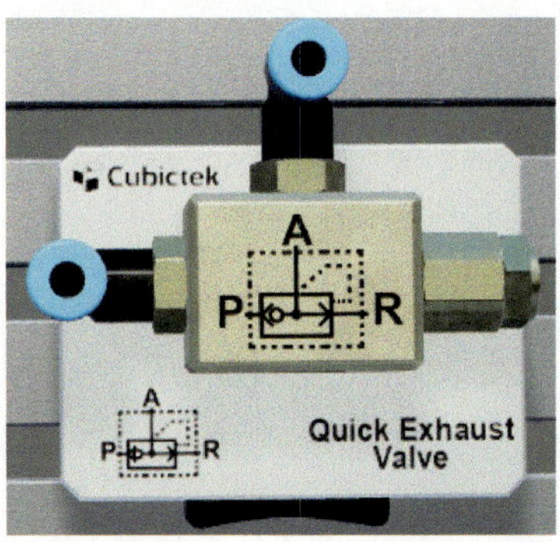	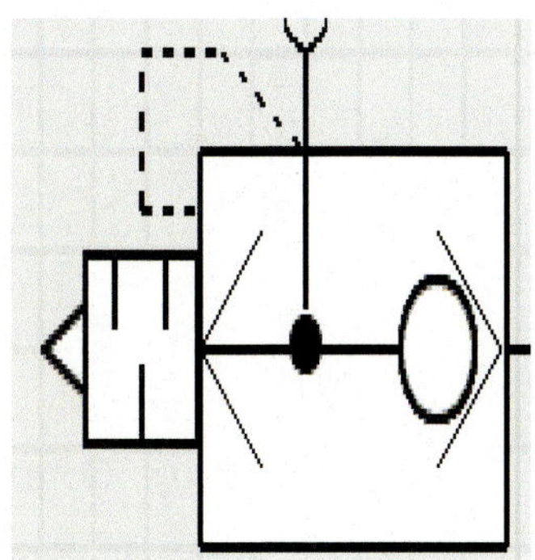

③ **압력제어 밸브(Pressure Control Valve)**: 정해진 압력 유지 또는 방출

종류	실물	기호
감압밸브	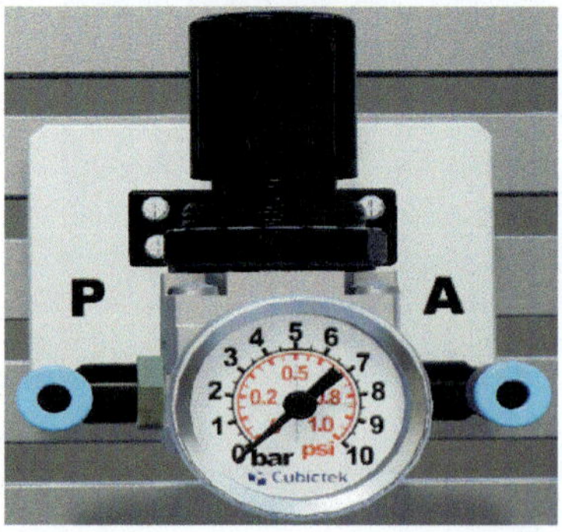	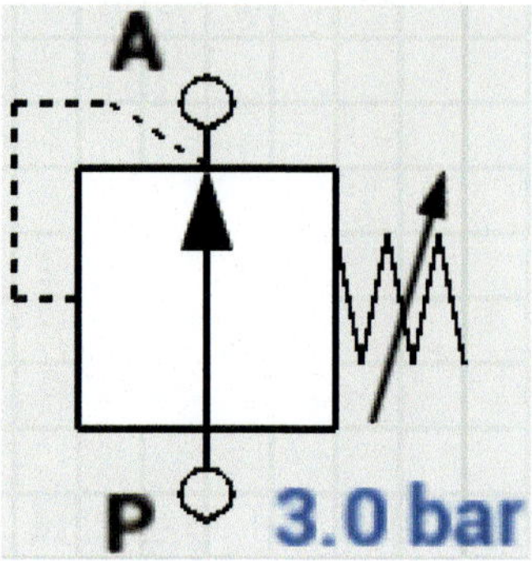

④ **체크 밸브(Check Valve)**: 한 방향 흐름만 허용

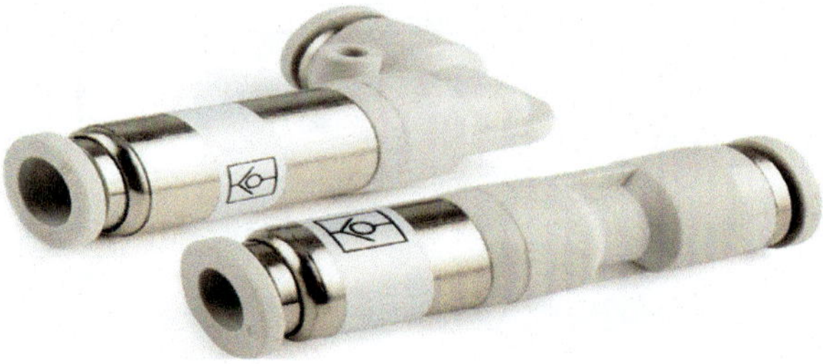

일반적으로 5/2W 방향 제어 밸브는 복동 실린더를 제어하며, 레버 조작, 솔레노이드, 에어 조작 등 다양한 방식으로 작동된다.

※ 5/2W 밸브: 포트 5개, 위치 2개로 공기를 전·후방으로 보내 복동 실린더를 구동하며 Flow Control Valve는 실린더 속도제어에 핵심적인 역할을 하며, 체크 밸브와 조합해 "속도 제어 회로" 구성에 사용된다.

2.2.4 작동기(Actuator): 실린더

제어된 공압력을 이용하여 물리적인 작업(이동, 압착, 회전 등)을 수행하는 장치입니다. 일반적으로 솔레노이드 밸브의 움직임으로 작업을 수행하며, 위치 센서와 연동해 자동화 설비에서 사용된다.

(1) 주요 종류

① 실린더(Cylinder): 직선 왕복운동

<table>
<tr><th>종류</th><th>실물</th><th>기호</th></tr>
<tr><td>단동</td><td>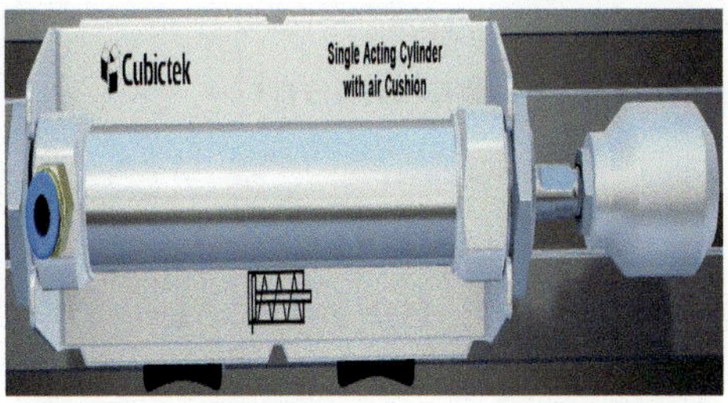

• 단동 실린더(Single Acting Cylinder)
: 한 방향은 압축 공기로 움직이고, 반대 방향은 스프링 또는 중력으로 복귀되는 실린더.
: 현장 실무 예로서 단동 실린더는 스프링 복귀방식으로 간단한 반복 작업에 적합</td><td>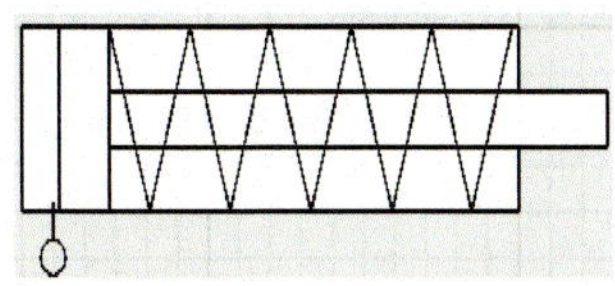</td></tr>
<tr><td>복동</td><td>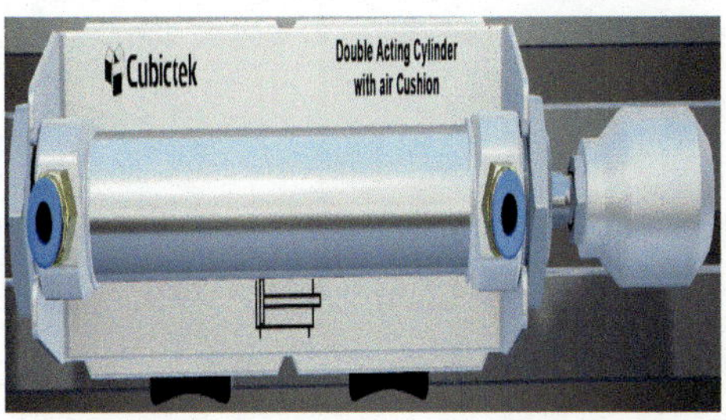

• 복동 실린더(Double Acting Cylinder)
: 양쪽 모두에 공기가 작용하여 전진·후퇴가 모두 공압에 의해 이루어짐. 스프링이 없음.
: 현장 실무 예로서 복동 실린더는 양방향 공기 구동이 가능해 정밀한 반복 작업에 적합</td><td>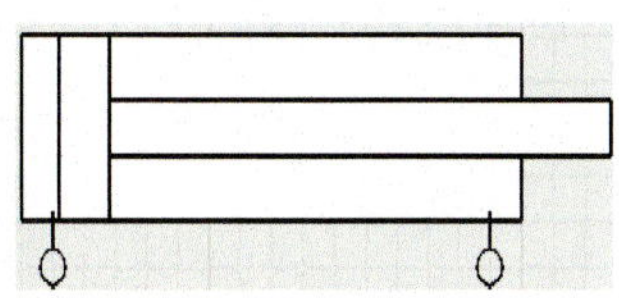</td></tr>
</table>

② 에어 모터(Air Motor): 공압을 회전 동력으로 변환

현장 실무 예로서 에어 모터는 전기 스파크 없이 구동 가능하여 방폭 환경에 적합하다.

2.2.5 보조 기기 및 센서류(Auxiliary Equipment)

공압 회로의 동작 감시, 소음 제거, 이상 상태 보호 등의 기능을 수행하는 기기이다.

(2) 주요 장치

① 감지 센서(Sensor): 실린더의 위치 감지 및 신호 전달

종류	실물	기호
리밋스위치(좌측)	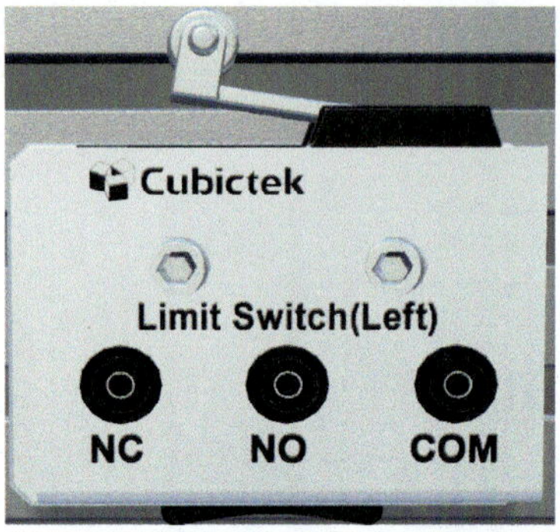	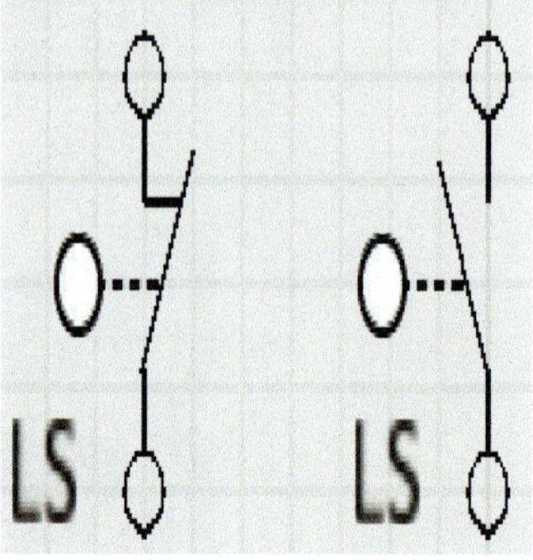 NC NO

리밋스위치(우측)	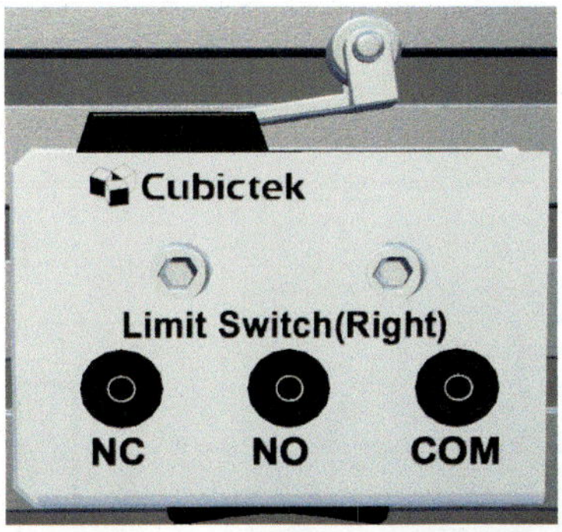	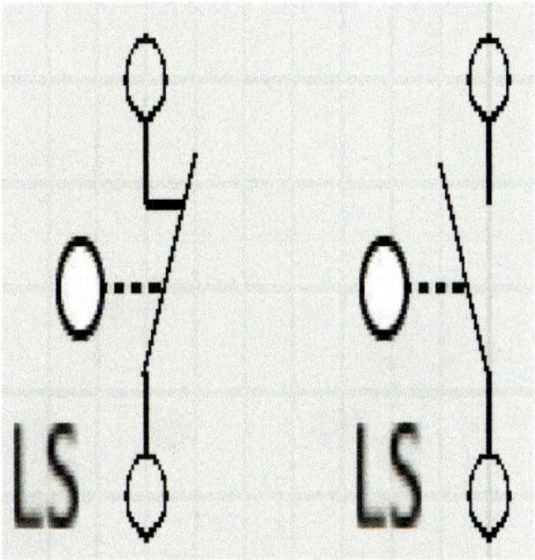 NC NO
정전용량형센서	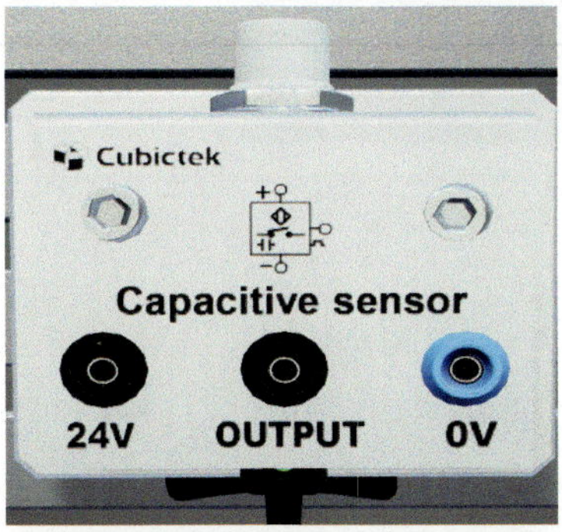	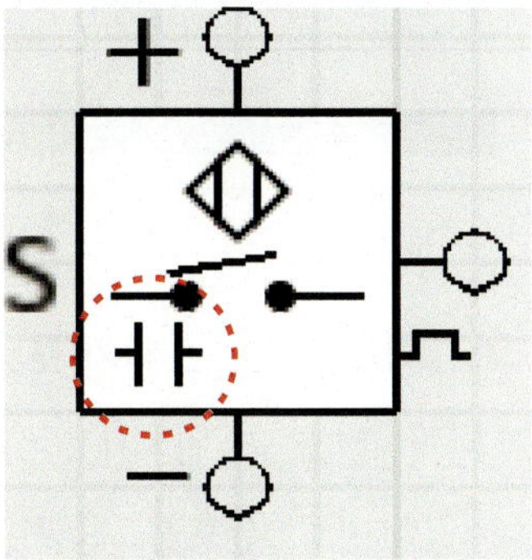
유도형센서	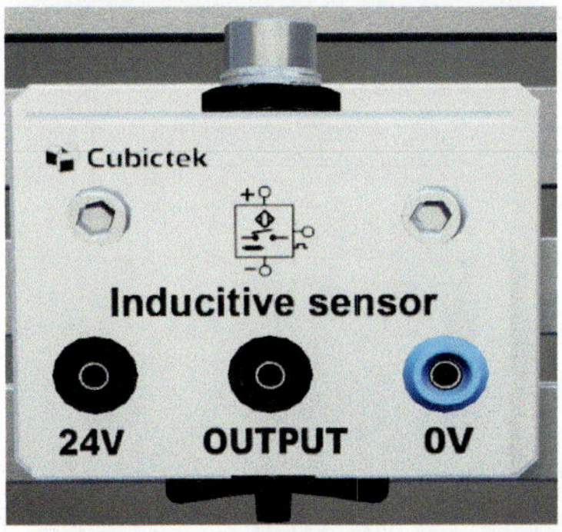	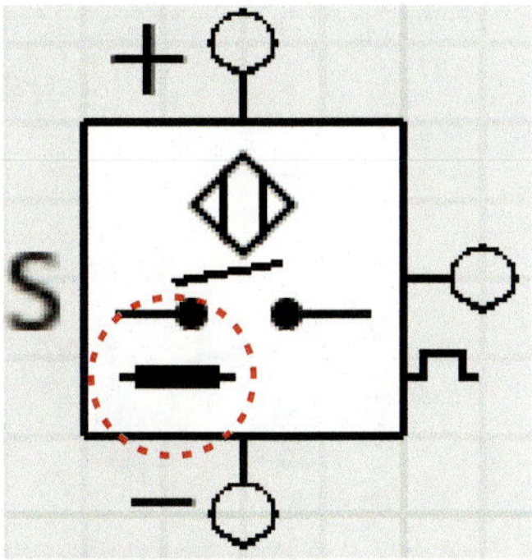

② 사일렌서(Silencer): 배기 소음 감소

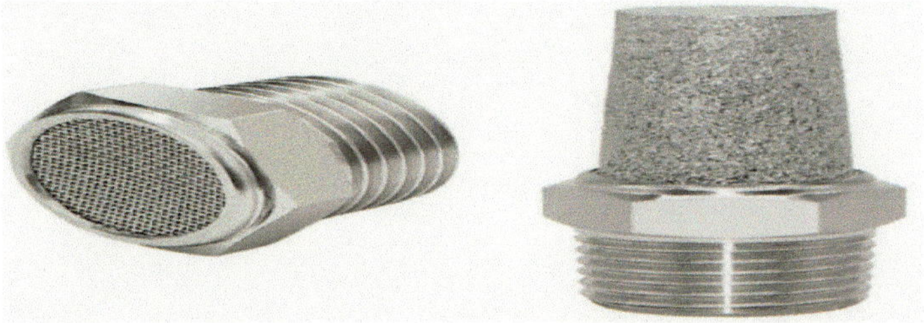

사일렌서는 고속 배기 시 소음을 줄이고, 청각 안전 및 작업 환경 개선에 기여한다.

③ **릴리프 밸브**(Relief Valve): 압력 이상 감지 및 제어

실물	기호
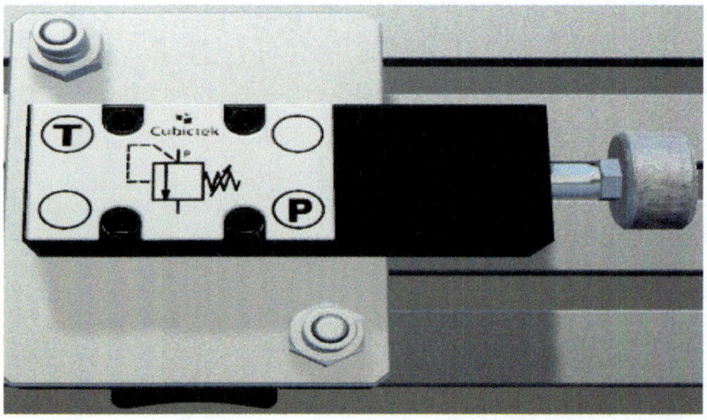	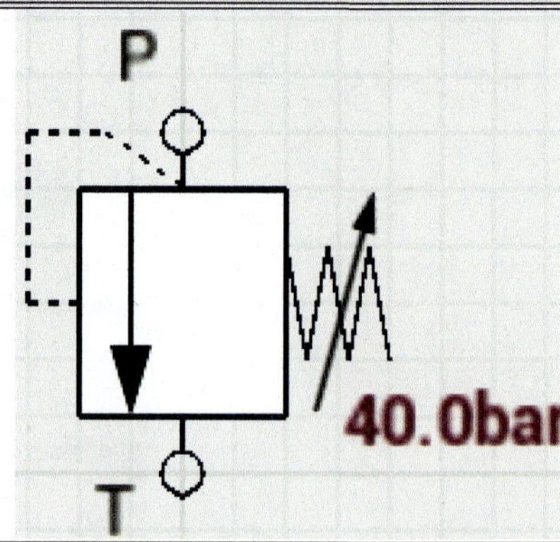

④ **마그네틱 리드 스위치**(Magnetic Reed Switch): 회로 수동 차단용

마그네틱 리드 스위치(Magnetic Reed Switch)는 실린더 내부 자석 위치를 감지하여 PLC나 릴레이로 신호를 전달한다.

실물	기호
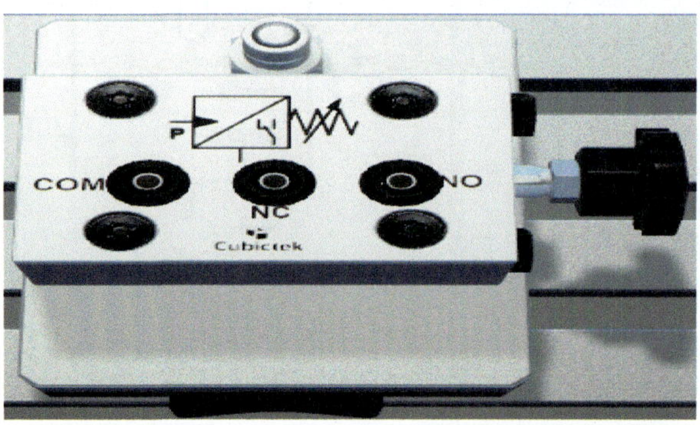	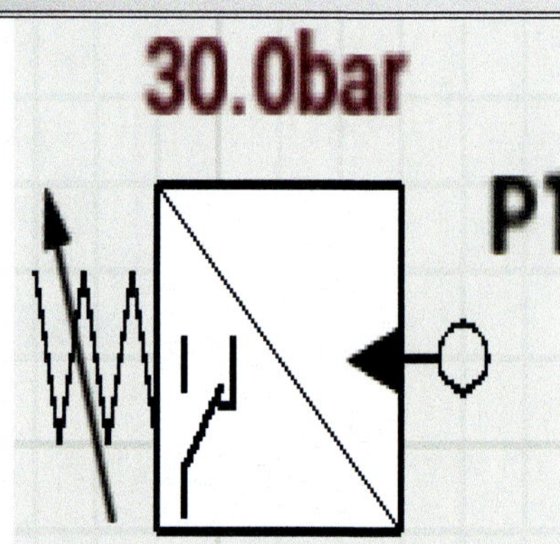

2.3 기본 회로 개요(Basic Circuit Overview)

공압 회로는 공기 공급 장치, 제어 밸브, 액추에이터(실린더), 센서 등의 장치가 유기적으로 연결되어 동작하는 시스템이다.
구성 방식에 따라 다양한 회로 설계가 가능하며, 기본적으로 다음과 같은 회로 형태가 있다.

2.3.1 직접제어 회로(Direct Circuit)

- 실린더를 밸브로 직접 제어하는 방식. 가장 간단한 형태.

2.3.2 간접 제어 회로(Indirect Circuit)

- 중간에 보조 밸브나 릴레이를 사용하는 방식.

2.3.3 직렬 회로(Series Circuit)

- 한 장치의 동작이 끝난 후 다음 장치가 작동
- 시퀀스 제어(Sequence Control)에 주로 사용됨
- 예: 실린더 A → A 복귀 후 실린더 B 작동

※ 시퀀스 제어: 특정 순서에 따라 공압 장치가 순차적으로 동작하도록 제어하는 방식.

2.3.4 병렬 회로(Parallel Circuit)

- 두 개 이상의 장치가 동시에 또는 독립적으로 동작
- 각각의 제어 밸브로 제어되므로 응답성이 좋음

2.3.5 반복 회로(Repetitive Circuit)

- 자동 반복 동작 수행
- 리밋 스위치 또는 센서가 실린더의 끝 위치 감지 후 복귀

※ 한계 밸브(Limit Switch): 실린더 끝단에 설치되어 위치를 감지하고 제어 신호를 보내는 공압 스위치이다.

2.3.6 AND 회로(AND Circuit)

- 두 개의 입력 신호가 모두 있어야 동작
- 안전장치나 이중 조작 장치에 사용

2.3.7 OR 회로(OR Circuit)

- 어느 하나의 입력 신호만 있어도 동작
- 우선순위 제어가 필요 없는 경우 사용

2.3.8 타이머 회로(Timer Circuit)

- 설정된 시간의 시간차를 두고 ON, OFF하는 회로

종류	설명
ON Delay Timer	입력 후 일정 시간 지나서 작동
OFF Delay Timer	입력 해제 후 일정 시간까지 작동 유지
One Shot Timer	짧은 시간 펄스 출력

2.3.9 카운터 회로(Counter Circuit)

- 설정된 횟수에 따라 ON, OFF하는 회로

종류	설명
Up Counter(증가)	증가 입력 후 일정 회수가 지나서 작동(1.2.3)
Down Counter(감소)	감소 입력 후 일정 회수가 지나서 작동(3.2.1)

2.3.10 래치 회로 (Latching Circuit)

- 스위치 작동 후 계속 유지되는 상태를 의미하며, "자기 유지 회로"라고도 함.
- 누름 버튼(PB: Push Button)을 한 번 누르면 작동하며 다시 누름 버튼을 누르면 정지하는 회로
  동작 흐름은

PB ON 스위치 → 릴레이 작동 → 릴레이 자기유지(자기 접점 ON 상태 유지)
→ PB OFF 스위치 → 릴레이 차단

2.3.11 인터록 회로(Interlock Circuit)

- 기기 간 충돌을 방지하기 위해 특정 장치가 작동 중일 때 다른 장치의 작동을 막는 보호 장치.
- 2개 이상의 누름 버튼(PB: Push Button)을 동시에 누르면 하나만 동작
- 안전을 확보하기 위해 상호 제어를 구성.

2.4 회로도 해석(Circuit Diagram Analyses)

공압 회로도는 공기의 흐름과 각 구성요소의 동작 관계를 나타내는 설계 도면이다. 정확한 해석 능력은 회로 설계, 유지보수, 고장진단에 있어 필수이다.

2.4.1 회로도 기본구성 요소 확인

(1) 공기 공급원: 일반적으로 왼쪽 위에 위치

→ 압축기(Compressor), 필터(Filter), 레귤레이터(Regulator), 루브리케이터(Lubricator) 등

(2) 밸브와 포트: 회로 중앙에 위치하며, 기호와 포트 번호로 기능 파악

→ 5/2W, 3/2W 밸브 등 동작 방식 확인

(3) 실린더/액추에이터: 회로의 끝단에 위치

→ 단동, 복동, 로터리 등 종류 식별

(4) 제어 신호: 수동 스위치, 리밋 밸브, 센서 등

→ 신호의 흐름 방향과 입력 시점을 확인

(5) 신호 흐름 추적

사용자가 누르는 버튼 → 밸브 → 실린더 → 피드백 센서

※ 예제: A+ B+ B− A−(타이머 포함)

회로 흐름도 (타이머 포함)

▶ START

└▶ A+ (A 실린더 전진)

└▶ [타이머 1초] → B+ (1초 후 B 실린더 전진)

└▶ [타이머 0.5초] → B− (1초 후 B 실린더 후진)

└▶ [타이머 1초] → A− (1초 후 A 실린더 후진)

└▶ END

2.5 회로 구성 시 고려 사항(Considerations Designing Circuit)

효율적이고 안정적인 회로 설계를 위해 다음 요소들을 반드시 고려해야 한다.

2.5.1 안정적인 공기 공급

- 압력의 급격한 변화는 장비 오작동 유발
- 정압밸브(Pressure Regulator)로 압력 유지
- 릴리프 밸브(Relief Valve)로 과압 방지

※ 정압밸브는 시스템 내 압력을 설정값으로 유지하는 장치입니다.

2.5.2 적절한 유량 제어

- 실린더 속도제어 필요
- 유량 제어 밸브(Flow Control Valve) 사용

2.5.3 반응 시간 고려

- 밸브와 실린더 간의 거리, 배관 길이 고려
- 과도한 응답 지연 시 → 응답 지연 회로 또는 버퍼 설치 필요

2.5.4 안전성 확보

- 비상 정지(E-Stop) 회로 설치
- 복귀 위치 센서, 압력 스위치 등을 통한 이중 제어

2.5.5 유지보수 편의성

- 각 밸브, 센서에 명확한 라벨 부착
- 배선 및 배관 체계적 구성(번호 표시, 색상 구분)

2.5.6 회로도 작성 시 주의사항

- 기호는 통일된 국제 규격 사용
- 신호 흐름은 왼쪽에서 오른쪽, 위에서 아래 방향으로 표시
- 명확한 포트 번호와 연결선 명시
- 중첩되는 선은 점으로 연결(도면 명료화)

2.6 유지보수와 고장진단(Maintenance & Troubleshooting)

공압 시스템은 생산 자동화 설비에서 정확한 동작과 연속 운전을 보장해야 합니다. 그러나 장시간 작동하면서 마모, 오염, 누설, 고착 등의 다양한 문제에 노출된다. 이러한 문제를 사전에 방지하고, 안정적인 시스템 운영을 유지하기 위해 유지보수는 꼭 필요하다.

2.6.1 정기적인 유지보수

이유	설명
장비 수명 연장	마모 부품을 교체하여 전체 수명을 증가시킴
고장 예방	사전 점검으로 고장 징후를 조기 발견 가능
생산성 향상	불필요한 정지를 줄이고 효율적인 운전 가능
안전사고 예방	실린더 오동작 등으로 인한 위험 요소 제거
갑작스러운 설비 정지	생산 지연 및 납기 문제 발생
안전사고 위험 증가	실린더 오동작, 배관 이탈 등
부품 수명 단축	마모·오염으로 인한 조기 고장
유지비용 증가	고장 후 복구 시 더 큰 비용 발생
공기 누설로 인한 에너지 낭비	생산비용 증가 및 환경 부담

※ 마모(Wear): 사용 중 부품이 마찰이나 압력에 의해 닳는 현상.

2.6.2 공압 시스템 점검 항목

공압 회로의 유지보수를 위해서는 아래와 같은 항목들을 정기적으로 점검해야 합니다.

※ 점검 항목별 체크리스트

항목	점검 내용
압축기(Compressor)	압력, 소음, 기름 상태 확인
필터(Filter)	이물질, 수분, 오염 확인 및 세척 또는 교환
레귤레이터	설정 압력 유지 여부 확인
윤활기(Lubricator)	윤활유 잔량 및 공급 상태 점검
호스 및 배관	누설, 균열, 연결 상태 확인
실린더	움직임 이상 여부, 기름 누출 등 확인
밸브류	작동 반응 속도, 이물질 유무 등 확인

2.6.3 고장진단 기본 절차

공압 시스템의 고장이 발생했을 때, 다음과 같은 순서로 점검해야 빠르고 정확한 원인 파악이 가능하다.

1. 증상 파악: 어떤 문제가 발생했는지 확인
2. 시각적 점검: 누유, 파손, 연결 불량 여부 확인
3. 기본 전원 확인: 전기, 공기 공급 이상 여부
4. 부분별 점검: 밸브, 센서, 릴레이 등 세부적으로 점검
5. 기록 비교: 이전 점검 이력 및 변경 사항 확인
6. 대체 실험: 문제 부품을 다른 것으로 교체 테스트

2.6.4 주요 고장 사례 및 원인 분석

증상	주요 원인
실린더 전진 불가	압력 부족, 밸브 고장, 배관 누설
실린더 복귀 불가	복귀 스프링 손상, 배기 차단
밸브 작동 안됨	솔레노이드 불량, 전기 신호 없음
시스템 압력 계속 하락	누설, 필터 막힘, 압축기 출력 저하
작동 속도 느림	오염, 기름 부족, 밸브 막힘

※ 솔레노이드 불량: 전기를 공급해도 밸브가 작동하지 않는 경우. 내부 코일 단선 또는 고착된 플런저가 원인일 수 있습니다.

2.6.5 유지보수 방식 3가지

종류	설명
예방 보전(PM)	정기적으로 점검하여 고장을 미리 방지
예지 보전(PDM)	센서나 데이터를 기반으로 고장을 예측
사후 보전(CM)	고장이 난 후 수리하는 방식

※ 예방 보전(PM: Preventive Maintenance): 예를 들어 매주 필터 청소, 매월 윤활 상태 점검 등을 정기적으로 수행하는 방식입니다.

※ 예제: 고장진단 시나리오

사례 : 실린더가 전진하지 않음

점검 순서:

① 전원 정상 공급 여부 확인 (전기/공기 모두)

② 솔레노이드 밸브의 신호 여부 확인 (릴레이, PLC 출력 등)

③ 밸브 작동 여부 확인 (수동 버튼으로 확인)

④ 호스 및 배관 상태 확인 (누설 여부)

⑤ 실린더 자체 이상 여부 확인 (마모, 파손 등)

2.6.6 공압 시스템 유지보수 체크리스트(주간/월간)

점검 항목	주간 점검	월간 점검
필터 이물질 확인	✓	✓
기름 상태 확인	✓	✓
배관 누설 확인	✓	✓
압력 게이지 상태	✓	✓
밸브 응답 속도		✓
실린더 작동 상태	✓	✓
전체 회로 테스트		✓

※ 고장을 줄이기 위한 실무 팁

- ☑ 배관은 반드시 곡선 완만하게 설치하고 고정
- ☑ 케이블/배선은 단선 방지 클립으로 고정
- ☑ 솔레노이드 밸브는 수시로 수동 버튼으로 작동 테스트
- ☑ 실린더 끝단에 완충(댐퍼) 장착으로 마모 방지
- ☑ 부품 구매 시, 규격 확인 및 동일 모델 유지

제 3 장

유압 제어

(Oil Pressure Control)

3.1 유압 제어

3.1.1 유압 제어 기초

유압이란 압력에 가한 기름에 의하여 피스톤 등의 동력 기계를 작동시키는 것을 유압이라 한다. 유압기기에 있어서 유압에 의한 힘의 전달은 파스칼의 원리에 기초를 둔 것으로서 유압장치는 이 원리를 응용한 것에 불과하다.

파스칼의 원리는 "밀폐된 용기 내에서 정지하고 있는 유체의 일부에 가한 압력은 유체의 모든 부분에 그래도 전달된다"라는 말로 표현할 수 있다. 그림과 같이 밀폐된 용기 중에 액체를 채우고 상부로부터 힘 F를 가할 때, 피스톤의 단면적을 A라 하면, 액체에 가해지는 압력 P = F / A 이다.

이 압력은 액체의 모든 부분에 전달된다. 그림에 표시한 압력 P는 피스톤에 가한 힘 F에 의해서 발생한 압력을 나타낼 뿐 실제로 작용하는 압력은 아니다.

실제로 작용하는 압력은 그림에 나타낸 압력 P에 정수압력이 가해진 압력이 작용한다.

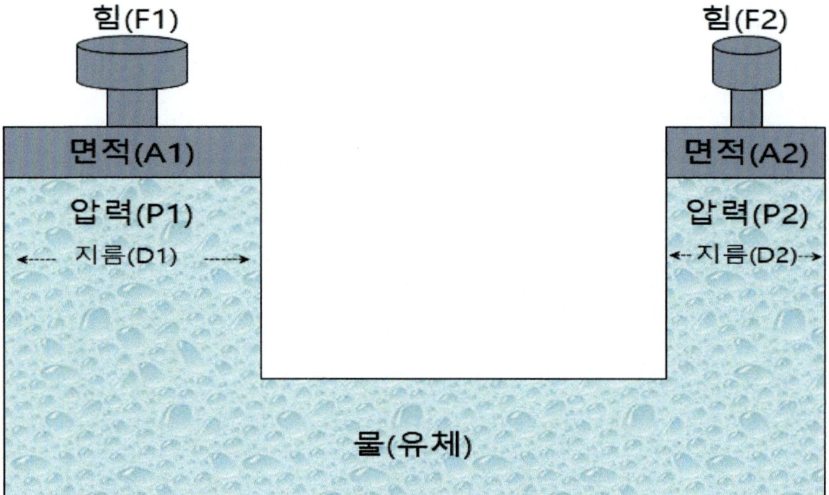

밀폐 내의 압력전달

위 그림은 파스칼의 원리 응용 중 가장 간단하고 기본적인 유압 재크의 원리도를 그려놓은 것이다.

그림에서 피스톤 ①의 단면적을 A_1(지름 D_1), ②의 단면적을 A_2(지름 D_2), 또 각각의 피스톤에 가해지는 힘을 F_1, F_2을 힘에 의하여 각 피스톤에 발생하는 압력을 P_1, P_2라고 하면, 두 피스톤이 평형을 이루었을 때 발생한 압력 P_1, P_2라고 하면, 두 피스톤이 평형을 이루었을 때 발생 압력 P_1, P_2는

$$P_1 = \frac{F_1}{A_1}, \qquad P_2 = \frac{F_2}{A_2}$$

그런데 파스칼의 원리에 의하면 $P_1 = P_2$이므로

$$\frac{F_1}{A_1} = \frac{F_2}{A_2}$$

이 식을 정리하면

$$F_2 = F_1 \cdot \frac{A_2}{A_1} = F_1 \cdot \left(\frac{D_2}{D_1}\right)^2$$

의 관계를 얻는다. 식은 면적 비 A_2 / A_1의 값을 크게 하면 힘의 증폭을 얻을 수 있다는 것을 말해주고 있다. 이처럼 파스칼의 원리를 응용하면 피스톤 ①과 ②사이를 가느다란 관으로 연결해서 상당히 먼 곳까지 힘을 전달할 수 있다.

파스칼의 원리를 이용하면 힘의 증폭은 얻을 수 있으나 일의 증폭은 얻을 수 없다.

3.1.2 유압의 특징

유압을 이용한 장치는 각종 기계에 널리 사용되어, 생산의 합리화, 설비의 근대화에 기여하고 있다. 예를 들면, 각종 건설기계, 자동차의 제동장치, 항공기, 선박, 각종 공작기계, 화학공업의 원격제어 등 여러 분야에 널리 이용되고 있다.

이처럼 기계나 장치에 유압화가 널리 응용되고 있는 것은 유압장치가 다음과 같은 장점이 있기 때문이다. 장점을 열거하면 다음과 같다.

① 작동기의 운동은 직선, 회전 모두 쉽게 얻을 수 있으며, 소형의 장치로부터 큰 힘을 얻을 수 있고 또 제어기가 간편하다.

② 작동기의 속도를 무단속으로 자유로이 변속시킬 수 있다. 여기서 자유로이 변속시킬 수 있다는 말은 연속적(무단속)으로 광범위하게 속도변경이 가능한 것은 물론, 역전도 운전중지 없이 가능하다는 것이다.

③ 전기 회로와의 조합이 간단하여 버튼스위치를 누르는 것만으로 여러 가지 조작이 가능하다. 다시 말하면 작동기의 연속운동 등 작업의 자동화를 기할 수 있다.

④ 작동기의 운동 방향, 속도를 원격 조작할 수 있다. 구동부에는 작동기만을 설치하고 기타 파워 유닛, 밸브류 등은 제어가 쉽고 안전한 곳에 두어 작동기와 배관으로 연결한다.

⑤ 과부하에 대한 안전장치의 설치가 쉽다. 전동기와 기계의 조합 장치에서도 과부하에 의한 기계의 파손, 사고의 발생을 방지하기 위하여 안전장치를 설치하나 유압에서는 이것이 매우 간단하다.

(1) 유압, 공압, 전기제어와의 차이점

구분	유압 제어	공압 제어	전기 제어
동작 원리	액체(유압유)의 압력전달	공기(압축공기)의 압력전달	전기 신호를 이용한 회로 제어 및 모터 동작
사용 매체	유압유 (Hydraulic Oil)	압축 공기 (Compressed Air)	전기 (Electricity)
압력 범위	높음 (7~35MPa)	낮음 (0.4~0.8MPa)	전압 및 전류에 따라 결정
출력(힘)	매우 큼 (고출력 가능)	작음 (경량 작업에 적합)	모터나 액추에이터 결합 시 고출력 가능
동작 속도	느림	빠름	매우 빠름
정밀 제어	정밀함 (속도, 위치, 제어)	비교적 낮음	매우 정밀 (센서와 제어기 이용)
소음	적음	큼	매우 적음
청결도	누유 시 오염 위험	깨끗함	매우 깨끗함

구분	유압 제어	공압 제어	전기 제어
시스템 구성	유압 펌프, 밸브, 탱크, 실린더 등	압축기, 밸브, 실린더 등	센서, 릴레이, 모터 등
설비 비용	높음 (정밀 부품 필요)	낮음 (구성이 단순함)	중간~높음 (제어 수준에 따라 다름)
유지보수	어려움 (전문성 요구)	쉬움 (단순하고 가볍다)	비교적 쉬움 (부품 교체 중심)
에너지 효율	높음	낮음 (공기 손실 큼)	높음
안전성	낮음 (고압, 누유 시 화재)	높음 (화재 위험 없음)	높음 (절연 상태 양호 시)
적용 분야	건설기계, 프레스, 사출기 등 고하중 장비	자동화 설비, 식음료 산업 등 경량 작업에 적합	전자동 제어 시스템, 로봇, PLC, 정밀 위치 제어 등
종합	**고출력 + 정밀 제어에 유리하지만, 유지보수가 복잡하고 비용이 높음.**	**빠르고 안전하며 유지보수가 쉬우나, 정밀 제어에는 한계가 있음.**	**정밀하고 스마트한 제어가 가능하나, 큰 힘을 직접 내는 데는 적합하지 않음.**

(2) 유압 주요 기호

명칭 / 기호		설명
유압 탱크	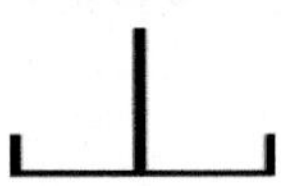	유압유를 저장하고 일정량을 유지
축압기	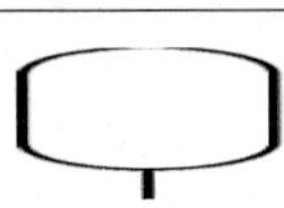	유압 탱크 보조 역할
유량계	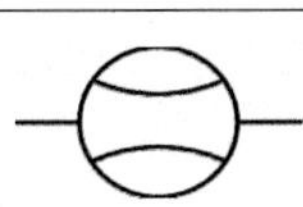	유압유의 양을 표시

명칭 / 기호		설명
냉각기	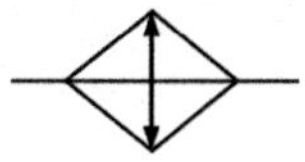	상승한 유압유 온도를 낮춰 일정한 범위 내로 온도 유지
가열기	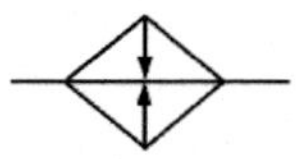	펌프 가동 전 작동유를 가열하여 필요한 온도까지 유압의 온도를 상승시킴
필터	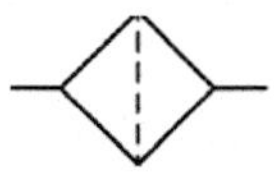	작동유 중의 먼지 및 이물질 제거
스트레이너	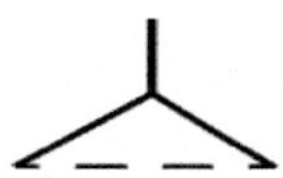	흡입 쪽의 먼지 및 이물질 제거
릴리브 밸브	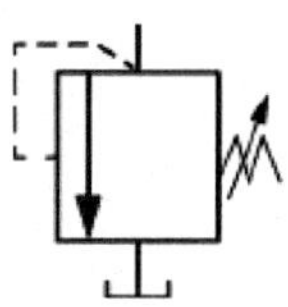	입력을 설정값 내로 일정하게 유지하고 안전밸브로 사용 조작 유로가 기기 내부에 있음
카운터 밸런스 밸브	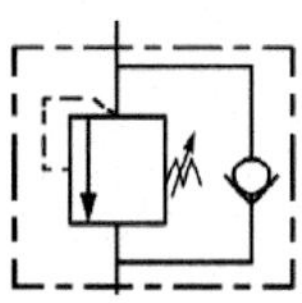	배기 쪽에 일정한 배압을 유지하는 밸브
체크 밸브	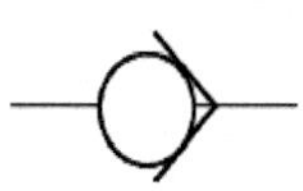	유체를 한쪽으로만 흐를 수 있게 하는 밸브(역류 방지)
파일럿 조작체크밸브	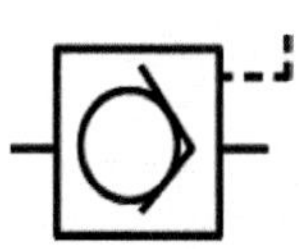	평상시에는 체크 밸브와 같이 유체를 한 방향으로만 통과시키지만, 외부의 파일럿 압력에 의해 체크 밸브를 밀어 올리면 역류시킬 수 있는 밸브 조작 유로가 기기 외부에 있음
솔레노이드 (단동)	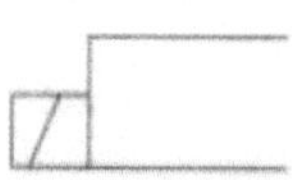	전기적으로 1방향 조작
솔레노이드 (복동)	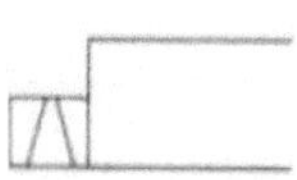	전기적으로 2방향 조작

(3) 밸브의 기호 표시법(포트)

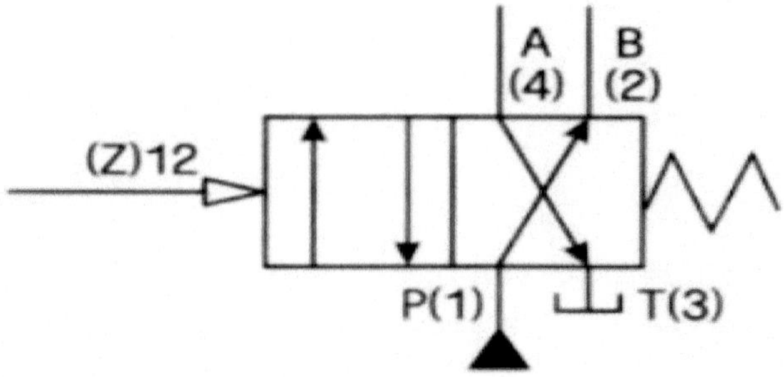

	ISO - 1219	ISO -5599/II	설명
작 업 라 인	A, B, C, ···	2, 4, 6···	실린더로 가는 작업 포트, 포트실린더로 유기 공급(출력)
공 급 라 인	P	1	포트 압축 유압 공급
배 기 구	R, S, T(유압), ···	3, 5, 7···	잉여 공기 배출(배기)
제 어 라 인	X, Y, Z, ···	14, 12, 10 ···	

(4) 조작요소 기호 표시법

명칭 / 기호		설명
수동 작동	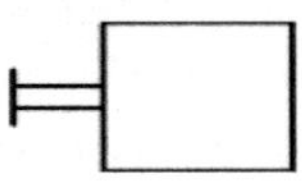	수동 작동 방식 조작
플런저	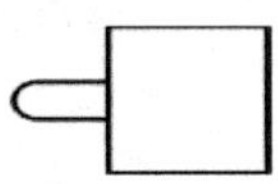	플런저 방식(탄성고무) 조작
누름 버튼	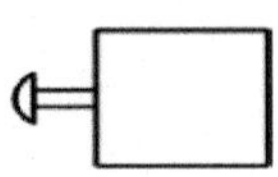	누름 버튼 방식 조작
롤러 레버	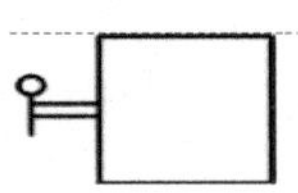	롤러 레버 방식 조작
페달	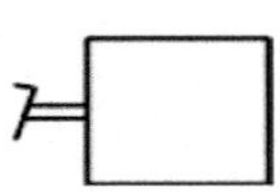	페달 방식 조작

3.1.3 유압장치 구성요소

① 유압 펌프 : 유압을 발생시키는 부분으로써 구조에 따라 회전식과 왕복식이 있으며, 기능에 따라서는 정 용량형과 가변용량형으로 구분된다.

② 유압 제어 밸브 : 제어하는 종류에 따라 방향 제어 밸브, 유량 제어 밸브, 압력제어 밸브 등이 있다.

③ 작동기 : 액추에이터라고도 말하며, 유압실린더와 유압모터 등이 있다.

④ 부속기기 : 기타의 기기를 말하며, 기름탱크, 필터, 압력계, 배관 등이 있다.

(1) 유압 펌프

유압 펌프는 전동기나 엔진 등에 의하여 얻어진 기계적 에너지를 받아서 기름에 압력과 유량의 유체에너지를 주면 유압모터나 실린더를 작동시키는 유압장치의 기본 동력이다.

펌프에는 정 용량형(1회전당의 토출량을 변동할 수 없는 펌프) 펌프와 가변용량형(1회전당의 토출량을 변동할 수 있는 펌프) 펌프가 있으나 일반적으로 정 용량형 펌프가 사용되고 있다.

정 용량형은 밀폐된 유실의 용량변화 때문에 기름을 흡입과 토출하며, 흡입과 토출 쪽은 격리되어 있어서 부하가 변동하여 펌프의 토출압력이 변화하여도 펌프의 토출량은 거의 일정하여 유압장치에 적합하다.

실물	기호
	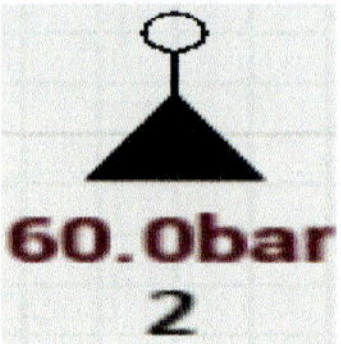

(2) 유압 제어 밸브

유압 제어 밸브의 대표적으로 방향 제어 밸브, 유량 제어 밸브, 압력제어 밸브 등이 있다.

① 방향 제어 밸브(Directional Control Valve)

방향 제어 밸브는 관로 내 기름의 개폐작용 및 역류를 저지하는 작용을 하는 것이다.

작동기의 시동 정지 및 운동 방향 등을 변환하는 것을 목적으로 하여 유압의 흐름 방향을 제어하기 위하여 사용하는 밸브이다.

방향 제어 밸브는 구조 면으로 분류하면 볼이나 피스톤을 시트에 붙였다 떼었다 하는 포펫(Popek)형과 스풀을 축 둘레에서 회전시키는 회전 스풀형, 그리고 스풀을 축 방향으로 섭동시키는 직동 스풀형이 있다. 아래 표와 같이 조작방식에 따라 분류하면 수동식, 기계식(캠 식), 전자식, 파일럿(유압식)으로 나눈다.

<table>
<tr><td rowspan="7">방향제어밸브</td><td colspan="2">체크 밸브</td></tr>
<tr><td colspan="2">파일럿 조작 체크밸브</td></tr>
<tr><td rowspan="5">방행전환밸브</td><td>캠 조작 밸브</td></tr>
<tr><td>수동 조작 밸브</td></tr>
<tr><td>전자 조작 밸브</td></tr>
<tr><td>파일럿 작동 전환 밸브</td></tr>
<tr><td>전자 유압 전환 밸브</td></tr>
</table>

- **체크 밸브**(Check Valve)

체크 밸브는 유압 회로 배관의 중간에 축 방향 또는 직각 방향으로 설치하여 스프링 및 압력에 의하여 한 방향의 흐름을 방지한다.

그 반대 방향의 흐름은 자유로이 흘려보내는 밸브이며 체크 밸브의 강도(스프링의 강도)는 용도에 따라 크랙킹 압력 0.5 kgf/㎠의 단지 역류 방지용 체크 밸브와 4.5 kgf/㎠의 배압 밸브(저항 밸브)로 사용한다.

- **파일럿 체크 밸브**(Pilot Check Valve)

파일럿 체크밸브는 유체의 흐름을 한 방향으로 자유롭게 하고, 반대 방향은 차단한다. 반대 방향으로의 유체 흐름은 제어 유량에 의해 자유롭게 할 수 있다.

즉, 이 경우 반대 방향의 흐름도 가능하다는 것이다.

• **방향 전환 밸브**(Turning Valve)

전환 밸브의 사용 목적은 유압 회로에서 기름의 방향을 제어하는 한편 유압원, 유압실린더, 유압 탱크 및 기타 조작 계통 간의 회로에서 기름의 흐름을 정하는 밸브이다.

종류	실물	기호
4/3W 양솔레노이드 (ALL BLOCK형)	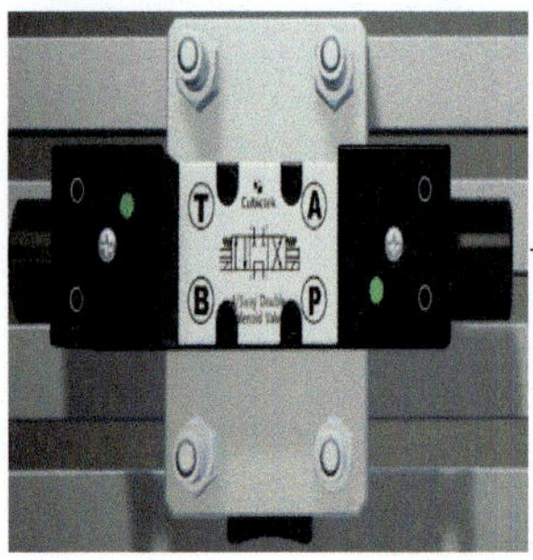	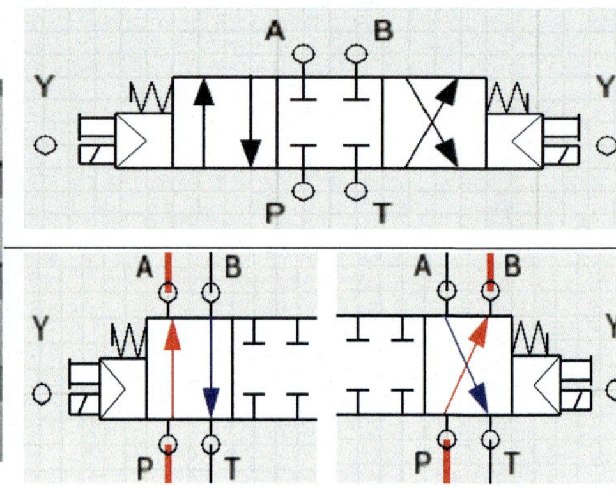 초기 동작
4/3W 양솔레노이드 (PT접속형)	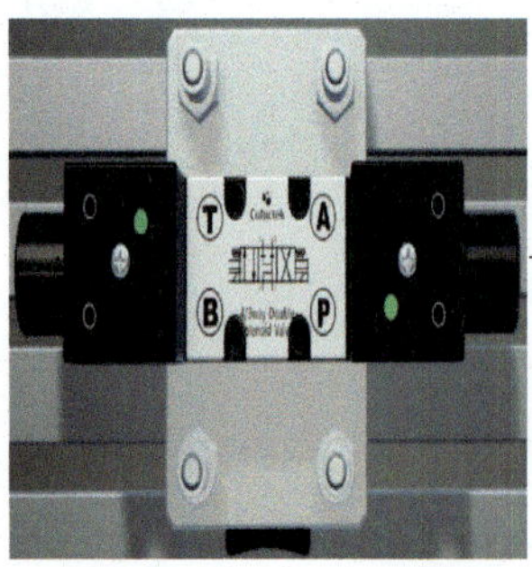	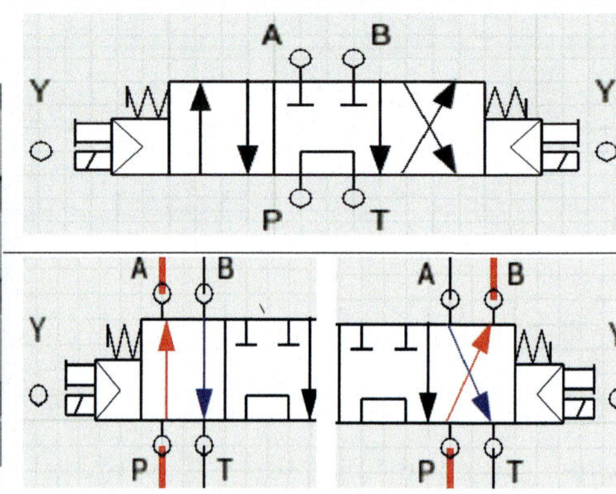 초기 동작
4/3W 양솔레노이드 (ABT접속형)		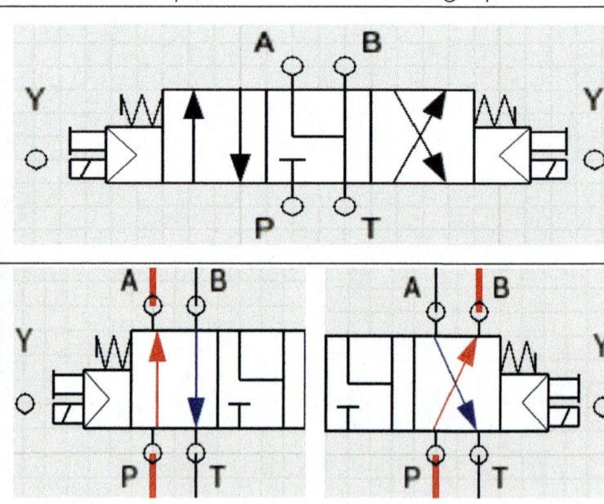 초기 동작

종류	실물	기호
4/2W 양솔레노이드	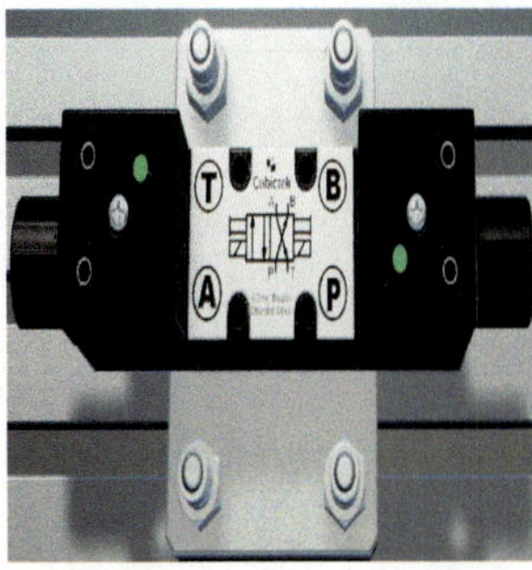	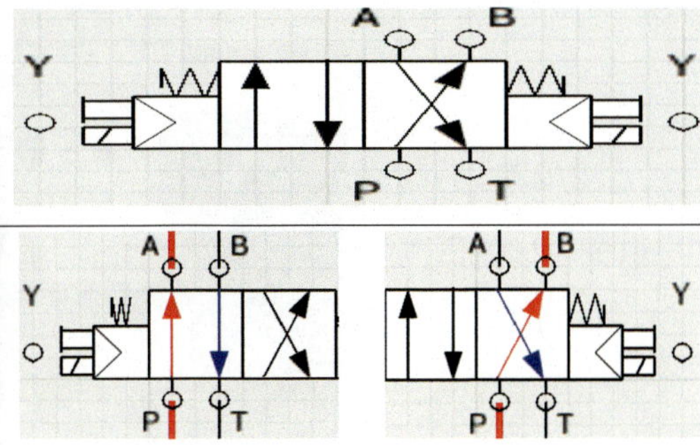 초기 동작
4/2W 편솔레노이드	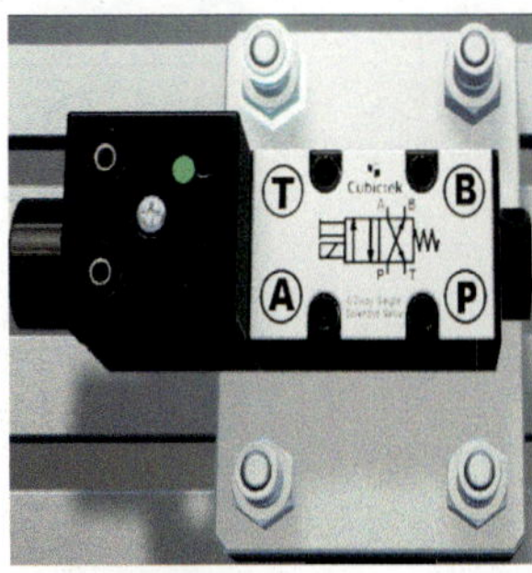	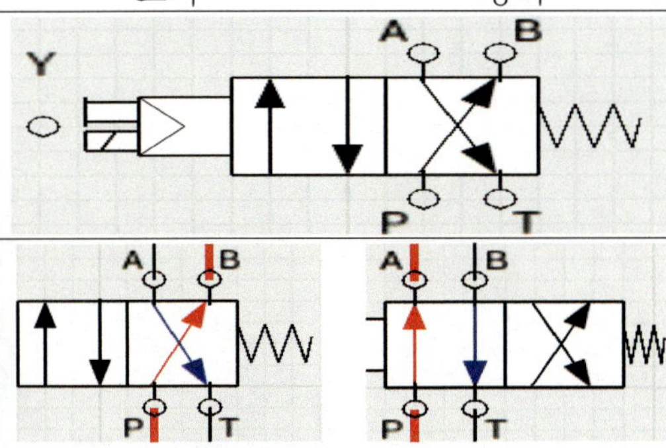 초기 동작
3/2W 편솔레노이드	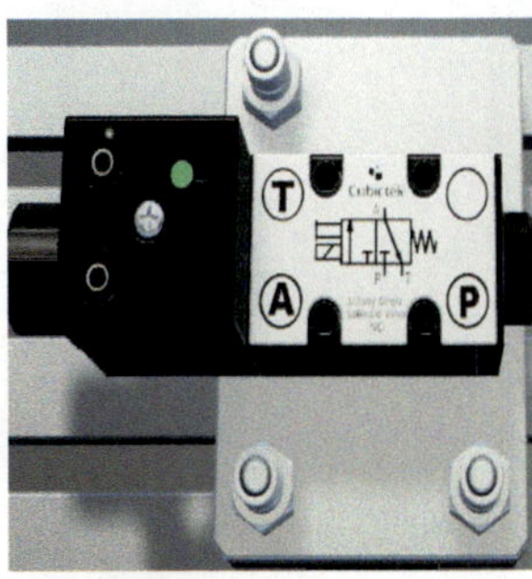	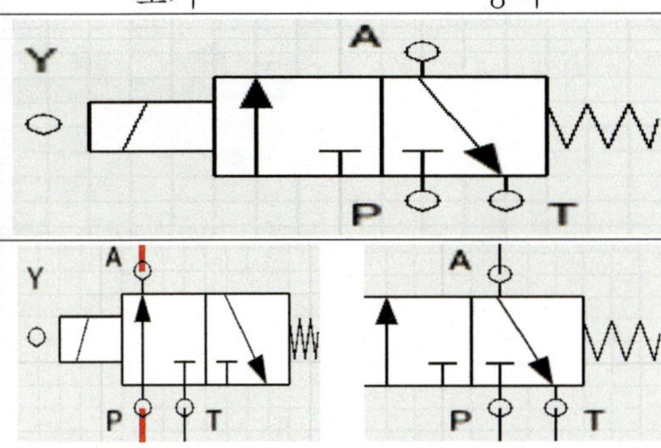 초기 동작
2/2W 편솔레노이드 (NC형)	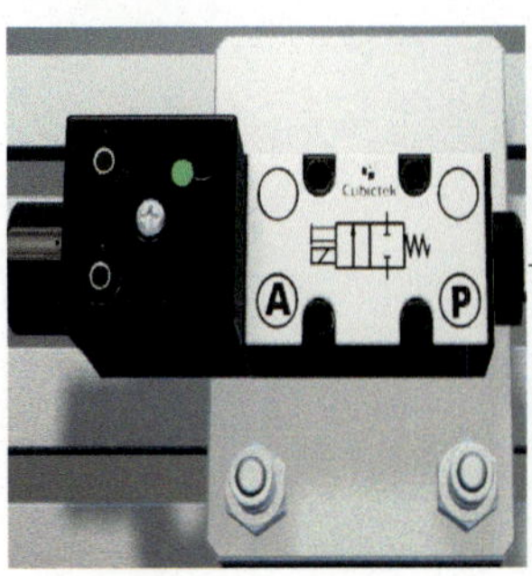	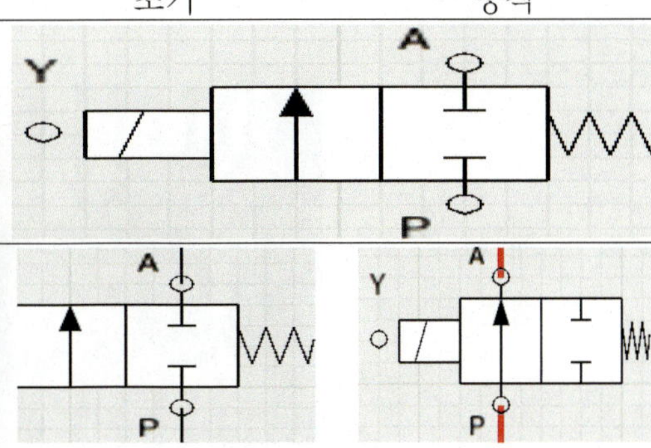 초기 동작

종류	실물	기호
2/2W 편솔레노이드 (NO형)	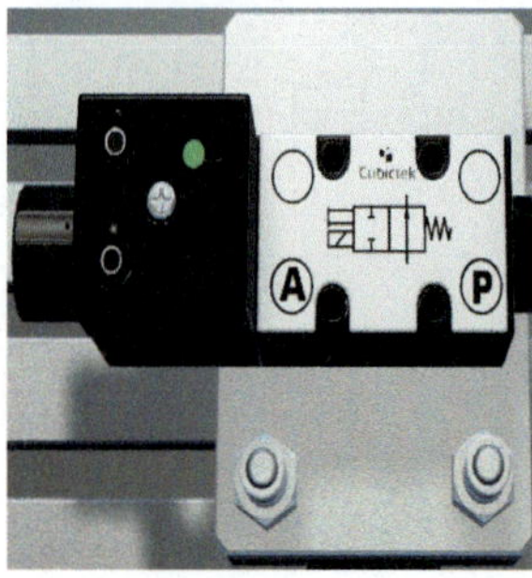	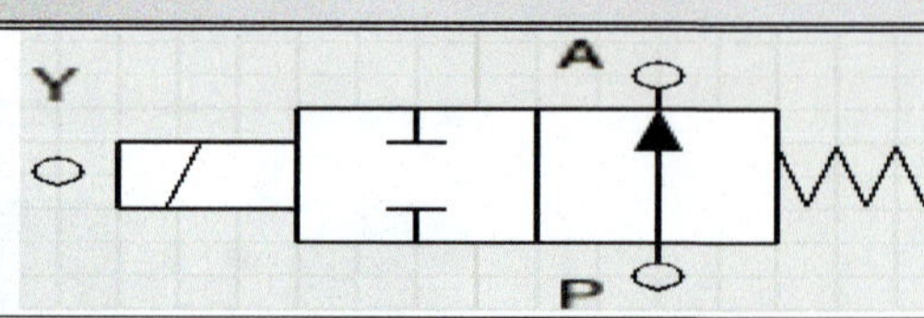 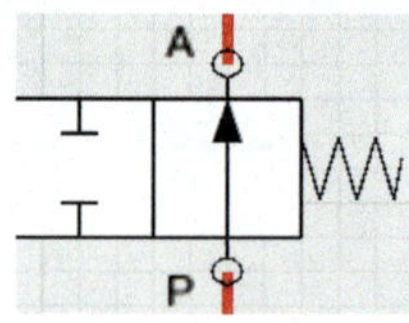 초기 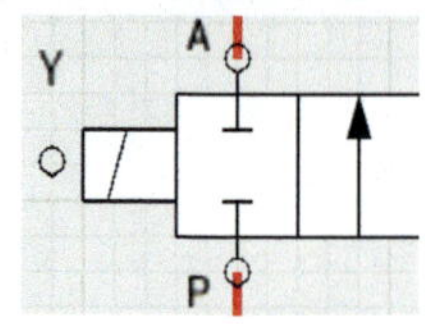 동작
파일럿 작동 체크	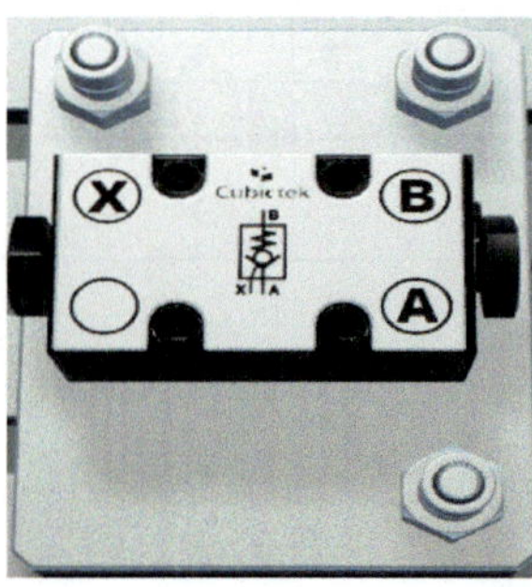	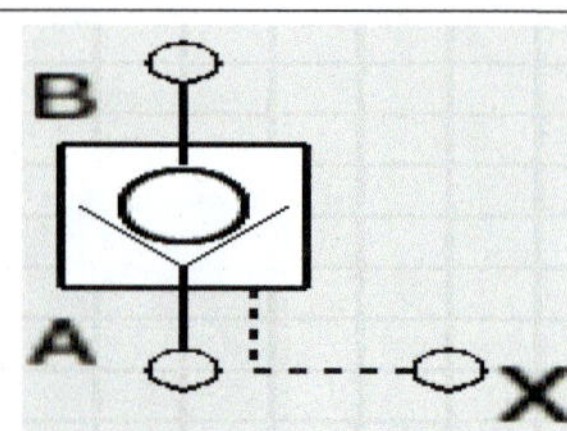 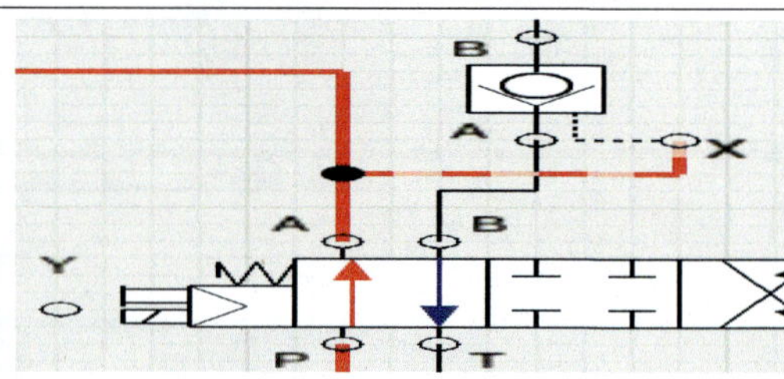 초기 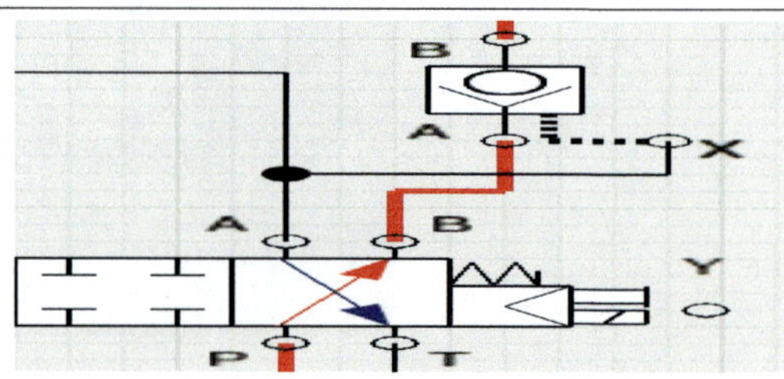 동작
체크 밸브	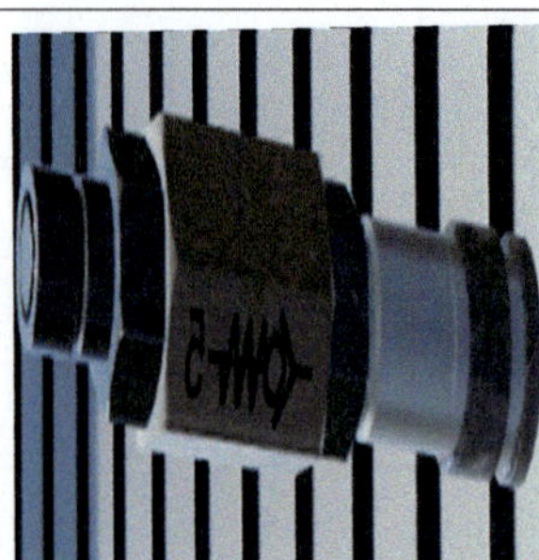	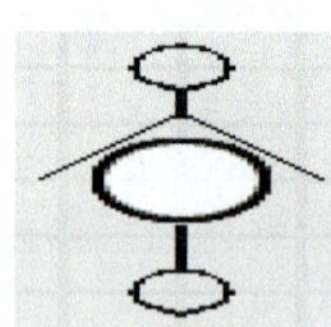 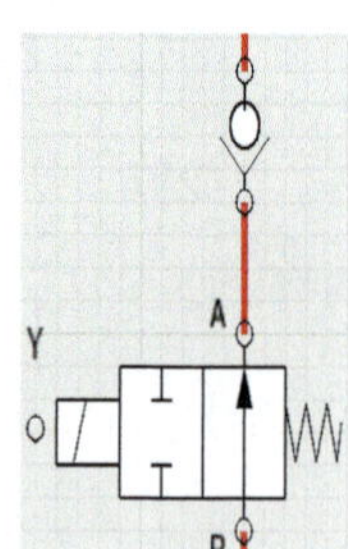

② 유량 제어 밸브(Flow Control Valve)

유량 제어 밸브는 기름의 유량을 제어하여 조작단의 운동 속도를 제어하기 위하여 사용된다. 특히 회로 내의 유압실린더 등의 속도를 제어할 목적으로 사용하는 밸브를 속도제어 밸브라고 말하는 예도 있다.

밸브의 개도, 유량, 압력 차 사이에는 서로 함수 관계가 있다. 개도를 일정하게 할 때 유량과 압력 차 사이에는 어떤 일정한 관계가 성립한다.

유량 제어 밸브의 대표적인 종류로는 일방향 유량 제어 밸브, 양방향 유량 제어 밸브, 압력보상 밸브가 있다.

• 종류

종류	실물	기호
일방향 유량제어	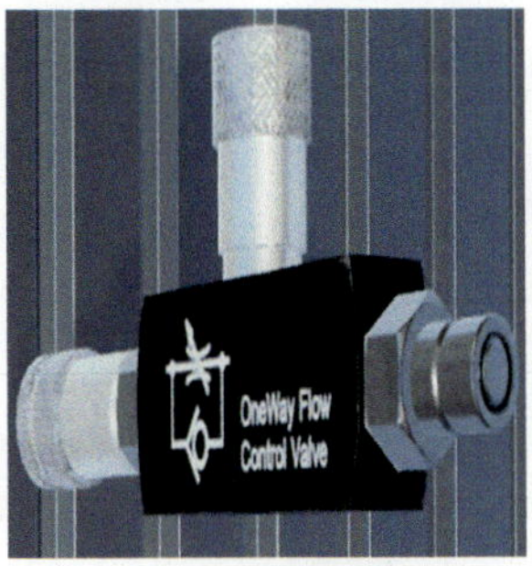 	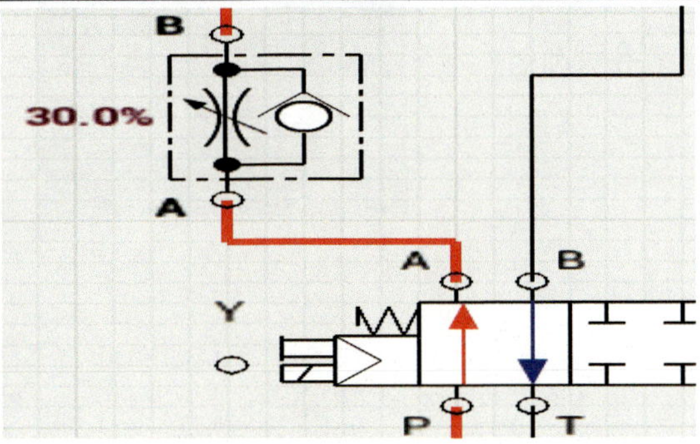 초기 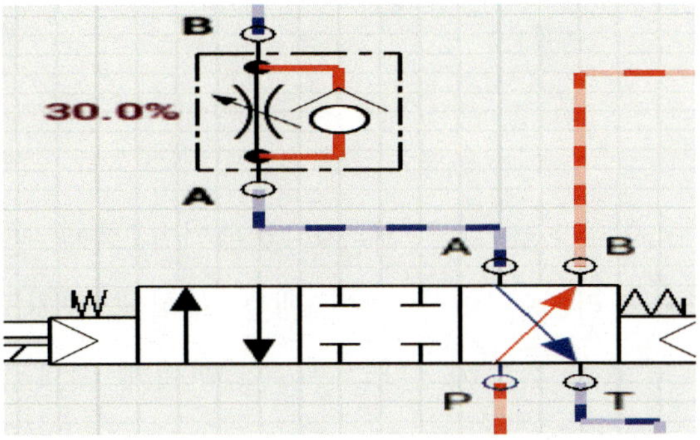 동작

- 체크 밸브와 유량 제어 밸브가 결합한 밸브
- 체크 밸브로 인하여 한쪽의 기름 흐름만을 허용하기 때문에 한쪽의 유량만 제어
- 체크 밸브가 열리는 쪽으로 기름이 흐를 때는 기름이 체크 밸브를 통하여 자유롭게 흐를 수 있으므로 유량이 제어되지 않는다.

종류	실물	기호
양방향 유량제어	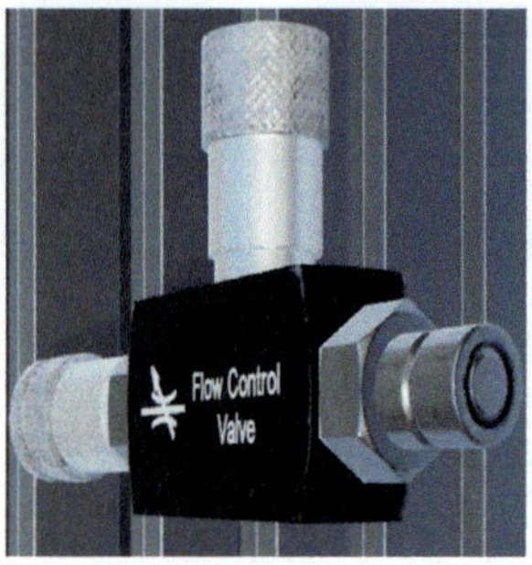 	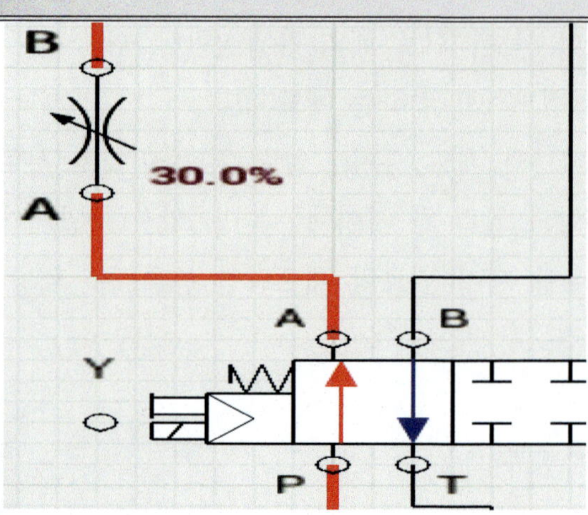 초기 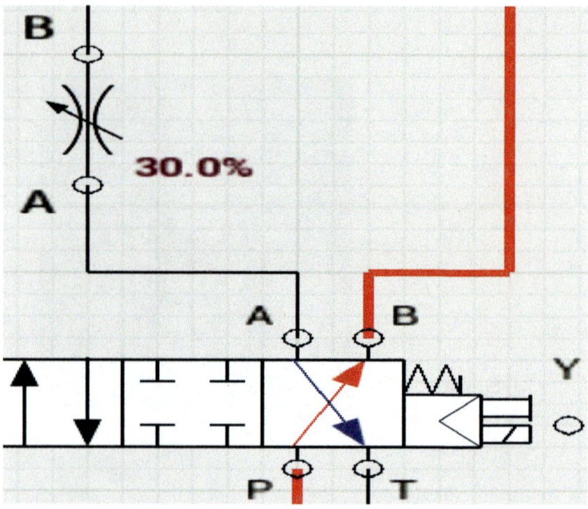 동작

- 양쪽으로 모두 기름이 흐르기 때문에 양쪽 다 유량만 제어
- 실린더와 방향 제어 밸브 사이에 설치하여 속도를 제어하고자 하면 실린더의 전·후진 속도에 모두 영향을 끼치게 되므로 주의하여야 한다.
- 유량 제어 밸브의 개도에 의하여 유량이 제어된다.

종류	실물	기호
압력보상		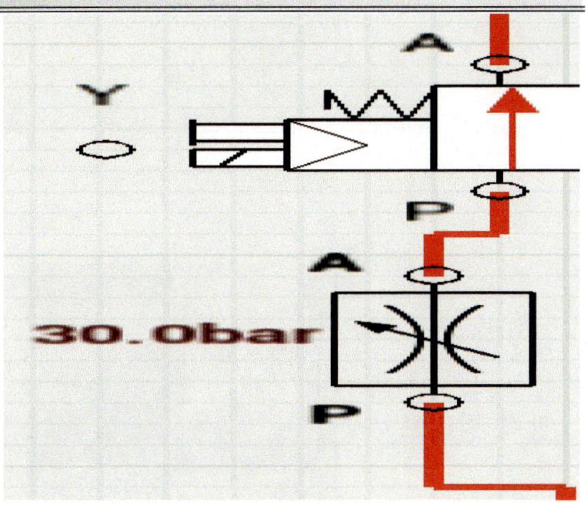 초기 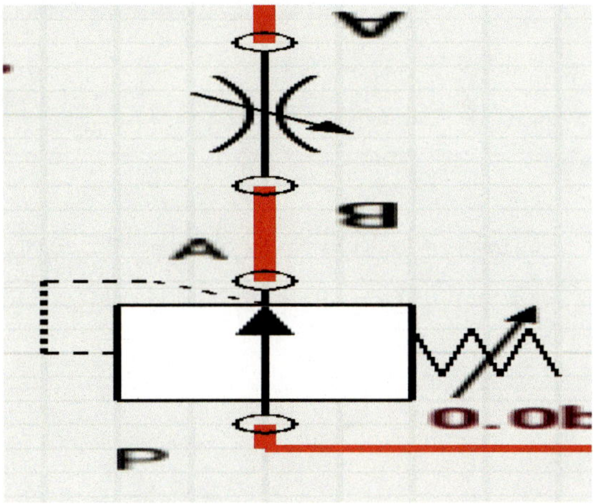 동작

• 유압실린더 등의 이송속도를 부하와 관계없이 일정하게 할 수 있다.

③ 압력제어 밸브(릴리브 밸브)

• 종류

종류	실물	기호
압력 릴리브	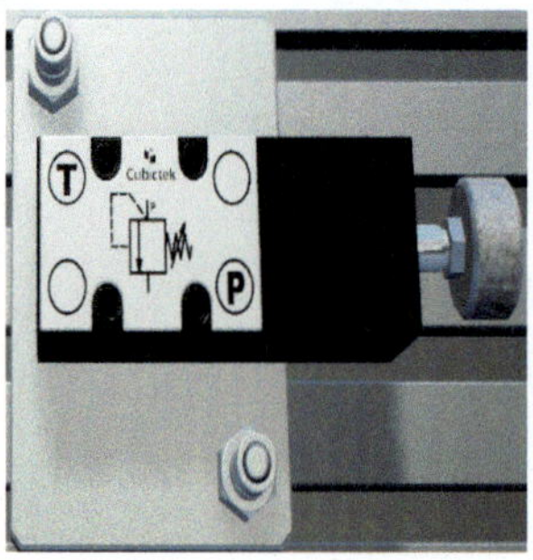	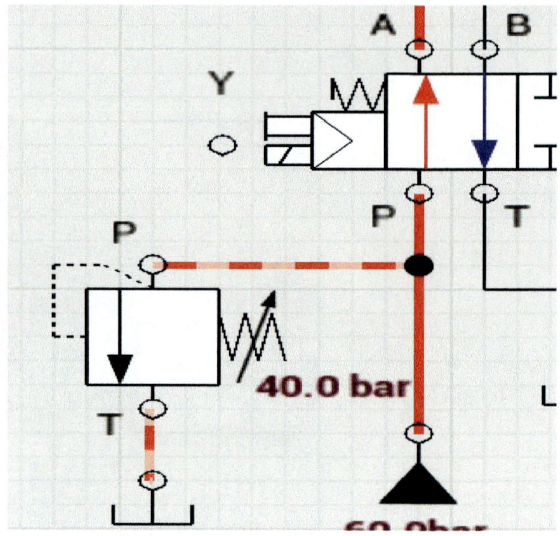

• 회로의 최고압력을 한정하는 밸브로서 회로의 압력을 일정하게 유지하는 밸브이다. 이 밸브는 유압 회로에서 **반드시 필요**로 한다.

<table>
<tr><td>3W
감압밸브</td><td>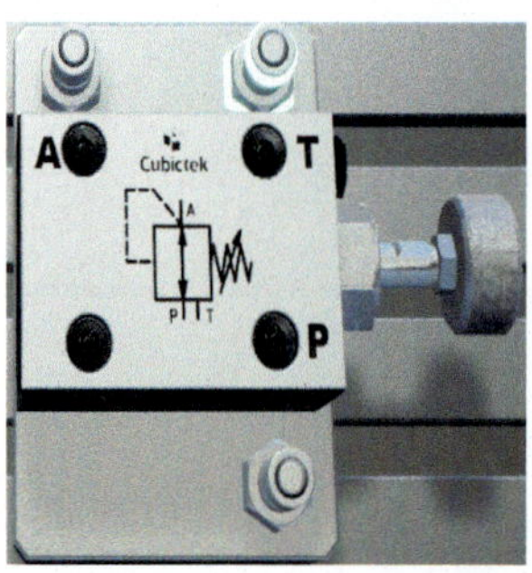</td><td>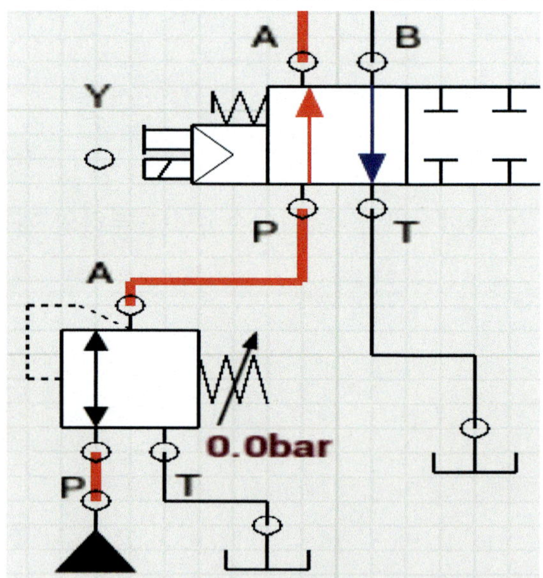</td></tr>
</table>

<table>
<tr><th>종류</th><th>실물</th><th>기호</th></tr>
<tr><td>2W
감압밸브</td><td>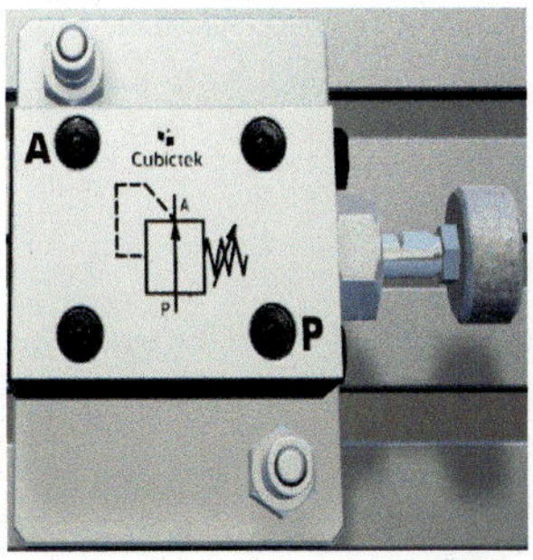
</td><td>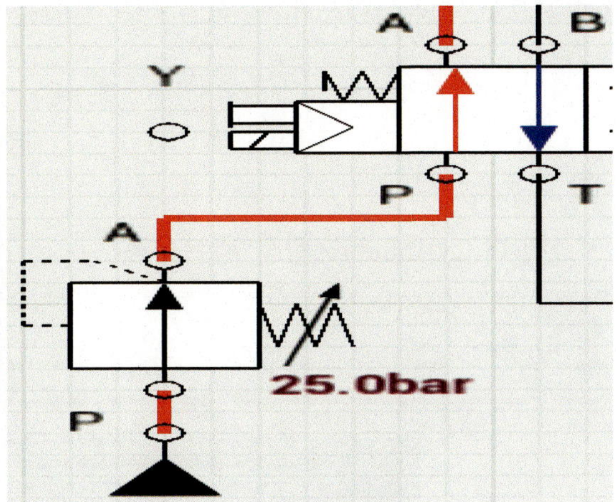
</td></tr>
<tr><td colspan="3">• 유량 또는 입구 측 압력의 크기와 관계없이 입구 측 압력을 설정된 최대 출구 측 압력까지 감압시키는 밸브이다.
• 유입되는 유체의 압력을 설정된 압력으로 감소시키는 밸브.</td></tr>
<tr><td>감압
카운터 밸런스</td><td>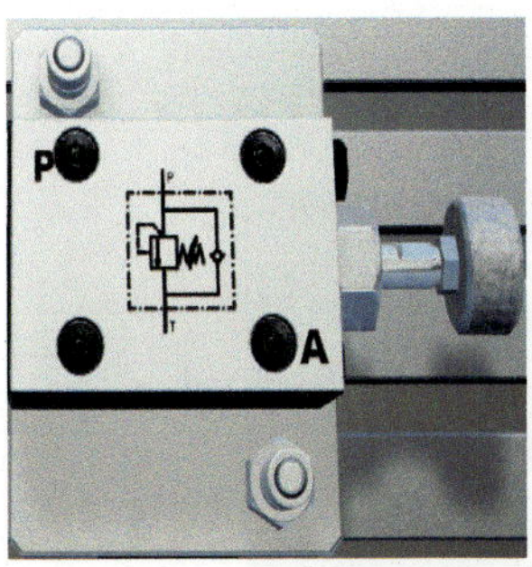
</td><td>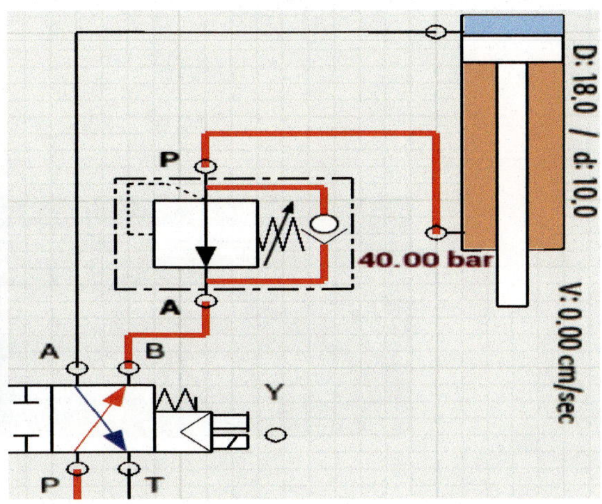
</td></tr>
<tr><td colspan="3">• 한쪽의 방향으로 유동에 대해서는 설정된 배압을 부여하지만, 반대 방향의 유동은 자유 유동을 하는 밸브이다.</td></tr>
</table>

(3) 작동기(Actuator)

제어된 유압력을 이용하여 물리적인 작업(이동, 압착, 회전 등)을 동작하는 장치입니다. 일반적으로 솔레노이드의 움직임으로 작업을 수행하며, 위치 센서와 연동해 자동화 설비에서 사용된다.

① 종류

• **실린더(Cylinder)**: 직선 왕복운동

종류	실물	기호
단동		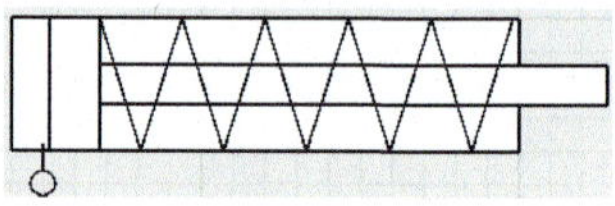
	• 단동 실린더(Single Acting Cylinder) • 전진 방향은 압축 기름으로 동작하고, 후진 방향은 스프링 또는 중력으로 복귀되는 실린더. • 후퇴하기 위하여 내부 스프링이 있음	
복동		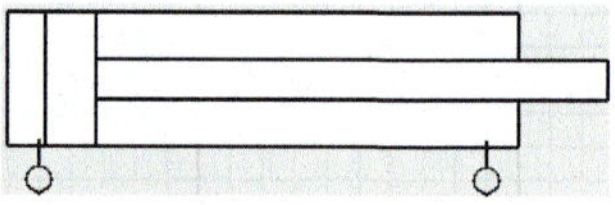
	• 복동 실린더(Double Acting Cylinder) • 양쪽 방향 모두에 기름으로 동작하고, 전진·후퇴가 모두 기름에 의해 이루어짐 • 내부 스프링이 없음.	

• 감지 센서(Sensing Sensor)

감지 센서는 실린더의 위치 감지 및 신호 전달을 하는 기기이다.

<table>
<tr><th>종류</th><th>실물</th><th>기호</th></tr>
<tr><td>리밋스위치(좌측)</td><td>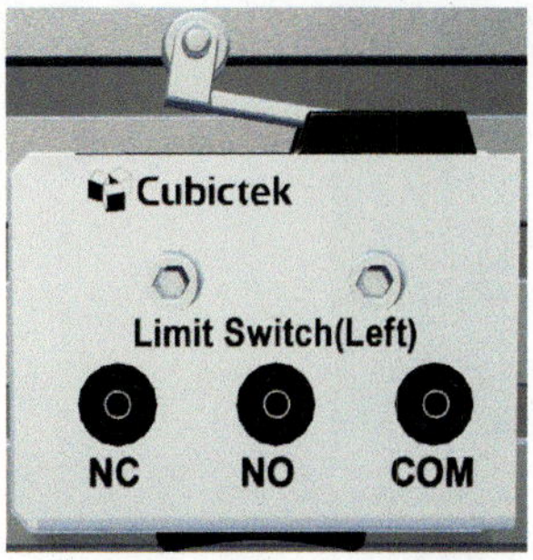</td><td>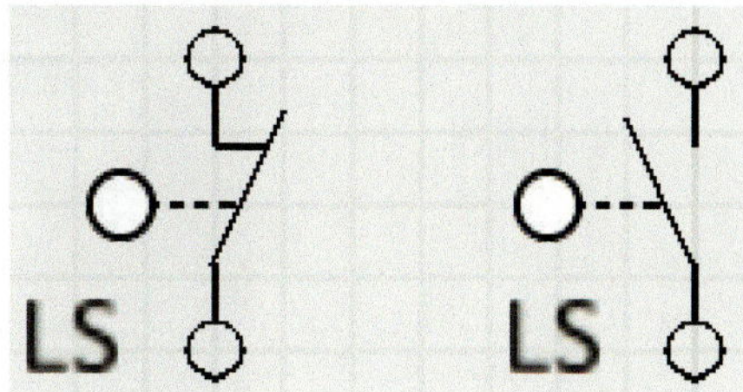
NC NO</td></tr>
<tr><td>리밋스위치(우측)</td><td>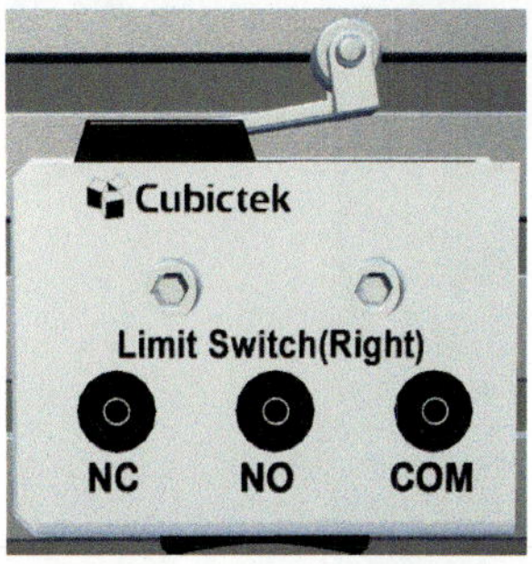</td><td>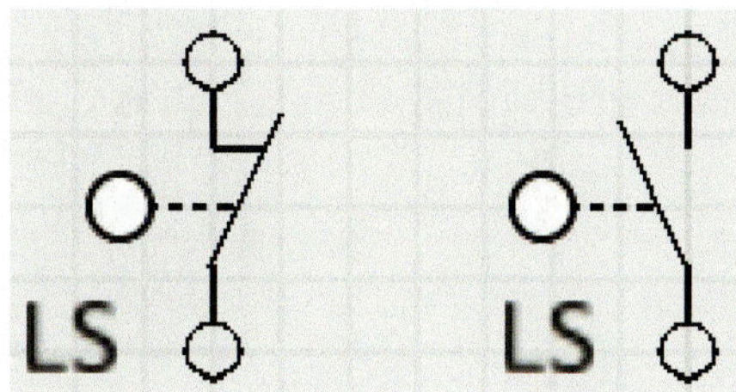
NC NO</td></tr>
<tr><td>센서(정전용량형)</td><td>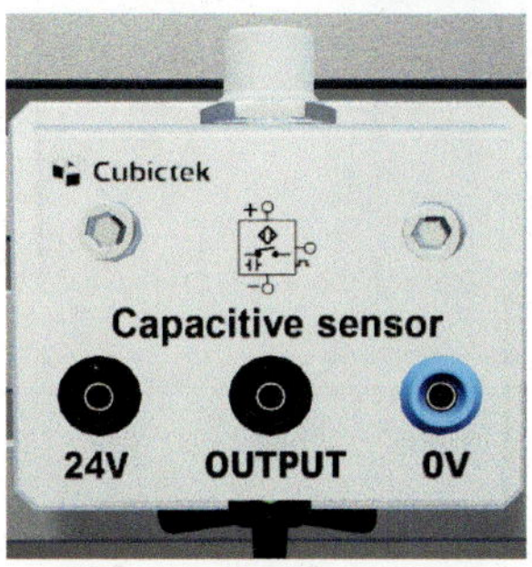</td><td>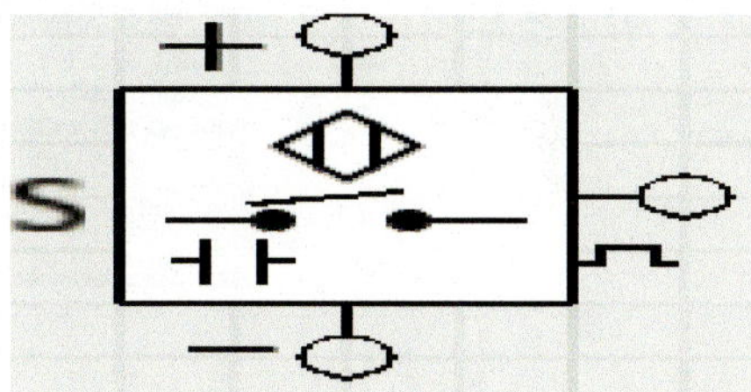</td></tr>
<tr><td>센서(유도형)</td><td>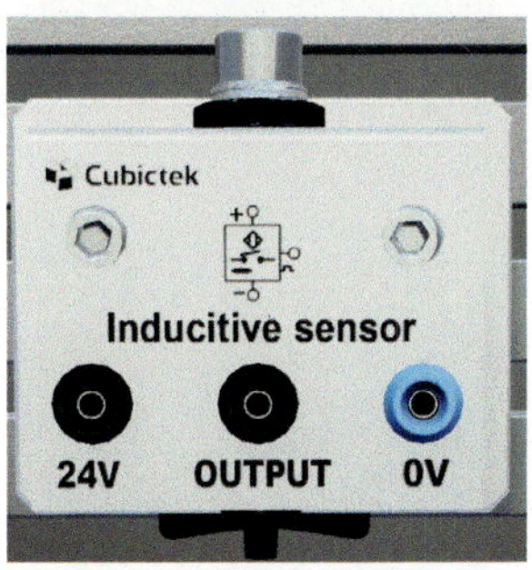</td><td>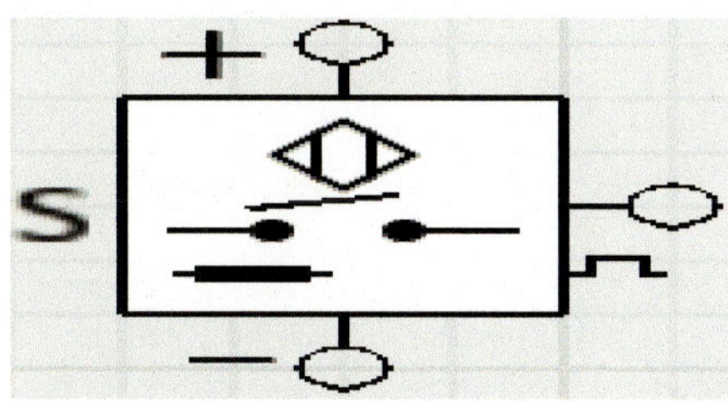</td></tr>
</table>

(4) 기타 부속기기(Other Accessories)

종류	실물	기호
T커넥터	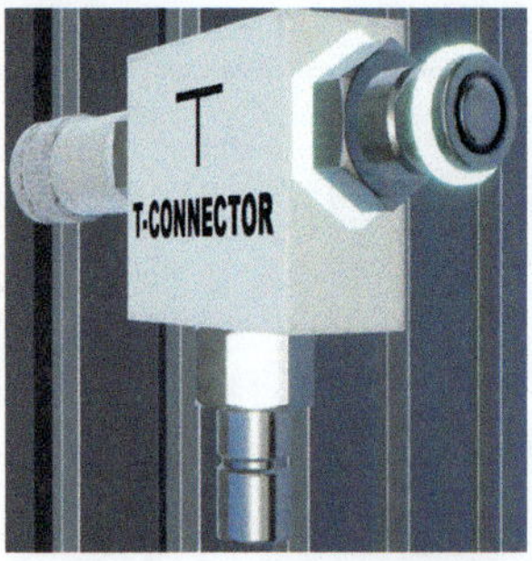	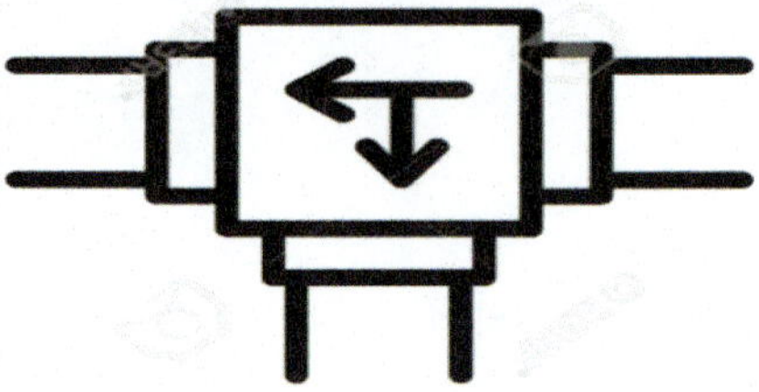
압력게이지		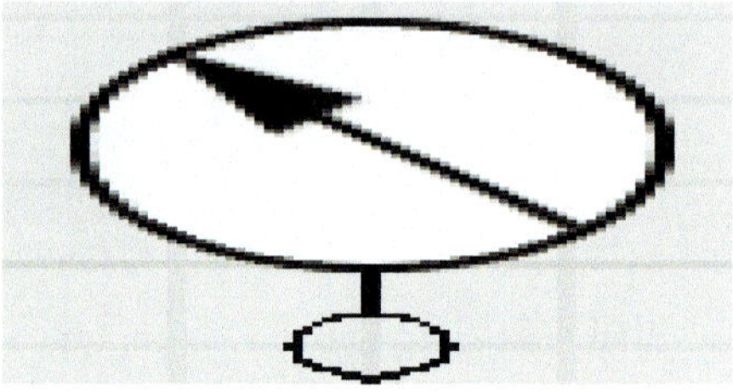
압력스위치	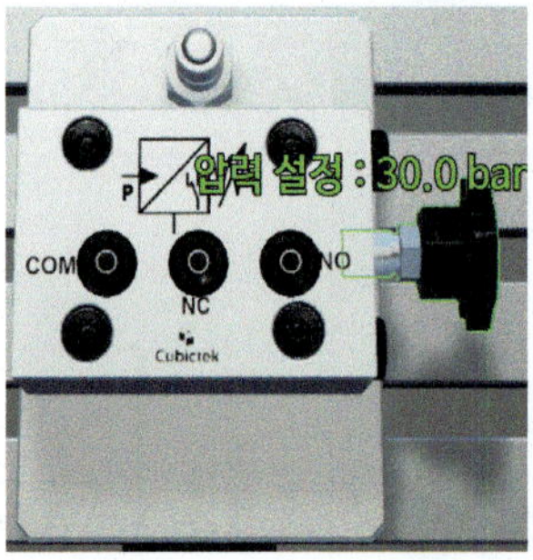	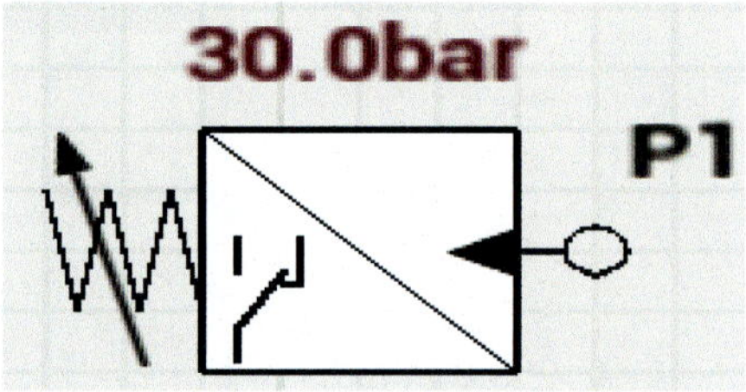

3.2 제어 회로(Control Circuit)

유압장치를 조립하거나 그 움직임을 이해하는 경우 등에 내부구조와 기름의 유로를 표시하고 기구의 위치를 가르쳐 주는 것이 유압 회로도이다.

대표적인 종류로는 속도제어 회로, 압력제어 회로, 방향 제어 회로, 시퀀스 제어 회로가 있다.

3.2.1 속도 제어 회로

단동 실린더

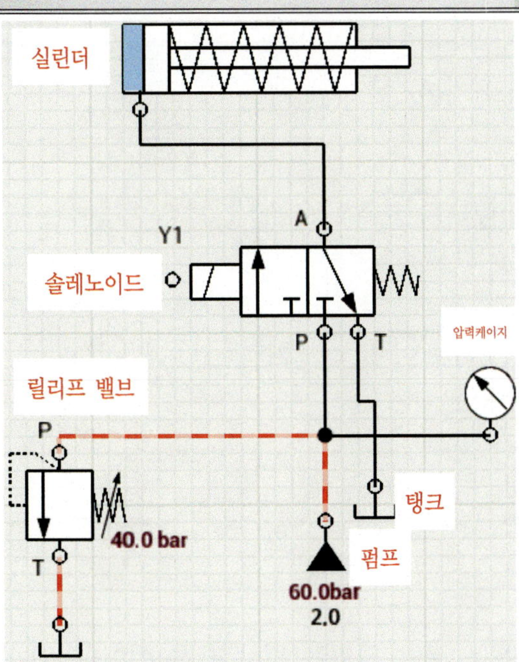

복동 실린더

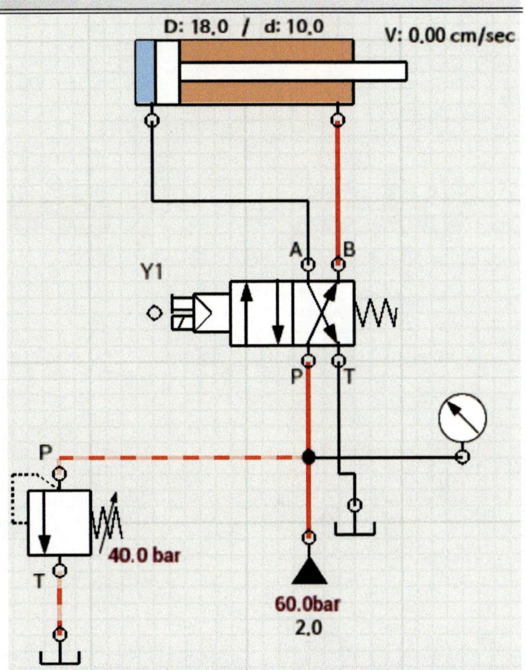

단동 실린더는 전진 또는 후진의 한 방향만으로 힘이 필요할 때 사용되고 한 방향 운동에만 일을 필요로 하는 곳에서 응용된다.

복동 실린더는 직선 왕복 동작하는 기계적인 일 에너지로 변환시키는 실린더이며 전진, 후진과 같이 양방향의 힘이 필요한 곳에서 사용되고 한쪽은 압류를 공급하고 다른 한쪽은 배출해야 하므로 4포트 밸브가 사용된다.

3.2.2 방향 제어 회로(Direction Control)

방향 제어 밸브는 일반적으로 압류의 흐름 방향을 제어하여 조작 끝의 운동 방향을 제어하는 회로로서 보통은 실린더 피스톤을 임의 위치에서 고정하는 로킹 회로, 압력 스위치, 리밋 스위치 등을 사용하여 방향 전환 밸브 등을 조작하는 회로를 말한다.

(1) 로킹 회로(Locking circuit)

로킹 회로는 실린더 동작 중 임의 위치에서, 혹은 행정 끝에서 실린더를 고정해 놓을 필요가 있을 때라 할지라도, 부하가 클 때 또는 장치 내의 압력 저하로 의하여 실린더 피스톤이 이동되는 경우가 발생한다. 실린더의 이동을 방지하는 회로를 로킹 회로라 말한다.

로킹 회로(기본)

초기	Y1= ON	Y2= ON
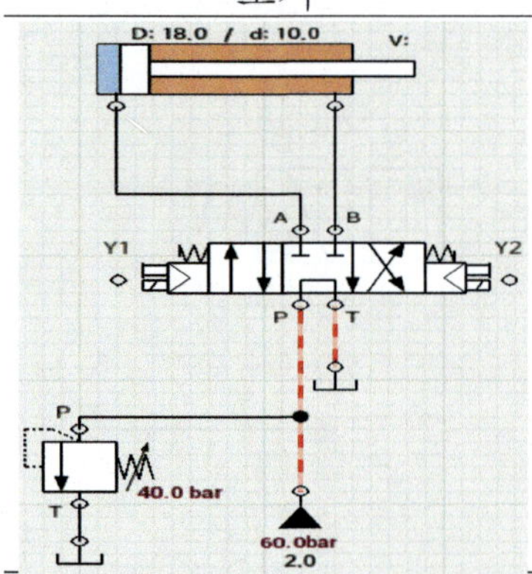	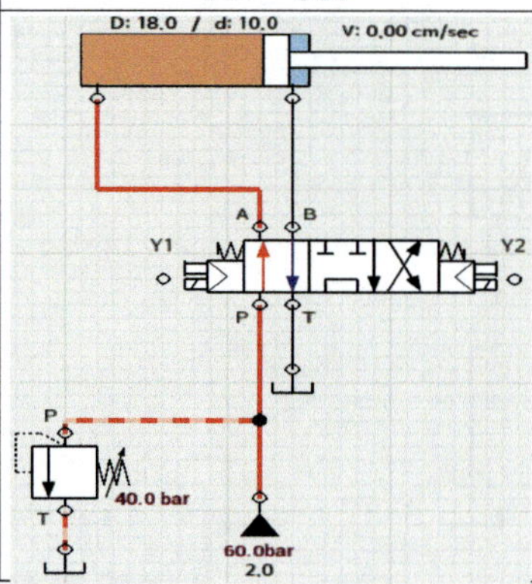	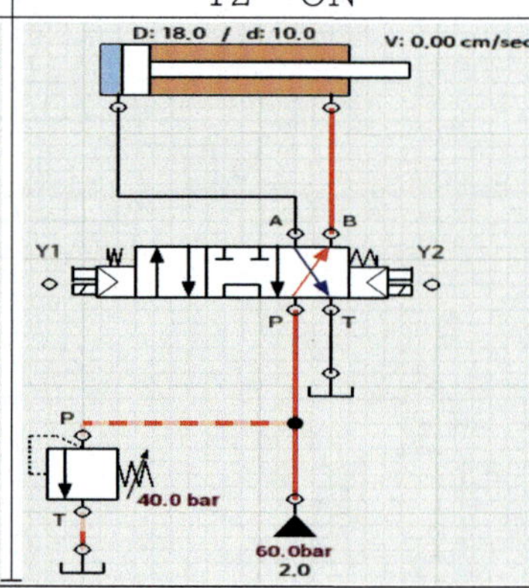

위 회로처럼 임의의 위치에서 실린더 피스톤을 로크 시키는 회로의 한 예이다. 탠덤 센터 4포트 3위치 밸브(4/3W)를 사용하여 중립위치에서 유압실린더를 로크 시키고, 펌프를 무부하 할 수 있다.

그러나 피스톤 로드에 큰 외력이 가해지면 4포트 밸브로부터의 내부 누유 때문에 완전 로크가 어려운 단점이 있다.

로킹 회로(보완1)

초기	Y1= ON	Y1= OFF

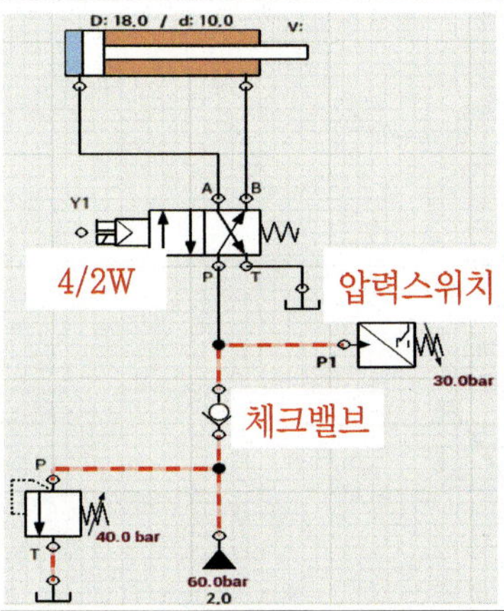

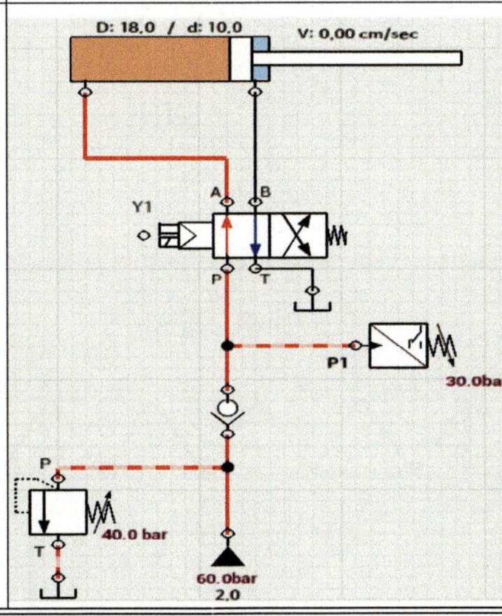

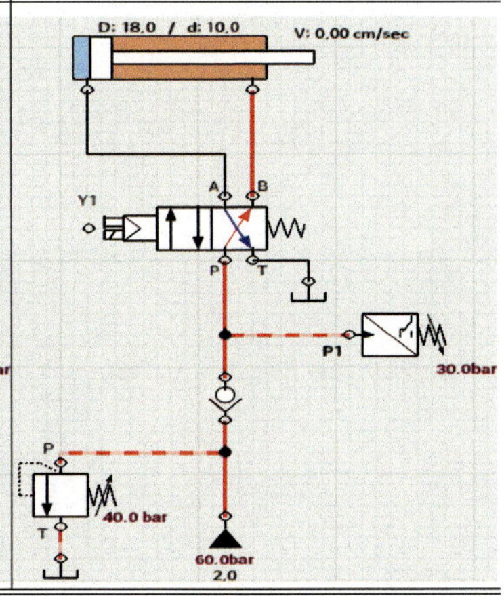

위 회로는 체크 밸브와 압력 스위치를 사용하여 완전 로크의 불안정을 해결한 회로이다. 4포트 2위치(4/2W) 밸브를 사용 시 양 끝 어느 위치에서도 로크가 가능하고 공급 압력에 의한 힘보다 큰 외부 부하에 대해서도 로크 되므로 압력 스위치 등을 사용하여 과부하 압력장치를 붙여야 한다.

로킹 회로(보완2)

초기	Y1= ON	Y2= ON

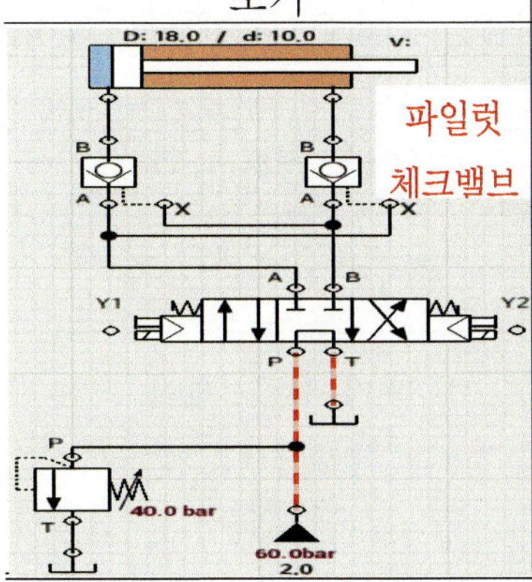

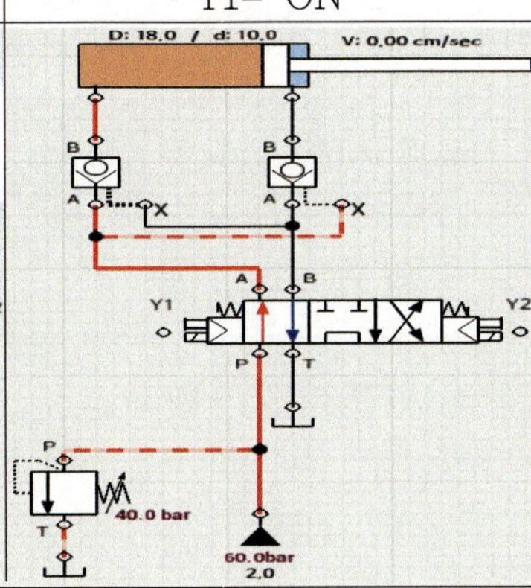

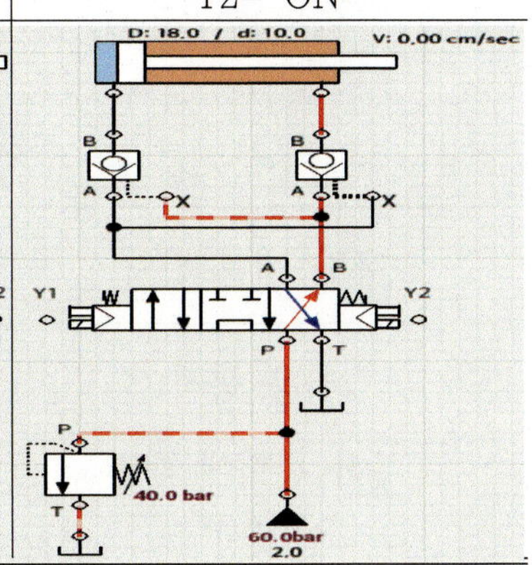

위 회로는 큰 외력에 대항해서 정지 위치를 확실히 유지할 수 있게 파일럿 조작 체크 밸브를 사용한다. 이 체크 밸브는 고압에 대하여 확실히 정지시킬 수 있다. 해야 한다.

3.2.3 압력제어 회로(Pressure Control Circuit))

압력 설정 회로는 압력 릴리프 밸브로 회로 압력을 조정하는 회로이며 회로 압력이 설정한 압력 이상이 되면 압력 회로가 동작하여 탱크로 유압유를 이동하게 하여 회로를 안정하게 할 수 있는 회로이다.

아래 회로는 과부하 방지를 위한 회로이며 전형적인 기본 회로도이다.

압력 회로

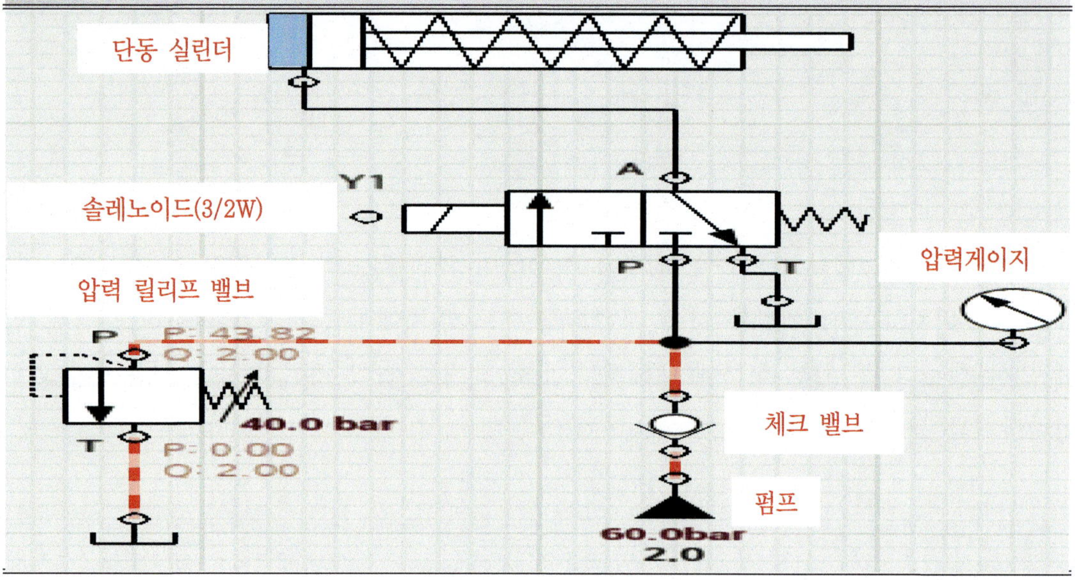

아래 표는 미터 인(Meter In) 회로와 미터 아웃(Meter Out) 회로를 비교한 표이다.

구분	미터 인(Meter In)	미터 아웃(Meter Out)
유량 제어 위치	입구(Inlet) 쪽	출구(Exhaust) 쪽
사용 목적	유입 유량 제어	배기 유량 제어
부하 변화에 대한 안정성	약함	강함
일반 사용 위치	실린더 전진 속도제어	실린더 후퇴 속도 제어

(1) 미터 인 회로(Meter in Circuit)

미터 인 회로

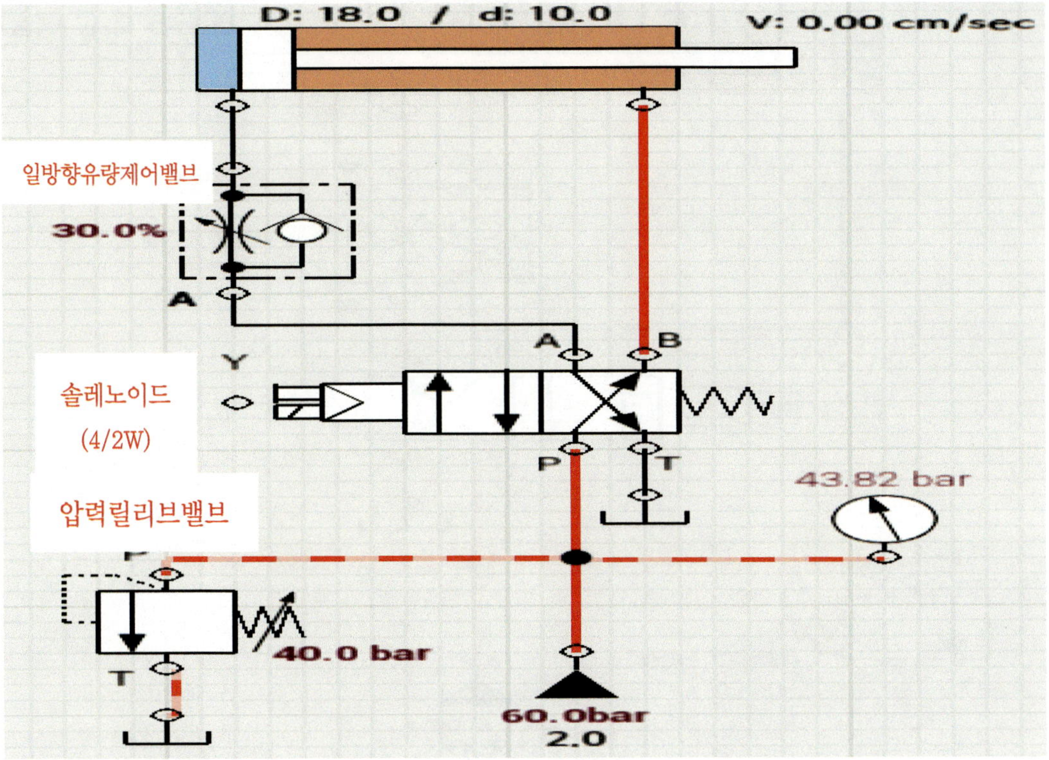

미터 인 회로는 실린더의 입구(A) 포트 쪽에 유량 조정 밸브를 접속하여 유량 조정 밸브로 제어된 유량만 단동 실린더에 공급하고 나머지는 압력 릴리프 밸브에서 탱크로 되돌리는 방법이다.

유압 기름은 방향제에 밸브의 P 포트에서 B 포트를 통해 일방향 유량 제어 밸브로 유입되면서 유량을 제어한다.

단동 실린더의 속도는 규제된 속도로 전진 운동하고 복귀 측의 유압유는 방향제의 밸브 2포트로 들어가 T 포트로 나와 탱크로 복귀된다.

단동 실린더 전진은 방향 제어 밸브 솔레노이드(Y)의 입력(ON)으로 동작한다. 복동 실린더 후진은 방향 제어 밸브 솔레노이드(Y)의 입력(OFF)으로 동작한다.

(2) 미터 아웃 회로(Meter out Circuit)

미터 아웃 회로

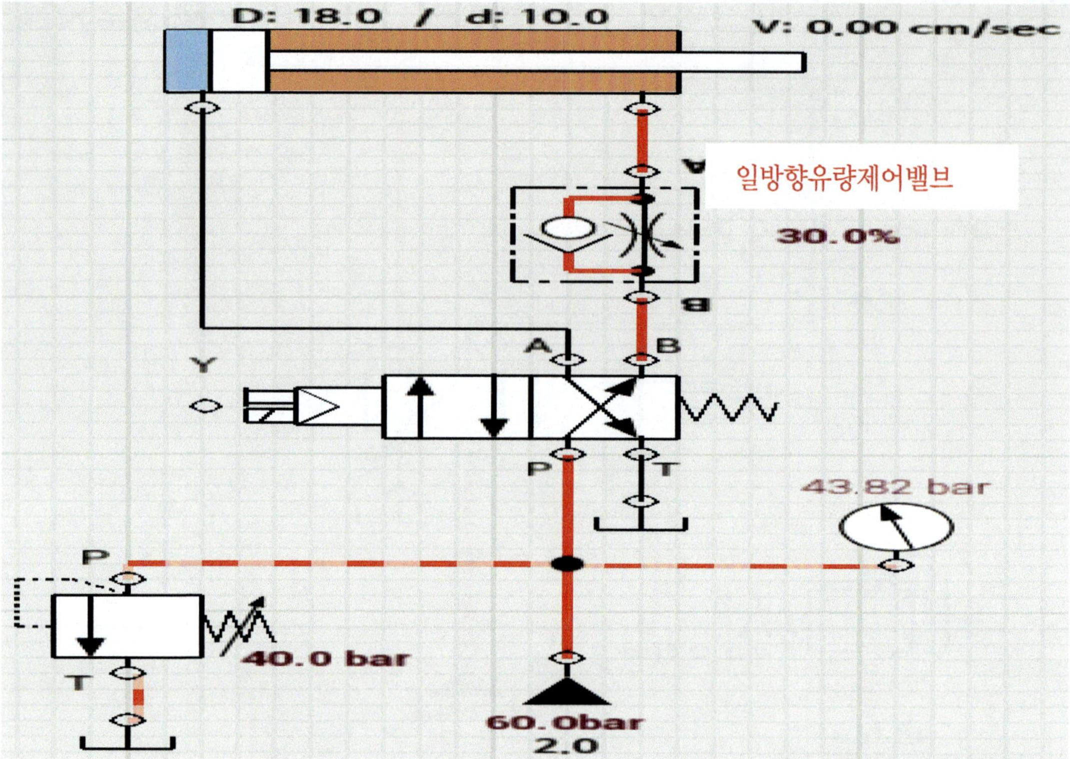

미터 아웃 회로는 실린더의 출구(B) 포트 쪽에 유량 조정 밸브를 접속하여 유량 조정 밸브로 제어된 유량만 실린더에 공급하고 나머지는 압력 릴리프 밸브에서 탱크로 되돌리는 방법이다.

유량 제어 밸브를 실린더의 출구 측에 설치한 회로로서, 실린더에서 유출되는 유량을 제어하여 피스톤 속도를 제어하는 회로이다.

펌프의 송출압력은 유량 제어 밸브에 의한 배압과 부하저항에 따라 정해진다.

이 회로에서는 미터인 회로와 마찬가지로 불필요한 압유는 릴리프 밸브를 통하여 탱크로 방류되므로 동력손실이 크다. 이 회로는 실린더에 배압이 걸리므로 끌어당기는 하중이 작용하더라도 자주 할 염려는 없다. 이러한 이유로 밀링머신, 보링머신에 사용된다.

(3) 브리드 오프 회로(bleed off Circuit)

브리드 오프 회로	
전진	후진

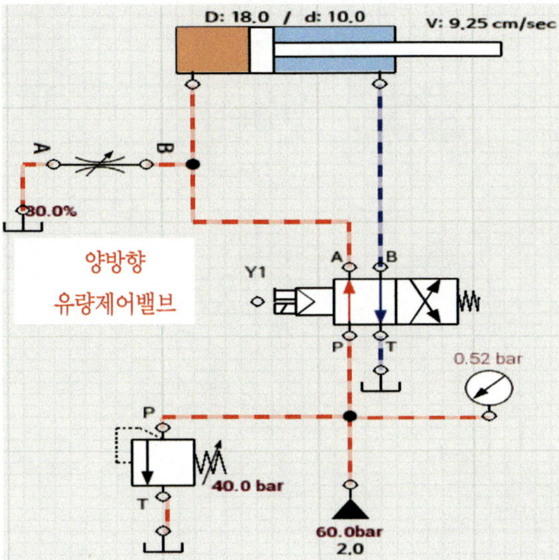

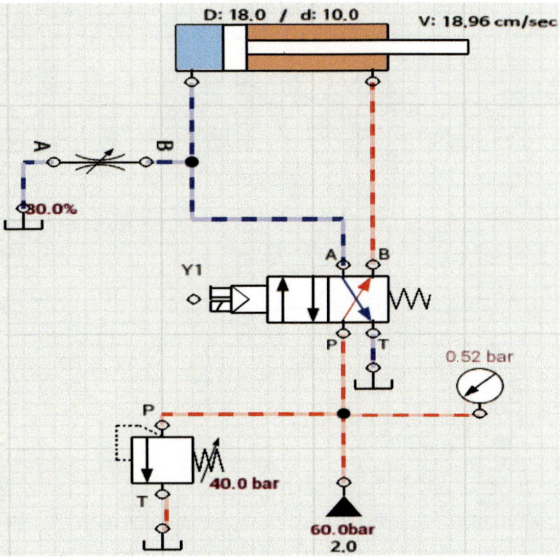

위 브리드 오프 회로는 실린더 입구의 분기 회로에 유량 제어 밸브를 설치하여, 실린더 입구 측의 불필요한 압유를 배출시켜 작동 효율을 증진한 회로이다. 실린더에 유입하는 유량이 부하에 따라 변하므로 미터 인, 미터 아웃 회로처럼 피스톤 이송을 정확하게 제어하기란 어렵다.

(4) 카운터 밸런스 회로(Counter Balance Circuit)

아래 회로는 실린더 포트에 카운터 밸런스 밸브를 직렬로 연결해 실린더 부하가 갑자기 감소하더라도 피스톤이 급진하는 것을 방지하거나 "수직 램" 의 자중 낙하를 막아주는 역할을 한다.

이 때문에 실린더의 기름 탱크의 복귀 측에 일정한 배압을 유지해주는 경우에 사용한다. 비교적 자중이 큰 실린더 피스톤의 자중 낙하 방지 회로를 표시한 것인데 실린더의 복귀 측에 카운터 밸런스 밸브를 넣어 유압 저항을 주고 여기에서 생기는 배압으로 피스톤의 자유낙하를 방지한다. 이때 필요한 피스톤력은 릴리프 밸브로 규제하고 있다.

카운터 밸런스 회로	
초기	후진
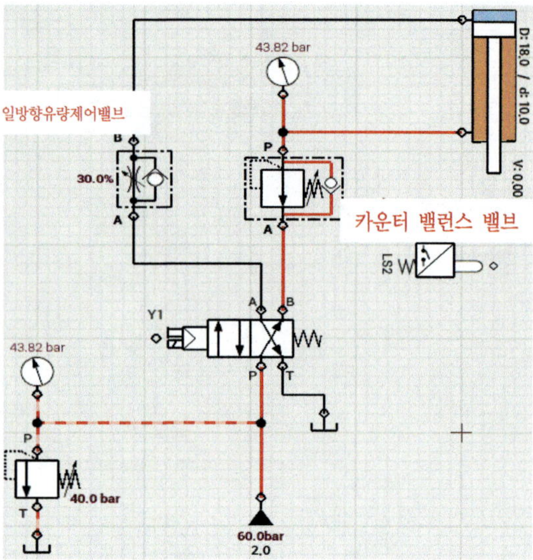	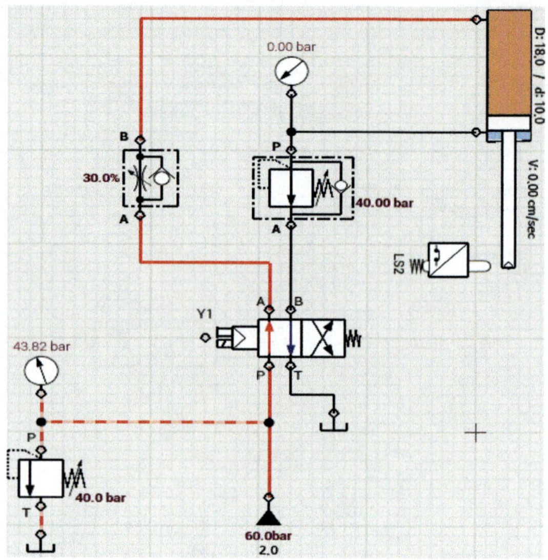

3.3 유압 시스템의 고장진단 및 유지보수

유압 시스템은 정밀하고 강력한 동력 전달 수단이지만, 지속적인 사용과 환경 요인으로 인해 다양한 고장이 발생할 수 있다. 본 장에서는 유압 시스템에서 발생할 수 있는 대표적인 고장의 원인과 진단 방법, 그리고 예방 및 유지보수 전략에 대해 살펴본다.

3.3.1 유압 시스템 고장의 주요 원인

① 오염된 작동 기름(Contaminated Hydraulic Fluid)

▶ 입자, 수분, 산화물 등이 포함된 오염 유체는 마모 및 밸브 고착의 원인이 됨.

② 유압유의 점도 이상(Viscosity)

▶ 점도가 너무 높거나 낮으면 마찰 손실 증가 또는 윤활 불량이 발생.

③ 누유(Leakage)

▶ 외부 누유: 연결부, 실린더 로드 부위에서 유압유가 외부로 새는 현상.

▶ 내부 누유: 밸브 내부 또는 실린더 내부에서 압력 손실 발생.

④ 과열(Overheating)

▶ 냉각기 고장, 과도한 부하, 유압유 순환 불량 등으로 발생.

⑤ 시스템 내 공기 혼입(Aeration)

▶ 기포가 유체 내에 혼입되어 작동 불량 및 캐비테이션 유발.

3.3.2 고장진단 절차

① 초기 관찰: 소리, 냄새, 온도, 작동 이상 등 육안 및 감각을 활용한 점검

② 계측 기기 활용: 압력 게이지, 유량계, 온도계 등을 이용한 정량적 진단

③ 순차적 분해 검사: 문제 발생 위치를 중심으로 배관-밸브-작동기 순으로 점검

④ 원인 분석 및 조치: 고장 유형 파악 후 부품 교환, 세척, 기름 교체 등 실시

⑤ 단계별 테스트: 부품 단위로 작동 여부 점검 (예: 펌프 → 밸브 → 액추에이터 순)

3.3.3 대표적 고장 증상과 진단 예시

① 실린더 작동 불능

▶ 펌프 고장, 방향 제어 밸브 오작동, 유압유 부족, 내부 누유 등

② 유압 압력 부족

▶ 릴리프 밸브 조정 불량, 펌프 마모, 유량 손실, 유압유 온도 상승

③ 작동 속도 느림

▶ 유량 부족, 스로틀 밸브 막힘, 점도 상승, 필터 막힘

④ 비정상적인 소음 발생

▶ 공기 혼입, 베어링 마모, 캐비테이션

3.3.4 유지보수 관리

① 정기점검 조기 설정(Regular Cycle)

▶ 유압유 점검 주기, 필터 교환 주기, 기름 분석 주기 등

② 예방 보전(Preventive Maintenance)

▶ 오염 방지, 과열 방지, 주기적 필터 교체, 기름 교환 등

▶ 고장 발생 전 사전 점검 및 부품 교환을 통해 문제 예방

③ 예지 보전(Predictive Maintenance)

▶ 센서 데이터를 기반으로 상태 진단 후 유지보수 시행

▶ 진동, 온도, 기름 상태 등의 데이터를 실시간 분석하여 이상 징후 조기 감지

▶ 사후 정비(Corrective Maintenance): 고장 발생 후 원인을 분석하고 수리

④ 기록 관리

▶ 정비 이력, 기름 교환 명세, 이상 발생 기록을 문서로 만들어 관리

□ 주요 진단 항목: 압력 이상, 작동 속도 변화, 진동 및 소음, 기름 색상 및 점도 변화

□ 정비 조기 예시

▶ 필터 교체: 500 ~ 1,000시간 운전마다

▶ 기름 교환: 2,000 ~ 3,000시간 운전마다 또는 점도 기준 초과 시

제 4 장

시뮬레이션 사용법

(V-AMT)

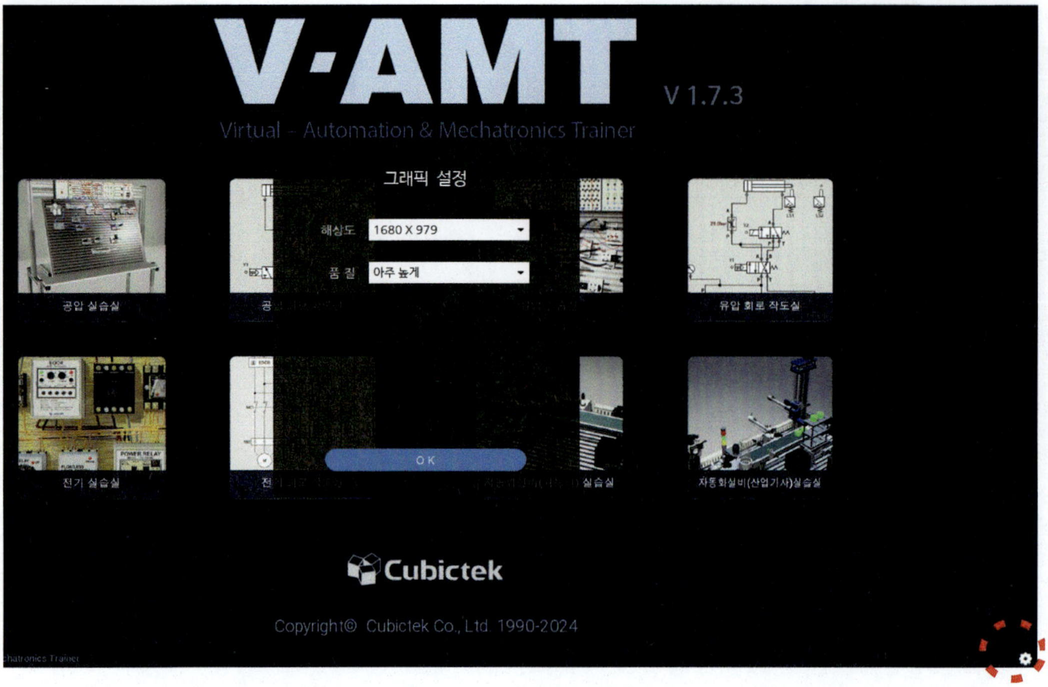
V-AMT
V 1.7.3
Virtual - Automation & Mechatronics Trainer
그래픽 설정
해상도
1680 X 979
품 질
아주 높게
OK
공압 실습실
유압 회로 작도실
전기 실습실
자동화설비(산업기사)실습실
Cubictek
Copyright© Cubictek Co., Ltd. 1990-2024

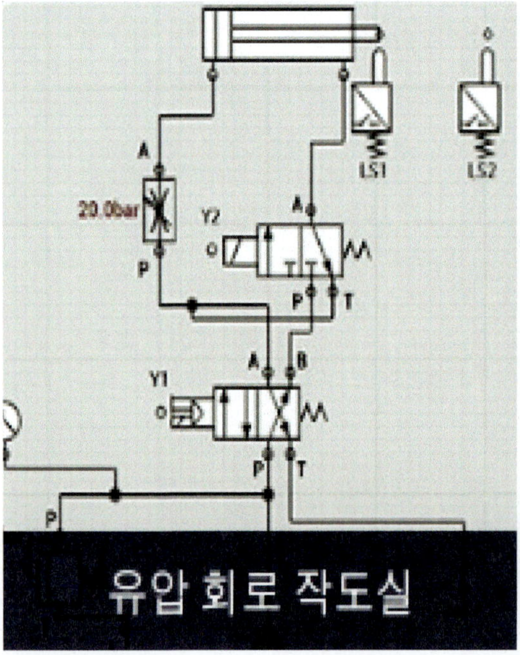
A
20.0bar
P
Y2
A
P
T
LS1
LS2
A
B
Y1
P
T
P
유압 회로 작도실

유압 실습실

4.1 그래픽 설정(Graphics Setting)

- PC 사양에 적합한 해상도와 품질을 설정할 수 있다.

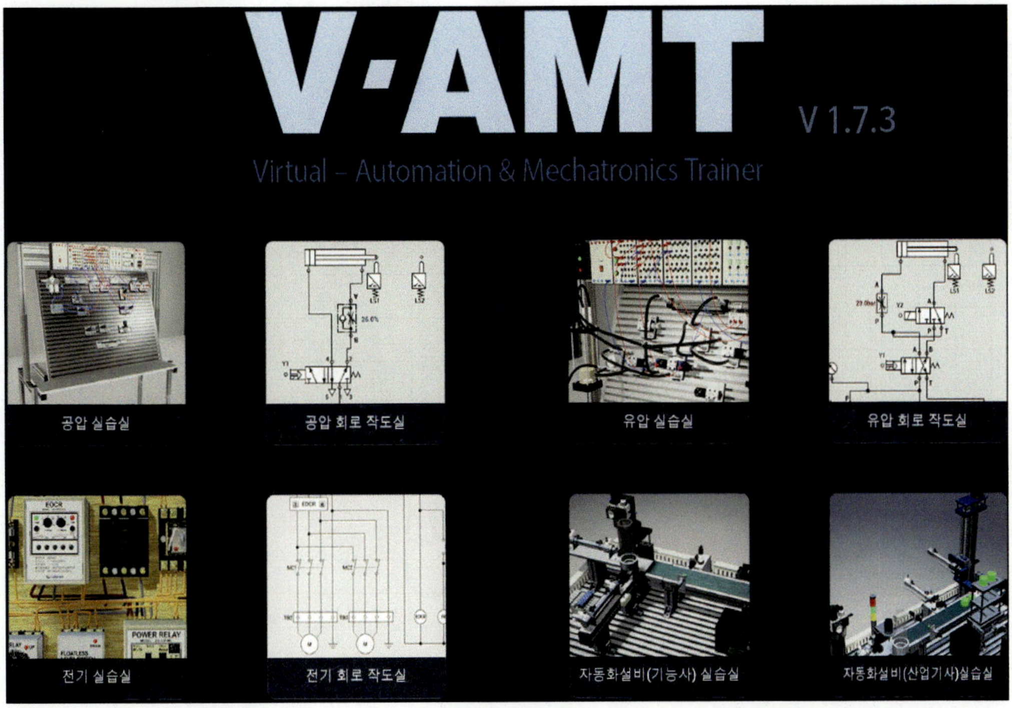

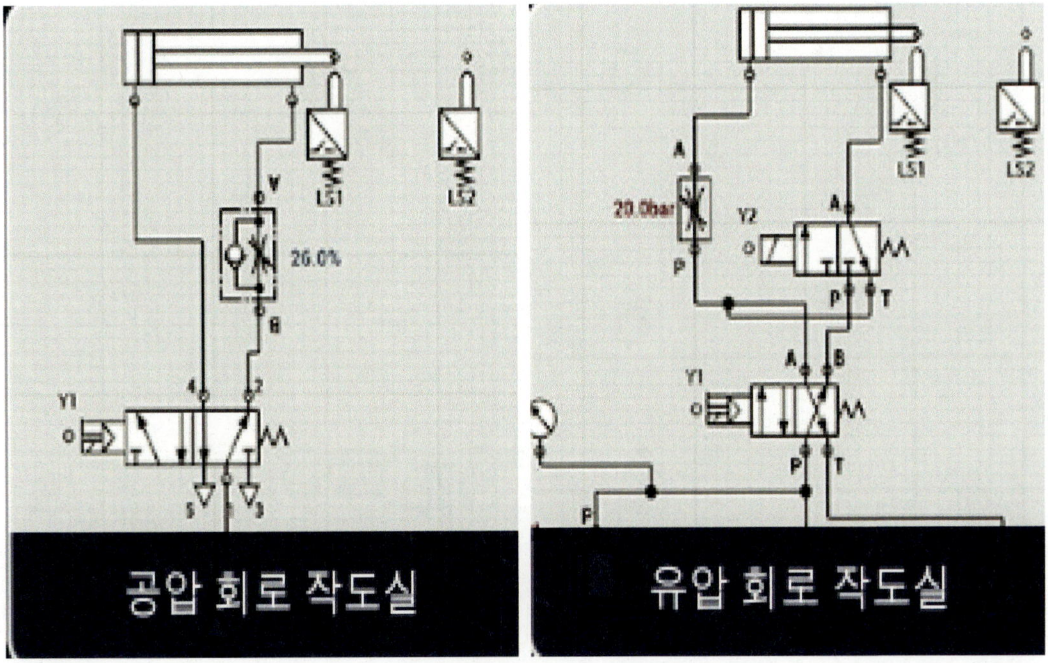

4.1.1 조작법(공압, 유압 회로 작도실)

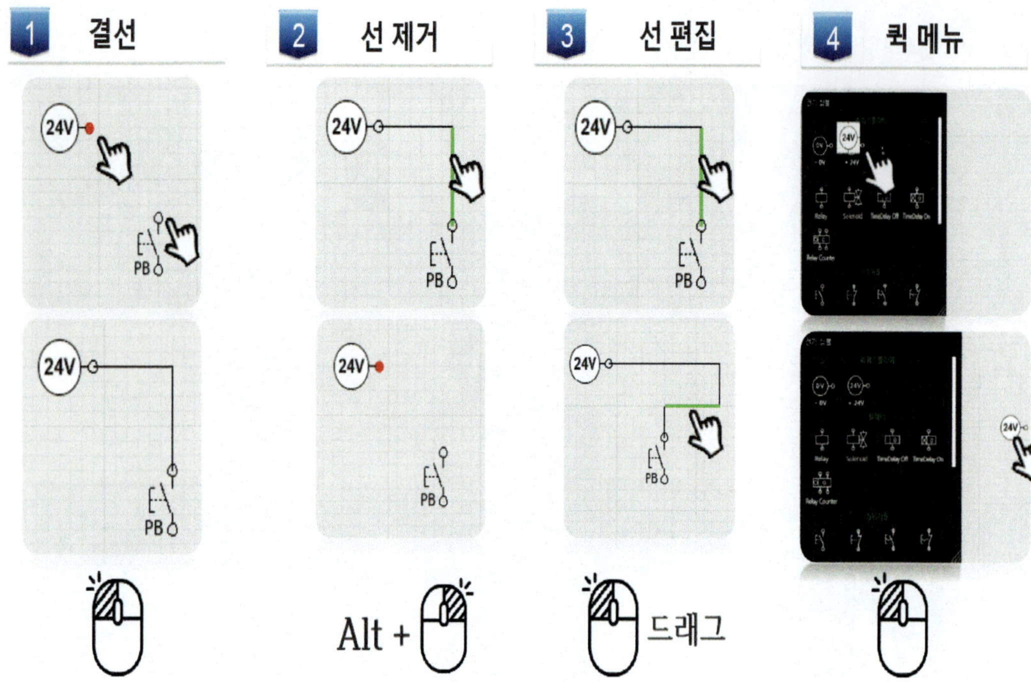

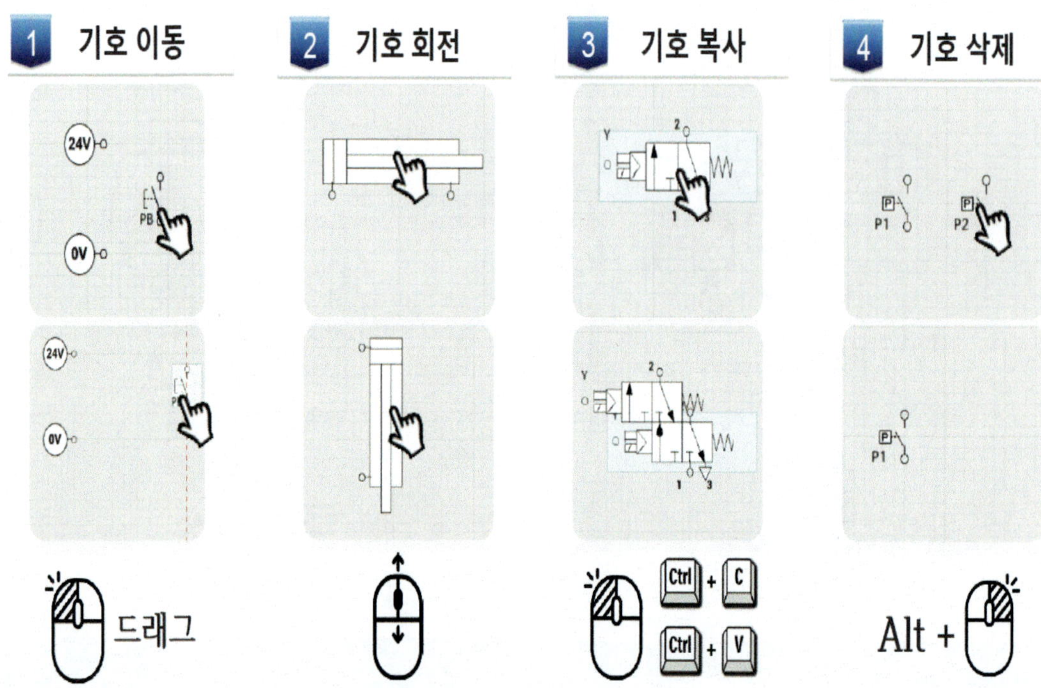

1 포트 설정

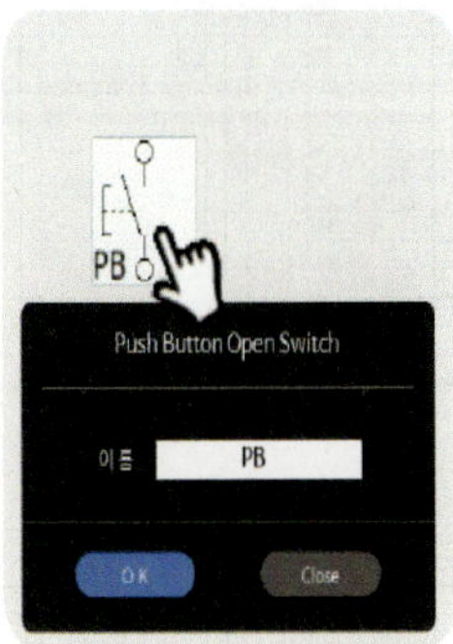

기호 더블클릭

2 압력 설정

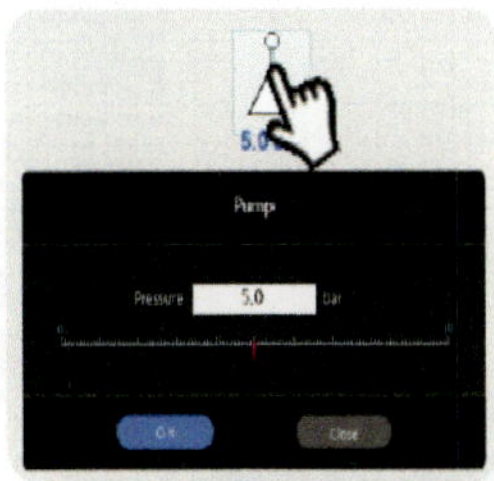

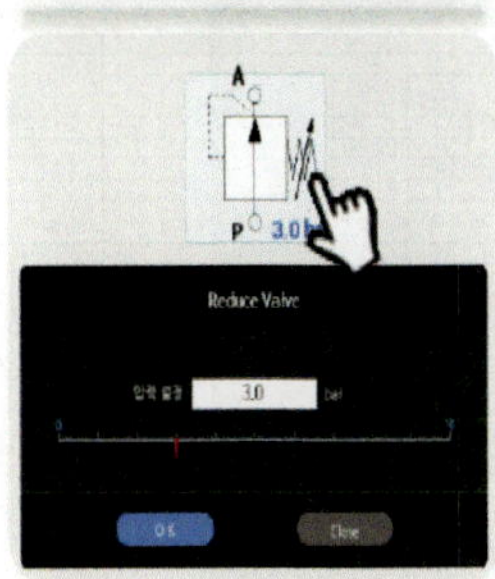

기호 더블클릭

3 시뮬레이션

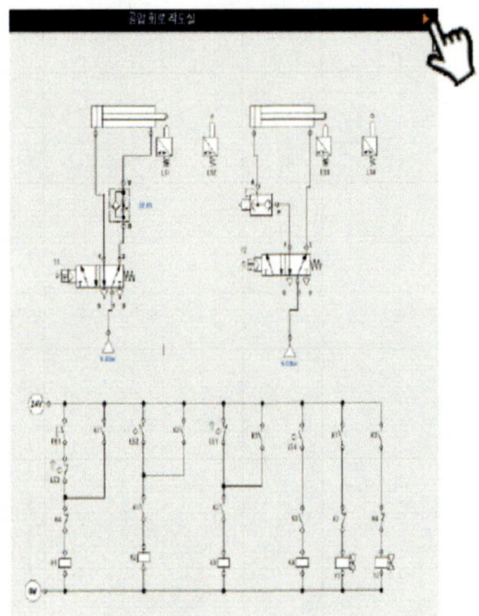

1 리밋 스위치 생성

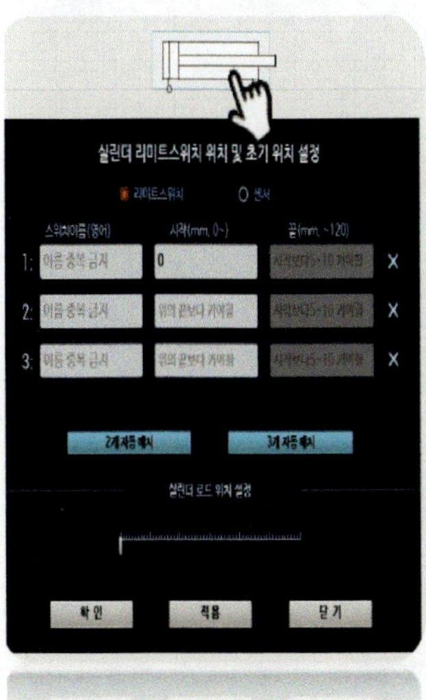

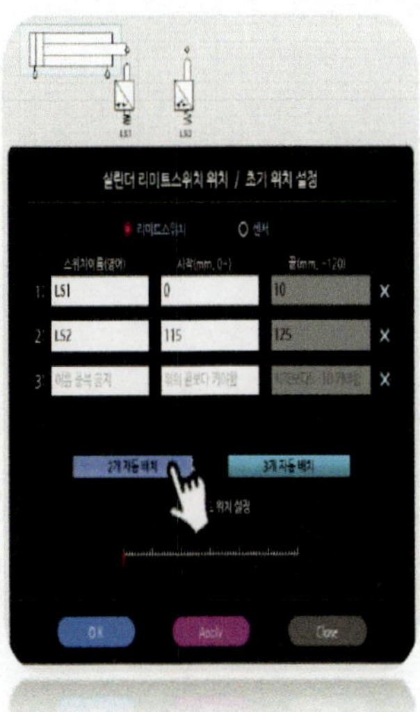

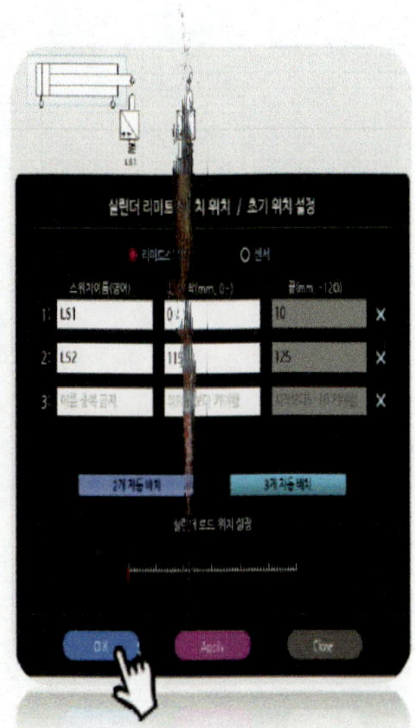

실린더 더블클릭

2 회로 정렬

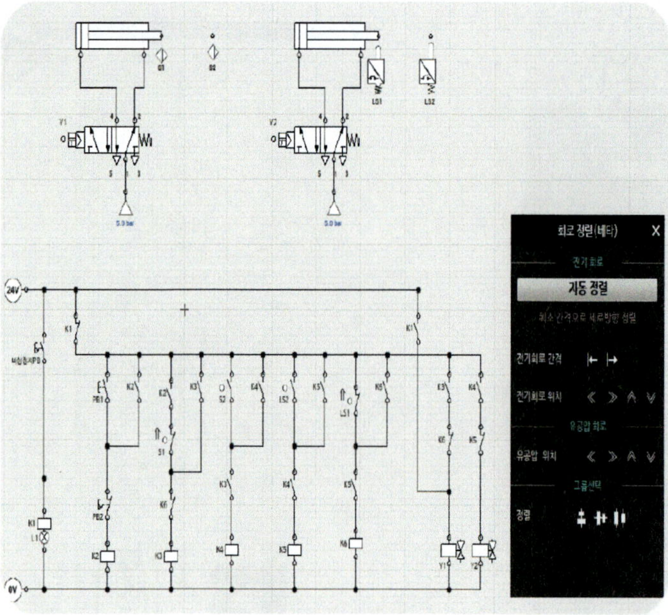

회로 정렬(베타)

회로 정렬 기능을 사용하여 전기회로의 간격,위치 유공압 회로의 위치를 변경할 수 있습니다.

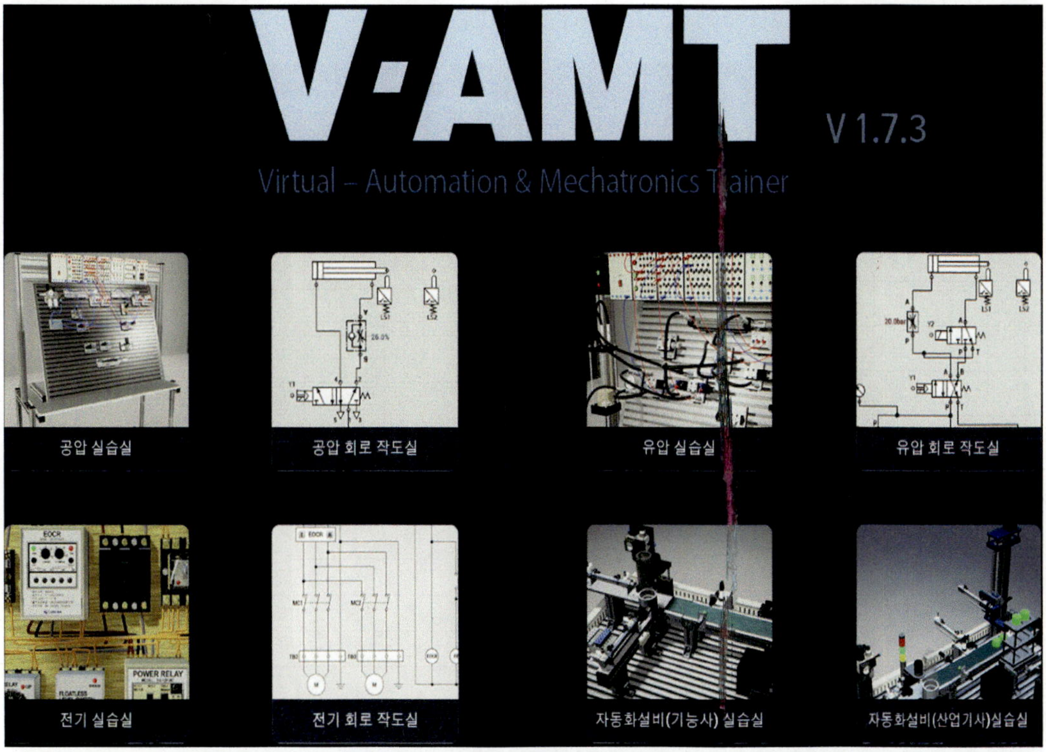
V-AMT
V 1.7.3
Virtual - Automation & Mechatronics Trainer
공압 실습실
공압 회로 작도실
유압 실습실
유압 회로 작도실
전기 실습실
전기 회로 작도실
자동화설비(기능사) 실습실
자동화설비(산업기사)실습실

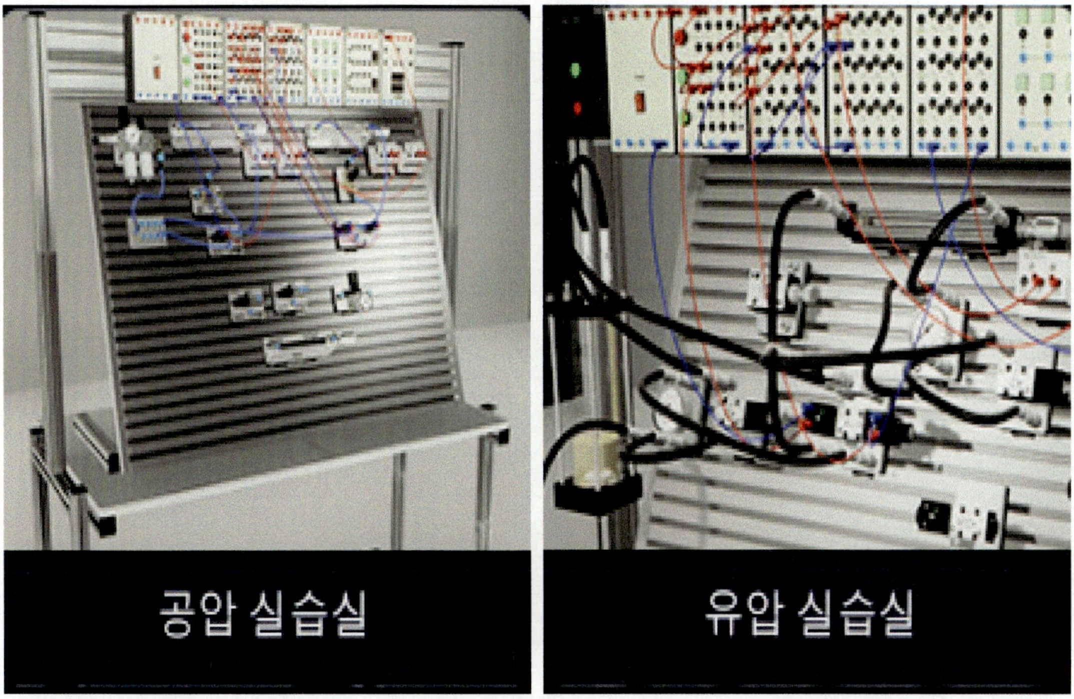
공압 실습실
유압 실습실

4.1.2 조작법(Manipulation)-공압, 유압 실습실

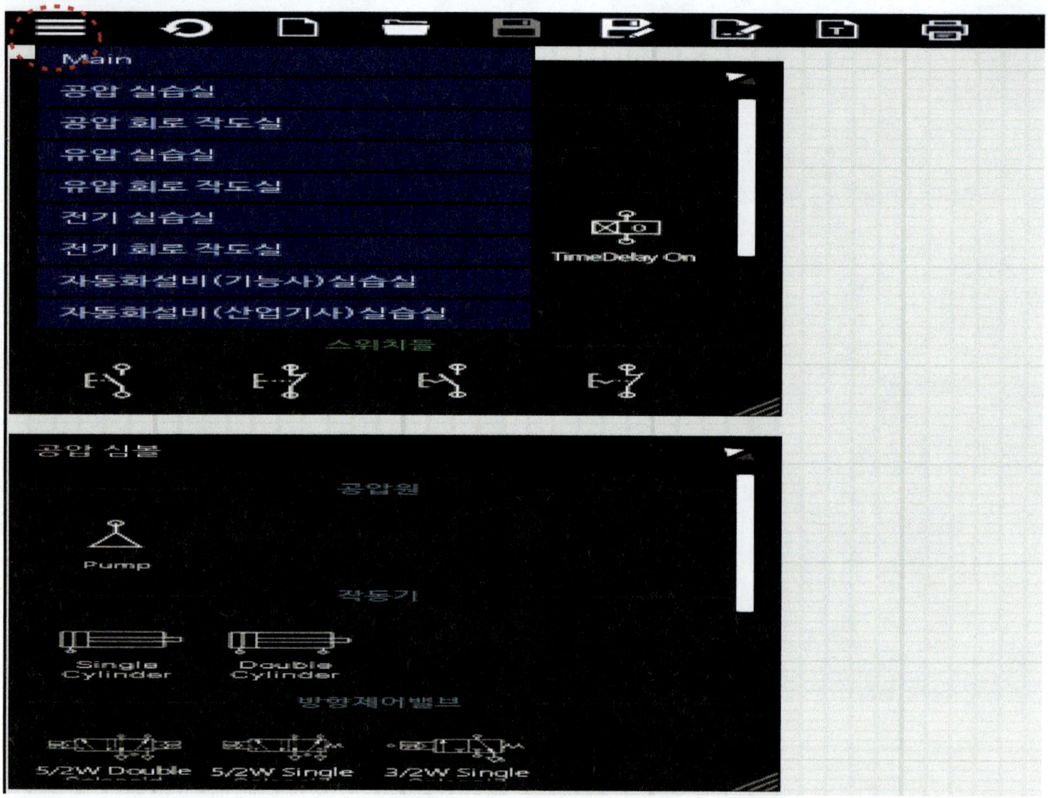

1 화면이동

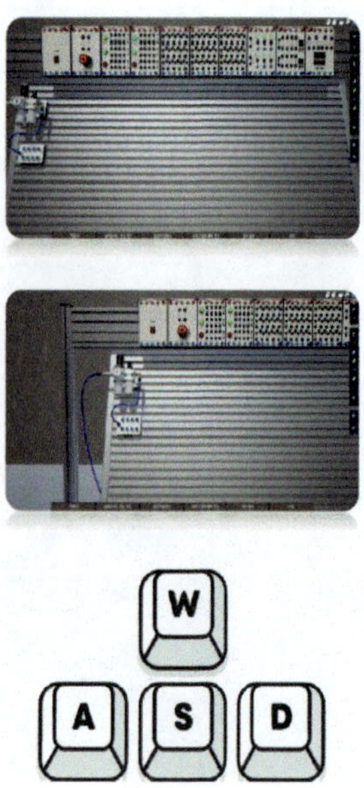

2 시점 확대/축소

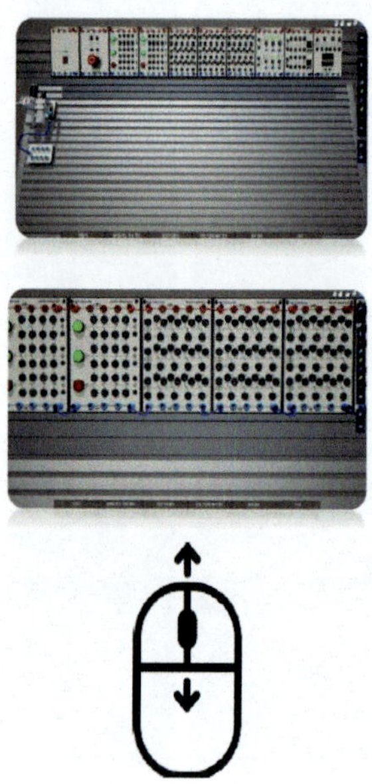

3 시점 초기화

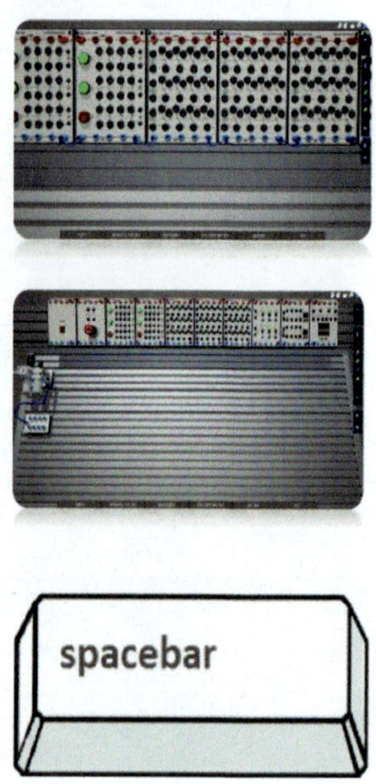

1 결선

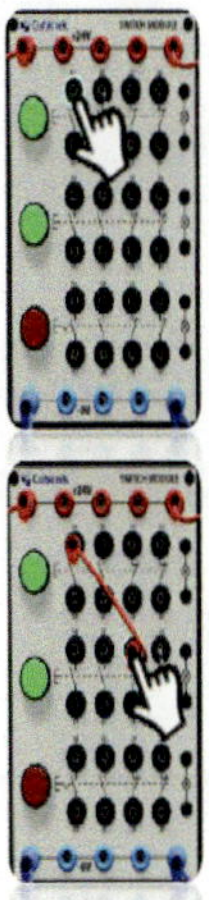

2 선 제거

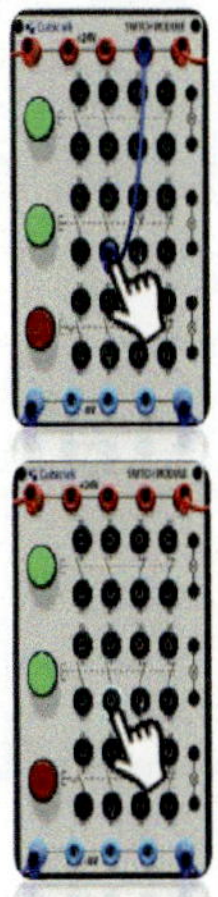

Alt + 

3 하이라이트

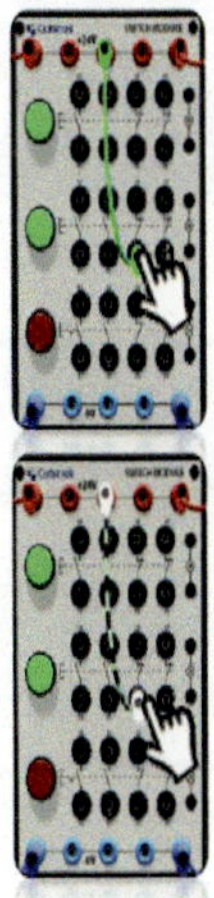

Ctrl + 

4 푸쉬버튼 단축키

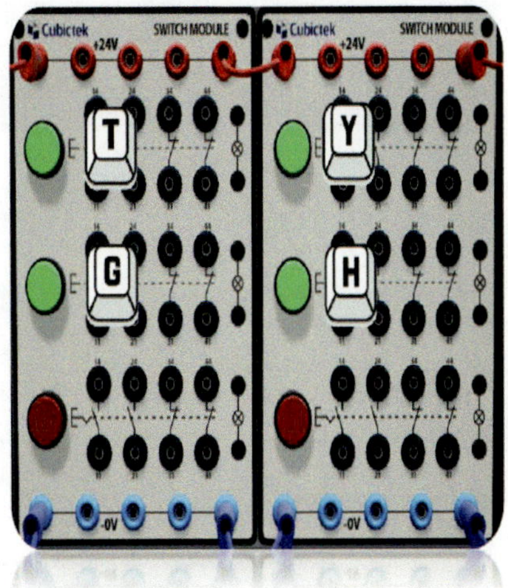

1 퀵 메뉴

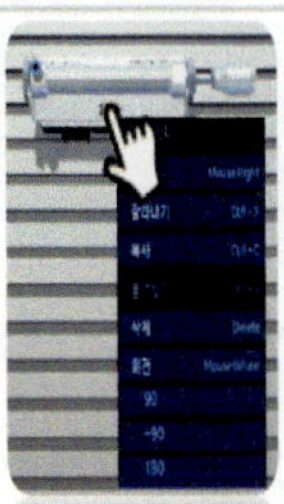

Alt + 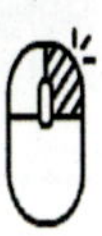

2 실린더 회전

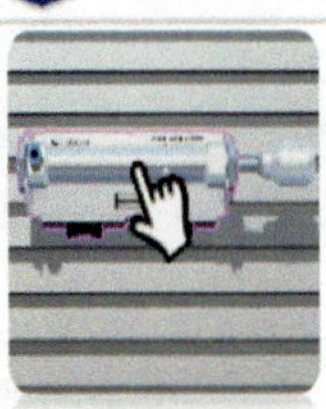

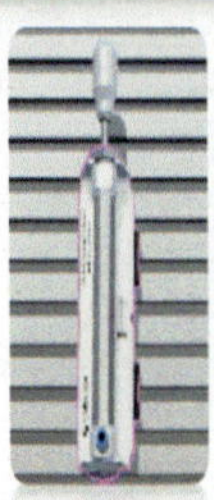

3 로드 위치 조절

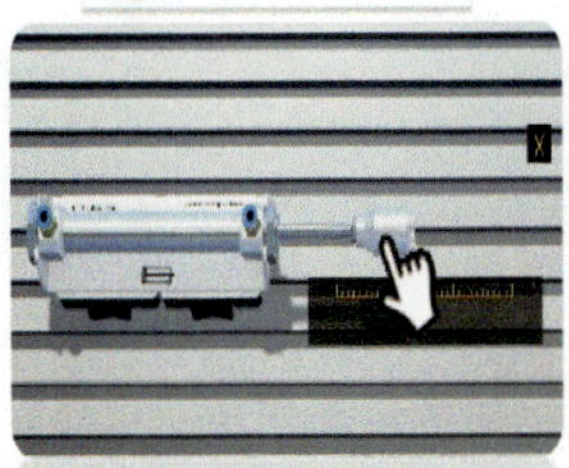

 실린더 헤드 더블클릭

4 ID 설정

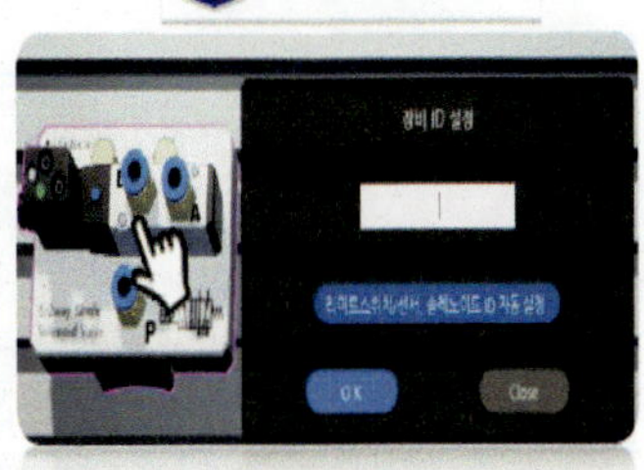

 밸브 더블클릭

4.2 메뉴바(Menu Bar)

메뉴

다른 실습실로 넘어갈 수 있습니다.

새 문서

클릭 시 새 문서로 작업이 초기화되며 작업중이던 사항이 있을 시 상단의 메시지가 팝업이 되며 저장 여부를 물어봅니다.

열기

공개문제 예제 및 저장한 예제를 불러올 수 있습니다.

새로고침

클릭 시 초기상태로 작업이 초기화되며 작업중이던 사항이 있을 시 상단의 메시지가 팝업이 되며 저장 여부를 물어봅니다.

저장

다른 실습실로 넘어갈 수 있습니다.

다른 이름으로 저장

클릭 시 초기상태로 작업이 초기화되며 작업중이던 사항이 있을 시 상단의 메시지가 팝업이 되며 저장 여부를 물어봅니다.

파일 설명 편집

클릭 시 하단의 창이 팝업이 되며 문제 설명 기능창 좌측 상단의 연필 모양을 누르면 내부에 주석을 기입할 수 있으며 체크 버튼을 누르면 저장이 됩니다.

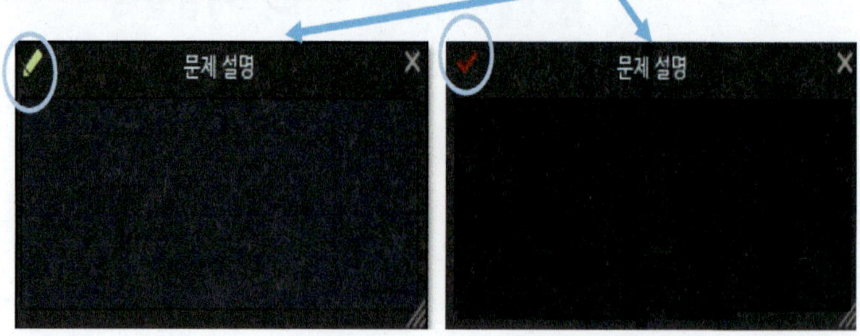

메뉴

다른 실습실로
넘어갈 수 있습니다.

새 문서

클릭 시 새 문서로 작업이 초기화되며
작업중이던 사항이 있을 시 상단의 메시지가 팝업이
되며 저장 여부를 물어봅니다.

열기

공개문제 예제 및
저장한 예제를 불러올 수
있습니다.

새로고침

클릭 시 초기상태로 작업이 초기화되며
작업중이던 사항이 있을 시 상단의
메시지가 팝업이 되며 저장 여부를
물어봅니다.

저장

다른 실습실로
넘어갈 수 있습니다.

다른 이름으로 저장

클릭 시 초기상태로 작업이 초기화되며
작업중이던 사항이 있을 시 상단의
메시지가 팝업이 되며 저장 여부를
물어봅니다.

파일 설명 편집

클릭 시 하단의 창이 팝업이 되며
문제 설명 기능창 좌측 상단의 연필 모양을 누르면
내부에 주석을 기입할 수 있으며 체크 버튼을
누르면 저장이 됩니다.

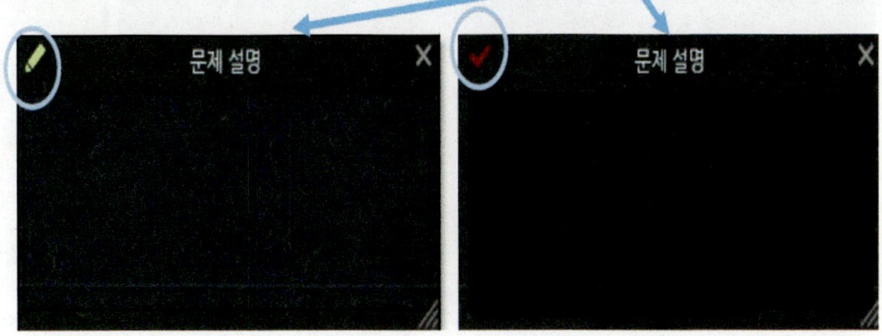

템플릿 1

템플릿 2

클릭 시 실린더 1개와 리밋스위치 좌우측 2세트가 자동으로 생성이 됩니다.

클릭 시 실린더 1개와 리밋스위치 좌우측 3세트가 자동으로 생성이 됩니다.

전기모듈 레이아웃

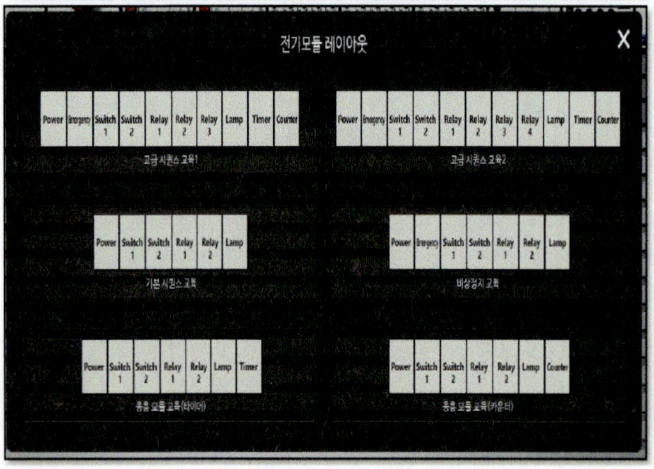

클릭 시 전기모듈 레이아웃을 설정할 수 있는 창이 팝업이 됩니다.

고급 시퀀스 교육부터 기본,비상정지,응용모듈교육을 위한 다양한 레이아웃이 제공됩니다.

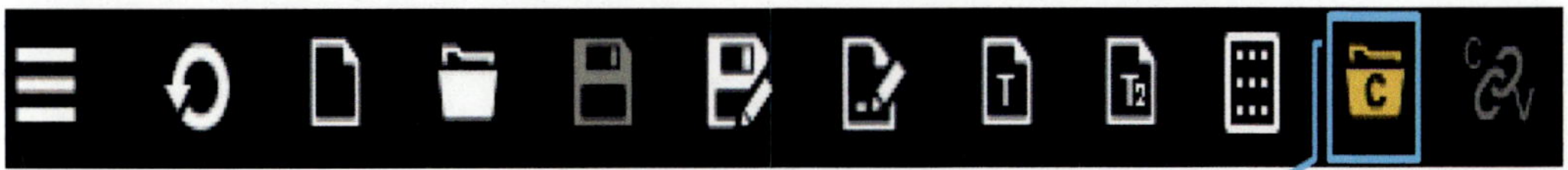

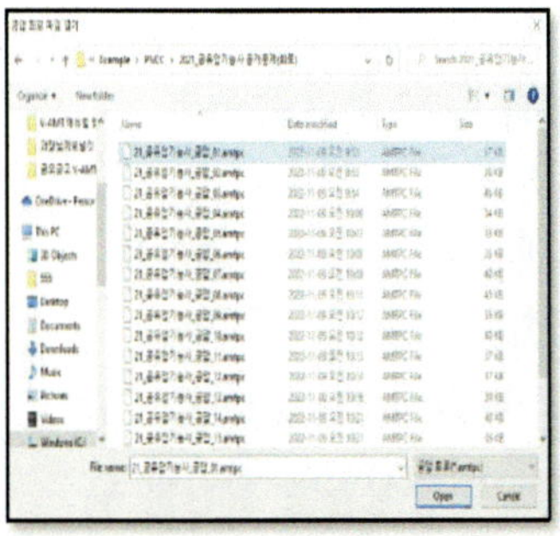

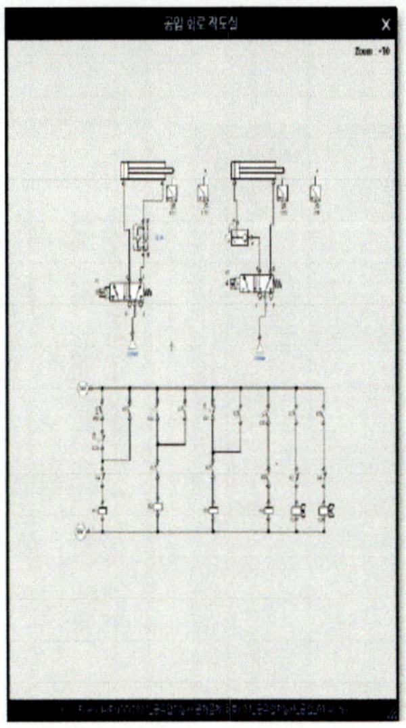

회로 열기

클릭 시 기본적으로 제공되는 공개문제들에 대한 2D회로도를 열 수 있습니다.

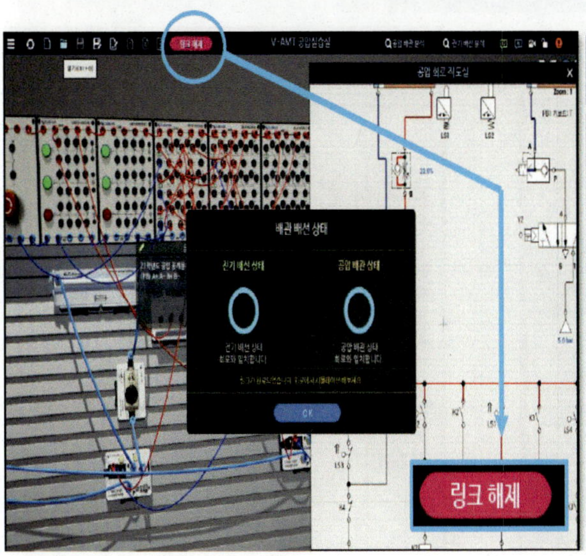

회로 – 가상장비 링크

'열기' 기능으로 3D실습실 파일을 불러오고
'회로열기 ' 기능으로 2D회로도 파일을 불러온 다음
해당 버튼을 누르면
회로도와 가상장비가 연동이 됩니다.
'링크 해제'버튼을 누르면 연동이 종료됩니다.

공압 배관 분석

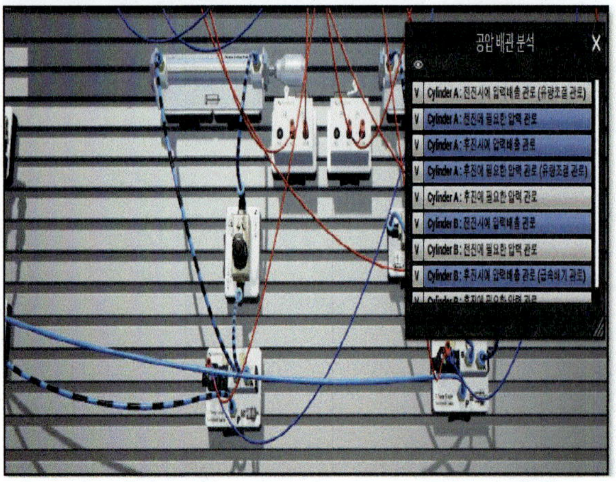

클릭 시 공압 배관 분석을 위한 창이 팝업이 되며 창에서 분석을 하고자하는 관로를 클릭 시 입체적이고 유동적인 그래픽으로 배관이 하이라이트 되며 기름, 공기의 이동방향을 확인할 수 있습니다.

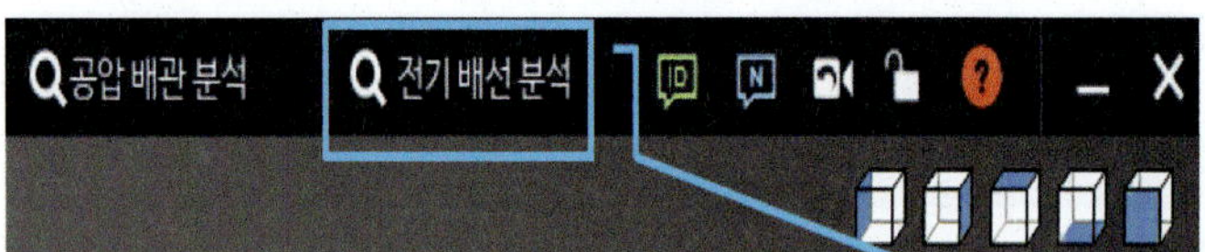

전기 배선 분석

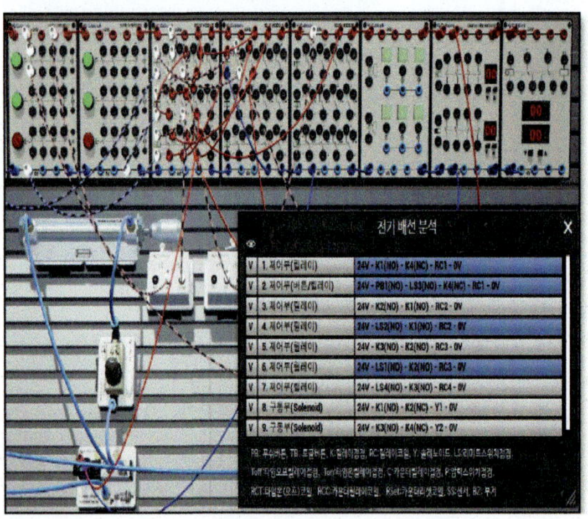

클릭 시 전기 배선 분석을 위한 창이 팝업이 되며 창에서 분석을 하고자하는 전선을 클릭 시 입체적이고 유동적인 그래픽으로 전선이 하이라이트되며 전류의 이동방향을 확인할 수 있습니다.

장비아이디보이기(I)

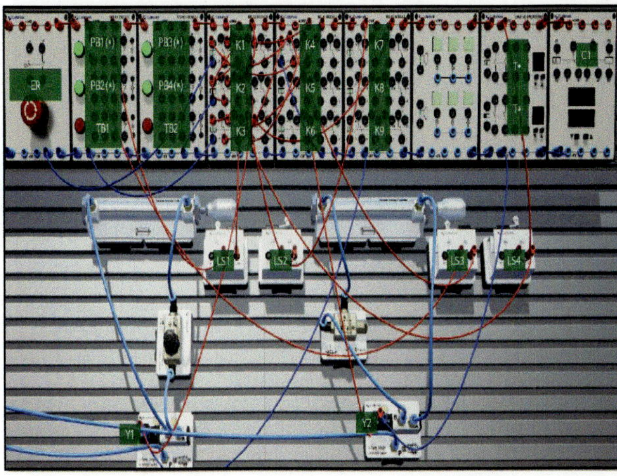

클릭 시 장비의 아이디가 표기가 됩니다.
2D,3D 연동시에 이 아이디가 서로 일치해야 연동이 정상적으로 이루어집니다.

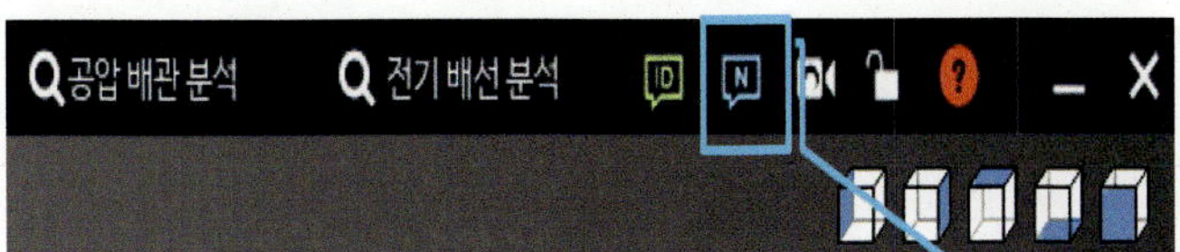

장비이름보이기 (N)

클릭 시 장비의 아이디가 표기가 됩니다.
2D,3D 연동시에 이 아이디가 서로 일치해야 연동이 정상적으로 이루어집니다.

화면초기화 (SPACE)	화면고정 (Ctrl)	도움말 (F1)
클릭 시 시점이 초기화됩니다.	클릭 시 시점이 고정됩니다.	클릭 시 장비 실습실 조작법에 관한 창이 팝업이 됩니다.

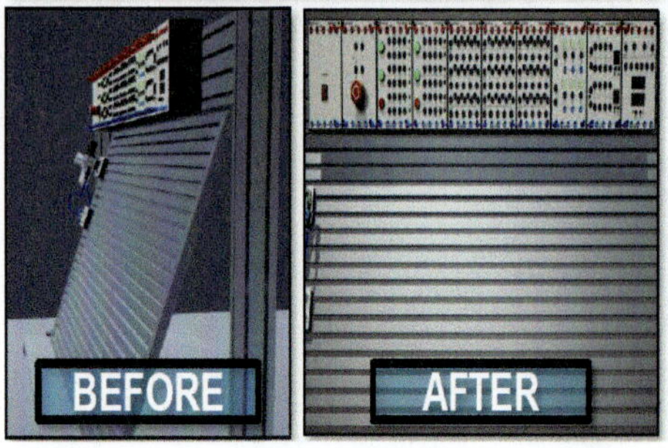

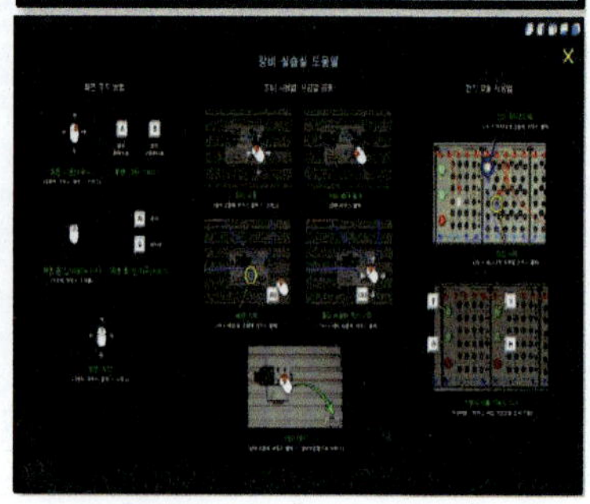

4.3 실습 도움말 설명

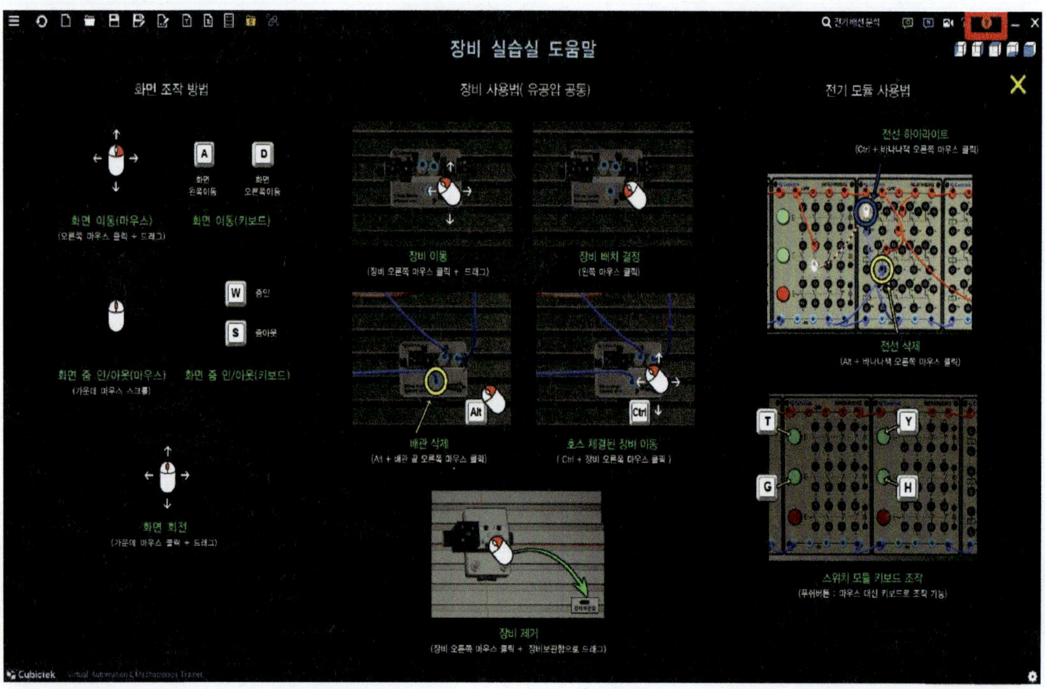

제 5 장

공압 기초 실습

(기본설계 중심으로)

1. 공압 시스템 설계 및 구성

- 목표: 공압 회로를 설계하고 구성하여, 주어진 요구사항에 맞는 시스템을 구축하는 과제.
- 주요 내용:
  - -공압 회로도의 설계 및 부품 배치
  - -실린더, 밸브, 필터, 제어기 등을 이용한 회로 구성
  - -시스템의 기능적 검증 및 안전성 확인
- 시험시간: 50분

1. 요구사항

※ 지급된 재료와 시설을 사용하여 아래 작업을 완성하시오.

※ 한번 제출한 작품의 재작업은 허용되지 않습니다.

가. 공압 회로도 구성

1) 공압 회로도와 같이 기기를 선정하여 고정판에 배치하시오.

   가) 기기는 수평 또는 수직 방향으로 수험자가 임의로 배치하고, 리밋 스위치는 방향성을 고려하여 설치하시오.

2) 공압 호스를 적절한 길이로 절단 및 사용하여 기기를 연결하시오.

   가) 공압 호스가 시스템 동작에 영향을 주지 않도록 정리하시오.

3) 작업압력(서비스 유닛)을 0.5±0.05 MPa로 설정하시오.

나. 기본동작

1) PB1을 1회 ON-OFF 하면 변위 단계선도(타이머 포함)와 같이 1 사이클 단속 동작하도록 전기회로도를 설계하여 시스템을 구성하고 시험감독위원에게 확인받으시오.

   가) 전기 배선은 + 는 적색으로, - 는 청색 또는 흑색으로 연결하고, 전선이 시스템 동작에 영향을 주지 않도록 정리하시오.

   나) 지정되지 않은 누름 버튼스위치는 자동복귀형 스위치를 사용하시오.

다. 시스템 유지보수

1) 동작 확인 후 유지보수 계획과 같이 시스템을 변경하고 시험감독위원에게 확인받으시오.

라. 정리정돈, 안전

1) 평가 종료 후 작업한 자리의 부품 정리, 공압 호스 정리, 전선 정리 등 모든 상태를 초기 상태로 정리하시오.

2. 수험자 유의사항

※ 다음의 유의사항을 고려하여 요구사항을 완성하시오.

※ 작업형 과제별 배점은 [**공압 시스템 설계 및 구성 30점**, 유압 시스템 설계 및 구성 30점, 가스절단 및 용접 40점]이며, 이외 세부항목 배점은 비공개입니다.

1) 시험 시작 전 장비의 이상 유무를 확인합니다.
2) 시험 중 반드시 시험감독위원의 지시에 따라야 하며, 시험감독위원의 지시가 없는 한 시험장을 임의로 이탈할 수 없습니다.
3) 시험에 필요한 기기 이외의 부품이나 장비에 임의로 접촉하지 않도록 주의하시기 바랍니다.
4) 공압 호스의 제거는 공급 압력을 차단한 후 실시하시기 바랍니다.
5) 전기 합선 시에는 즉시 전원공급 장치의 전원을 차단하시기 바랍니다.
6) 실린더의 작동 부분에는 전선과 호스가 접촉되지 않도록 주의하여야 합니다.
7) "기본동작→시스템 유지보수" 순서대로 시험감독위원에게 평가받습니다.
   (단, 각 동작의 평가는 전원이 유지된 상태에서 2회 이상 시도하여 같게 정상 동작이 되어야 하며, 1회만 동작하고 정상적으로 재 동작하지 않으면 인정하지 않습니다.)
8) 평가 기회는 한 번만 부여되오니, 이점 유의하여 평가를 요청하시기 바랍니다.
   (단, 평가가 불명확하여 재확인이 필요한 경우 시험감독위원의 판단에 따라 다시 동작시킬 수 있습니다. 회로를 변경 또는 수정할 수 없고, 동작만 재시도합니다.)
9) 평가 종료 후 정리정돈 상태에 따라 감점될 수 있음을 유의하시기 바랍니다.
10) 시험 중 작업복과 안전보호구를 착용하여 안전수칙을 준수하여야 하며, 안전수칙 미준수로 인해 감점될 수 있음을 유의하시기 바랍니다.
    (단, 슬리퍼, 샌들 착용 등 복장이 작업에 부적합할 경우 응시가 불가능합니다.)
11) 다음 사항은 실격에 해당하여 채점 대상에서 제외됩니다.
    가) 수험자 본인이 수험 도중 시험에 대한 기권 의사를 표현하는 경우
    나) 실기시험 과정 중 1개 과정이라도 불참한 경우
    다) 시설·장비의 조작 또는 재료의 취급이 미숙하여 위해를 일으킬 것으로 시험감독위원 전원이 합의하여 판단한 경우
    라) 기능이 해당 등급 수준에 전혀 도달하지 못한 것으로 시험감독위원이 판단할 경우
    마) 부정행위를 한 경우
    바) 시험시간 내에 작품을 제출하지 못한 경우
    사) 공압 회로도와 다른 부품을 사용하거나 부품을 누락한 경우
    아) 기본동작이 변위 단계선도와 일치하지 않는 경우

3. 전기 회로도 작성란

※ 전기 회로도 작성란은 필요하면 활용하시기 바랍니다.

실습1 : 램프제어

ON OFF

<table>
<tr><td rowspan="4">① A접점</td><td>회로도(전기)</td><td>변위단계선도</td></tr>
<tr><td>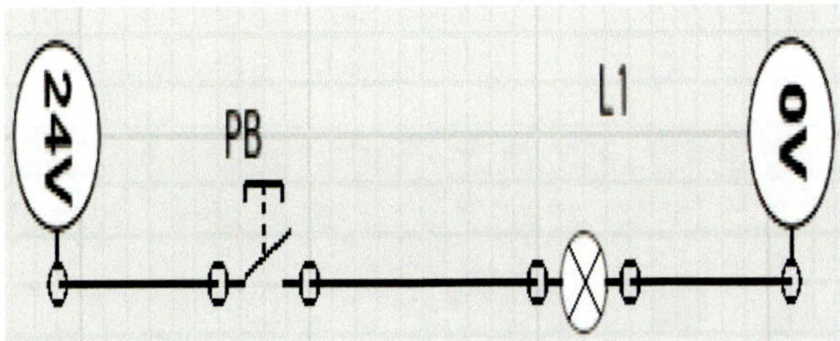
</td><td>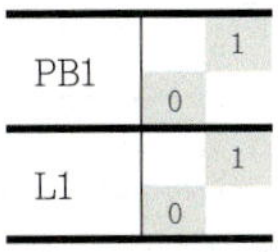
</td></tr>
<tr><td colspan="2">회로도(실물)</td></tr>
<tr><td colspan="2"></td></tr>
<tr><td rowspan="4">① B접점</td><td>회로도(전기)</td><td>변위단계선도</td></tr>
<tr><td>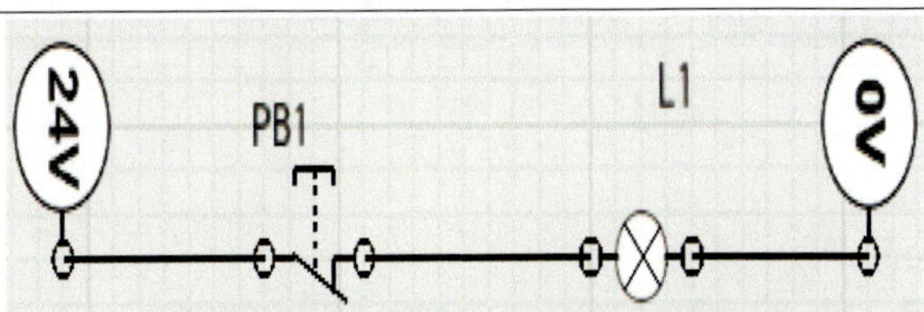
</td><td>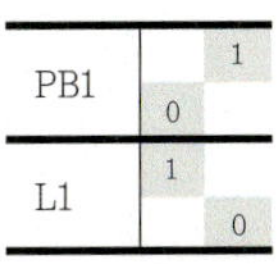
</td></tr>
<tr><td colspan="2">회로도(실물)</td></tr>
<tr><td colspan="2">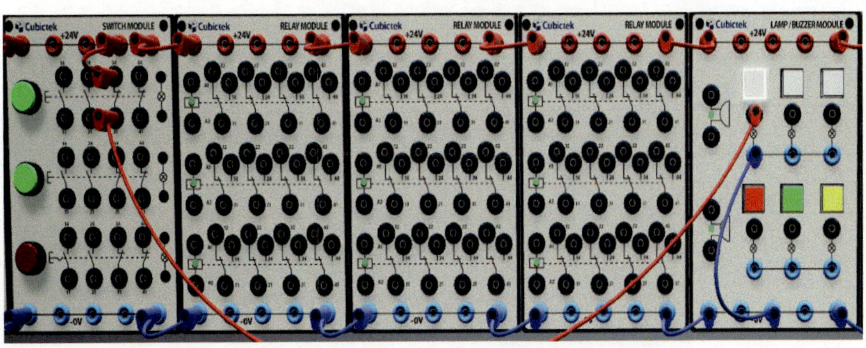</td></tr>
</table>

ON OFF

③ NOT

입력(A)	출력(Y)
0	1
1	0

진리표.

회로도(전기)

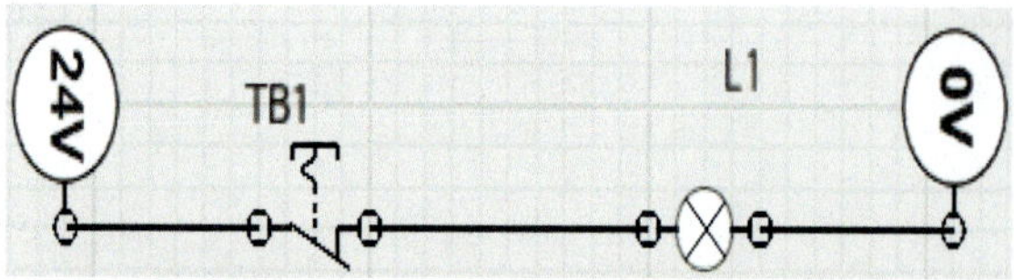

변위단계도

TB1	0	1
L1	1	0

회로도(실물)

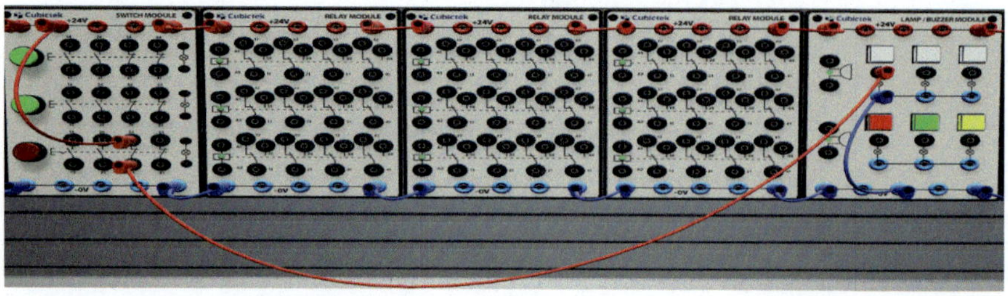

④ AND

입력(A)	입력(B)	출력(Y)
0	0	0
0	1	0
1	0	0
1	1	1

진리표.

회로도(전기)

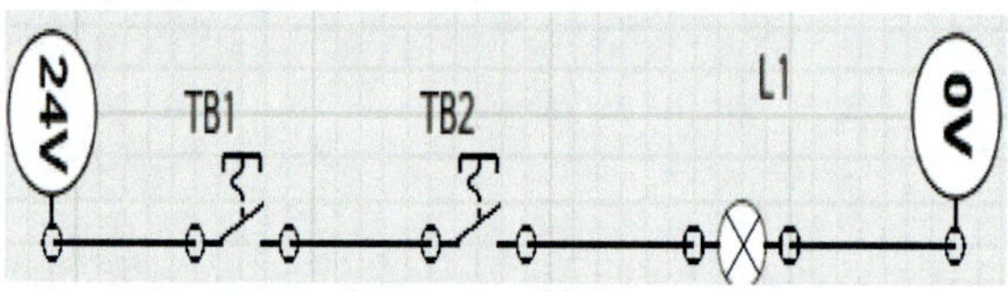

변위단계도

TB1	0	0	1	1
TB2	0	1	0	1
L1	0	0	0	1

회로도(실물)

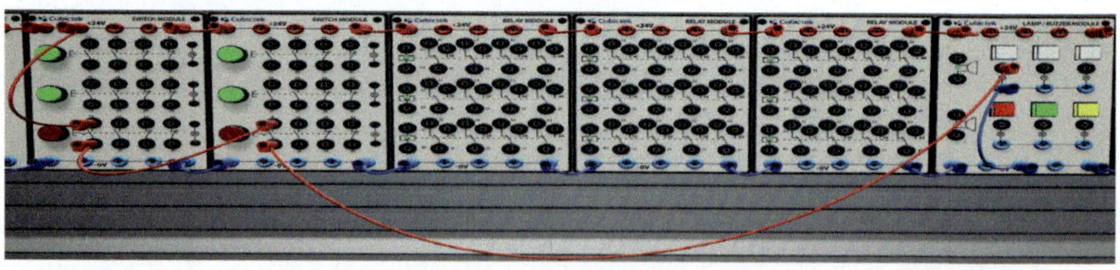

⑤ OR

입력(A)	입력(B)	출력(Y)
0	0	0
0	1	1
1	0	1
1	1	1

진리표.

회로도(전기)

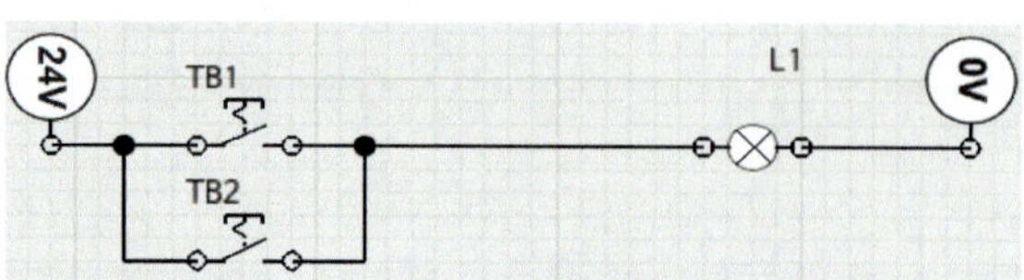

변위단계도

TB1	0	0	1	1
TB2	0	1	0	1
L1	1	0	0	0

회로도(실물)

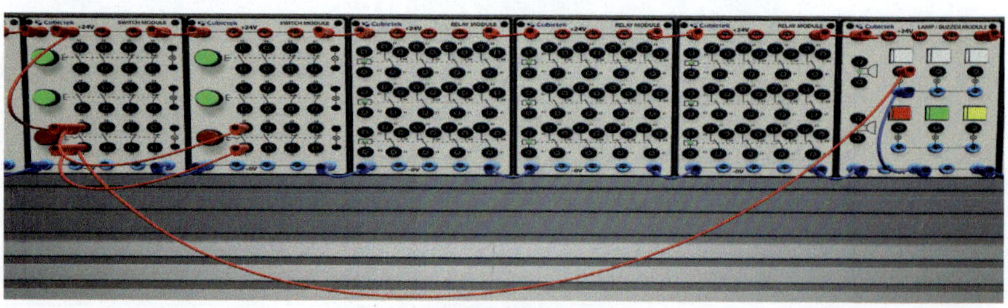

ON OFF

⑥ SET 우선

회로도(전기)

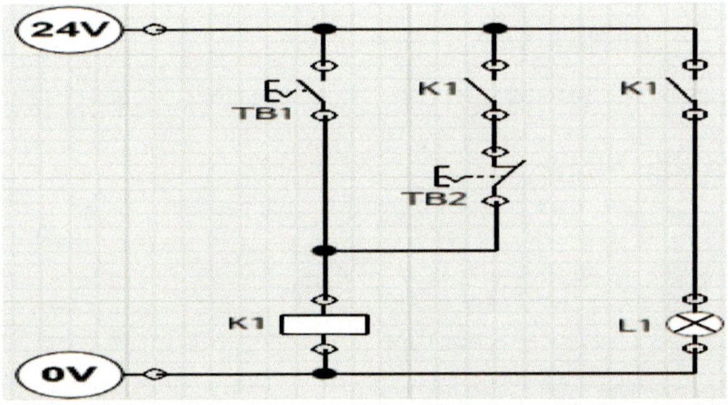

변위단계도

	1	2	3	4
TB1	0	0	1	1
TB2	0	1	0	1
L1	0	0	1	1

회로도(실물)

⑦ RESET 우선

회로도(전기)

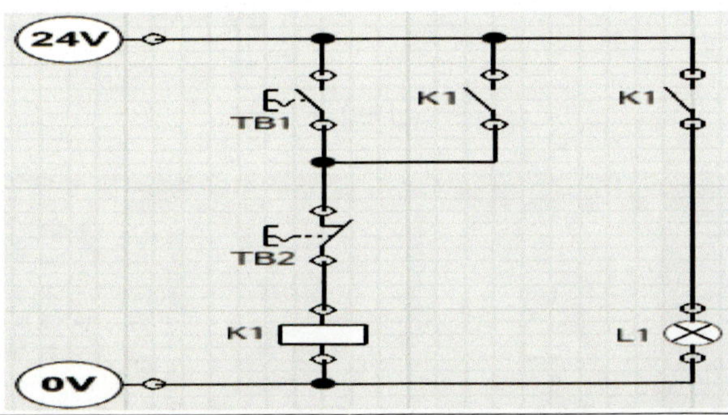

변위단계도

	1	2	3	4
TB1	0	0	1	1
TB2	0	1	0	1
L1	0	0	1	0

회로도(실물)

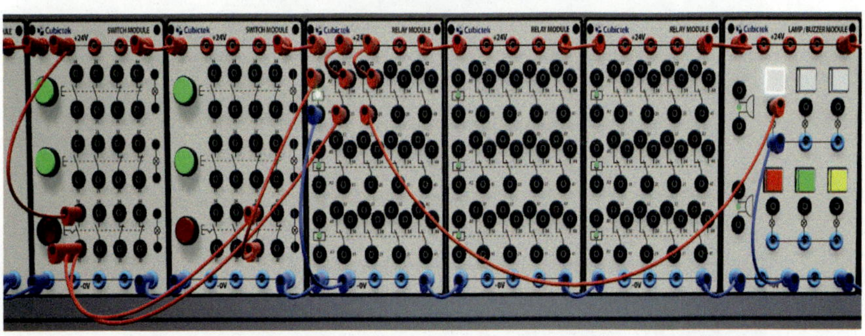

실습2 : 편 솔레노이드를 이용한 단동 실린더

누름 버튼 PB1을 ON하면 편솔레노이드(3/2W) 코일 Y1이 여자되고 밸브의 제어 위치가 전환되어 단동 실린더는 전진하게 된다.

누름 버튼 PB1을 OFF 하면 편솔레노이드(3/2W) 코일 Y1이 소자되고, 스프링의 힘으로 밸브의 제어 위치는 원위치가 된다.

/ 전 + \ 후 -

직접제어

회로도(기호, 전기)

PB1= ON

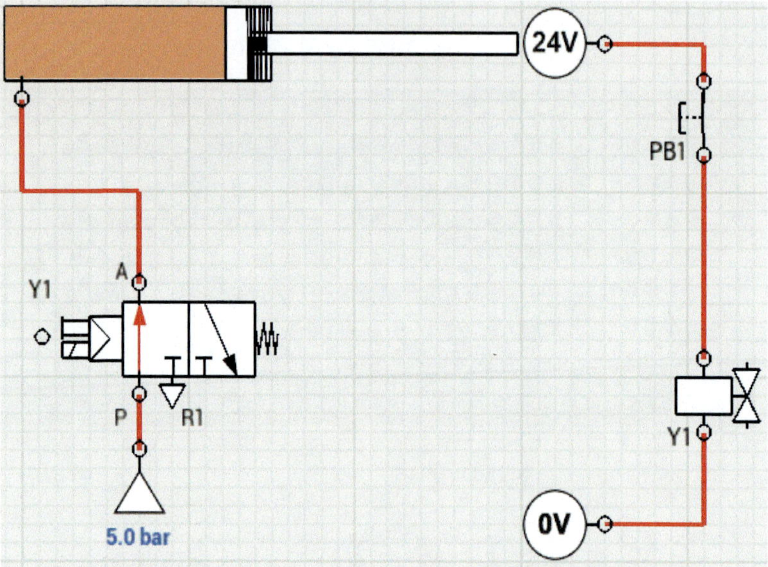

변위단계도

Cylinder	/

PB	PB1
solenoid	Y1

회로도(실물)

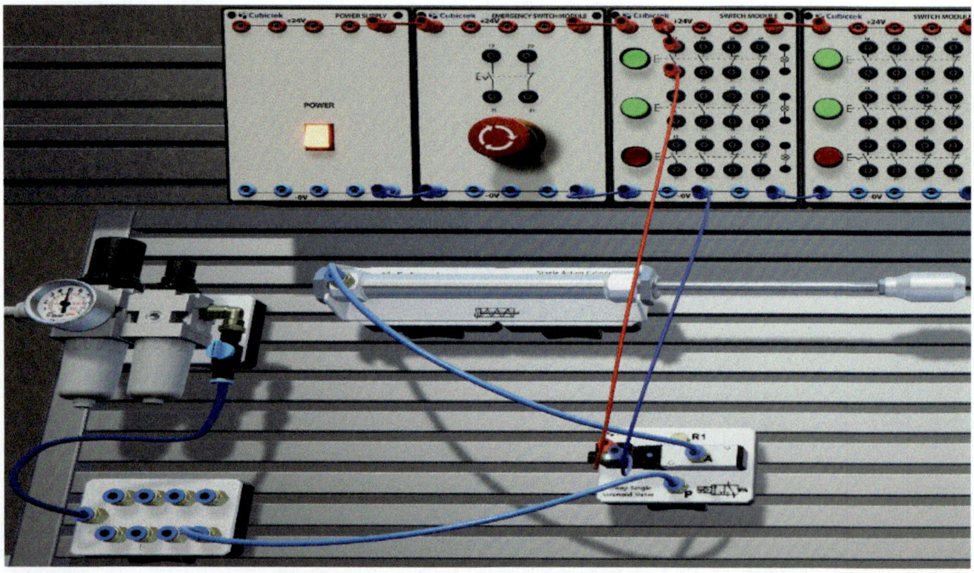

누름 버튼 PB1을 ON하면 K1이 여자되고, a접점 K1이 ON되어 편솔레노이드(3/2W) 코일 Y1이 여자된다. 따라서 밸브는 방향을 전환하게 되고 단동 실린더는 전진한다.

누름 버튼 PB1을 OFF 하면 K1은 소자되고 a접점 K1이 OFF되므로 편솔레노이드(3/2W) 코일 Y1도 소자된다. 따라서 밸브는 스프링의 힘으로 원위치가 되고 단동 실린더는 후진을 하게 된다.

╱	전	+		╲	후	–

간접제어

회로도(기호, 전기)	변위단계도
PB1= ON	

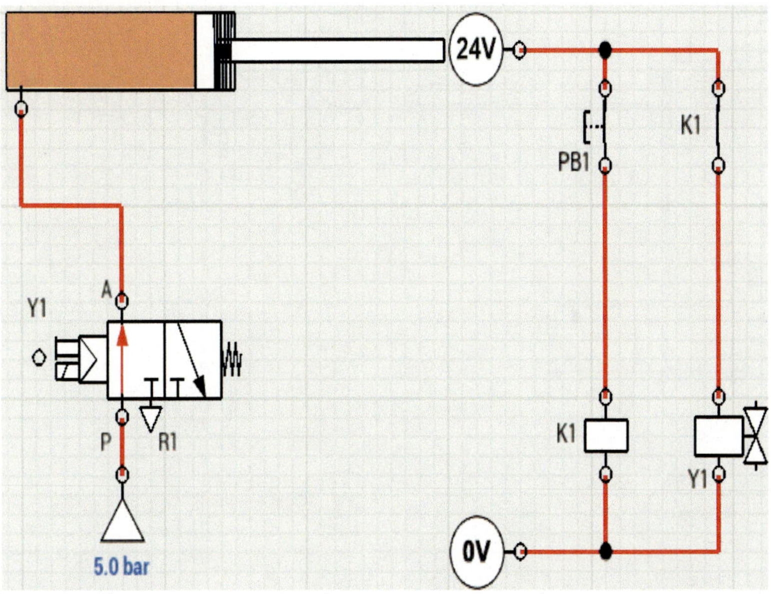

Cylinder	╱

PB	PB1
solenoid	Y1

회로도(실물)

실습3 : 편 솔레노이드를 이용한 복동 실린더

누름 버튼 PB1을 ON하면 편솔레노이드(5/2W) 코일 Y1이 여자되고 밸브의 제어 위치가 전환되어 복동 실린더는 전진한다.

누름 버튼 PB1을 OFF 하면 편솔레노이드(5/2W) 코일 Y1이 소자되므로 스프링에 의해 밸브의 제어 위치가 원위치 되고 복동 실린더는 후진한다.

전 + 후 -

직접제어

회로도(기호, 전기)

PB1= ON

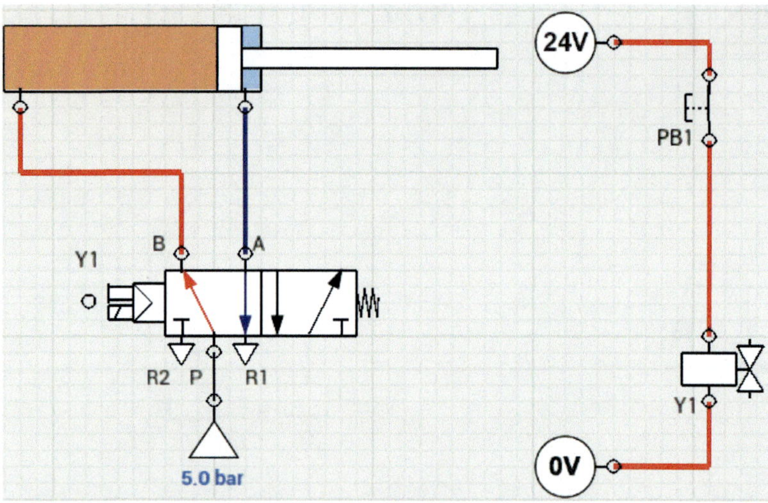

변위단계도

Cylinder	
PB	PB1
solenoid	Y1

회로도(실물)

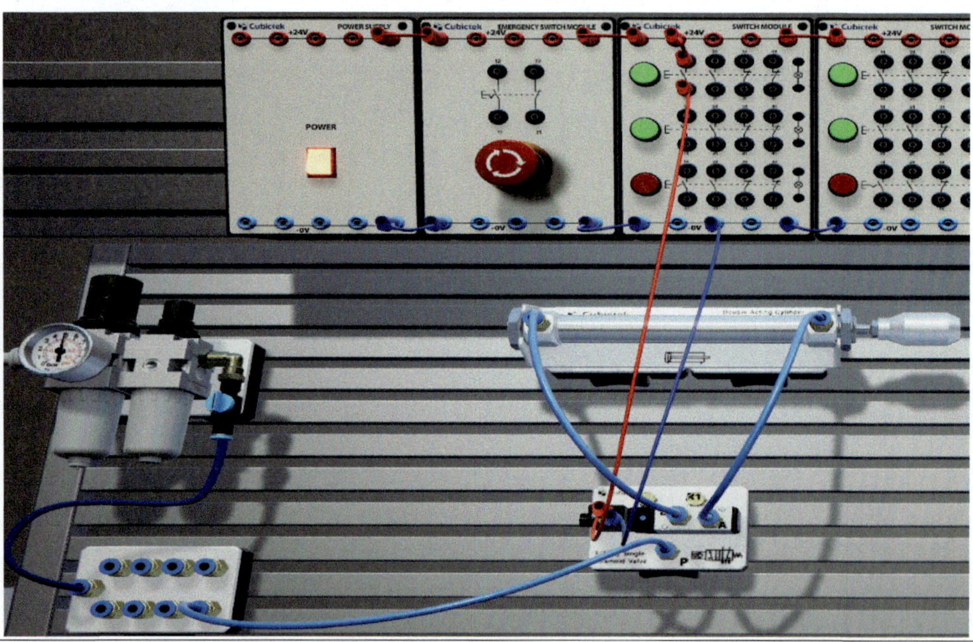

누름 버튼 PB1을 ON하면 K1이 여자되고, a접점 K1이 ON 되어 편솔레노이드(5/2W) 코일 Y1이 여자된다. 따라서 밸브는 방향을 전환하게 되고 복동 실린더는 전진을 한다.

누름 버튼 PB1을 OFF 하면 릴레이 K1은 소자되고 a접점 K1이 OFF 되므로 편솔레노이드(5/2W) 코일 Y1도 소자된다. 따라서 밸브는 스프링의 힘으로 원위치가 되고 복동 실린더는 후진하게 된다.

전 + / 후 –

간접제어

회로도(기호, 전기)

PB1= ON

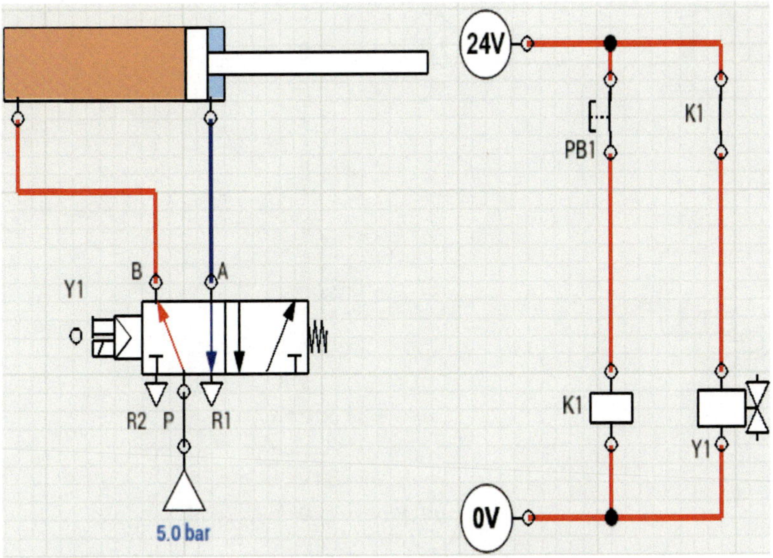

변위단계도

Cylinder	/
PB	PB1
solenoid	Y1

회로도(실물)

실습4 : 편 솔레노이드를 이용한 단동 실린더(AND)

누름 버튼 PB1, PBS2를 동시에 ON하면 편솔레노이드(3/2W) 코일 Y1이 여자(BZ음) 되고 밸브는 방향을 전환하게 되어 단동 실린더는 전진한다.(동시 버튼: T+G)

누름 버튼 PB1, PB2를 동시에 OFF 하면 편솔레노이드(3/2W) 코일 Y1이 소자되므로 밸브는 원위치가 되어 단동 실린더는 후진하게 된다.

/ 전 + \ 후 -

직접제어

회로도(기호, 전기)

PB1= PB2= ON

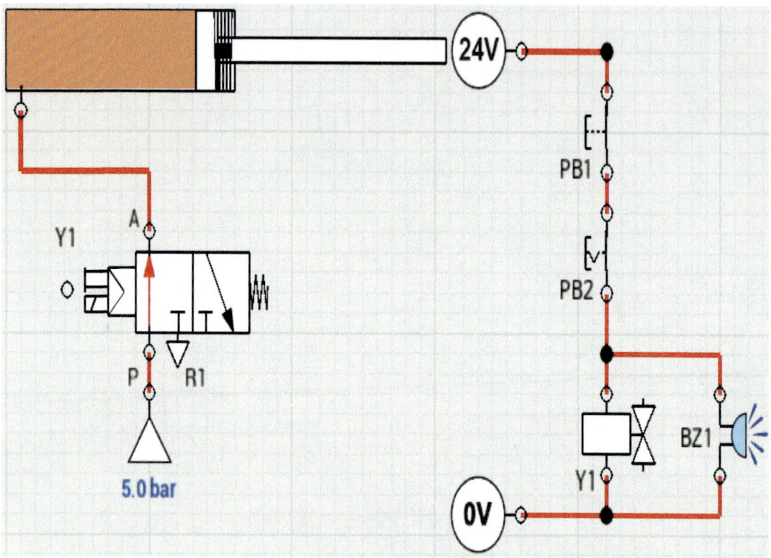

변위단계도

Cylinder	
PB	PB1
	PB2
solenoid	Y1

회로도(실물)

누름 버튼 PB1, PB2를 동시에 ON하면 K1이 여자되고, a접점 K1이 ON되어 편솔레노이드(5/2 W) 코일 Y11이 여자된다. 따라서 밸브는 방향을 전환하게 되고 복동 실린더는 전진을 한다.(동시 버튼: T+G)

누름 버튼 PB1, PB2를 동시에 OFF 하면 K1은 소자되고, a접점 K1이 OFF되어 편솔레노이드 코일도 소자되므로 밸브는 원위치가 되어 복동 실린더는 후진하게 된다.

╱ 전 + ╲ 후 -

간접 제어

회로도(기호, 전기)

PB1= PB2= ON

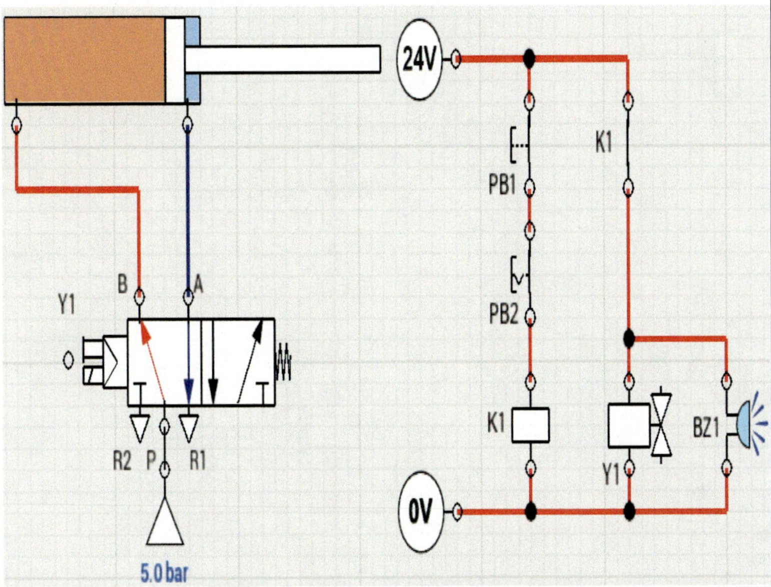

변위단계도

Cylinder	
PB	PB1
	PB2
Relay	K1
solenoid	Y1

회로도(실물)

PB1= ON

PB2= ON

실습5 : 편 솔레노이드를 이용한 단동 실린더(OR)

누름 버튼 PB1 또는 PBS2를 하나만 ON하면 편솔레노이드(3/2W) 코일 Y1이 여자(BZ음)되고 밸브는 방향을 전환하게 되어 단동 실린더는 전진한다.(동시 버튼: T+G)

누름 버튼 PB1 또는 PBS2를 하나만 OFF하면 편솔레노이드 코일 Y1이 소자되므로 밸브는 원위치가 되어 단동 실린더는 후진하게 된다.

╱ 전 + ╲ 후 -

직접제어

회로도(기호, 전기)

PB1 또는 PB2= ON

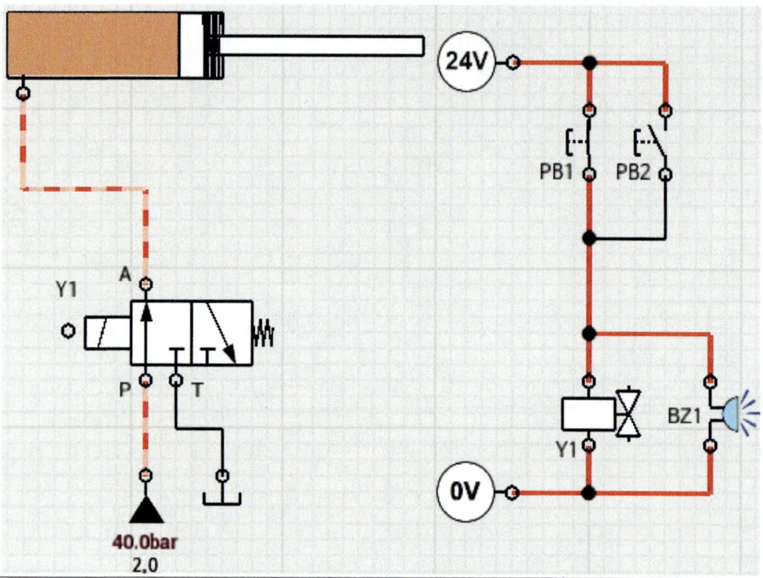

변위단계도

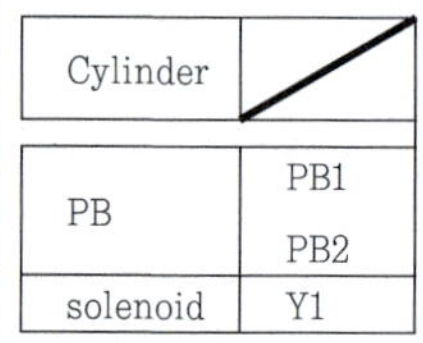

회로도(실물)

PB1 또는 PB2= ON

누름 버튼 PB1, PBS2를 동시에 ON하면K1이 여자되고, a접점 K1이 ON되어 편솔레노이드(5/2W) 코일 Y11이 여자된다. 따라서 밸브는 방향을 전환하게 되고 복동 실린더는 전진을 한다.(동시 버튼: T+G)

누름 버튼 PB1, PB2를 동시에 OFF하면 편솔레노이드 코일 Y1이 소자되므로 밸브는 원위치가 되어 단동 실린더는 후진하게 된다.

전 + / 후 -

간접제어

회로도(기호, 전기)

PB1 또는 PB2= ON

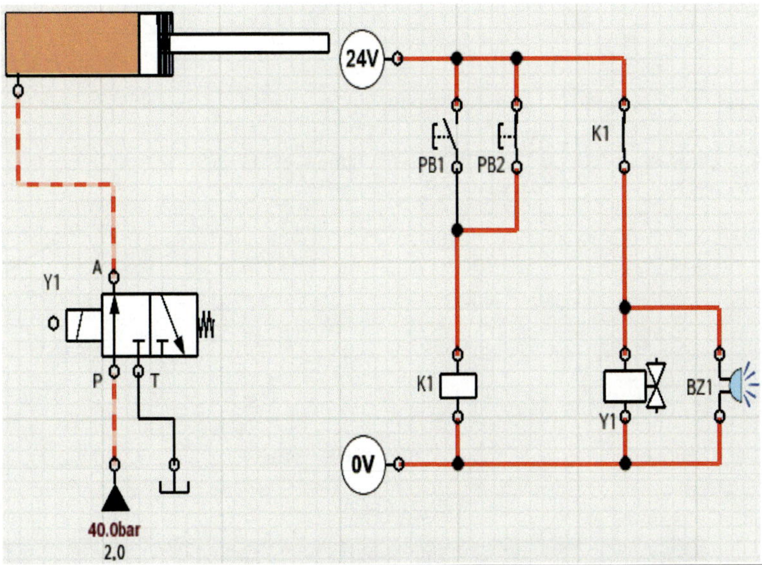

변위단계도

Cylinder	
PB	PB1 PB2
solenoid	Y1

회로도(실물)

PB1 또는 PB2= ON

실습6 : 편 솔레노이드를 이용한 단동 실린더(NOT)

초기 상태, 즉, 단동 실린더가 후진 되어있는 상태에서 회로를 연결하면 누름 버튼을 ON 하지 않아도 편솔레노이드(3/2W) 코일 Y1이 여자되어 밸브는 방향을 전환하게 되고 단동 실린더는 전진(BZ 음)을 한다.

누름 버튼 PB1을 ON하면 편솔레노이드 Y1이 소자되므로 밸브는 스프링력에 의해 원 위치되어 단동 실린더는 후진하게 된다.

단, 위의 회로도만으로 단동 실린더의 후진 위치를 계속 유지하고자 할 때는 누름 버튼을 계속해서 ON하고 있어야 한다.

╱ 전 + ╲ 후 -

직접제어

회로도(기호, 전기)

초기

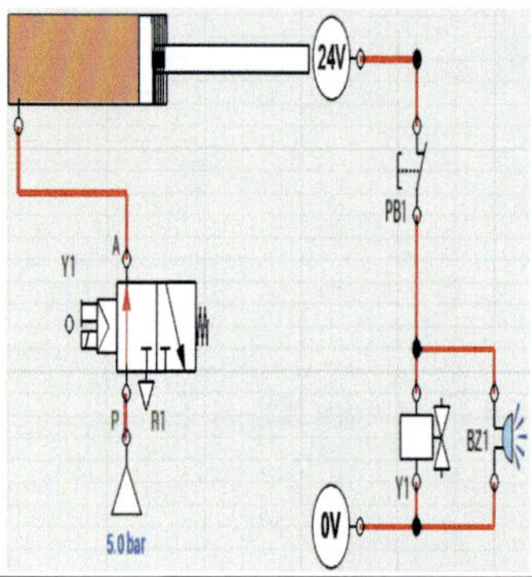

PB1= ON

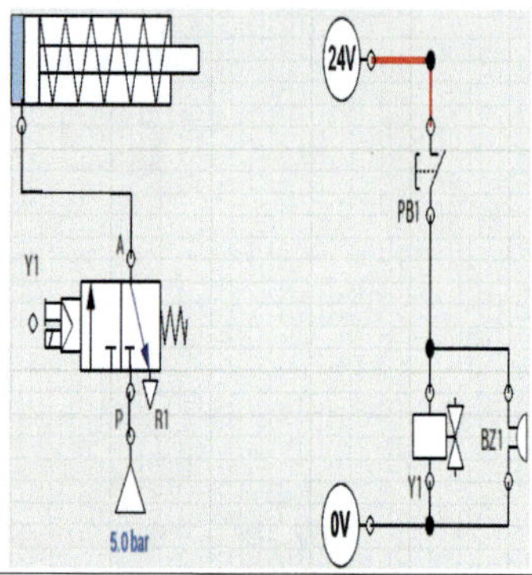

변위단계도

Cylinder		
PB		PB1
solenoid	Y1	Y1 OFF

회로도(실물)

초기

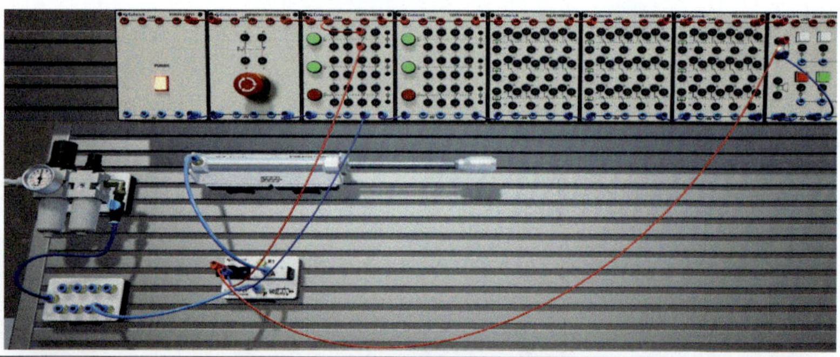

PB1= ON

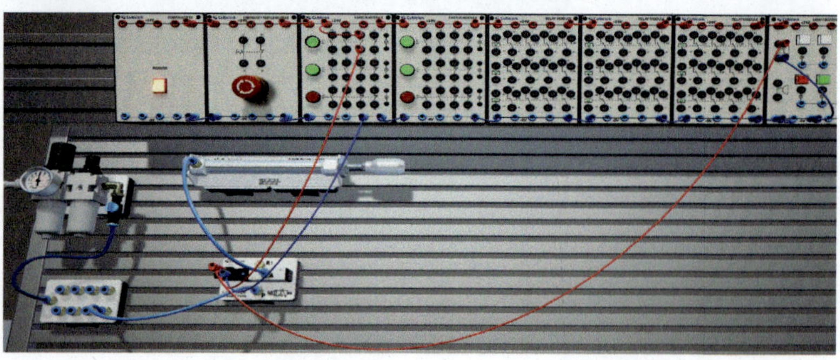

실습7 : 편 솔레노이드를 이용한 단동 실린더(NAND)

초기 상태, 즉, K1이 여자되므로 a접점 K1을 통해 편솔레노이드코일 Y1도 여자되어 밸브가 전환되고 단동 실린더는 전진(BZ 음)한다. 이 상태에서 누름 버튼 PB1이나 PB2중 어느 하나 또는 2개 모두를 누르면 릴레이 K1의 소자로 편솔레노이드(3/2W) 코일 Y1도 소자된다. 따라서 밸브는 방향을 전환하게 되고 단동 실린더는 후진한다.(동시 버튼: T+G)

누름 버튼 PB1을 놓으면 편솔레노이드 코일 Y1이 여자되므로 밸브는 전환되고 단동 실린더는 전진하게 된다.

/ 전 + \ 후 -

간접제어

회로도(기호, 전기)

초기

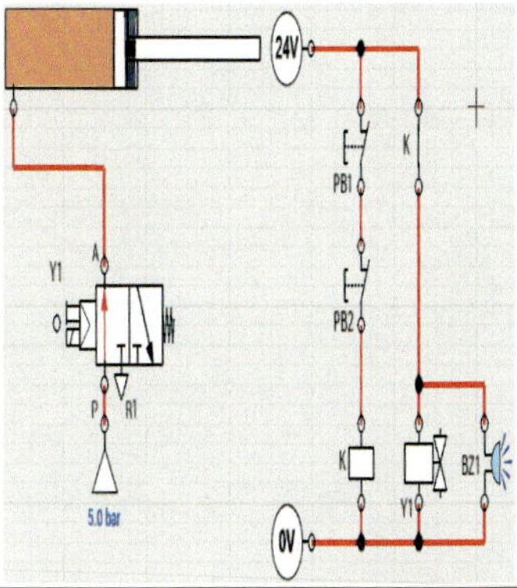

PB1= PB2= ON

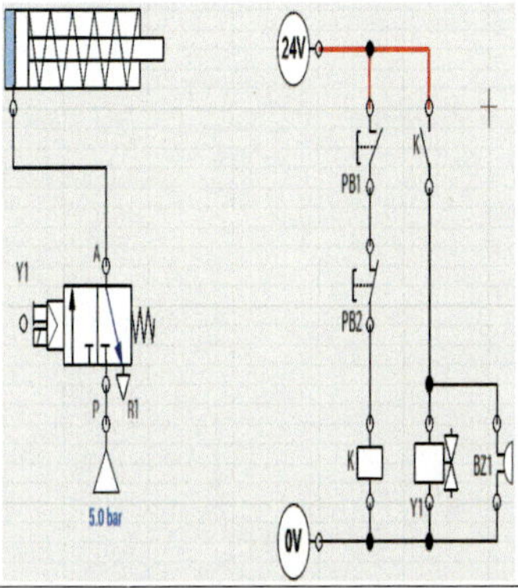

변위단계도

Cylinder		
PB		PB1 or PB2
solenoid	Y1	Y1 OFF

회로도(실물)

초기

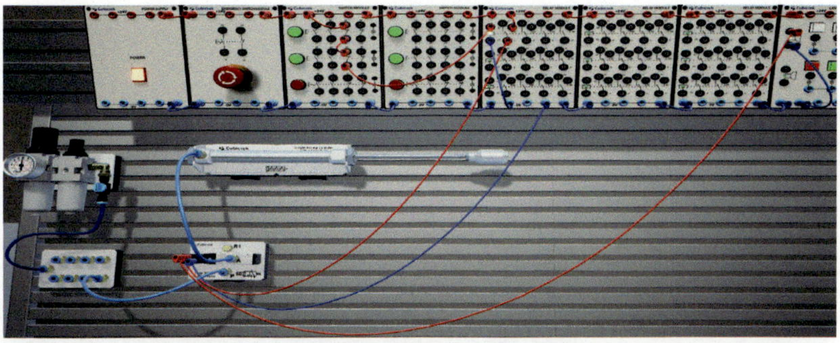

PB1=ON
PB2=ON

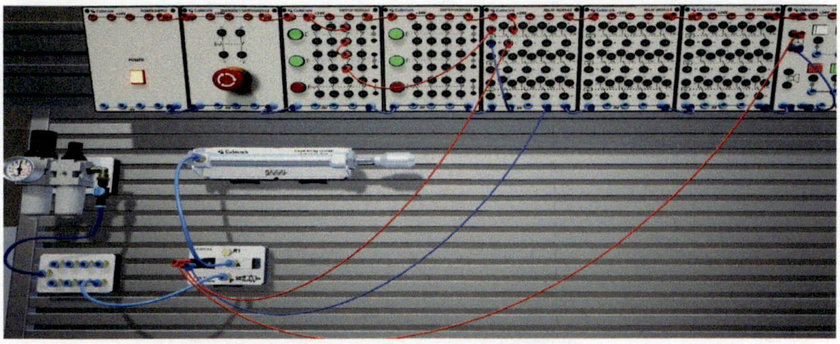

실습8 : 편 솔레노이드를 이용한 단동 실린더(자기유지)

초기 상태, 단동 실린더는 후진 상태가 된다. 누름 버튼 PB1을 ON하면 편솔레노이드(3/2 W) 코일 Y1이 여자되고, K1과 a접점 K1에 의해 입력 신호가 자기유지 된다. 편솔레노이드 코일 Y1의 여자로 밸브는 방향을 전환하게 되고, 단동 실린더는 전진하게 된다.

누름 버튼 PB1을 OFF하여도 입력 신호가 자기유지 되어있으므로 단동 실린더는 전진 상태를 유지한다. 후진용 누름 버튼 PB2를 ON하면 K2가 여자되고 동시에 b접점 K2가 OFF되면서 릴레이 K1과 편솔레노이드 코일 Y1이 소자되어 스프링에 의해 밸브는 원위치로 전환되고 단동 실린더는 후진한다.

╱ 전 + ╲ 후 -

<table>
<tr><td rowspan="6">간
접
제
어</td><td colspan="2">회로도(기호, 전기)</td><td>변위단계도</td></tr>
<tr><td>PB1= ON</td><td>PB2= ON</td><td rowspan="2">

Cylinder	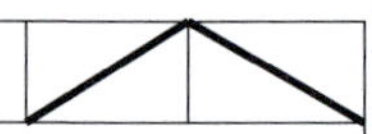	
PB	PB1	PB2
Relay	K1	K2
solenoid	Y1	Y1 OFF

</td></tr>
<tr><td>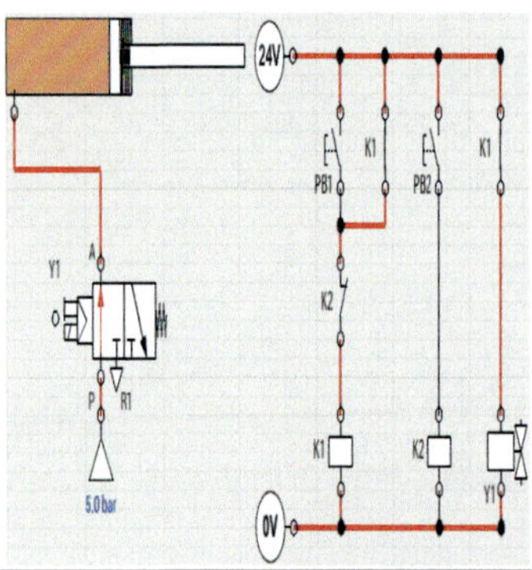
</td><td>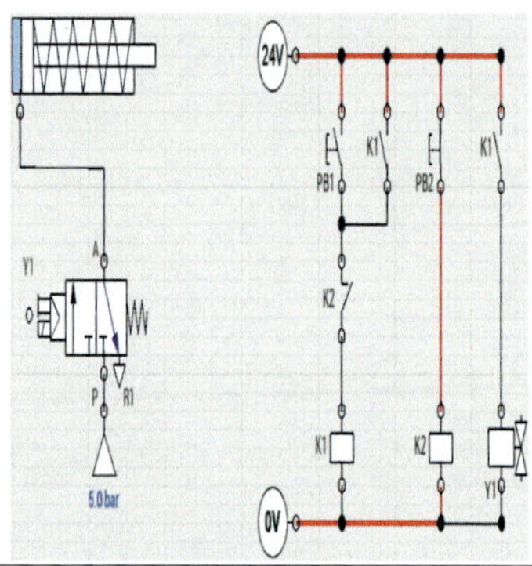
</td></tr>
<tr><td colspan="3">회로도(실물)</td></tr>
<tr><td>PB1= ON</td><td colspan="2">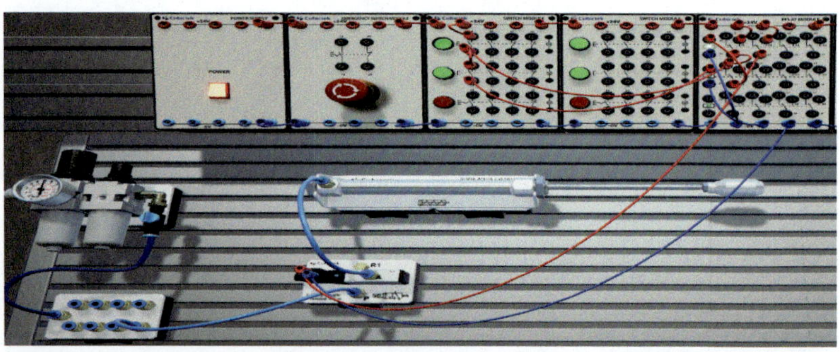</td></tr>
<tr><td>PB2= ON</td><td colspan="2">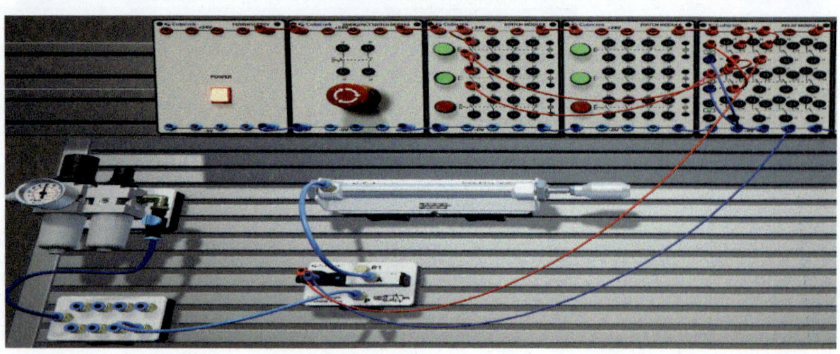</td></tr>
</table>

누름 버튼 PB1을 ON하면 K1이 여자되어 K1 a접점이 붙어 자기유지 된다. 동시에 편솔레노이드(3/2 W) 밸브의 코일이 여자되어 편솔레노이드(3/2W) 밸브가 동작하여 공기압이 포트 P에서 포트 A로 공급되어 실린더 로드가 전진한다.(램프 점등)

이때 PB1을 OFF로 조작하여도 자기유지로 인하여 실린더 로드는 전진 상태를 계속 유지한다. PBS2를 누르면 자기유지가 해제되고 전원이 차단되면서 실린더 로드가 후진한다.

╱ 전 + ╲ 후 -

간접제어

회로도(기호, 전기)

PB1= ON

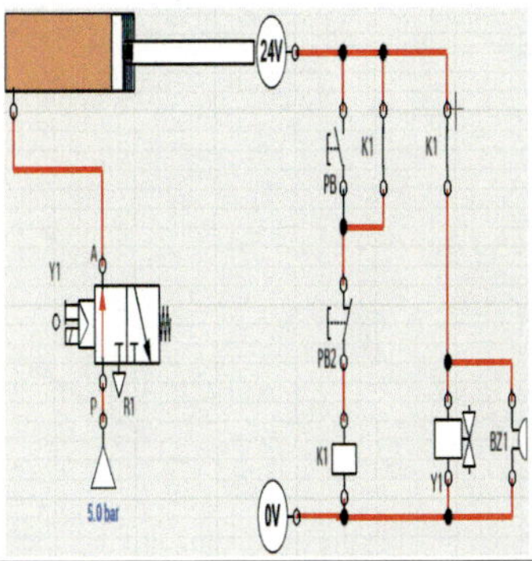

PB2= ON

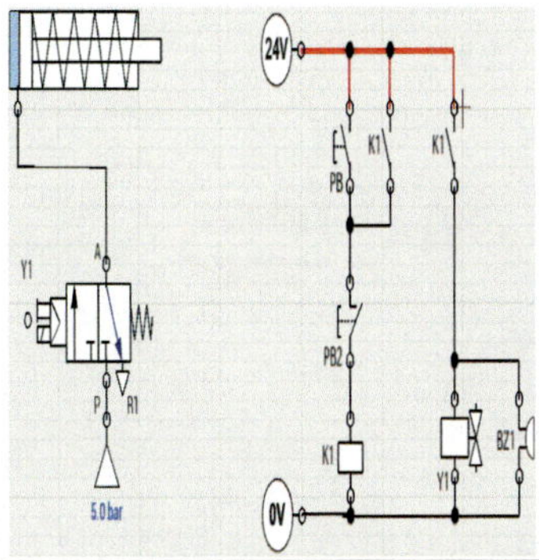

변위단계도

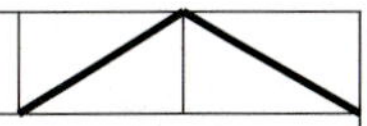

Cylinder		
PB	PB1	PB2
Relay	K1	K2
solenoid	Y1	Y1 OFF

회로도(실물)

PB1= ON

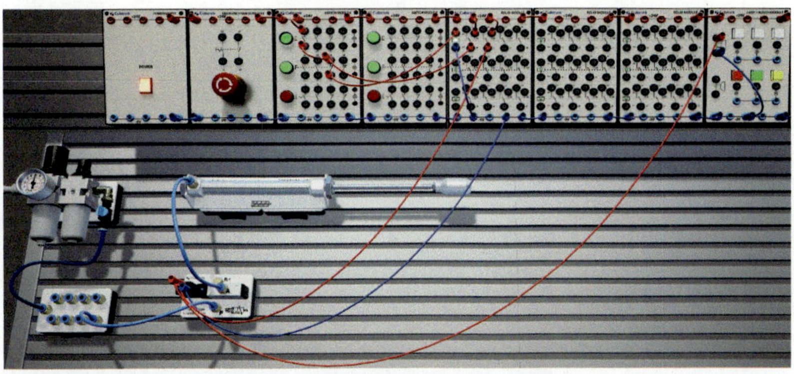

PB2= ON

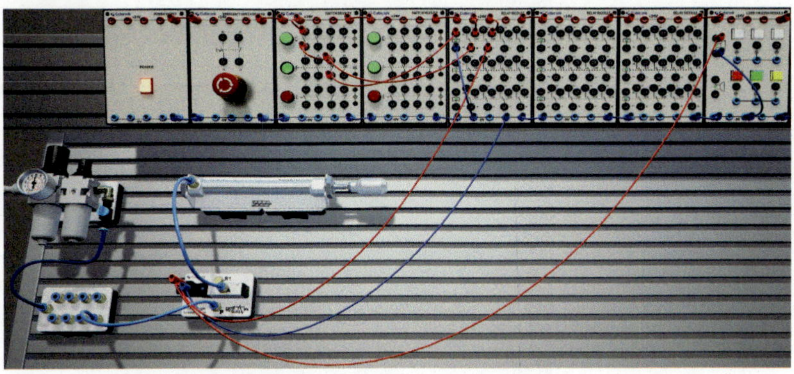

실습9 : 편 솔레노이드를 이용한 복동 실린더(자기유지-자동복귀)

누름 버튼 PB1을 ON-OFF를 조작하면 릴레이 K1이 여자되어 K1 a접점이 붙어 자기 유지 되며, 편솔레노이드(5/2W) 밸브 Y1이 여자되어 편솔레노이드 밸브가 동작하여 공기압이 포트 P에서 포트 A로 공급되어 실린더 로드가 전진한다.

복동 실린더 로드가 전진 완료되어 LS2 스위치를 ON시키면 K1 b접점이 열려 편솔레노이드 밸브의 코일이 소자되어 편솔레노이드 밸브가 공기압이 포트 P에서 포트 B로 공급되어 복동 실린더 로드가 후진한다.

전 + 후 -

간접제어

회로도(기호, 전기)

PB1= ON

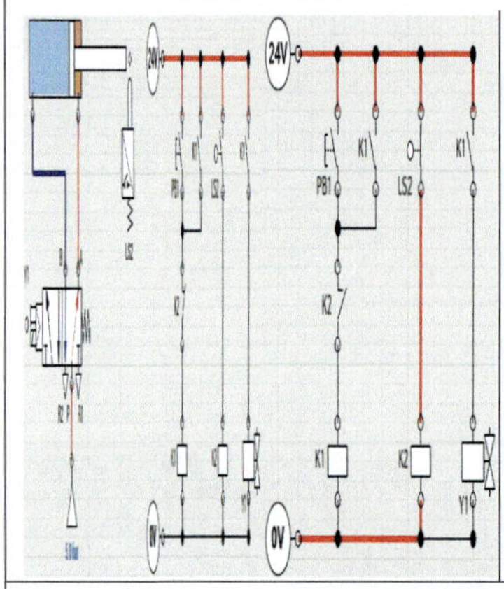

LS2= ON

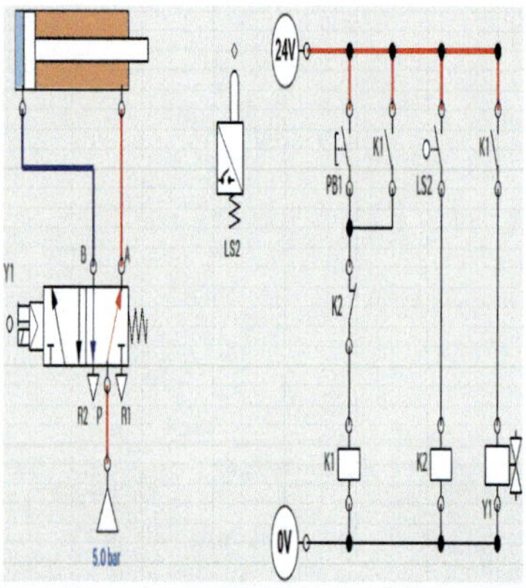

변위단계도

Cylinder	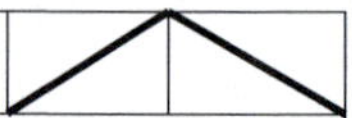	
PB	PB1	KS2
Relay	K1	K2
solenoid	Y1	Y1 OFF

회로도(실물)

PB1= ON

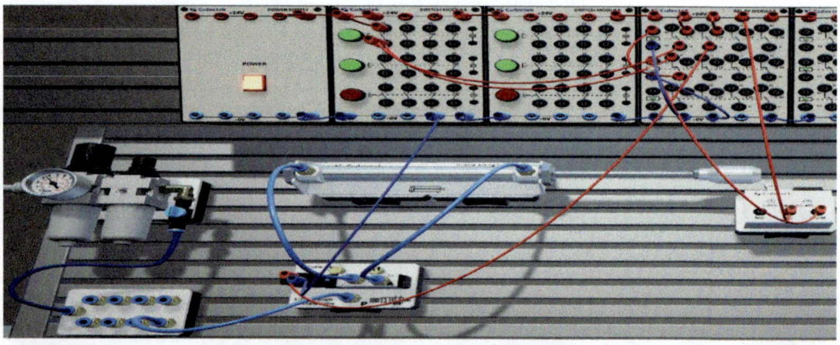

LS2= ON

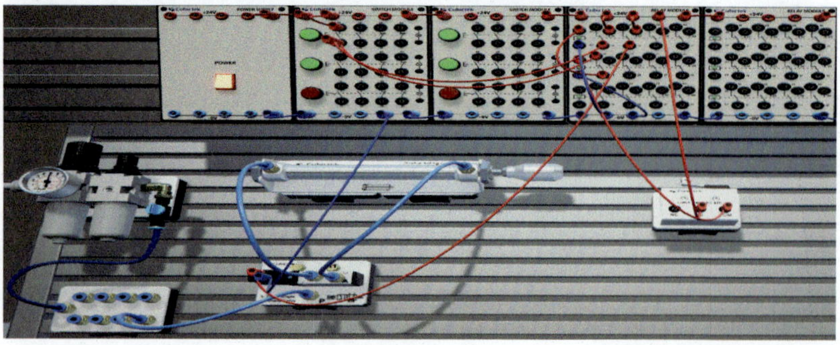

실습10 : 편 솔레노이드를 이용한 복동 실린더(타이머)

누름 버튼 PB1을 ON상태를 유지하면 설정 시간(T1)이 지나간 후에 접점이 ON 되어, 타이머(T1) a 접점을 통하여 편솔레노이드(5/2W) 밸브 Y1이 여자되어 복동 실린더는 전진한다.
누름 버튼 PB1를 OFF하는 순간 편솔레노이드 밸브의 코일이 소자되어 복동 실린더는 후진한다.

╱ 전 + ╲ 후 -

간접제어

회로도(기호, 전기)

초기

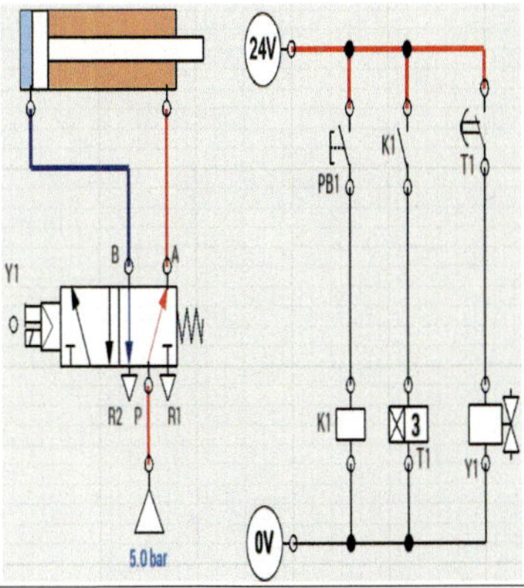

PB1= ON

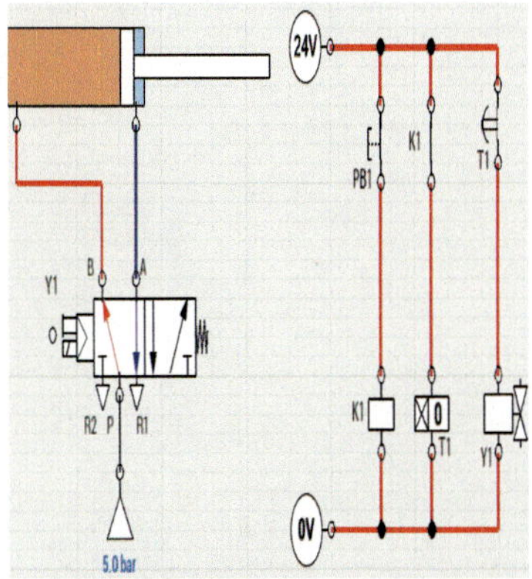

변위단계도

Cylinder		TON	╱
PB	PB1		
Relay	K1	K1	T1
solenoid		T1	Y1

회로도(실물)

초기

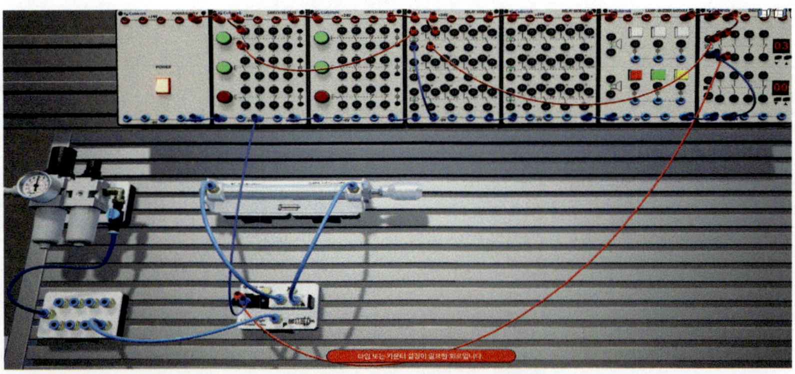

PB1= ON

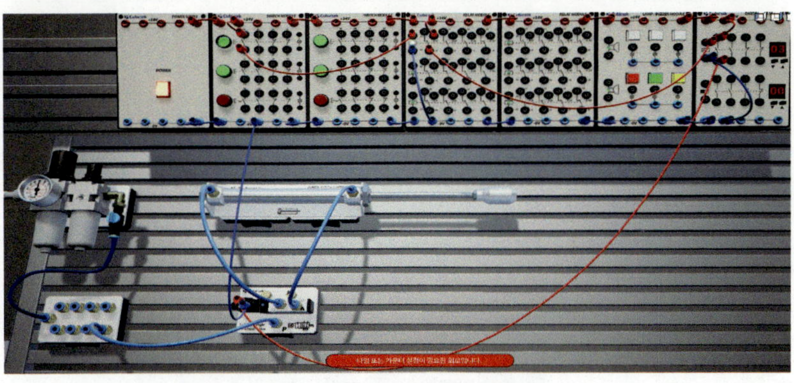

실습11 : 양 솔레노이드를 이용한 복동 실린더(우선회로-인터록)

누름 버튼 PB1을 ON하면 K1이 자기유지 되고 K1 a접점이 닫혀 양솔레이노이드(5/2W) Y1은 여자되고 복동 실린더가 전진을 시작한다. 전진단에서 LS2 리밋 스위치에 접촉하면 K1의 자기유지가 해제되고 Y1의 양솔레이노이드가 소자되어 복동 실린더 전진단에서 정지한다.

누름 버튼 PB2를 ON하면 K2가 자기유지 되고 Y2가 여자되어 양솔레이노이드는 후진하고 후진 끝단에서 LS1에 접촉하면 복동 실린더는 정지한다.

전 + 후 -

간접제어

회로도(기호, 전기)

PB1= ON

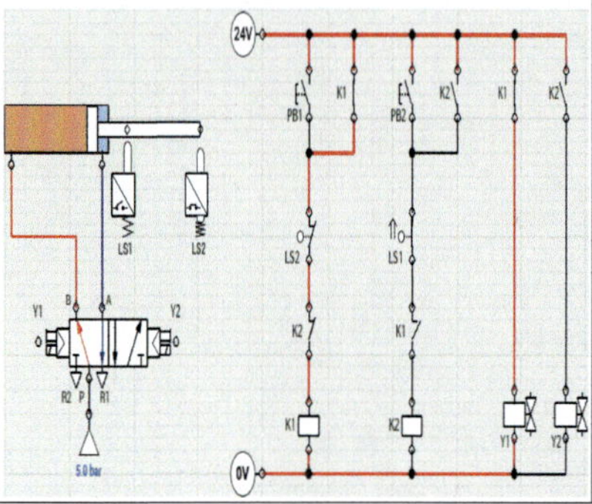

PB2= ON

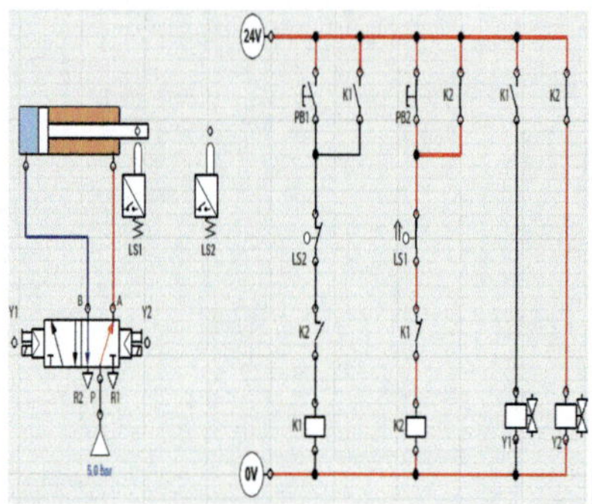

변위단계도

Cylinder	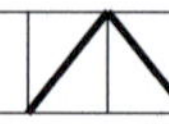	
PB	PB1	PB2
리밋S/W	LS2	LS1
Relay	K1	K2
solenoid	Y1	Y2

회로도(실물)

PB1= ON

PB2= ON

실습12 : 램프제어(카운터1)

PB1을 ON-OFF하면 카운터가 증가하고 설정치에 도달하면 카운터 코일이 여자되어 카운터 a접점이 ON되어 램프(L1)는 점등한다.

PB2를 ON하면 카운터 코일이 소자되면서 카운터는 '0'으로 리셋되고, 램프(L1) 소등된다.

／ 전 + ＼ 후 -

간접제어

회로도(기호, 전기)

PB1= ON 3회

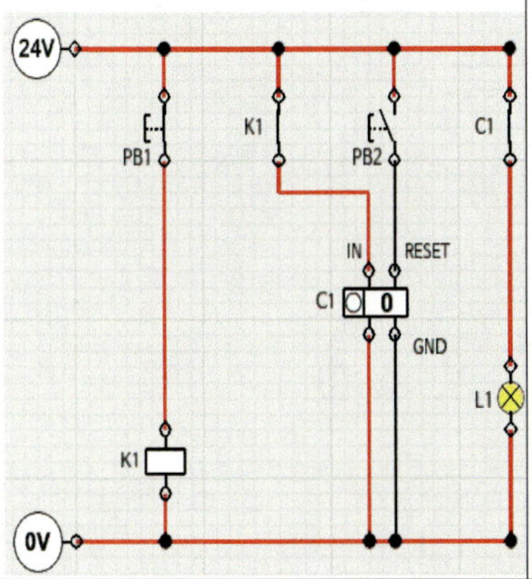

PB2= ON

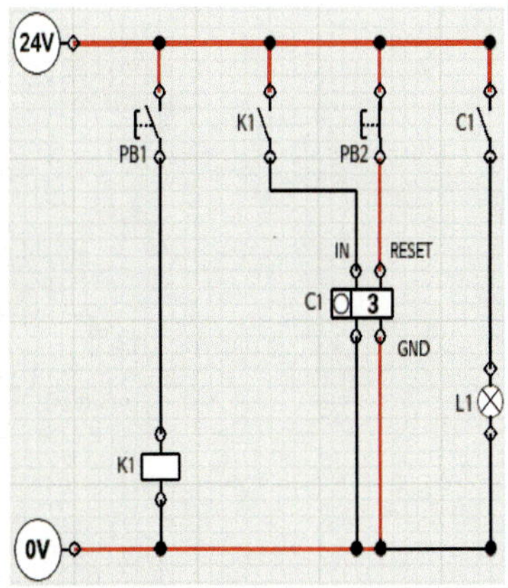

변위단계도

램프		

PB	PB1	PB2
Relay	K1	RESET
solenoid	C1	L1 OFF

회로도(실물)

PB1= ON 3회

PB2= ON

실습13 : 편 솔레노이드를 이용한 복동 실린더(카운터2)

누름 버튼 PB1을 ON↔OFF하면 카운터가 증가하고 설정치에 도달하면 카운터 코일이 여자되어 카운터 a접점이 ON되어 편솔레노이드(5/2W) 밸브 Y1는 여자되어, 복동 실린더는 전진되고, 누름 버튼 PB2을 ON하면 카운터 코일이 소자되면서 카운터는 '0'으로 리셋되고, 편솔레노이드 밸브 Y1는 소자되어 복동 실린더는 후진한다.

전 + 후 -

간접제어

회로도(기호, 전기)

초기

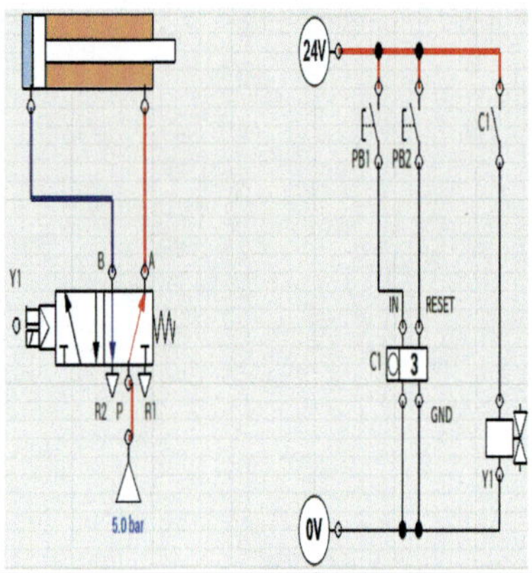

PB1= ON 3회

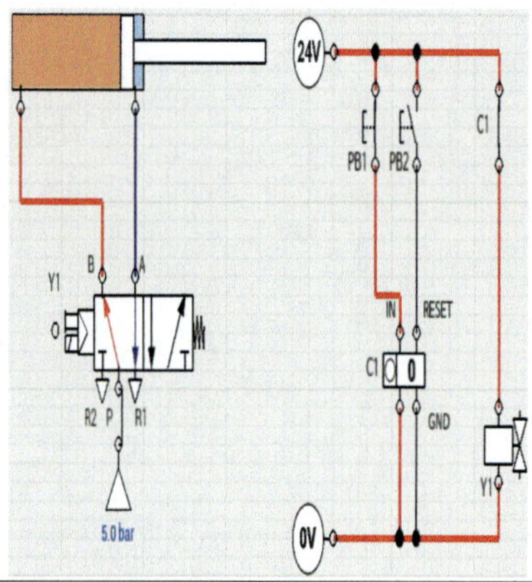

변위단계도

Cylinder		
PB	PB1	C1
solenoid	C1 3회	Y1

회로도(실물)

초기

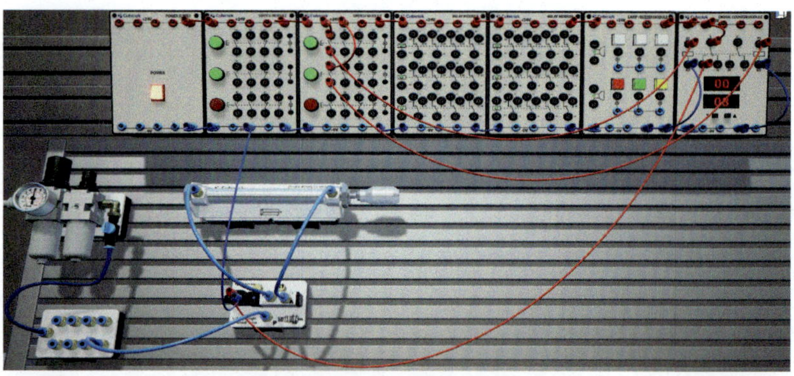

PB1= ON 3회

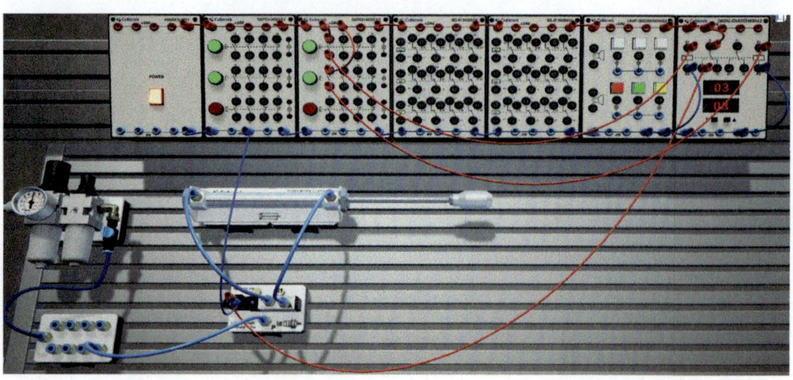

실습14 : 편 솔레노이드를 이용한 복동 실린더(연속 반복)

누름 버튼 PB1을 ON하면 K1이 여자되고 K1이 ON 상태로 자기유지 된다. K1 접점이 ON 되어 K1이 여자되고 자기유지 되고 편솔레노이드(5/2W) Y1이 ON 되어 복동 실린더는 전진한다. LS2에 접촉되면 K3는 여자되고 자기유지되며 K2 b접점은 OFF 되어 K2의 자기유지가 해제된다. K2가 OFF되어 복동 실린더는 후진한다. 복동 실린더가 후진 끝까지 도달하여 LS1에 접촉하면 K3의 여자가 해제되고 K3 접점은 다시 b접점으로 돌아온다. K2 코일이 자기유지 되고 K2이 ON 되어 복동 실린더는 다시 전진한다.

이처럼 복동 실린더는 계속적으로 전·후진을 반복하게 되고, 정지시키려면 정지 버튼 PB2를 눌러 b 접점의 자기유지를 해제시켜야 한다.

╱	전	+		╲	후	-

<table>
<tr><td rowspan="6">간
접
제
어</td><td colspan="2">회로도(기호, 전기)</td><td rowspan="3">변위단계도

Cylinder	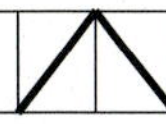	정지
PB	PB1 ⇒	PB2
리밋S/W	LS2 LS1	
Relay	K1 K2	
solenoid	Y1 Y1 OFF	

</td></tr>
<tr><td>PB1= ON ⇒ 실린더 전·후진 반복</td><td>PB2= 실린더 OFF</td></tr>
<tr><td>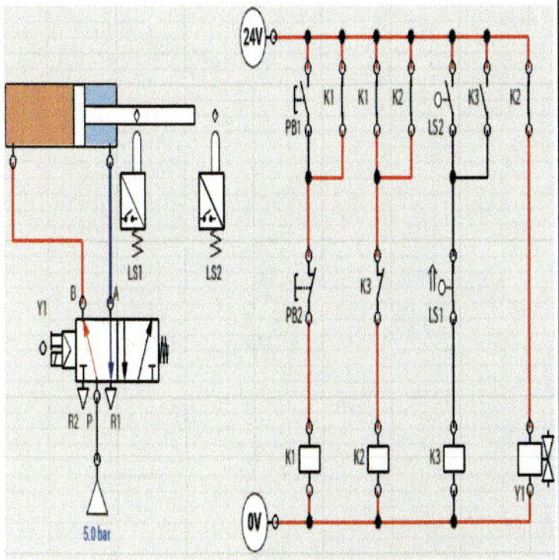</td><td>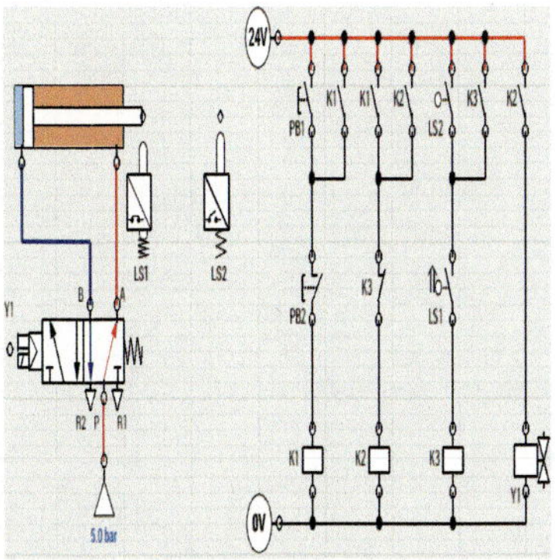</td></tr>
<tr><td colspan="3">회로도(실물)</td></tr>
<tr><td>PB1= ON
실린더
전·후진 반복</td><td colspan="2">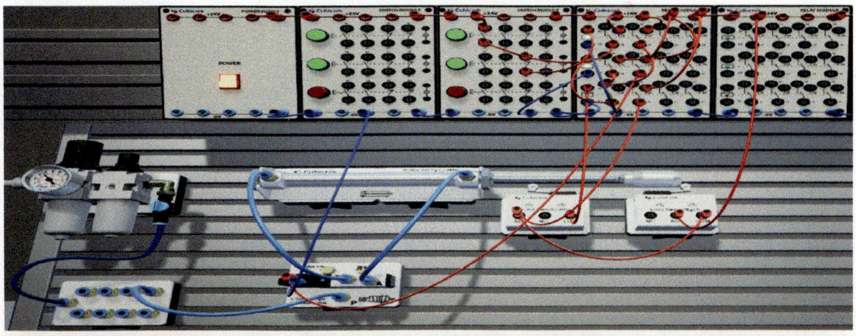</td></tr>
<tr><td>PB2= ON
실린더 OFF</td><td colspan="2">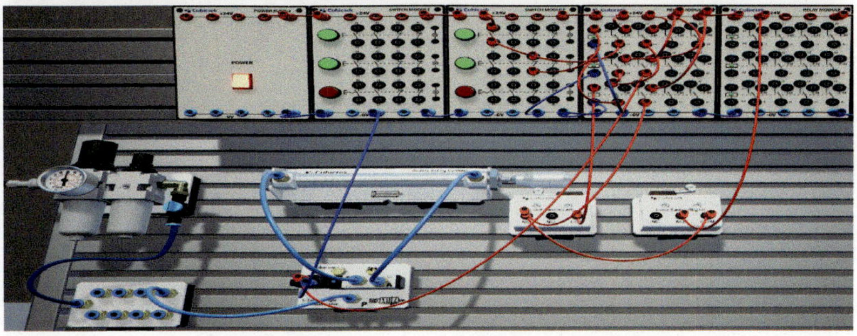</td></tr>
</table>

실습15 : 편 솔레노이드를 이용한 복동 실린더(단속/연속 반복)

누름 버튼 PB1을 누르면 복동 실린더는 1회 왕복 작동한다. 연속 사이클 신호용 스위치 PB2를 누르면 K3가 여자되어 자기유지 되고 K3 a접점에 의해 양솔레노이드(5/2W)가 ON 되어 시동 신호를 주므로 복동 실린더는 연속 왕복 작동한다.

PB3는 연속 사이클 정지 스위치로 PB3가 ON하면 복동 실린더는 초기 상태인 후진 된 위치에서 정지된다.

/ 전 +   \ 후 -

간접제어

회로도(기호, 전기)

PB1= ON ⇒ 전·후진 반복(단속)

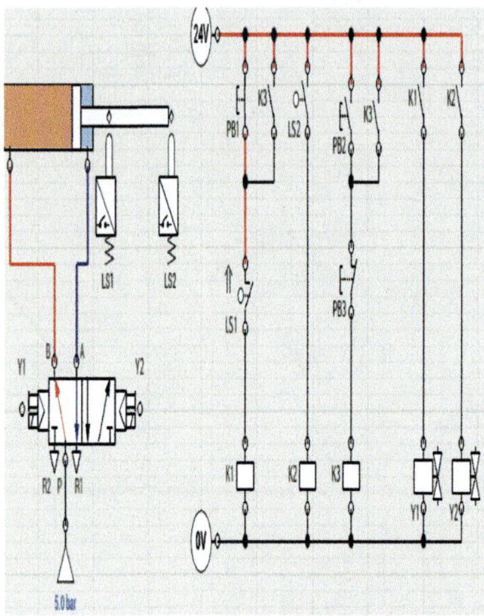

PB2= ON ⇒ 전·후진 반복(연속)

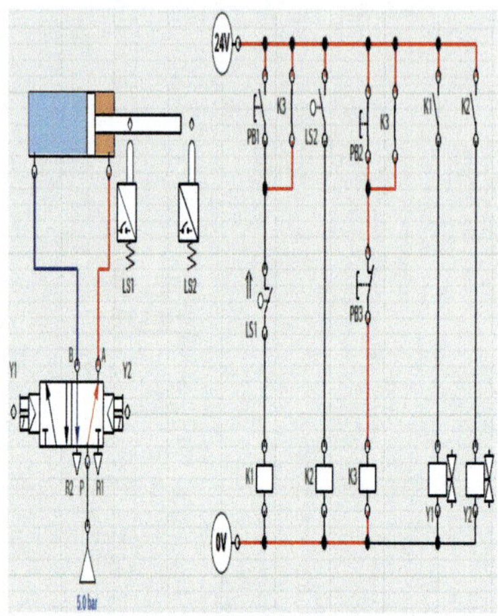

변위단계도

Cylinder			반복	정지
PB	PB1		PB2	PB3
리밋S/W	LS2	LS1		
Relay	K1	K2		
solenoid	Y1	Y2		

회로도(실물)

PB1= ON

전·후진

반복(단속)

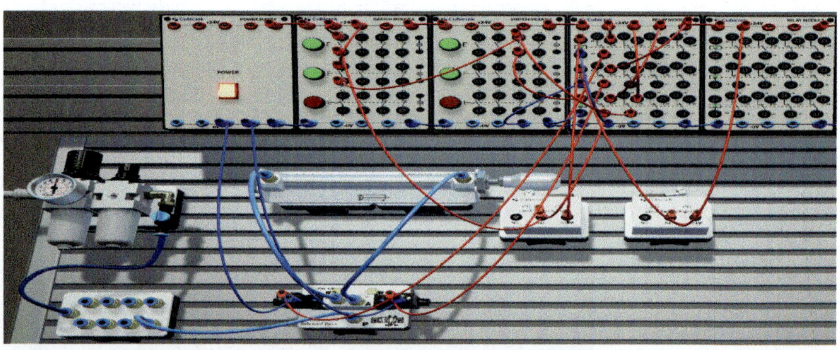

PB2= ON

전·후진

반복(연속)

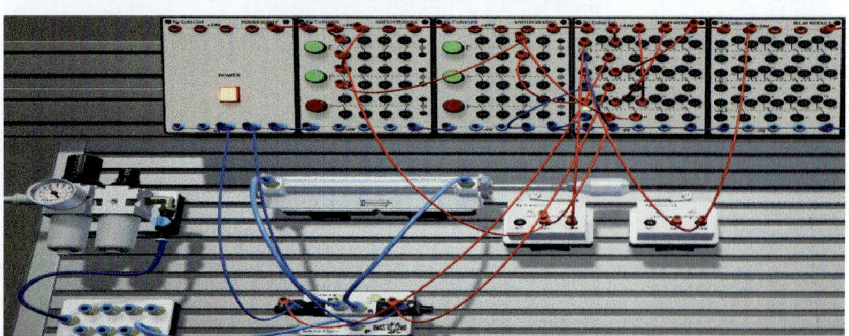

제 6 장

공압 응용 실습

(공개문제 중심으로)

공압1 [기본] [15점=13점(기본)+1점(정돈)+1점(안전)]

▶ 기본동작 – 공압력: 0.5 ± 0.05[MPa] = 5[Bar]

(1) PB1을 1회 ON–OFF하면 변위단계선도(타이머 포함)와 같이 1 사이클 단속 동작하도록 전기회로도를 설계하여 시스템을 구성하고 시험감독위원에게 확인받으시오.

① 전기 배선은 "+ 는 적색"으로, "– 는 청색 또는 흑색"으로 연결하고, 전선이 시스템 동작에 영향을 주지 않도록 정리하시오.

② 지정되지 않은 누름 버튼 스위치는 자동복귀형 스위치를 사용하시오.

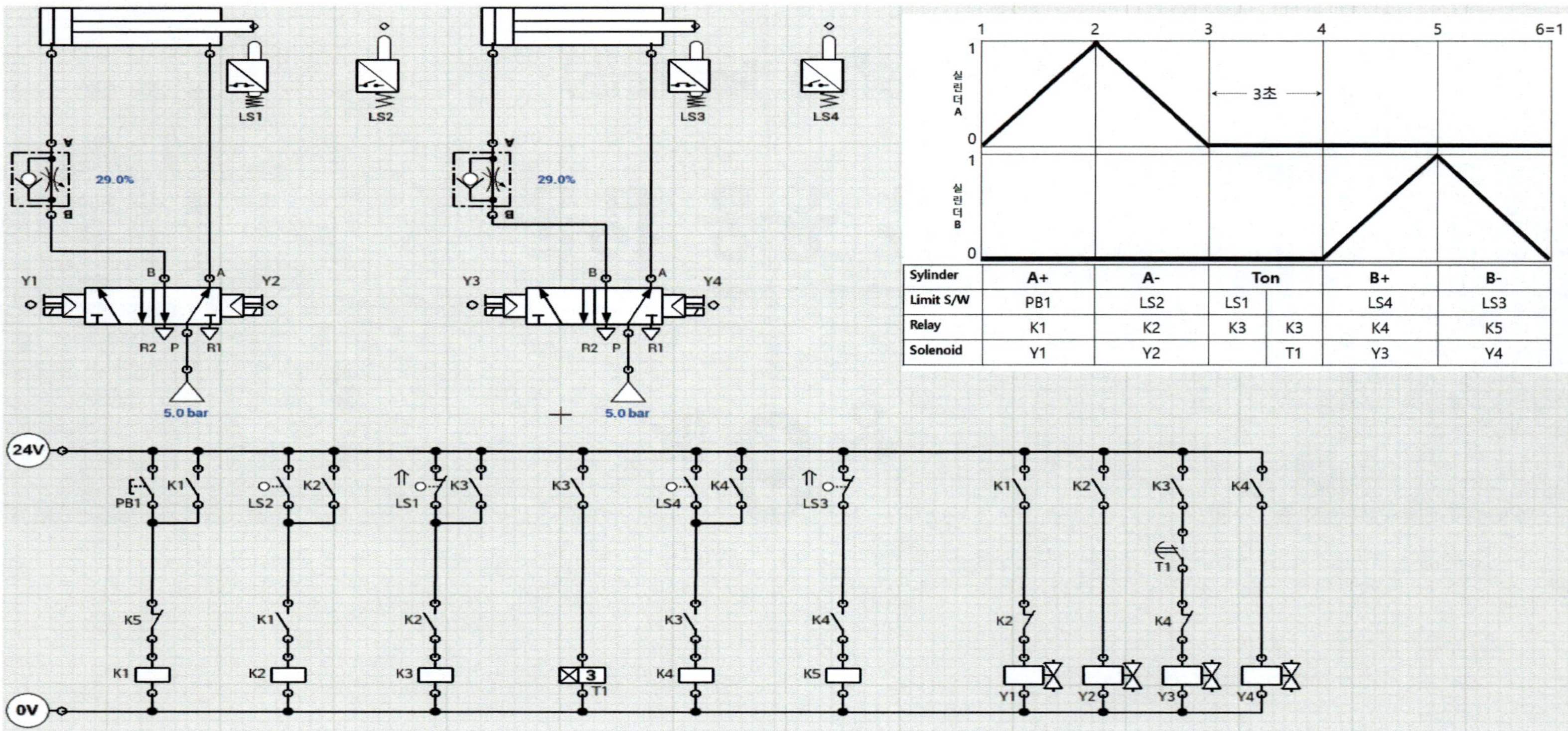

Sylinder	A+	A-	Ton		B+	B-
Limit S/W	PB1	LS2	LS1		LS4	LS3
Relay	K1	K2	K3	K3	K4	K5
Solenoid	Y1	Y2		T1	Y3	Y4

공압1 [기본] [15점=13점(기본)+1점(정돈)+1점(안전)]

▶ 기본동작 – 공압력: 0.5 ± 0.05[MPa] = 5[Bar]

(1) PB1을 1회 ON–OFF하면 변위단계선도(타이머 포함)와 같이 1 사이클 단속 동작하도록 전기회로도를 설계하여 시스템을 구성하고 시험감독위원에게 확인받으시오.

① 전기 배선은 "+ 는 적색"으로, "– 는 청색 또는 흑색"으로 연결하고, 전선이 시스템 동작에 영향을 주지 않도록 정리하시오.

② 지정되지 않은 누름 버튼 스위치는 자동복귀형 스위치를 사용하시오.

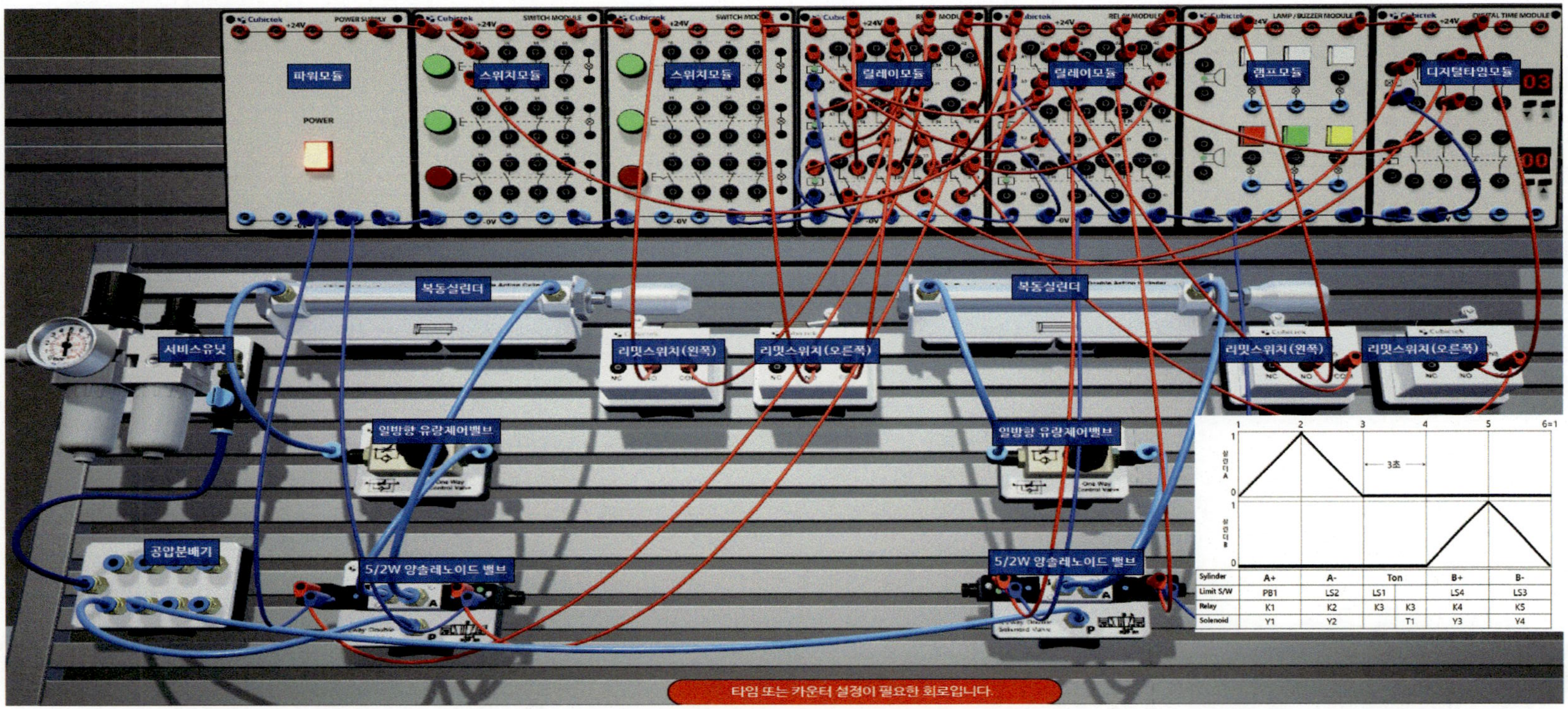

Sylinder	A+	A-	Ton		B+	B-
Limit S/W	PB1	LS2	LS1		LS4	LS3
Relay	K1	K2	K3	K3	K4	K5
Solenoid	Y1	Y2		T1	Y3	Y4

공압1 [(1)유지보수] [10점=카운터 3회]

▶ (1)유지보수 동작

(1) **연속 스위치(PB2)**, **카운터 리셋 스위치(PB3)**, 램프(L1)를 추가

① **PB2**를 1회 ON-OFF 하면, 기본동작을 **3회 연속 동작한 후 정지**합니다.

② **PB3**를 1회 ON-OFF 하면, **카운터가 리셋**됩니다.

③ 카운터 리셋 후 **PB2**를 1회 ON-OFF 하면, **연속 동작**이 재동작합니다.

④ 연속 동작을 **수행하는** 동안 램프(L1)가 점등되고, 동작 완료 후 소등됩니다.

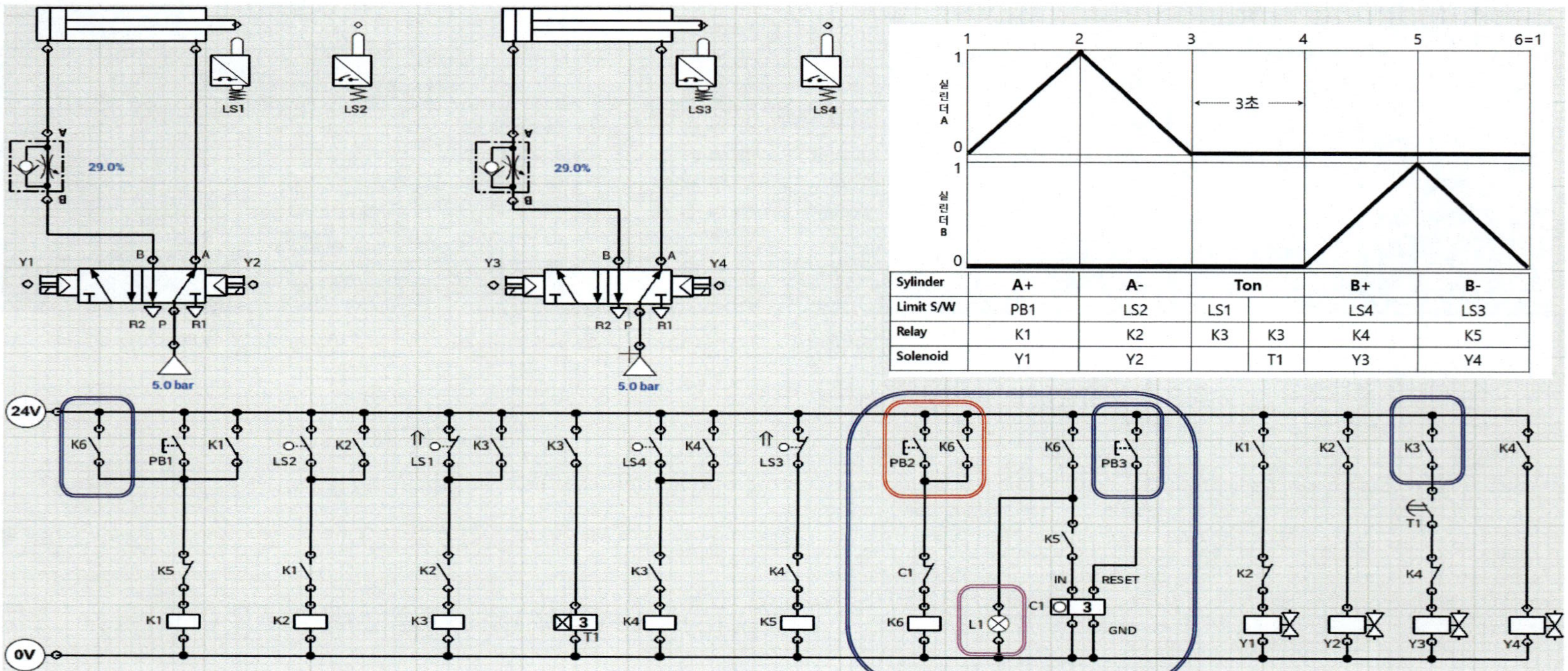

Sylinder	A+	A-	Ton		B+	B-
Limit S/W	PB1	LS2	LS1		LS4	LS3
Relay	K1	K2	K3	K3	K4	K5
Solenoid	Y1	Y2		T1	Y3	Y4

공압1 [(2)유지보수] [5점=센서 교체]

▶ (2)유지보수 동작

(2) 리밋 스위치 LS2는 정전용량형 센서로(S1), LS4는 유도형 센서로(S2) 교체

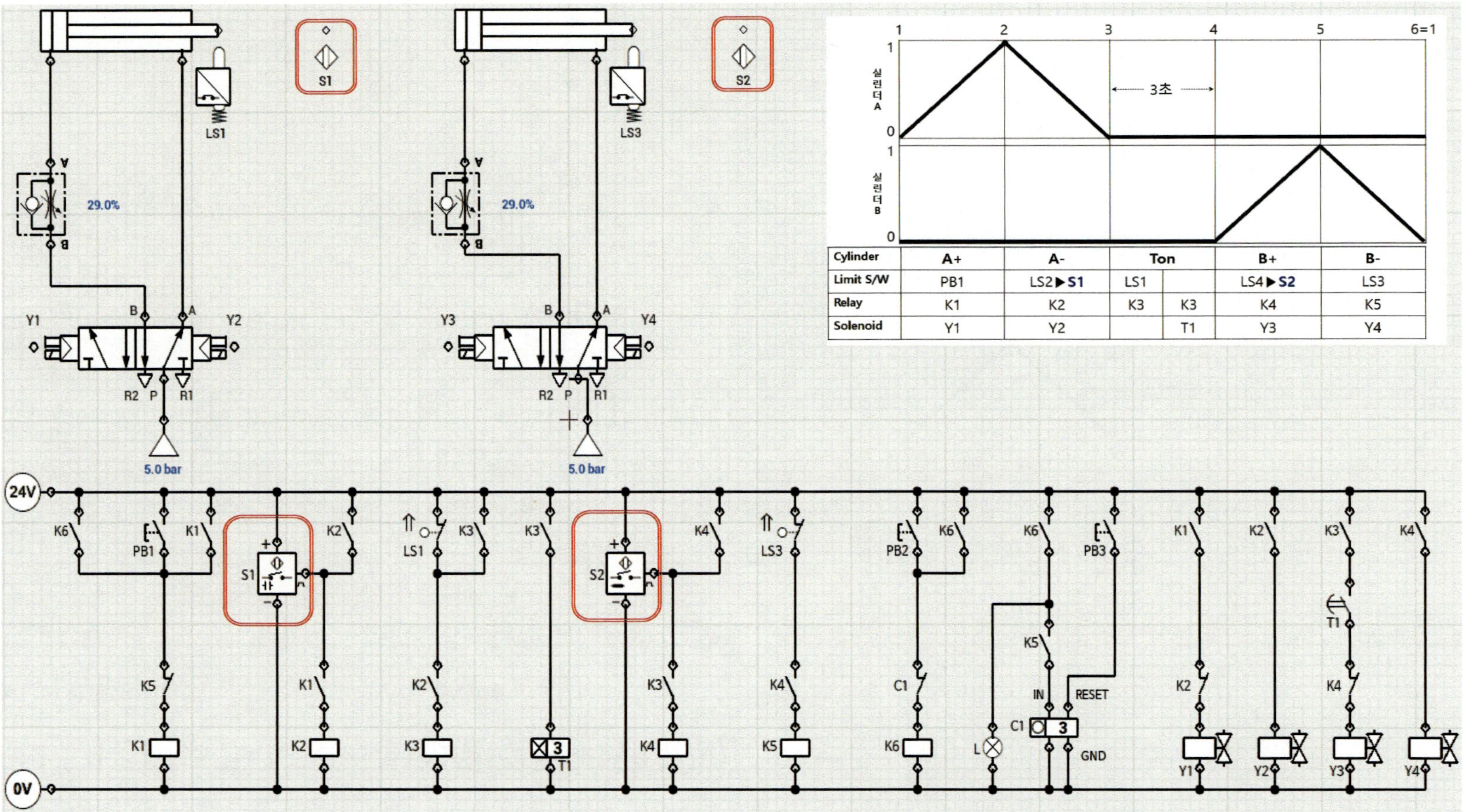

Cylinder	A+	A-	Ton		B+	B-
Limit S/W	PB1	LS2▶S1	LS1		LS4▶S2	LS3
Relay	K1	K2	K3	K3	K4	K5
Solenoid	Y1	Y2		T1	Y3	Y4

공압2 [기본] [15점=13점(기본)+1점(정돈)+1점(안전)]

▶ 기본동작 – 공압력: 0.5 ± 0.05[MPa] = 5[Bar]

(1) PB1을 1회 ON–OFF하면 변위단계선도(타이머 포함)와 같이 1 사이클 단속 동작하도록 전기회로도를 설계하여 시스템을 구성하고 시험감독위원에게 확인받으시오.

① 전기 배선은 “+ 는 적색”으로, “– 는 청색 또는 흑색”으로 연결하고, 전선이 시스템 동작에 영향을 주지 않도록 정리하시오.

② 지정되지 않은 누름 버튼 스위치는 자동복귀형 스위치를 사용하시오.

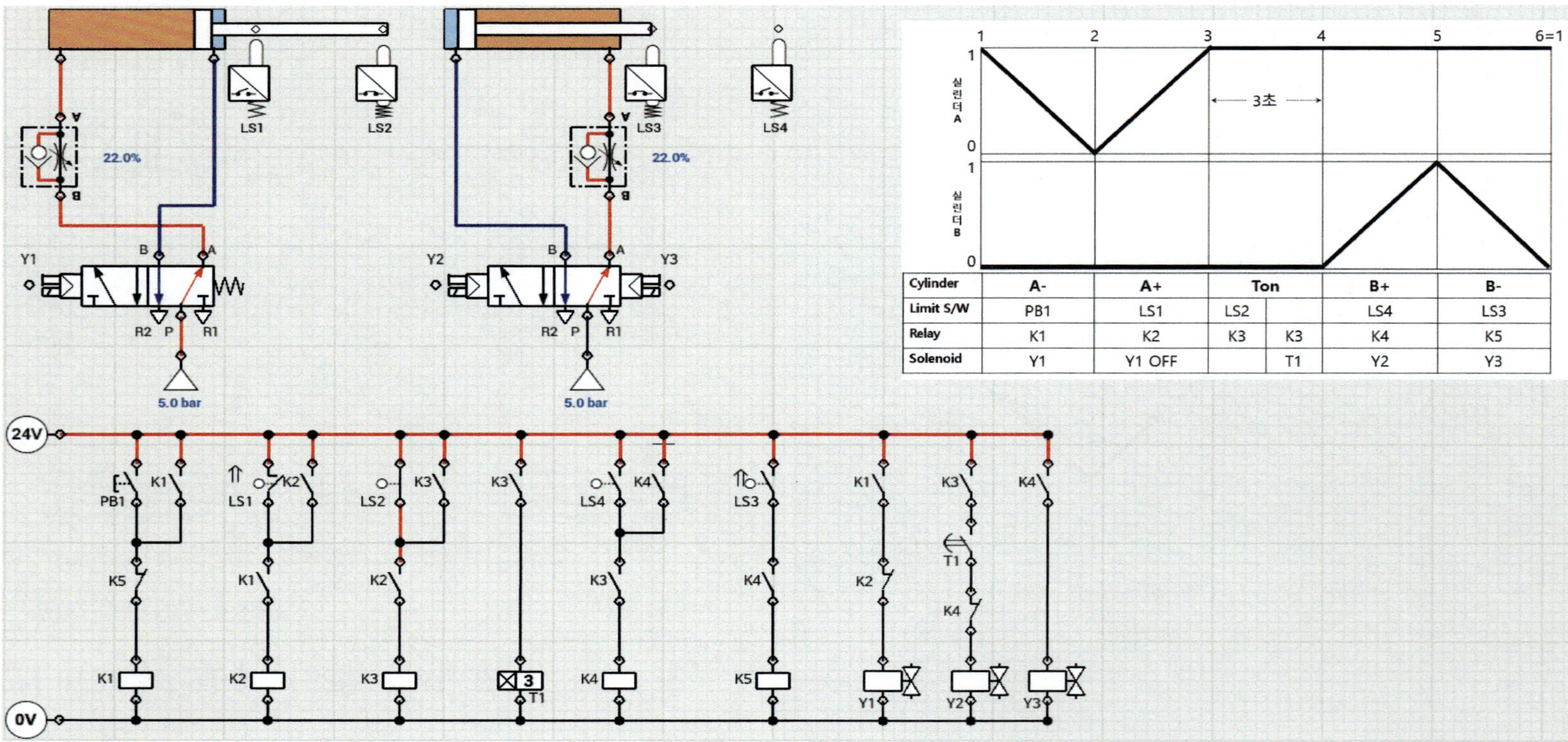

Cylinder	A-	A+	Ton		B+	B-
Limit S/W	PB1	LS1	LS2		LS4	LS3
Relay	K1	K2	K3	K3	K4	K5
Solenoid	Y1	Y1 OFF		T1	Y2	Y3

공압2 [(1)유지보수] [10점=카운터 3회]

▶ (1)유지보수 동작

(1) 연속 스위치(PB2), 카운터 리셋 스위치(PB3), 램프(L1)를 추가

① PB2를 1회 ON–OFF 하면, 기본동작을 3회 연속 동작한 후 정지합니다.

② PB3를 1회 ON–OFF 하면, 카운터가 리셋됩니다.

③ 카운터 리셋 후 PB2를 1회 ON–OFF 하면, 연속 동작이 재동작합니다.

④ 연속 동작을 수행하는 동안 램프(L1)가 점등되고, 동작 완료 후 소등됩니다.

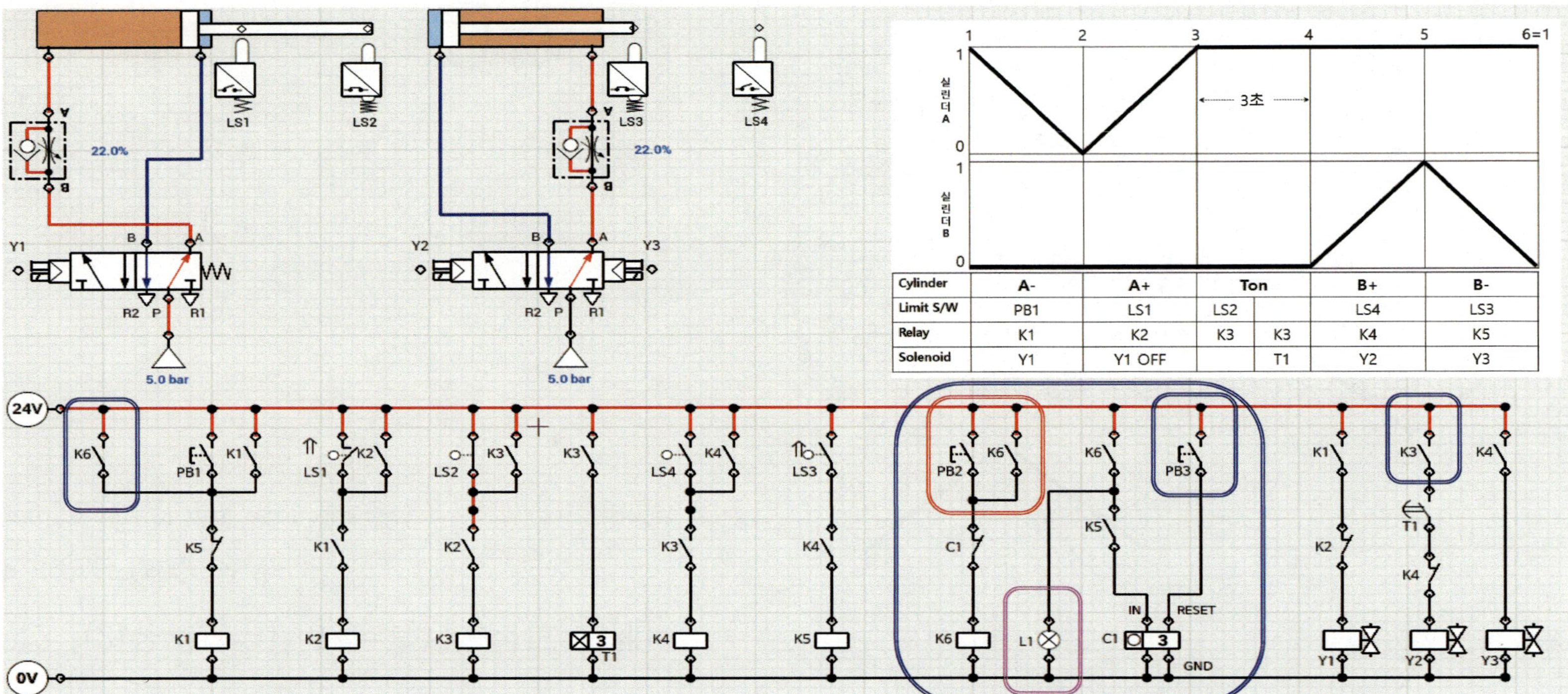

Cylinder	A-	A+	Ton		B+	B-
Limit S/W	PB1	LS1	LS2		LS4	LS3
Relay	K1	K2	K3	K3	K4	K5
Solenoid	Y1	Y1 OFF		T1	Y2	Y3

공압2 [(2)유지보수] [5점=솔레노이드 교체]

▶ (2)유지보수 동작

(2) 실린더 A의 방향 제어 밸브를 양측 솔레노이드 밸브로 교체

▶ A 실린더 후진 신호 ⇒ Y4

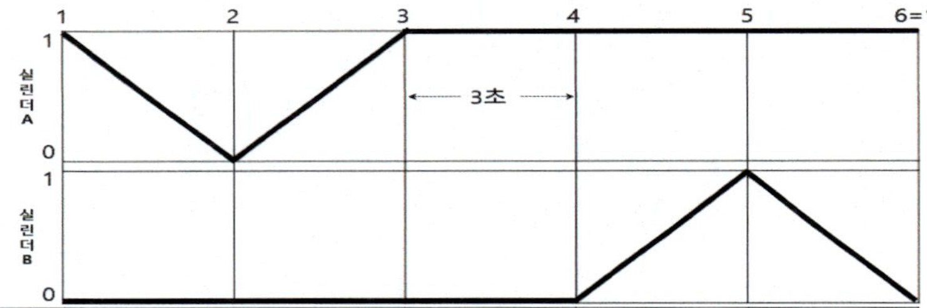

Cylinder	A-	A+	Ton		B+	B-
Limit S/W	PB1	LS1	LS2		LS4	LS3
Relay	K1	K2	K3	K3	K4	K5
Solenoid	Y1	Y1 OFF▶**Y4**		T1	Y2	Y3

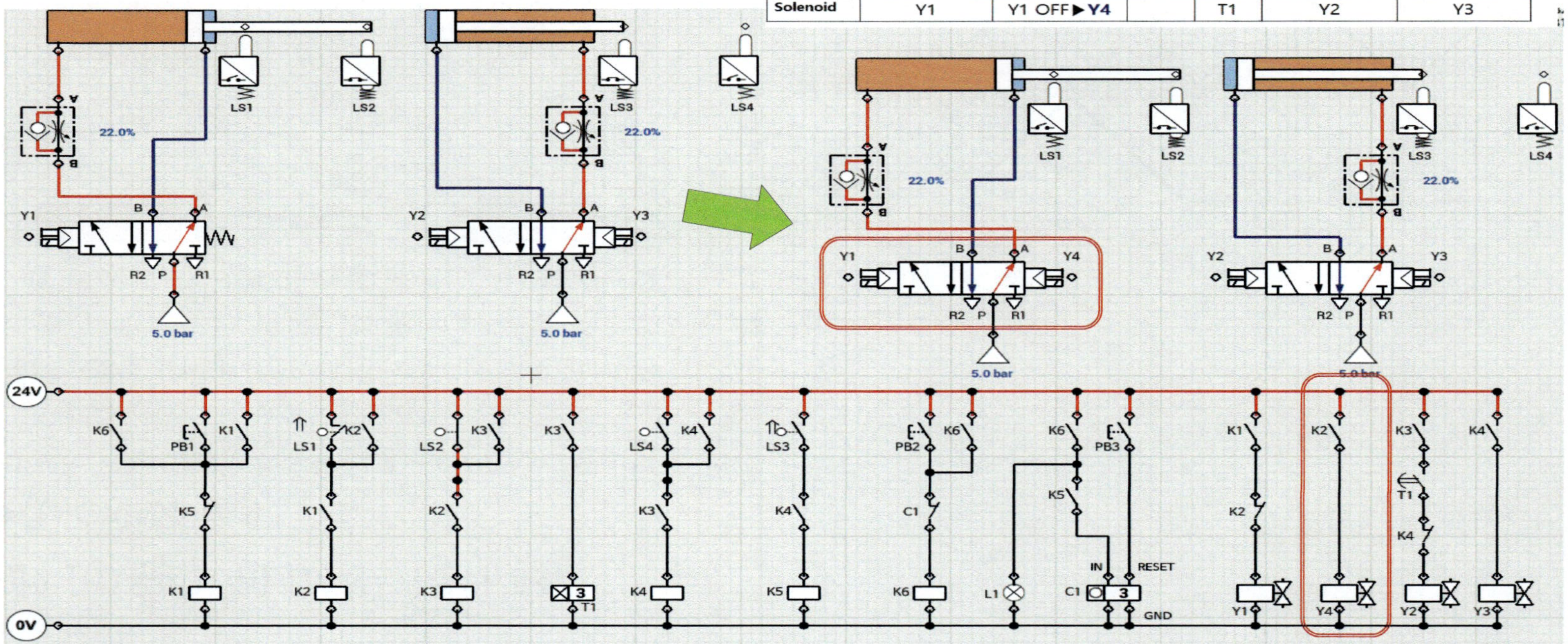

공압3 [기본] [15점=13점(기본)+1점(정돈)+1점(안전)]

▶ 기본동작 – 공압력: 0.5 ± 0.05[MPa] = 5[Bar]

(1) PB1을 1회 ON-OFF하면 변위단계선도(타이머 포함)와 같이 1 사이클 단속 동작하도록 전기회로도를 설계하여 시스템을 구성하고 시험감독위원에게 확인받으시오.

① 전기 배선은 "+ 는 적색"으로, "– 는 청색 또는 흑색"으로 연결하고, 전선이 시스템 동작에 영향을 주지 않도록 정리하시오.

② 지정되지 않은 누름 버튼 스위치는 자동복귀형 스위치를 사용하시오

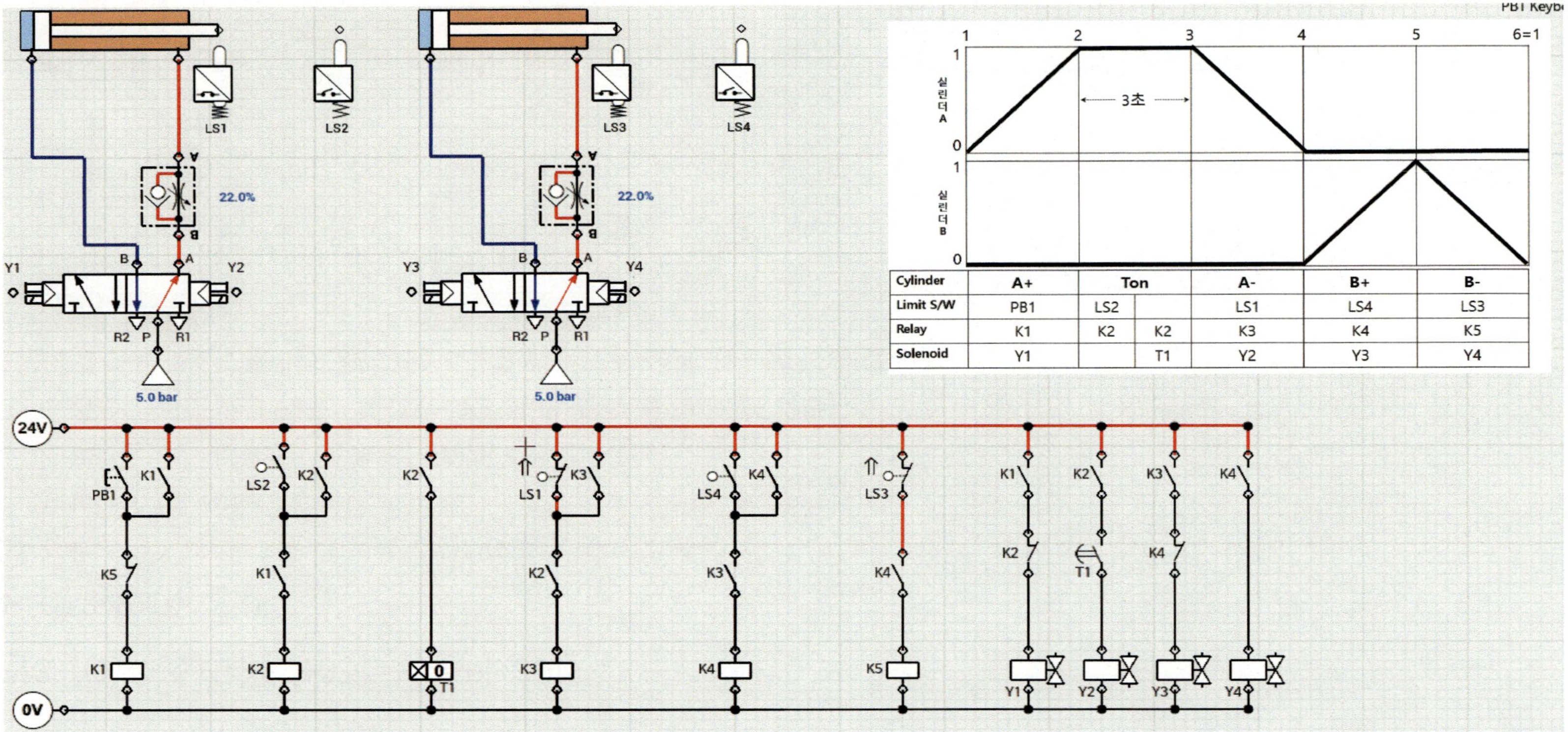

Cylinder	A+	Ton		A-	B+	B-
Limit S/W	PB1	LS2		LS1	LS4	LS3
Relay	K1	K2	K2	K3	K4	K5
Solenoid	Y1		T1	Y2	Y3	Y4

공압3 [(1)유지보수] [10점=카운터 3회]

▶ (1)유지보수 동작

(1) 연속 스위치(PB2), 카운터 리셋 스위치(PB3), 램프(L1)를 추가

① PB2를 1회 ON-OFF 하면, 기본동작을 3회 연속 동작한 후 정지합니다.

② PB3를 1회 ON-OFF 하면, 카운터가 리셋됩니다.

③ 카운터 리셋 후 PB2를 1회 ON-OFF 하면, 연속 동작이 재동작합니다.

④ 연속 동작을 수행하는 동안 램프(L1)가 점등되고, 동작 완료 후 소등됩니다.

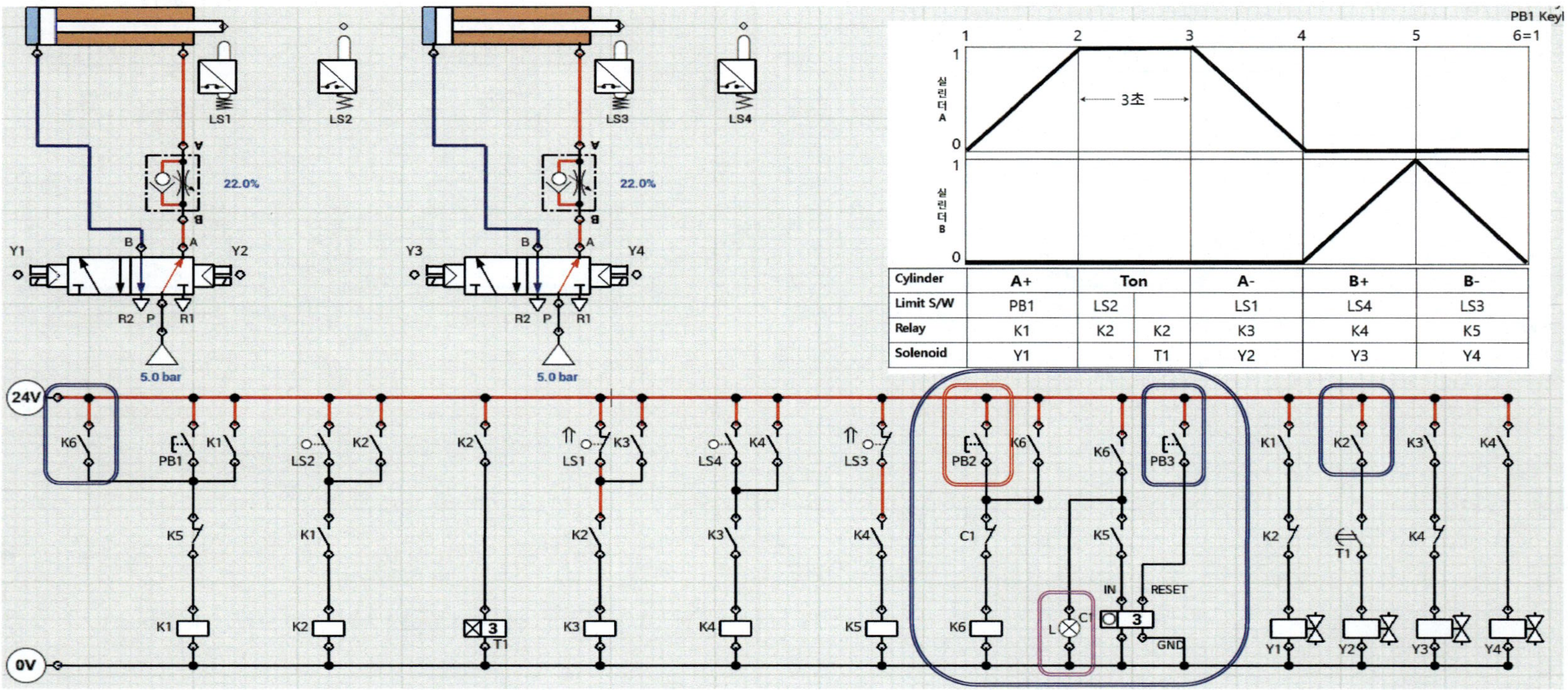

Cylinder	A+	Ton		A-	B+	B-
Limit S/W	PB1	LS2		LS1	LS4	LS3
Relay	K1	K2	K2	K3	K4	K5
Solenoid	Y1		T1	Y2	Y3	Y4

공압3 [(2)유지보수] [5점=센서 교체]

▶ (2)유지보수 동작

(2) 리밋 스위치 LS2는 정전용량형 센서로(S1), LS4는 유도형 센서로(S2) 교체

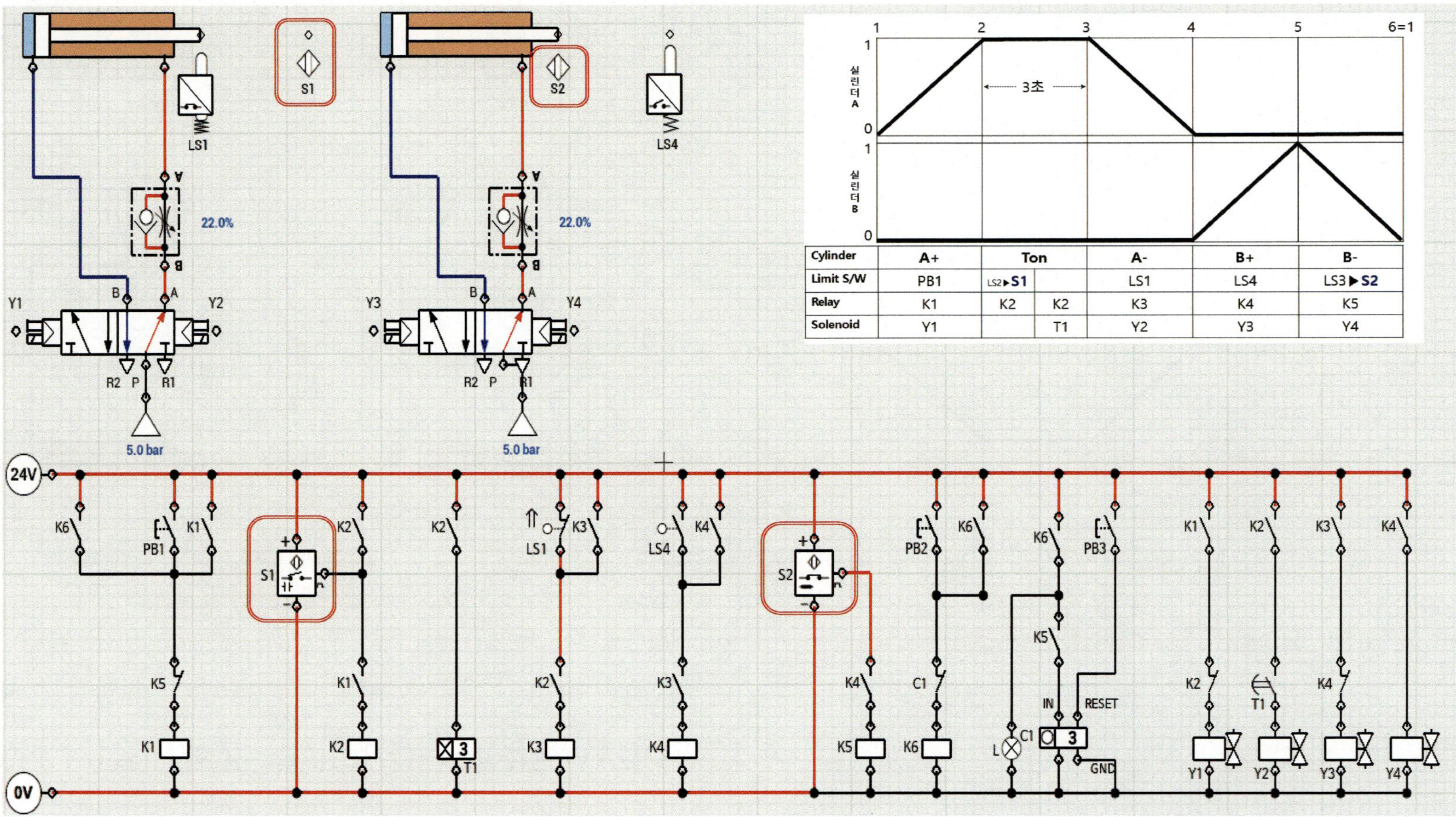

Cylinder	A+	Ton		A-	B+	B-
Limit S/W	PB1	LS2▶S1		LS1	LS4	LS3▶S2
Relay	K1	K2	K2	K3	K4	K5
Solenoid	Y1		T1	Y2	Y3	Y4

공압4 [기본] [15점=13점(기본)+1점(정돈)+1점(안전)]

▶ 기본동작 – 공압력: 0.5 ± 0.05[MPa] = 5[Bar]

(1) PB1을 1회 ON-OFF하면 변위단계선도(타이머 포함)와 같이 1 사이클 단속 동작하도록 전기회로도를 설계하여 시스템을 구성하고 시험감독위원에게 확인받으시오.

① 전기 배선은 "+ 는 적색"으로, "– 는 청색 또는 흑색"으로 연결하고, 전선이 시스템 동작에 영향을 주지 않도록 정리하시오.

② 지정되지 않은 누름 버튼 스위치는 자동복귀형 스위치를 사용하시오.

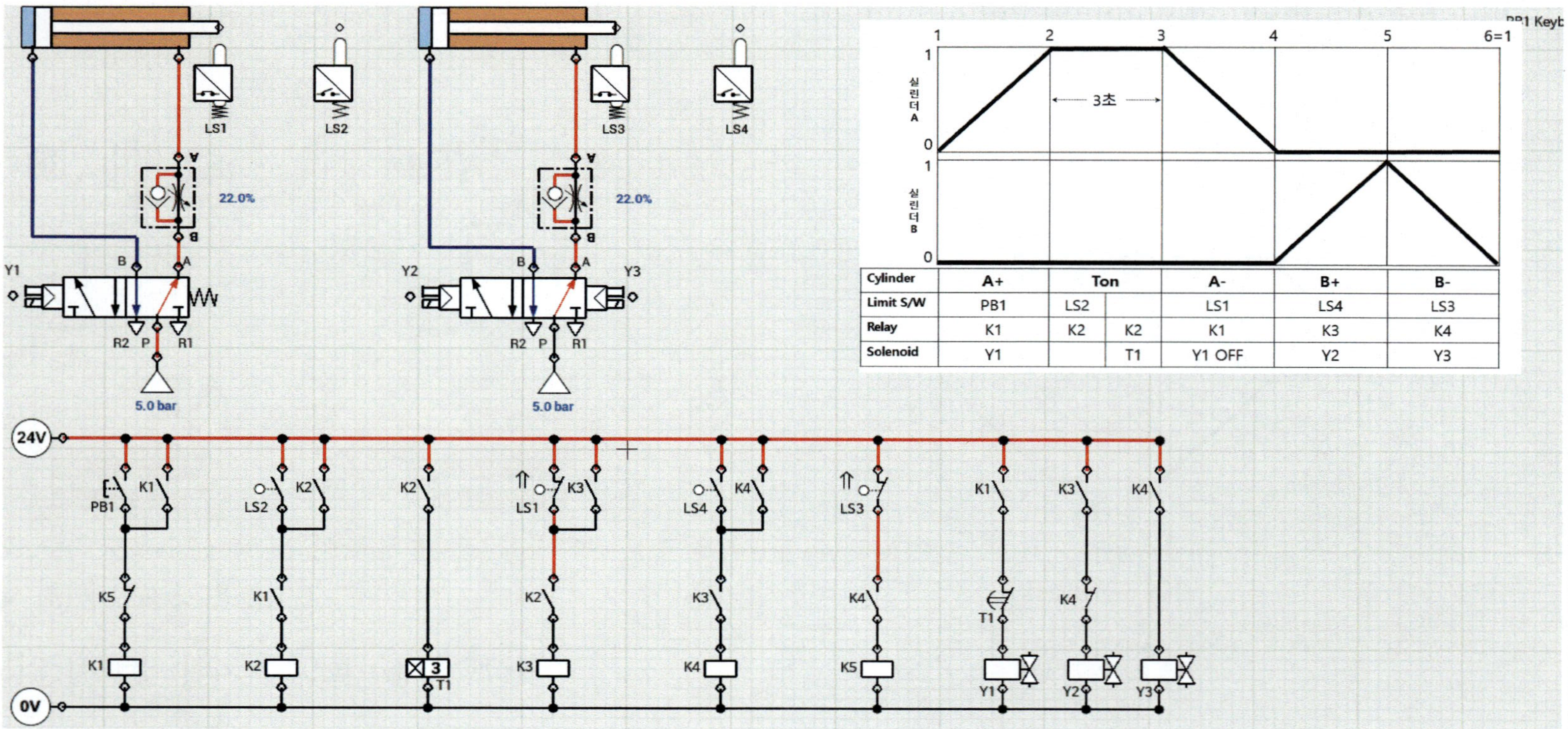

Cylinder	A+	Ton		A-	B+	B-
Limit S/W	PB1	LS2		LS1	LS4	LS3
Relay	K1	K2	K2	K1	K3	K4
Solenoid	Y1		T1	Y1 OFF	Y2	Y3

공압4 [(1)유지보수] [10점=비상정지 추가]

▶ (1)유지보수 동작

(1) 연속 스위치(PB2), 비상정지 스위치(E/G, 유지형 스위치 사용 가능), 램프(L1)를 추가

① PB2를 1회 ON–OFF 하면, 기본동작이 연속 동작합니다.

② 연속 동작 중 비상정지 스위치를 ON 하면 모든 실린더는 후진하며 램프가 점등됩니다.

③ 비상정지 스위치를 OFF 하면 램프는 소등되고 시스템은 초기화됩니다.

④ 초기화 후 PB2를 1회 ON–OFF 하면 연속 동작이 재동작합니다.

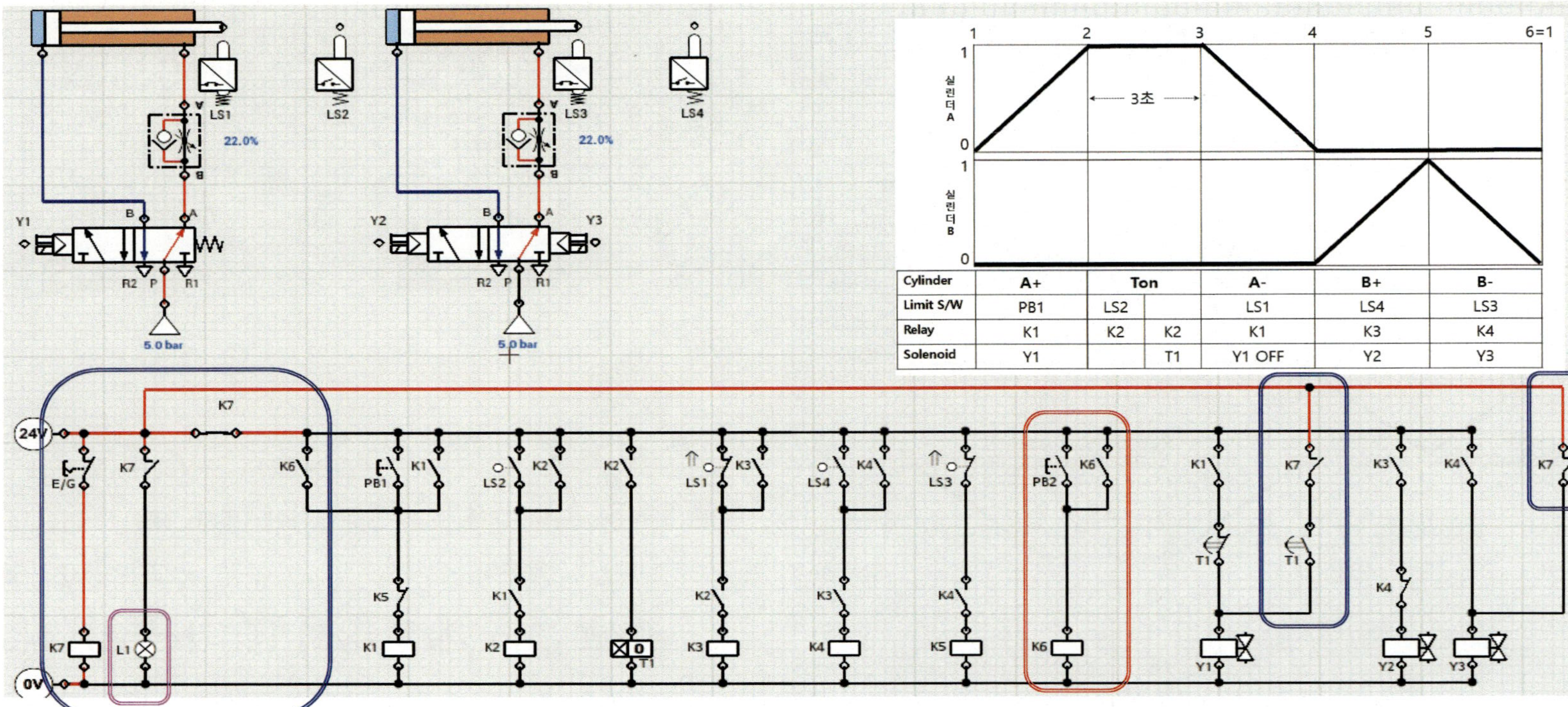

Cylinder	A+	Ton		A-	B+	B-
Limit S/W	PB1	LS2		LS1	LS4	LS3
Relay	K1	K2	K2	K1	K3	K4
Solenoid	Y1		T1	Y1 OFF	Y2	Y3

공압4 [(2)유지보수] [5점=솔레노이드 교체]

▶ (2)유지보수 동작

(2) 실린더 A의 방향 제어 밸브를 양측 솔레노이드 밸브로 교체

▶ A 실린더 후진 신호 ⇒ Y4

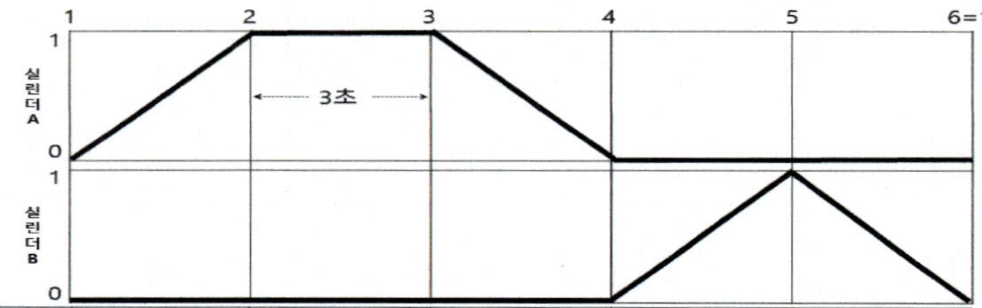

Cylinder	A+	Ton		A-	B+	B-
Limit S/W	PB1	LS2		LS1	LS4	LS3
Relay	K1	K2	K2	K1 ▶ **K3**	K3 ▶ **K4**	K4 ▶ **K5**
Solenoid	Y1		T1	Y1 OFF ▶ **Y4**	Y2	Y3

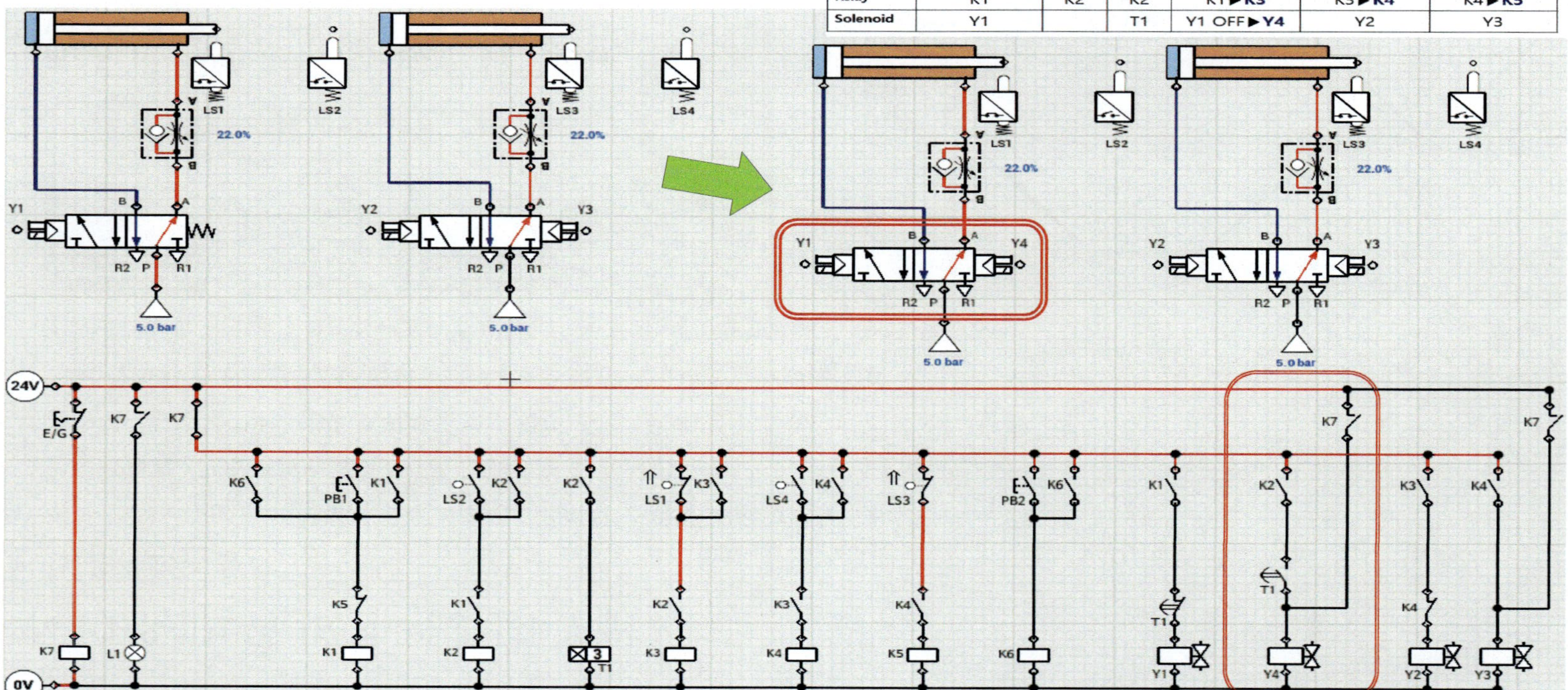

공압5 [기본] [15점=13점(기본)+1점(정돈)+1점(안전)]

▶ 기본동작 - 공압력: 0.5 ± 0.05[MPa] = 5[Bar]

(1) PB1을 1회 ON-OFF하면 변위단계선도(타이머 포함)와 같이 1 사이클 단속 동작하도록 전기회로도를 설계하여 시스템을 구성하고 시험감독위원에게 확인받으시오.

① 전기 배선은 "+ 는 적색"으로, "- 는 청색 또는 흑색"으로 연결하고, 전선이 시스템 동작에 영향을 주지 않도록 정리하시오.

② 지정되지 않은 누름 버튼 스위치는 자동복귀형 스위치를 사용하시오.

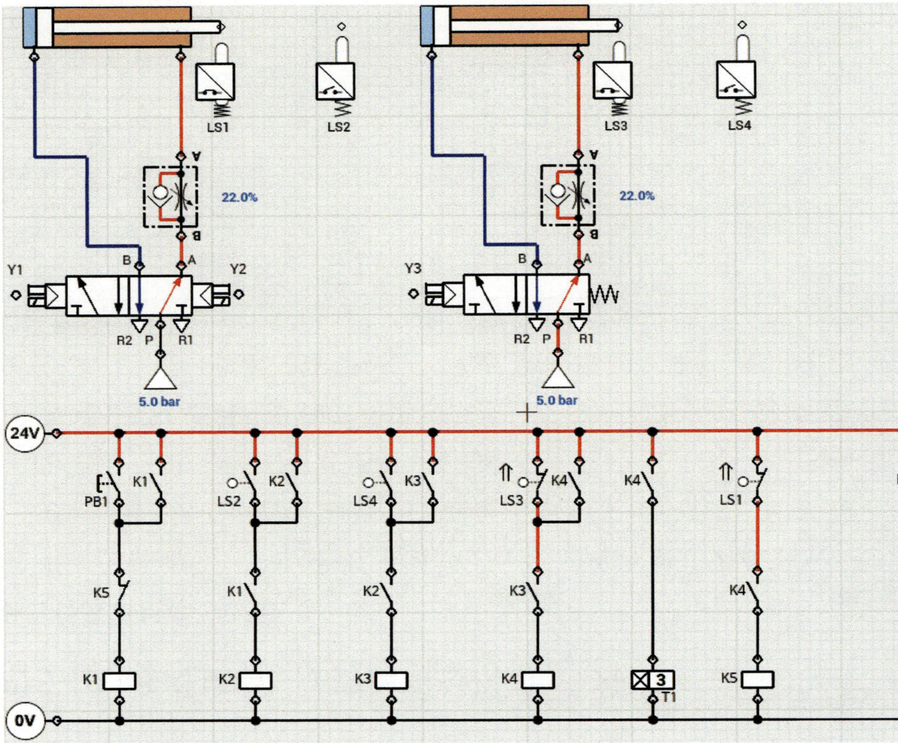

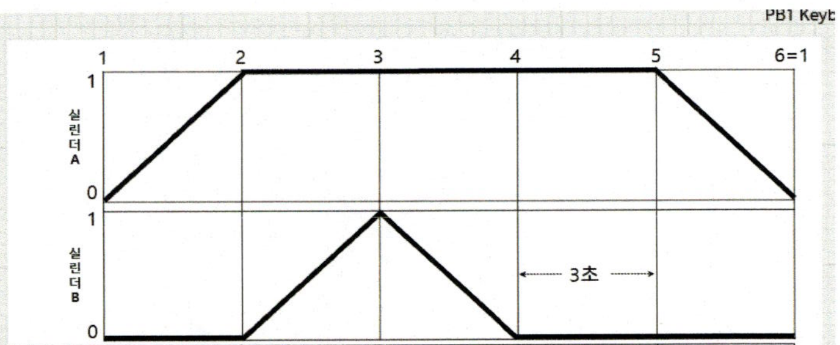

Cylinder	A+	B+	B-	Ton		A-
Limit S/W	PB1	LS2	LS4	LS3		LS1
Relay	K1	K2	K3	K4	K4	K5
Solenoid	Y1	Y3	Y3 OFF		T1	Y2

공압5 [(1)유지보수] [10점=비상정지 추가]

▶ (1)유지보수 동작

(1) 연속 스위치(PB2), 비상정지 스위치(E/G, 유지형 스위치 사용 가능), 램프(L1)를 추가

① PB2를 1회 ON-OFF 하면, 기본동작이 연속 동작합니다.

② 연속 동작 중 비상정지 스위치를 ON 하면 모든 실린더는 후진하며 램프가 점등됩니다.

③ 비상정지 스위치를 OFF 하면 램프는 소등되고 시스템은 초기화됩니다.

④ 초기화 후 PB2를 1회 ON-OFF 하면 연속 동작이 재동작합니다.

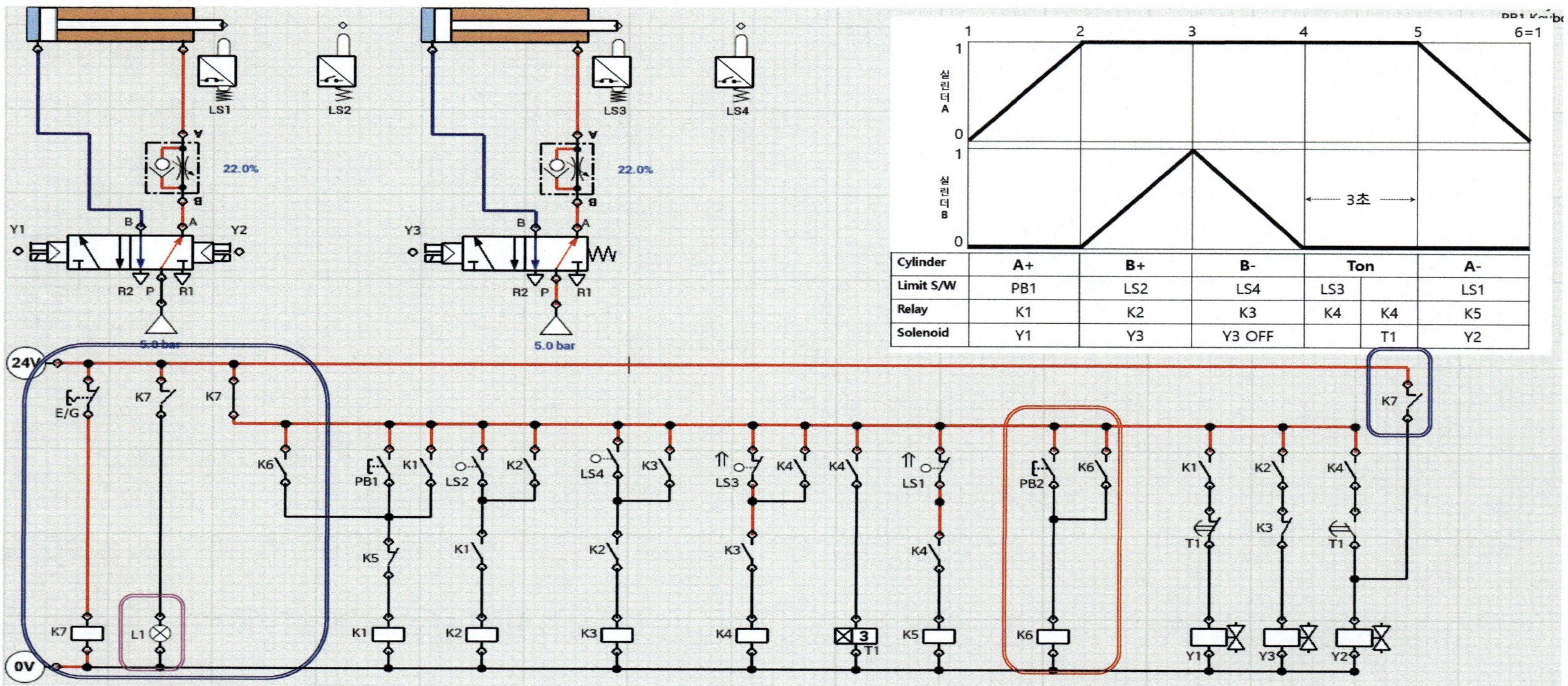

Cylinder	A+	B+	B-	Ton		A-
Limit S/W	PB1	LS2	LS4	LS3		LS1
Relay	K1	K2	K3	K4	K4	K5
Solenoid	Y1	Y3	Y3 OFF		T1	Y2

공압5 [(2)유지보수] [5점=센서 교체]

▶ (2)유지보수 동작

(2) 리밋 스위치 LS1은 정전용량형 센서로(S1), LS4는 유도형 센서로(S2) 교체

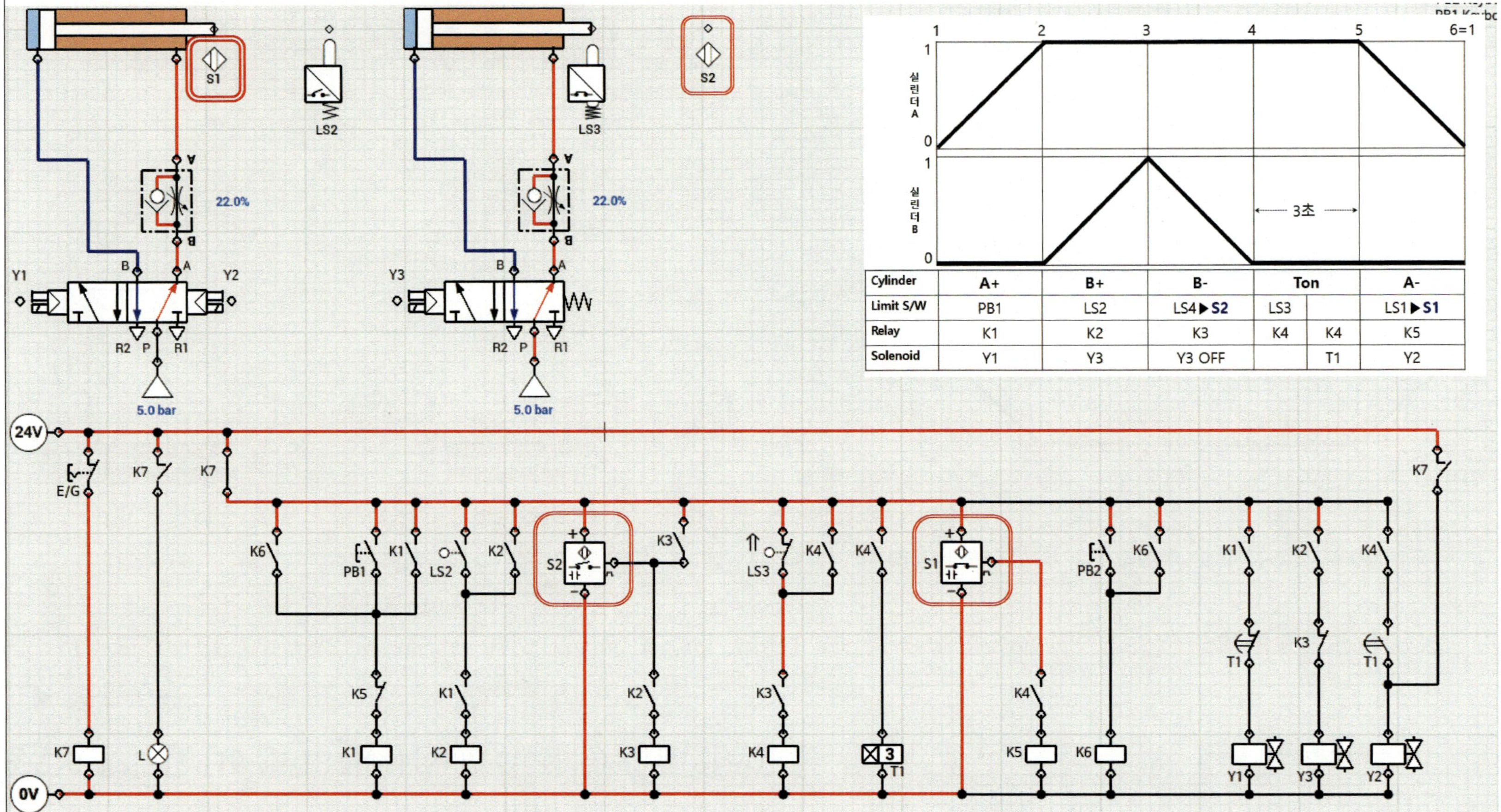

Cylinder	A+	B+	B-	Ton		A-
Limit S/W	PB1	LS2	LS4▶**S2**	LS3		LS1▶**S1**
Relay	K1	K2	K3	K4	K4	K5
Solenoid	Y1	Y3	Y3 OFF		T1	Y2

공압6 [기본] [15점=13점(기본)+1점(정돈)+1점(안전)]

▶ 기본동작 – 공압력: 0.5 ± 0.05[MPa] = 5[Bar]

(1) PB1을 1회 ON-OFF하면 변위단계선도(타이머 포함)와 같이 1 사이클 단속 동작하도록 전기회로도를 설계하여 시스템을 구성하고 시험감독위원에게 확인받으시오.

① 전기 배선은 "+ 는 적색"으로, "- 는 청색 또는 흑색"으로 연결하고, 전선이 시스템 동작에 영향을 주지 않도록 정리하시오.

② 지정되지 않은 누름 버튼 스위치는 자동복귀형 스위치를 사용하시오.

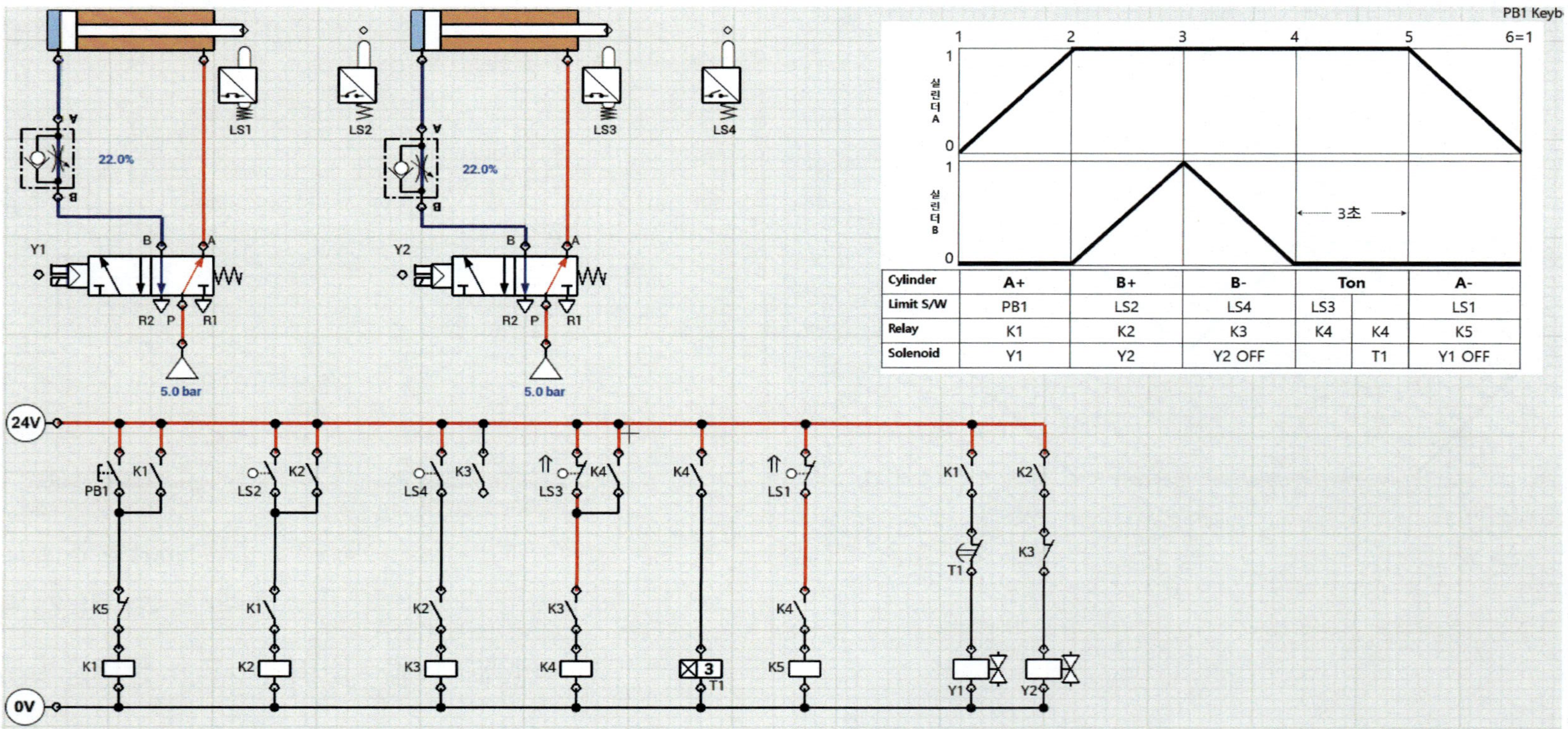

Cylinder	A+	B+	B-	Ton		A-
Limit S/W	PB1	LS2	LS4	LS3		LS1
Relay	K1	K2	K3	K4	K4	K5
Solenoid	Y1	Y2	Y2 OFF		T1	Y1 OFF

공압6 [(1)유지보수] [10점=비상정지 추가]

▶ (1)유지보수 동작

(1) 연속 스위치(PB2), 비상정지 스위치(E/G, 유지형 스위치 사용 가능), 램프(L1)를 추가

① PB2를 1회 ON–OFF 하면, 기본동작이 연속 동작합니다.

② 연속 동작 중 비상정지 스위치를 ON 하면 모든 실린더는 후진하며 램프가 점등됩니다.

③ 비상정지 스위치를 OFF 하면 램프는 소등되고 시스템은 초기화됩니다.

④ 초기화 후 PB2를 1회 ON–OFF 하면 연속 동작이 재동작합니다.

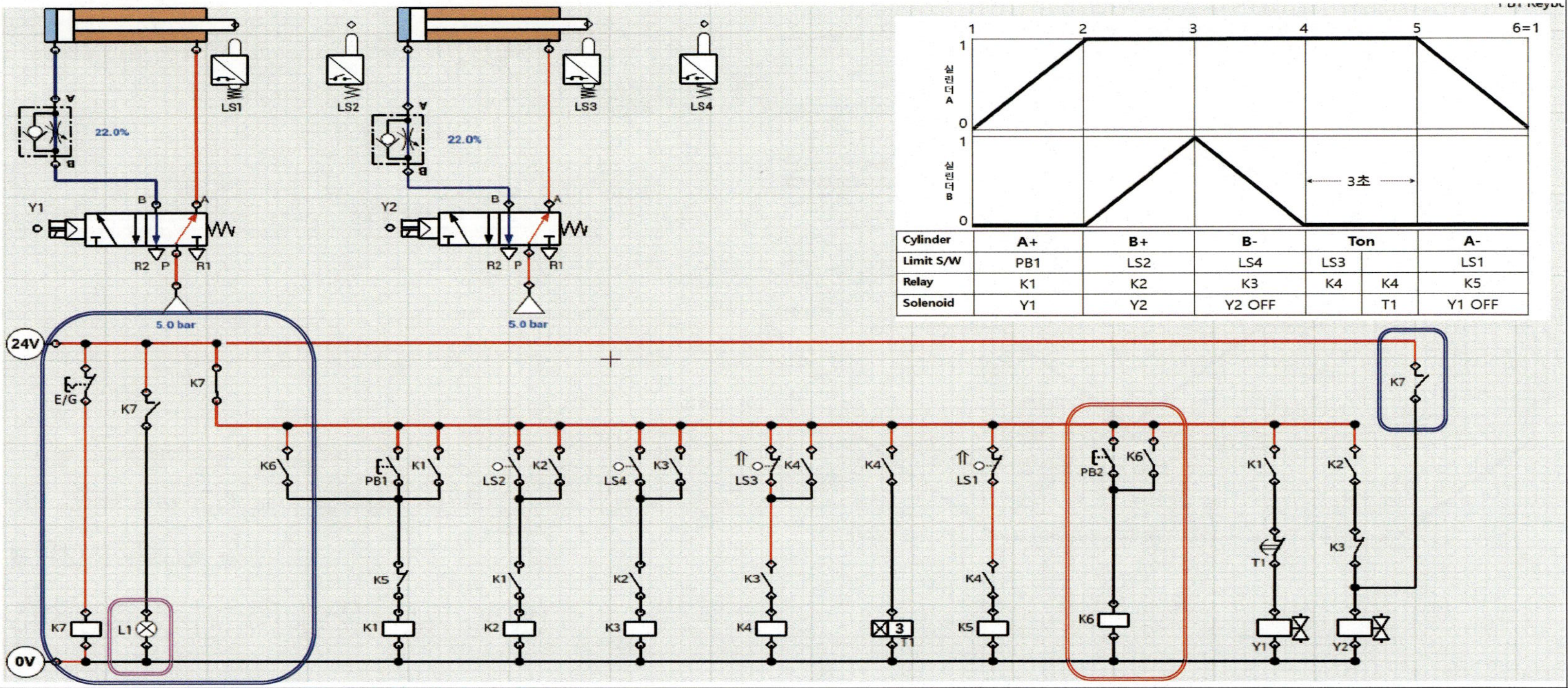

공압6 [(2)유지보수] [5점=센서 교체]

▶ (2)유지보수 동작

(2) 실린더 B의 방향 제어 밸브를 양측 솔레노이드 밸브로 교체

▶ B 실린더 후진 신호 ⇒ Y3

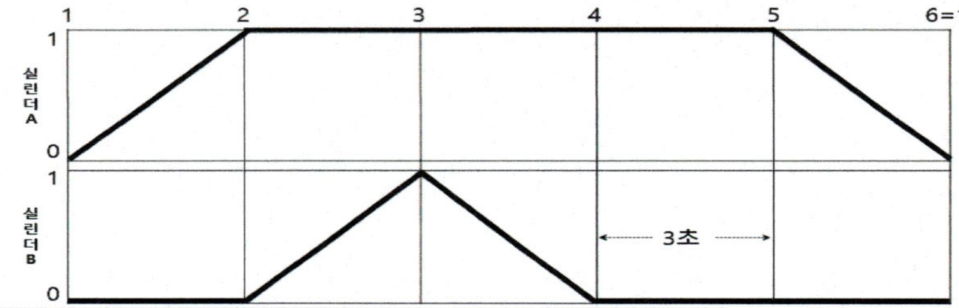

Cylinder	A+	B+	B-	Ton		A-
Limit S/W	PB1	LS2	LS4	LS3		LS1
Relay	K1	K2	K3	K4	K4	K5
Solenoid	Y1	Y2	Y2 OFF ▶ Y3		T1	Y1 OFF

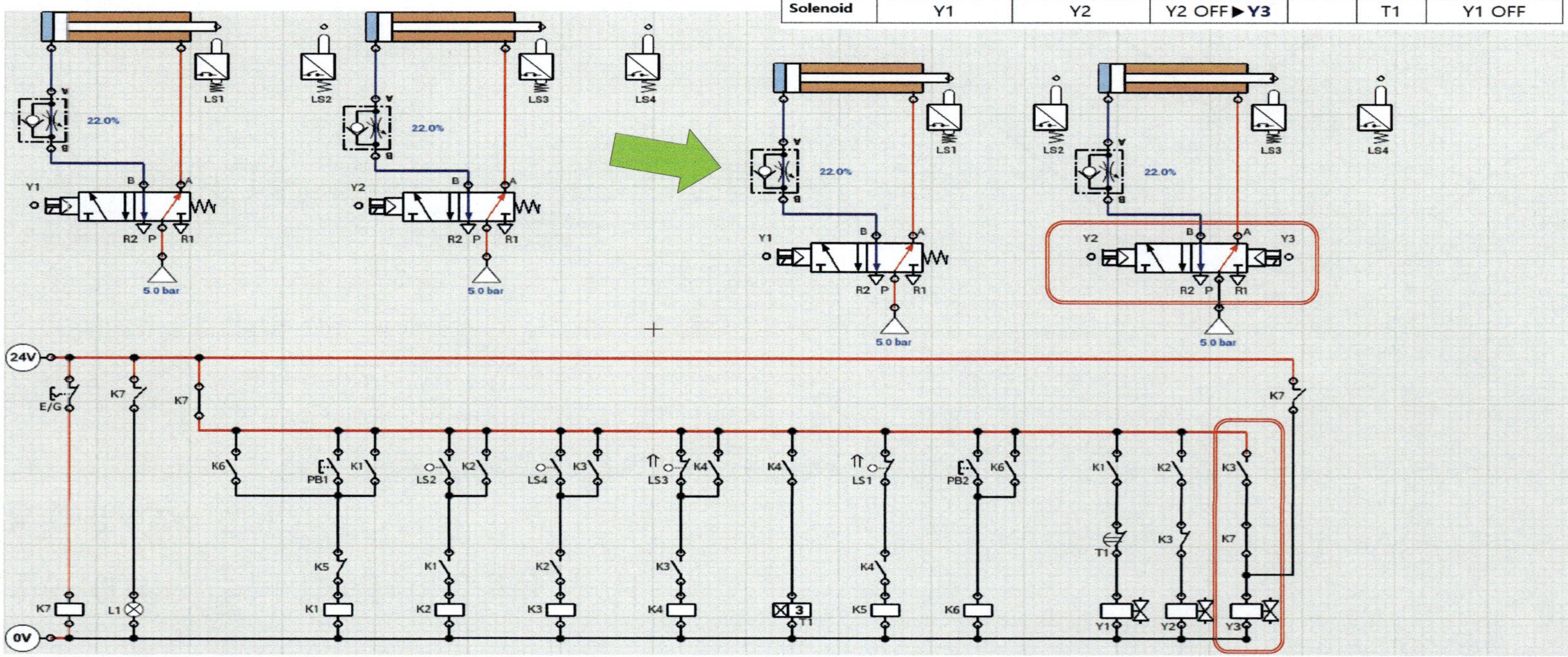

공압7 [기본] [15점=13점(기본)+1점(정돈)+1점(안전)]

▶ 기본동작 - 공압력: 0.5 ± 0.05[MPa] = 5[Bar]

(1) PB1을 1회 ON-OFF하면 변위단계선도(타이머 포함)와 같이 1 사이클 단속 동작하도록 전기회로도를 설계하여 시스템을 구성하고 시험감독위원에게 확인받으시오.

① 전기 배선은 "+ 는 적색"으로, "- 는 청색 또는 흑색"으로 연결하고, 전선이 시스템 동작에 영향을 주지 않도록 정리하시오.

② 지정되지 않은 누름 버튼 스위치는 자동복귀형 스위치를 사용하시오.

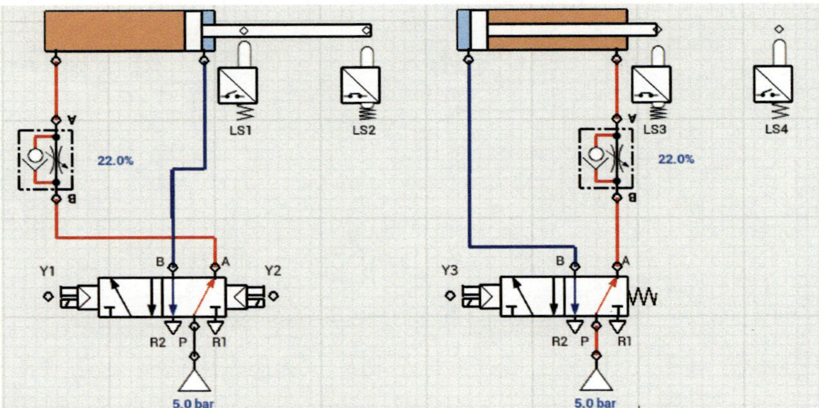

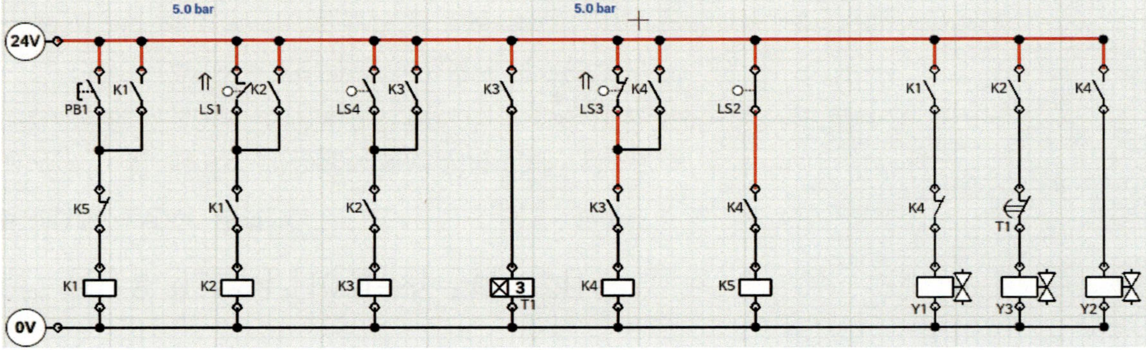

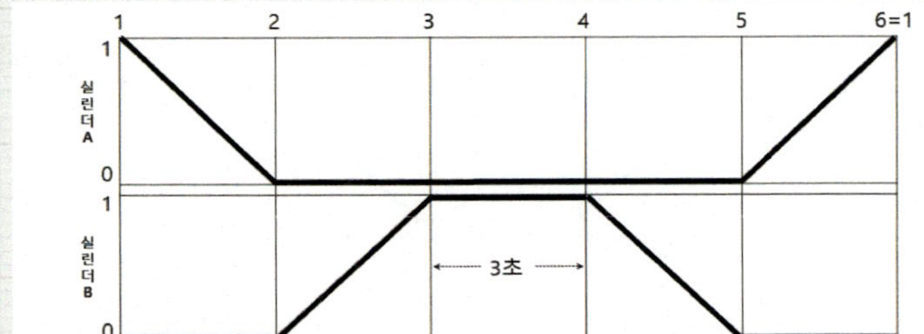

Cylinder	A-	B+	Ton		B-	A+
Limit S/W	PB1	LS1	LS4		LS3	LS2
Relay	K1	K2	K3	K3	K4	K5
Solenoid	Y1	Y3		T1	Y3 OFF	Y2

공압7 [(1)유지보수] [10점=카운터 3회]

▶ (1)유지보수 동작

(1) 연속 스위치(PB2), 카운터 리셋 스위치(PB3), 램프(L)를 추가

① PB2를 1회 ON-OFF 하면, 기본동작을 3회 연속 동작한 후 정지합니다.

② PB3를 1회 ON-OFF 하면, 카운터가 리셋됩니다.

③ 카운터 리셋 후 PB2를 1회 ON-OFF 하면, 연속 동작이 재동작합니다.

④ 연속 동작을 수행하는 동안 램프(L1)가 점등되고, 동작 완료 후 소등됩니다.

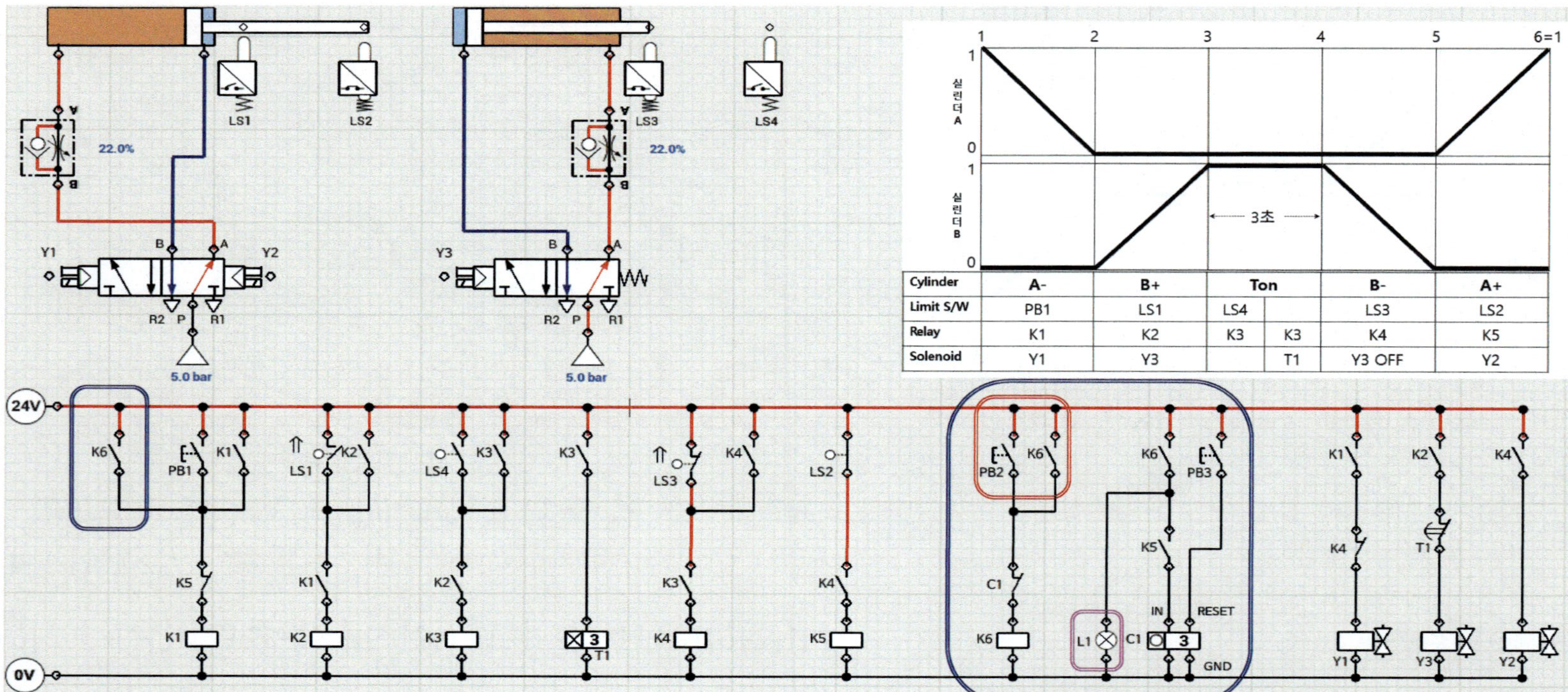

Cylinder	A-	B+	Ton		B-	A+
Limit S/W	PB1	LS1	LS4		LS3	LS2
Relay	K1	K2	K3	K3	K4	K5
Solenoid	Y1	Y3		T1	Y3 OFF	Y2

공압7 [(2)유지보수] [5점=센서 교체]

▶ (2)유지보수 동작

(2) 리밋 스위치 LS2는 정전용량형 센서로(S1), LS3는 유도형 센서로(S2) 교체

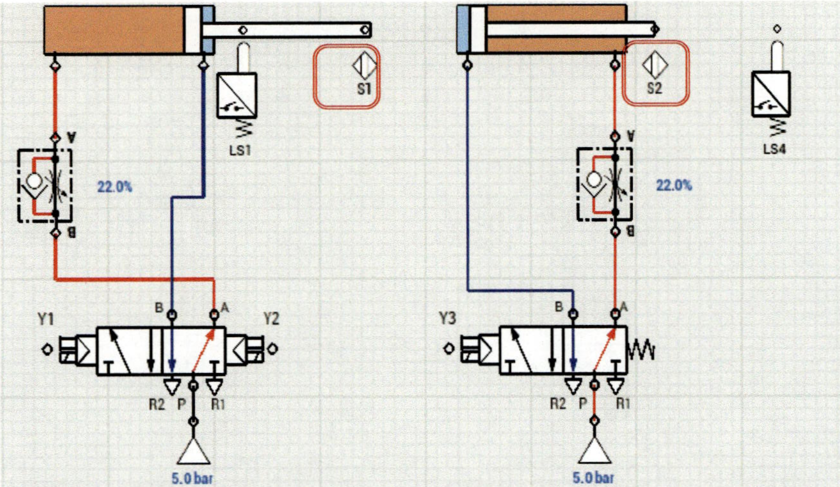

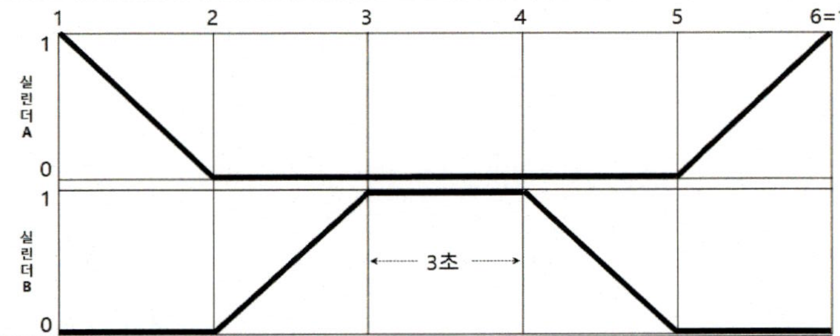

Cylinder	A-	B+	Ton		B-	A+
Limit S/W	PB1	LS1	LS4		LS3▶**S2**	LS2▶**S1**
Relay	K1	K2	K3	K3	K4	K5
Solenoid	Y1	Y3		T1	Y3 OFF	Y2

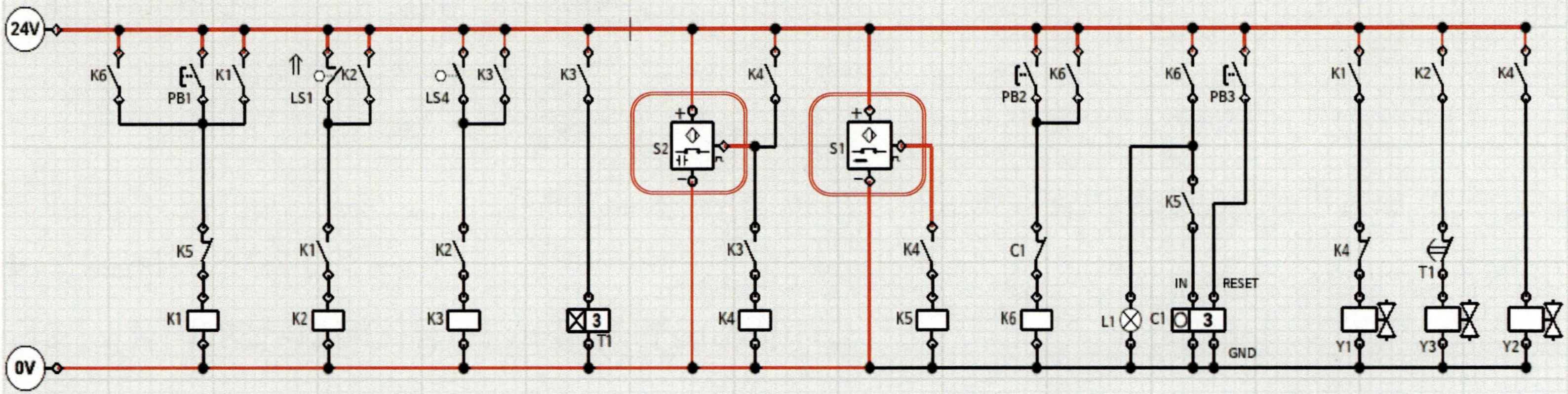

공압8 [기본] [15점=13점(기본)+1점(정돈)+1점(안전)]

▶ 기본동작 – 공압력: 0.5 ± 0.05[MPa] = 5[Bar]

(1) PB1을 1회 ON-OFF하면 변위단계선도(타이머 포함)와 같이 1 사이클 단속 동작하도록 전기회로도를 설계하여 시스템을 구성하고 시험감독위원에게 확인받으시오.

① 전기 배선은 "+ 는 적색"으로, "– 는 청색 또는 흑색"으로 연결하고, 전선이 시스템 동작에 영향을 주지 않도록 정리하시오.

② 지정되지 않은 누름 버튼 스위치는 자동복귀형 스위치를 사용하시오.

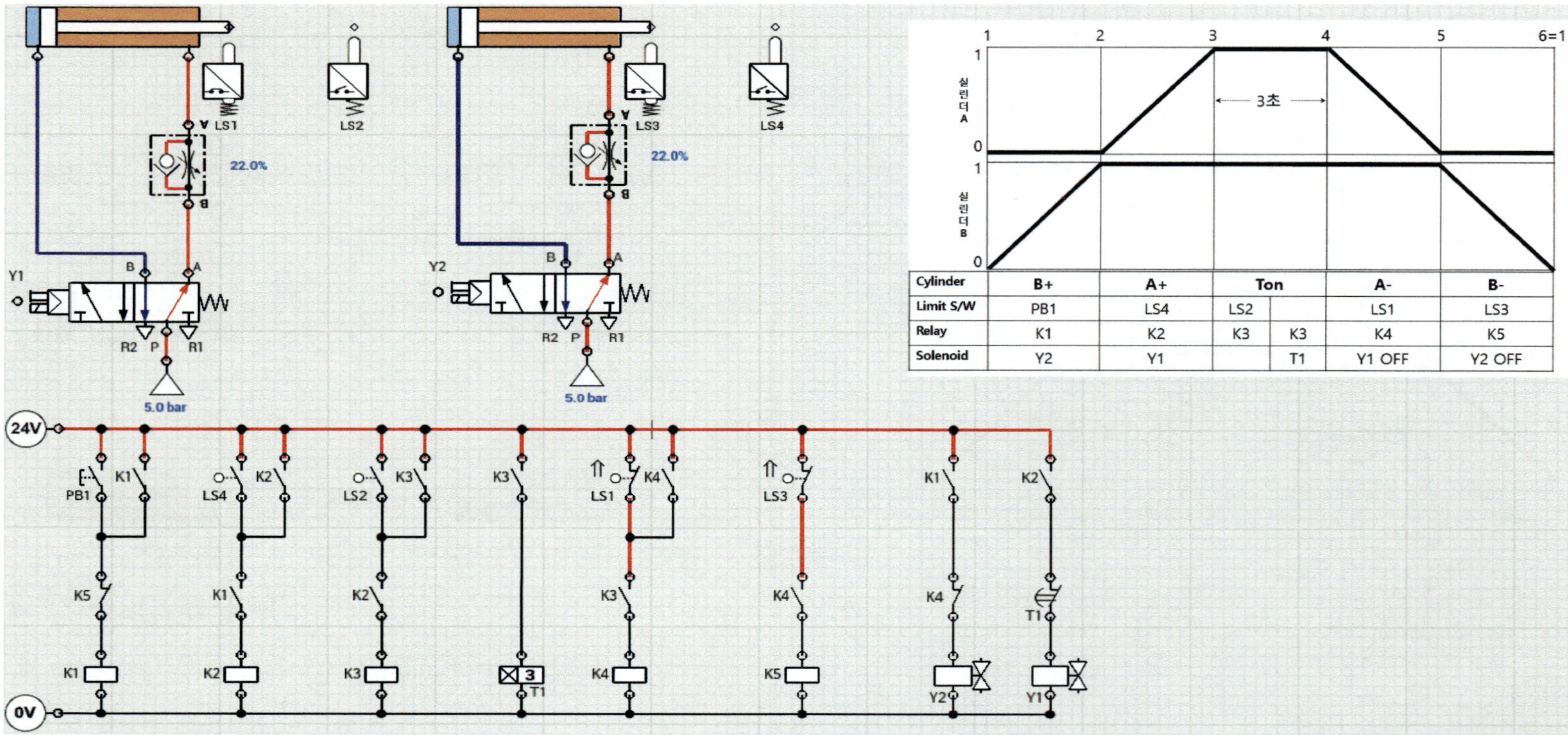

Cylinder	B+	A+	Ton		A-	B-
Limit S/W	PB1	LS4	LS2		LS1	LS3
Relay	K1	K2	K3	K3	K4	K5
Solenoid	Y2	Y1		T1	Y1 OFF	Y2 OFF

공압8 [(1)유지보수] [10점=비상정지 추가]

▶ (1)유지보수 동작

(1) 연속 스위치(PB2), 비상정지 스위치(E/G, 유지형 스위치 사용 가능), 램프(L1)를 추가

① PB2를 1회 ON-OFF 하면, 기본동작이 연속 동작합니다.

② 연속 동작 중 비상정지 스위치를 ON 하면 모든 실린더는 후진하며 램프가 점등됩니다.

③ 비상정지 스위치를 OFF 하면 램프는 소등되고 시스템은 초기화됩니다.

④ 초기화 후 PB2를 1회 ON-OFF 하면 연속 동작이 재동작합니다.

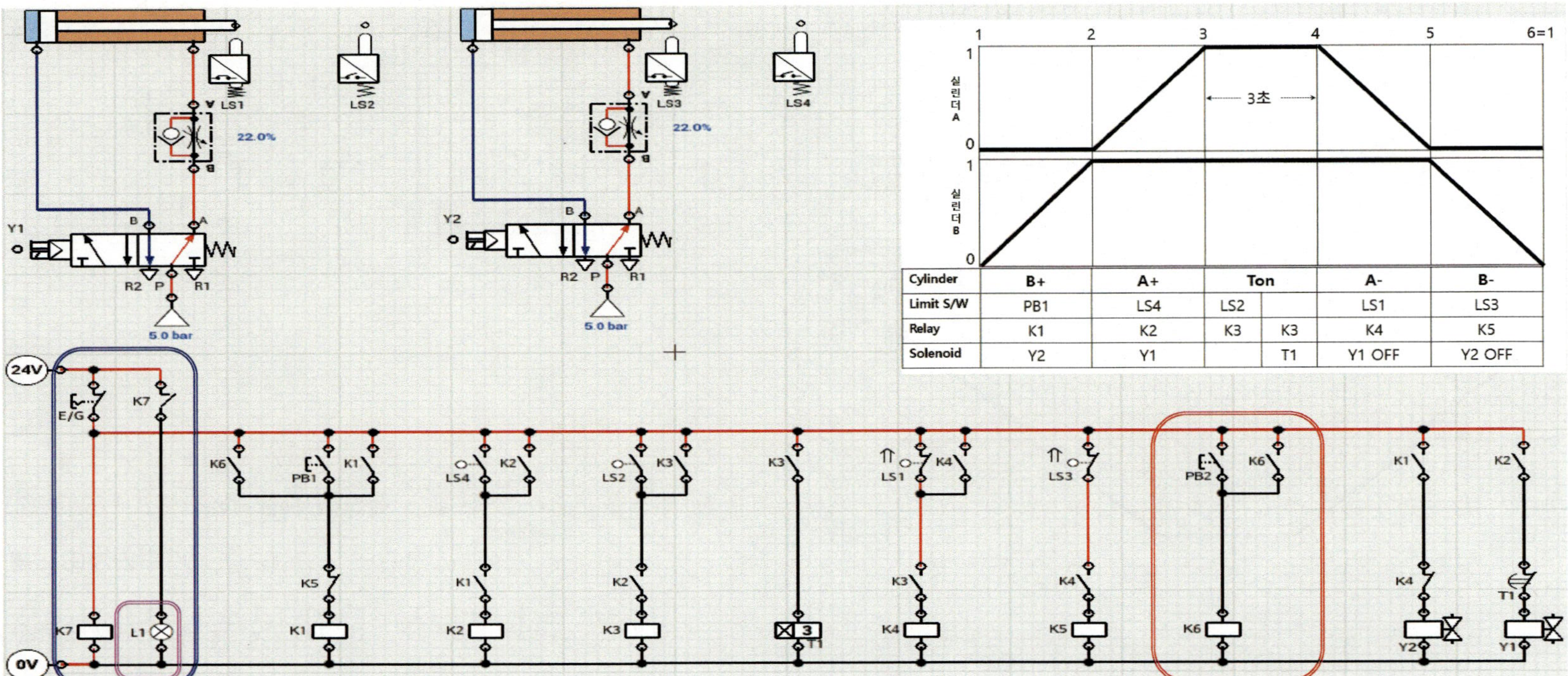

Cylinder	B+	A+	Ton		A-	B-
Limit S/W	PB1	LS4	LS2		LS1	LS3
Relay	K1	K2	K3	K3	K4	K5
Solenoid	Y2	Y1		T1	Y1 OFF	Y2 OFF

공압8 [(2)유지보수] [5점=솔레노이드 교체]

▶ (2)유지보수 동작

(2) 실린더 B의 방향 제어 밸브를 양측 솔레노이드 밸브로 교체

▶ B 실린더 후진 신호 ⇒ Y3

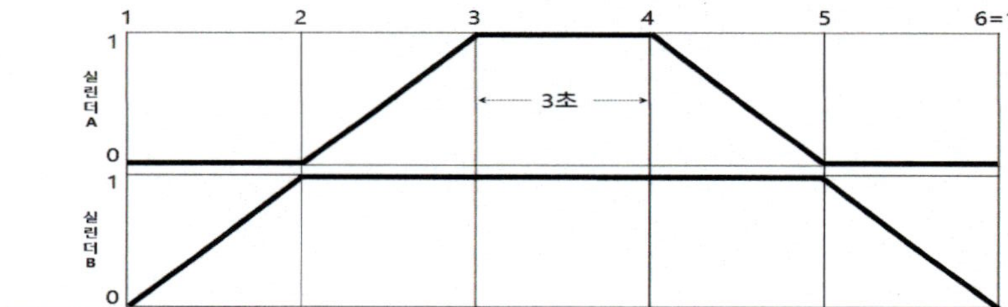

Cylinder	B+	A+	Ton		A-	B-
Limit S/W	PB1	LS4	LS2		LS1	LS3
Relay	K1	K2	K3	K3	K4	K5
Solenoid	Y2	Y1		T1	Y1 OFF	Y2 OFF ▶ Y2

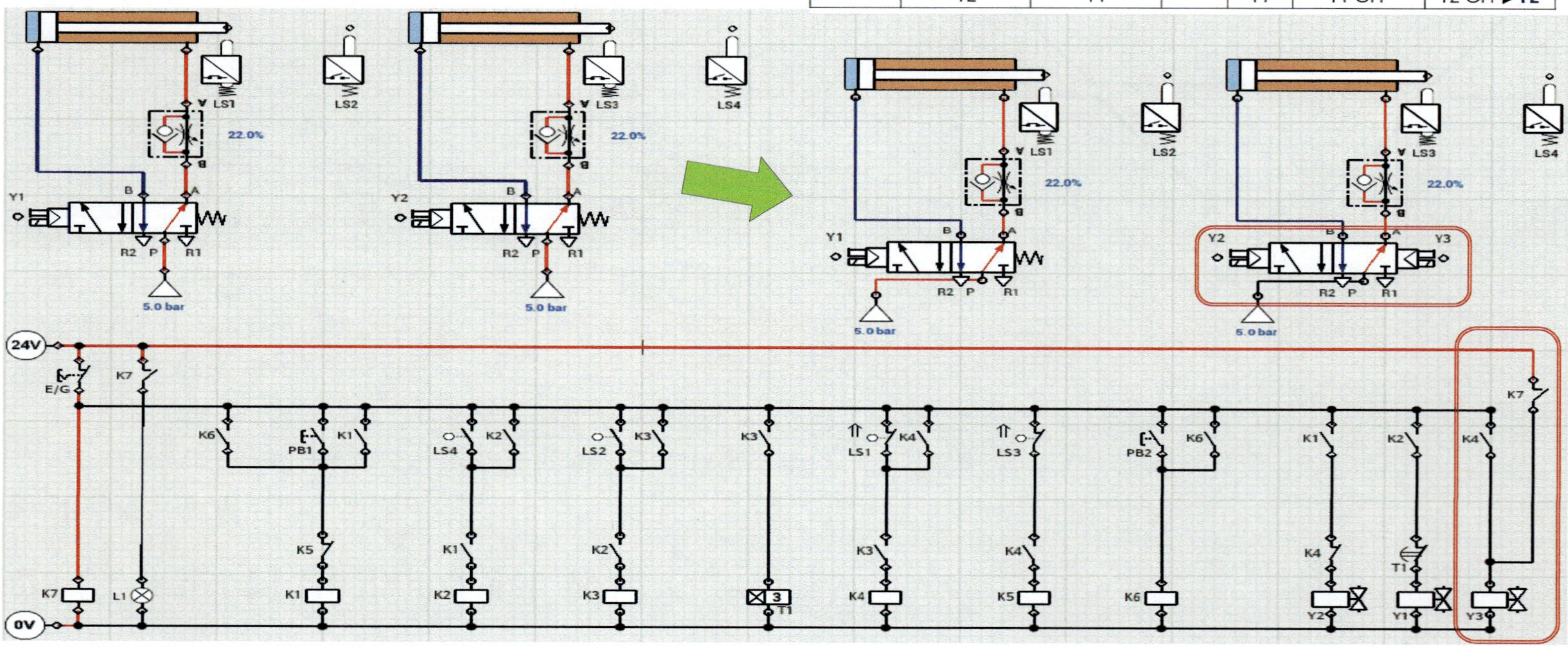

제 7 장

유압 기초 실습

(기본설계 중심으로)

1. 유압 시스템 설계 및 구성(30점)

- 목표: 유압 회로를 설계하고 구성하여, 주어진 요구사항에 맞는 시스템을 구축하는 과제.
- 주요 내용:
  -유압 회로도의 설계 및 부품 배치
  -실린더, 밸브, 필터, 제어기 등을 이용한 회로 구성
  -시스템의 기능적 검증 및 안전성 확인
- 시험시간: 50분

1. 요구사항

※ 지급된 재료와 시설을 사용하여 아래 작업을 완성하시오.

※ 한번 제출한 작품의 재작업은 허용되지 않습니다.

가. 유압 회로도 구성

1) 유압 회로도와 같이 기기를 선정하여 고정판에 배치하시오.
   가) 기기는 수평 또는 수직 방향으로 수험자가 임의로 배치하고, 리밋 스위치는 방향성을 고려하여 설치하시오.
2) 유압호스를 사용하여 기기를 연결하시오.
   가) 유압호스가 시스템 동작에 영향을 주지 않도록 정리하시오.
3) 유압 회로 내 최고압력을 4±0.2 MPa로 설정하시오.

나. 기본동작

1) PB1을 1회 ON-OFF하면 변위단계선도(타이머 포함)와 같이 1 사이클 단속 동작하도록 전기회로도를 설계하여 시스템을 구성하고 시험감독위원에게 확인받으시오.
   가) 전기 배선은 + 는 적색으로, - 는 청색 또는 흑색으로 연결하고, 전선이 시스템 동작에 영향을 주지 않도록 정리하시오.
   나) 지정되지 않은 누름 버튼 스위치는 자동복귀형 스위치를 사용하시오.

다. 시스템 유지보수

1) 동작 확인 후 유지보수 계획과 같이 시스템을 변경(3단계)하고 시험감독위원에게 확인받으시오.

라. 정리정돈, 안전

1) 평가 종료 후 작업한 자리의 부품 정리, 유압호스 정리, 전선 정리 등 모든 상태를 초기 상태로 정리하시오.

2. 수험자 유의사항

※ 다음의 유의사항을 고려하여 요구사항을 완성하시오.

※ 작업형 과제별 배점은 [공압 시스템 설계 및 구성 30점, **유압 시스템 설계 및 구성 30점**, 가스절단 및 용접 40점]이며, 이외 세부항목 배점은 비공개입니다.

1) 시험 시작 전 장비의 이상 유무를 확인합니다.
2) 시험 중 반드시 시험감독위원의 지시에 따라야 하며, 시험감독위원의 지시가 없는 한 시험장을 임의로 이탈할 수 없습니다.
3) 시험에 필요한 기기 이외의 부품이나 장비에 임의로 접촉하지 않도록 주의하시기 바랍니다.
4) 유압호스의 제거는 공급 압력을 차단한 후 실시하시기 바랍니다.
5) 전기 합선 시에는 즉시 전원공급 장치의 전원을 차단하시기 바랍니다.
6) 실린더의 작동 부분에는 전선과 호스가 접촉되지 않도록 주의하여야 합니다.
7) "기본동작→시스템 유지보수" 순서대로 시험감독위원에게 평가받습니다.
   (단, 각 동작의 평가는 전원이 유지된 상태에서 2회 이상 시도하여 같이 정상 동작이 되어야 하며, 1회만 동작하고 정상적으로 제 동작하지 않으면 인정하지 않습니다.)
8) 평가 기회는 한 번만 부여되오니, 이점 유의하여 평가를 요청하시기 바랍니다.
   (단, 평가가 불명확하여 재확인이 필요한 경우 시험감독위원의 판단에 따라 다시 동작시킬 수 있습니다. 회로를 변경 또는 수정할 수 없고, 동작만 재시도합니다.)
9) 평가 종료 후 정리정돈 상태에 따라 감점될 수 있음을 유의하시기 바랍니다.
10) 시험 중 작업복과 안전보호구를 착용하여 안전수칙을 준수하여야 하며, 안전수칙 미준수로 인해 감점될 수 있음을 유의하시기 바랍니다.
    (단, 슬리퍼, 샌들 착용 등 복장이 작업에 부적합할 경우 응시가 불가능합니다.)
11) 다음 사항은 실격에 해당하여 채점 대상에서 제외됩니다.
    가) 수험자 본인이 수험 도중 시험에 대한 기권 의사를 표현하는 경우
    나) 실기시험 과정 중 1개 과정이라도 불참한 경우
    다) 시설·장비의 조작 또는 재료의 취급이 미숙하여 위해를 일으킬 것으로 시험감독위원 전원이 합의하여 판단한 경우
    라) 기능이 해당 등급 수준에 전혀 도달하지 못한 것으로 시험감독위원이 판단할 경우
    마) 부정행위를 한 경우
    바) 시험시간 내에 작품을 제출하지 못한 경우
    사) 유압 회로도와 다른 부품을 사용하거나 부품을 누락한 경우
    아) 기본동작이 변위단계선도와 일치하지 않는 경우

3. 전기 회로도 작성란

실습1 : 편솔레노이드를 이용한 단동 실린더

누름 버튼 PB1을 ON하면 편솔레노이드(3/2W) 코일 Y1이 여자되고 밸브의 제어 위치가 전환되어 단동 실린더는 전진하게 된다.
누름 버튼 PB1을 OFF하면 편솔레노이드 코일 Y1이 소자되고, 스프링의 힘으로 밸브의 제어 위치는 후진하게 된다.

전 + 후 -

직접제어

회로도(기호, 전기)

PB1= ON

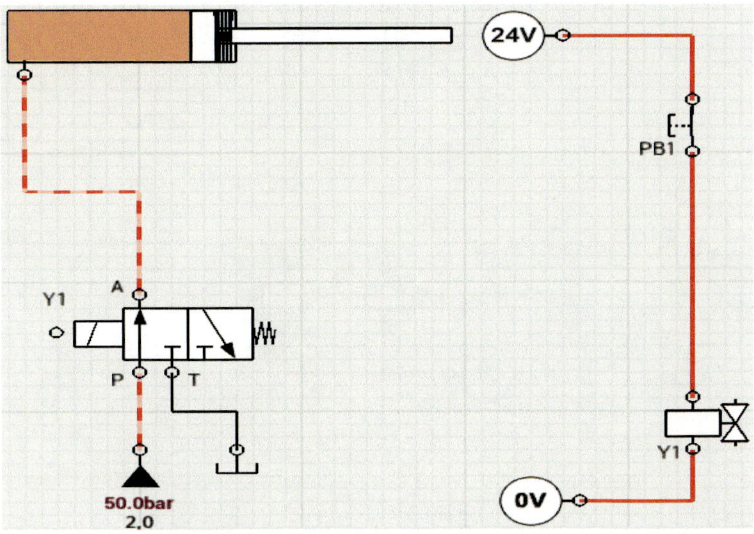

변위단계도

Cylinder	

PB	PB1
solenoid	Y1

회로도(실물)

PB1= ON

누름 버튼 PB1을 ON하면 릴레이 K1이 여자되고, a접점 K1이 ON되어 편솔레노이드(3/2W) 코일 Y1이 여자된다. 따라서 밸브는 방향을 전환하게 되고 단동 실린더는 전진한다.

누름 버튼 PB1을 OFF하면 릴레이 K1은 소자되고 a접점 K1이 OFF되므로 편솔레노이드 코일 Y1도 소자된다. 따라서 밸브는 스프링의 힘으로 원위치가 되고 단동 실린더는 후진을 한다.

/ 전 + \ 후 -

간접제어

회로도(기호, 전기)	변위단계도
PB1= ON	

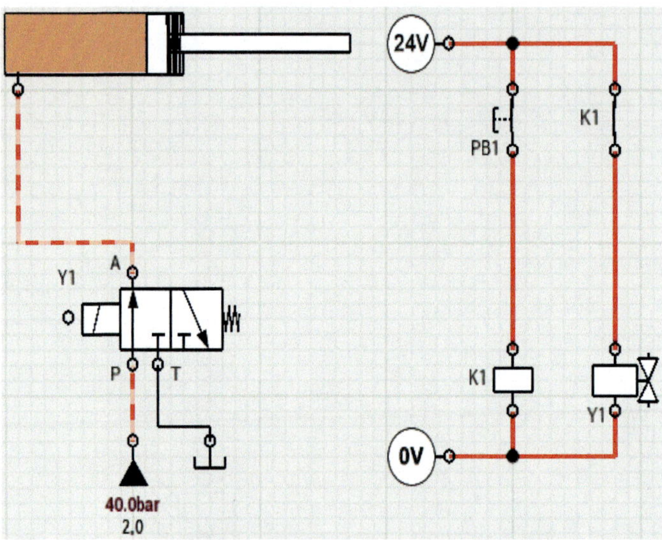

Cylinder		/
PB	PB1	
Relay	K1	K1
solenoid		Y1

회로도(실물)

PB1= ON

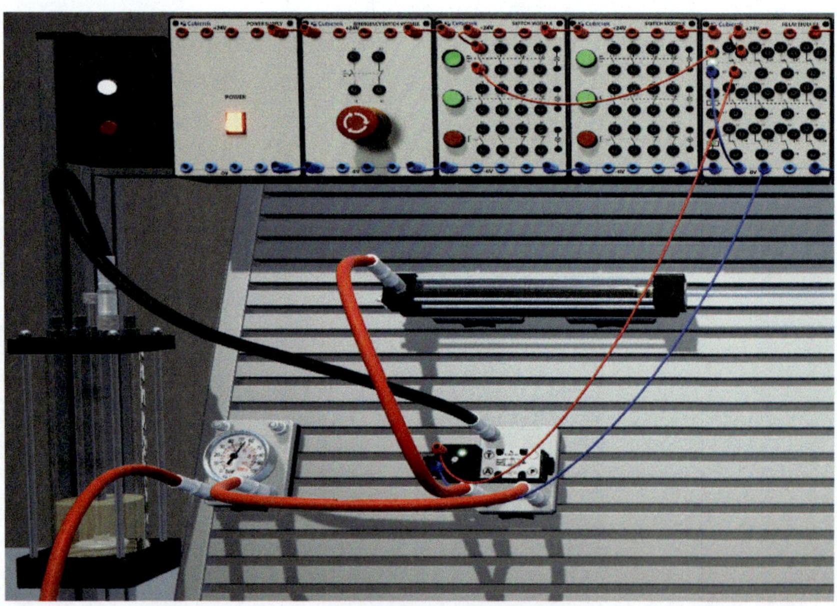

실습2 : 편솔레노이드를 이용한 복동 실린더

누름 버튼 PB1을 ON하면 편솔레노이드(4/2W) 코일 Y1이 여자되고 밸브의 제어 위치가 전환되어 복동 실린더는 전진한다.

누름 버튼 PB1을 OFF하면 편솔레노이드 코일 Y1이 소자되므로 스프링에 의해 밸브의 제어위치가 후진되고 복동 실린더는 후진한다.

/ 전 + \ 후 -

직접제어

회로도(기호, 전기)

PB1= ON

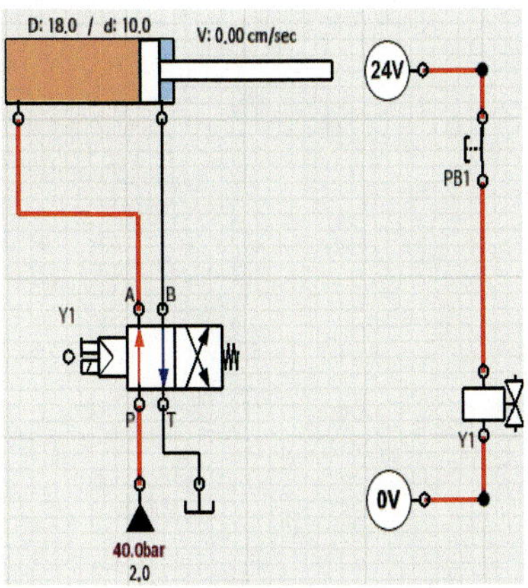

PB1= OFF

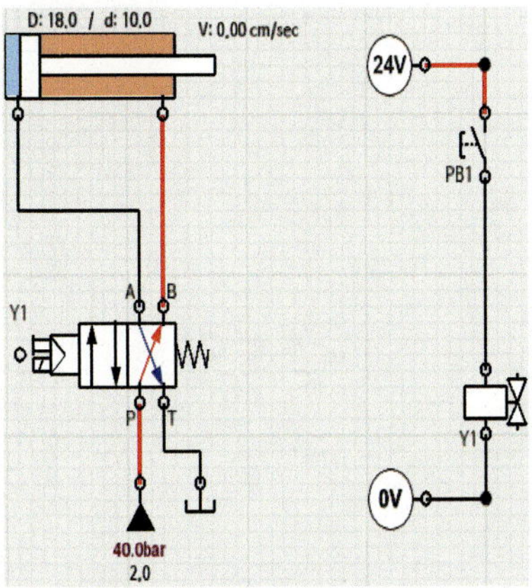

변위단계도

Cylinder	/

PB	PB1
solenoid	Y1

회로도(실물)

PB1= ON

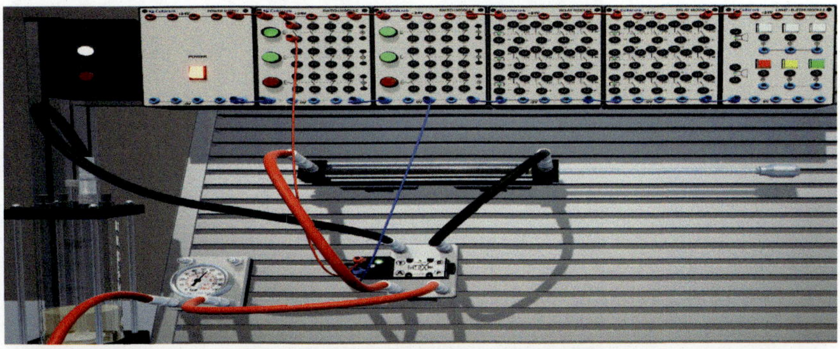

PB1= OFF

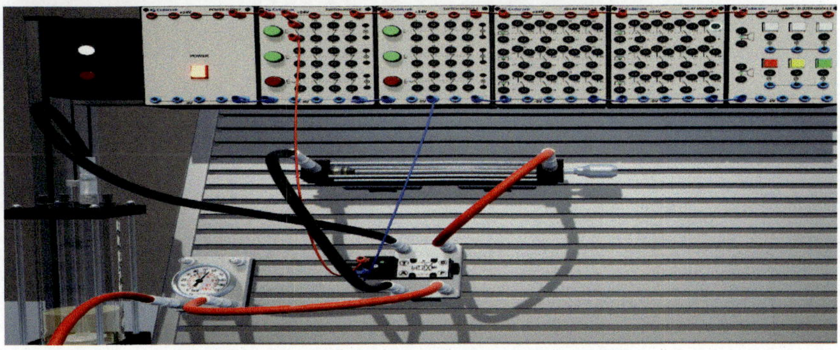

누름 버튼 PB1을 ON하면 릴레이 K1이 여자되고, a접점 K1이 ON 되어 편솔레노이드(4/2W) 코일 Y1이 여자된다. 따라서 밸브는 방향을 전환하게 되고 복동 실린더는 전진을 한다.

누름 버튼 PB1을 OFF하면 릴레이 K1은 소자되고 a접점 K1이 OFF 되므로 편솔레노이드 코일 Y1도 소자된다. 따라서 밸브는 스프링의 힘으로 원위치가 되고 복동 실린더는 후진하게 된다.

／ 전 + ＼ 후 −

간접제어

회로도(기호, 전기)

PB1= ON

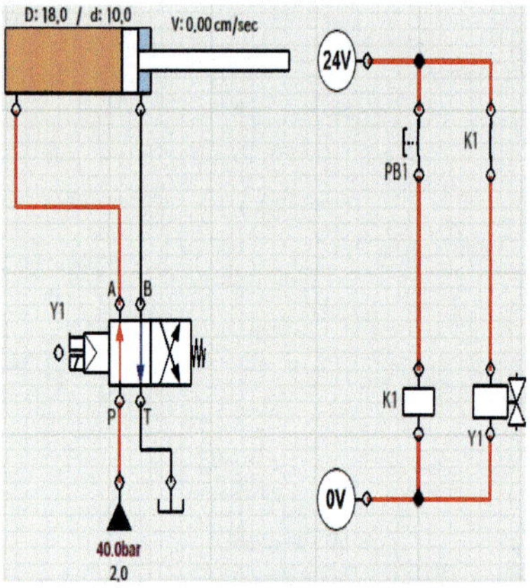

PB1= OFF

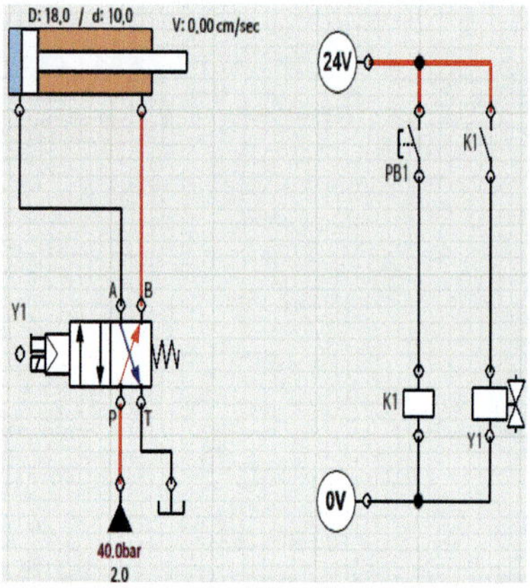

변위단계도

PB	PB1
solenoid	Y1

회로도(실물)

PB1= ON

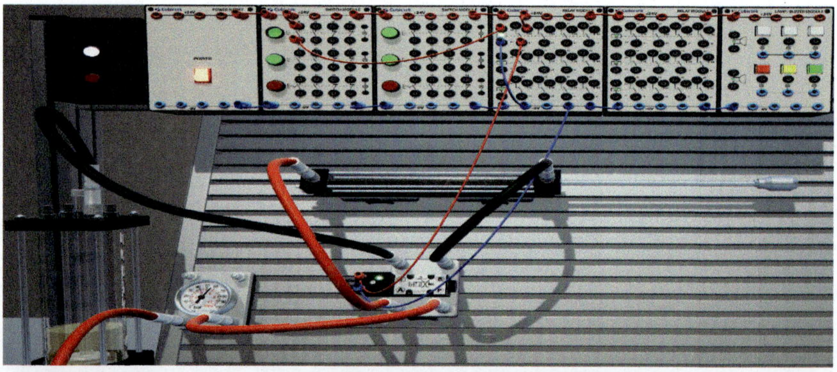

PB1= OFF

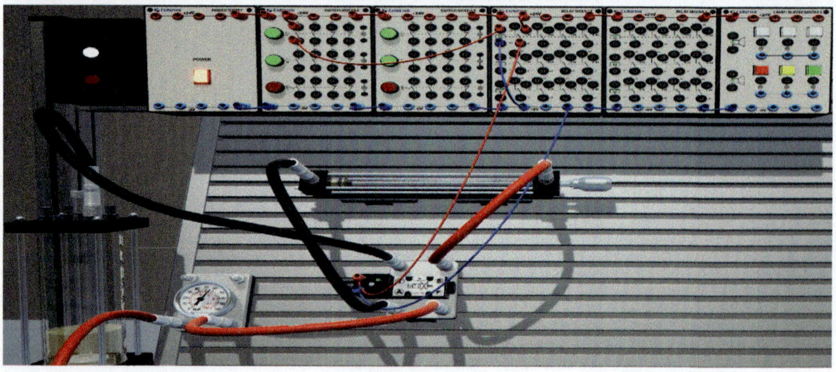

실습3 : 편솔레노이드를 이용한 단동 실린더(OR)

누름 버튼 PB1, PBS2를 동시에 ON하면 편솔레노이드(3/2W) 코일 Y1이 여자(BZ음) 되고 밸브는 방향을 전환하게 되어 단동 실린더는 전진한다.(동시 버튼: T+G)

누름 버튼 PB1, PB2를 동시에 OFF하면 편솔레노이드 코일 Y1이 소자되므로 밸브는 원위치가 되어 단동 실린더는 후진하게 된다.

／	전	+	＼	후	-

직접제어

회로도(기호, 전기)

PB1= PB2= ON

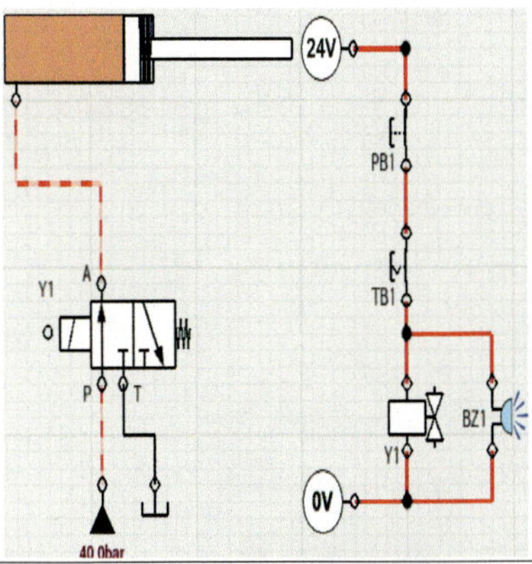

PB1= ON / PB2= OFF

PB1= OFF / PB2= ON

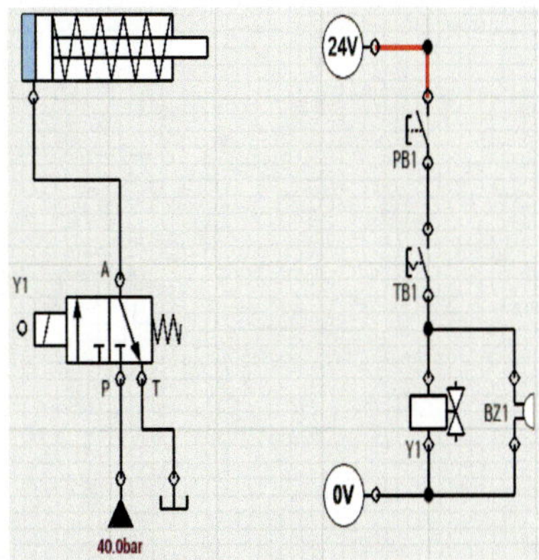

변위단계도

Cylinder	
PB	PB1
	PB2
solenoid	Y1

회로도(실물)

PB1= PB2= ON

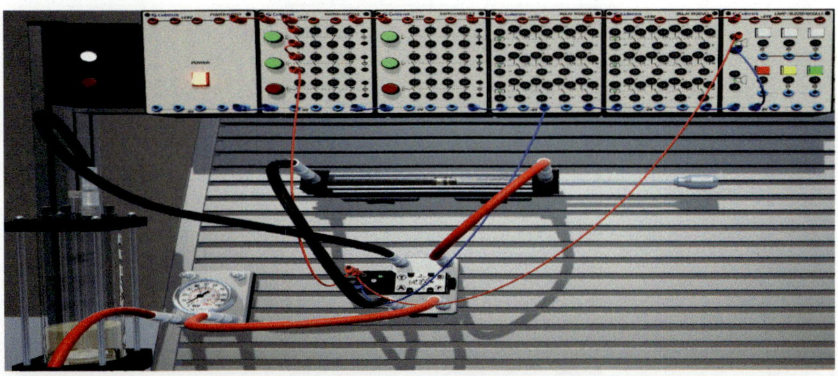

PB1= ON
PB2= OFF

PB1= OFF
PB2= ON

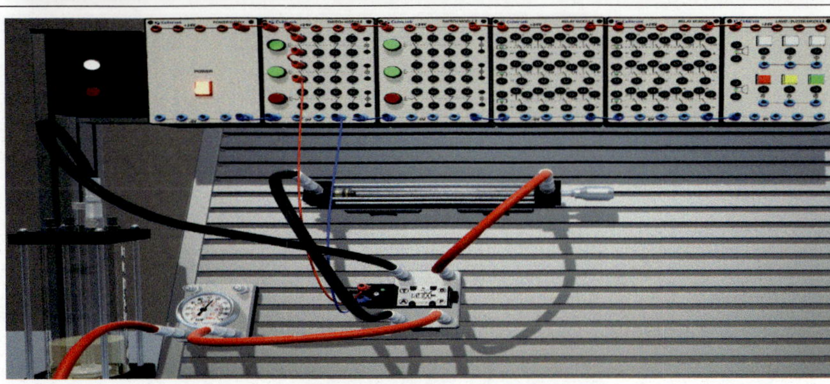

누름 버튼 PB1, PB2를 동시에 ON하면 K1이 여자되고, a접점 K1이 ON되어 편솔레노이드(3/2W) 코일 Y11이 여자된다. 따라서 밸브는 방향을 전환하게 되고 단동 실린더는 전진을 한다.(동시 버튼: T+G)

누름 버튼 PB1, PB2를 OFF하면 K1은 소자되고, a접점 K1이 OFF되어 편솔레노이드 코일도 소자되므로 밸브는 원위치가 되어 단동 실린더는 후진하게 된다.

전 + 후 -

<table>
<tr><td rowspan="6">간
접
제
어</td><td colspan="2">회로도(기호, 전기)</td><td>변위단계도</td></tr>
<tr><td>PB1= PB2= ON</td><td>PB1= ON / PB2= OFF
PB1= OFF / PB2= ON</td><td rowspan="2">

Cylinder	
PB	PB1
	PB2
Relay	K1
solenoid	Y1

</td></tr>
<tr><td>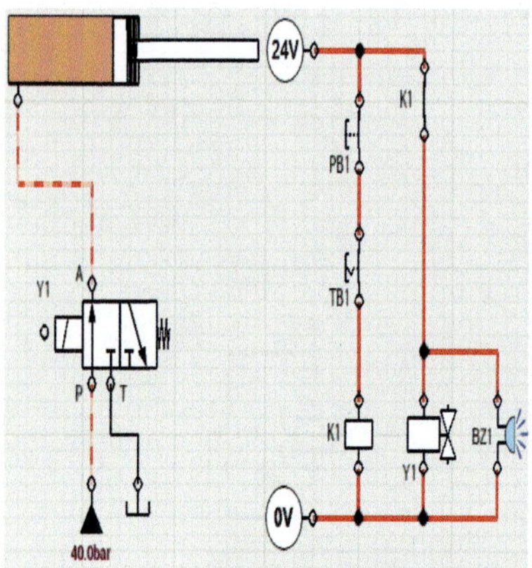</td><td>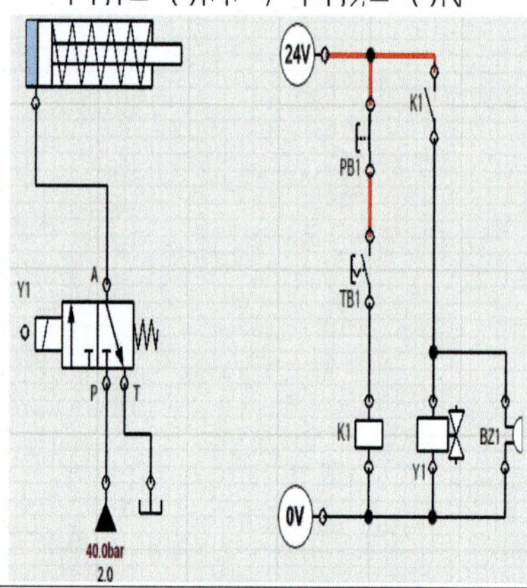</td></tr>
<tr><td colspan="3">회로도(실물)</td></tr>
<tr><td>PB1=
PB2=
ON</td><td colspan="2">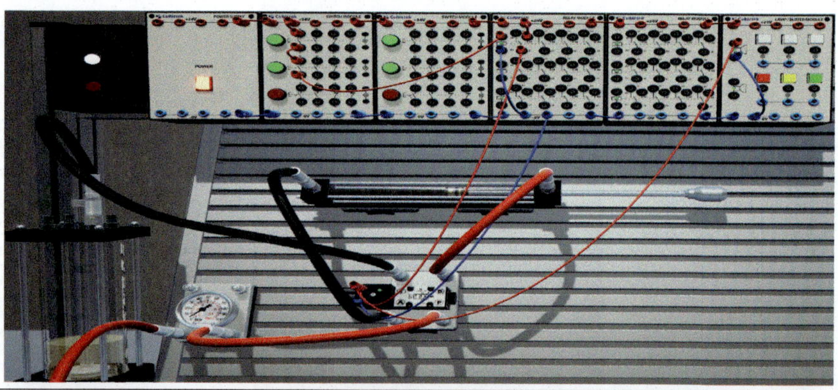</td></tr>
<tr><td>PB1= ON
PB2= OFF

PB1= OFF
PB2= ON</td><td colspan="2">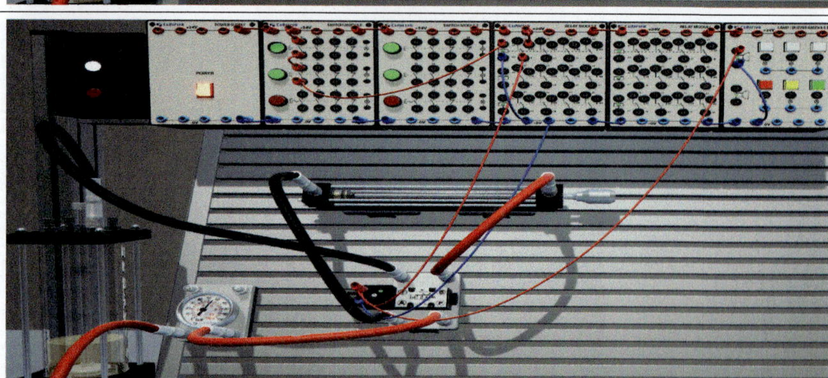</td></tr>
</table>

실습4 : 편솔레노이드를 이용한 단동 실린더(NOT)

초기 상태, 단동 실린더가 후진 되어있는 상태에서 회로를 연결하면 누름버튼을 ON하지 않아도 편솔레노이드(3/2W) 코일 Y1이 여자되어 밸브는 방향을 전환하게 되고 단동 실린더는 전진(BZ 음)을 한다.

누름 버튼 PB1을 ON하면 편솔레노이드 코일 Y1이 소자되므로 밸브는 스프링력에 의해 원 위치되어 단동 실린더는 후진하게 된다.

단, 위의 회로도만으로 단동 실린더의 후진 위치를 계속 유지하고자 할 때는 누름 버튼을 계속해서 ON하고 있어야 한다.

/ 전 + \ 후 -

직접제어

회로도(기호, 전기)

초기

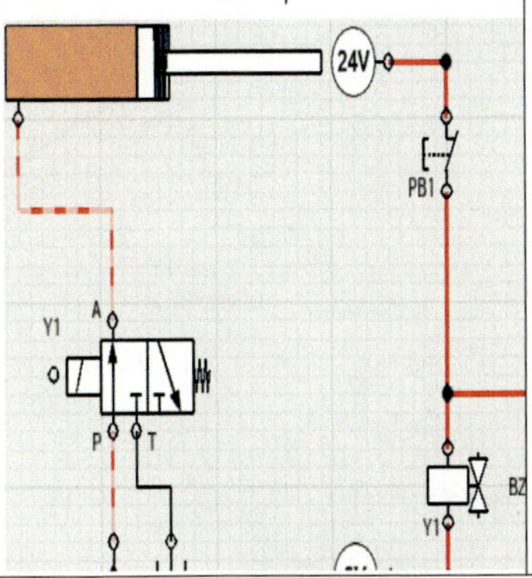

PB1= ON

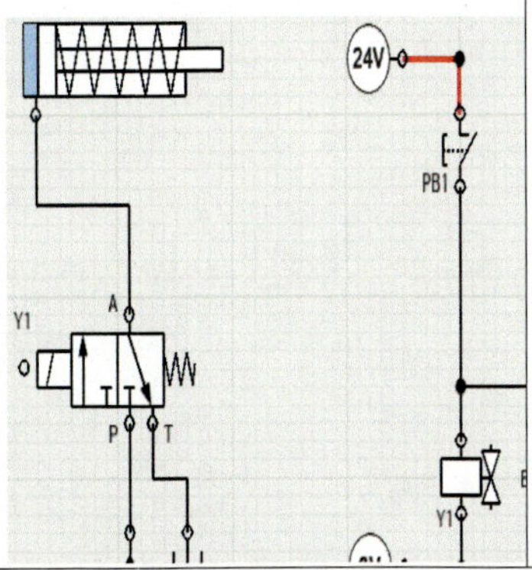

변위단계도

Cylinder		
PB		PB1
solenoid	Y1	Y1 OFF

회로도(실물)

초기

PB1= ON

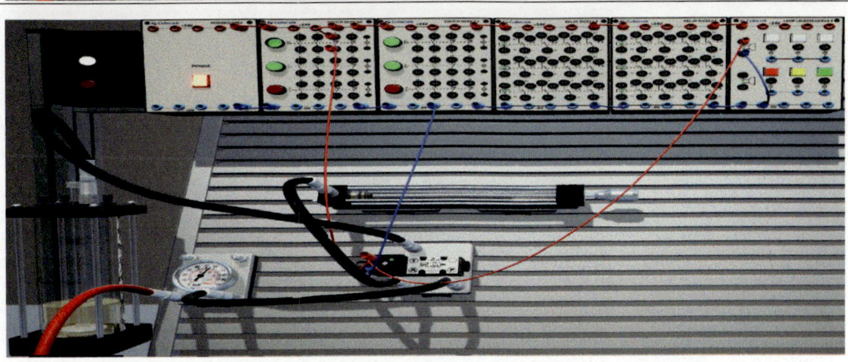

실습5 : 편솔레노이드를 이용한 단동 실린더(NAND)

초기 상태, K1이 여자되므로 a접점 K1을 통해 편솔레노이드(3/2W) 코일 Y1도 여자되어 밸브가 전환되고 단동 실린더는 전진(BZ 음)한다. 이 상태에서 누름 버튼 TB1이나 TB2중 어느 하나 또는 2개 모두를 누르면 릴레이 K1의 소자로 편솔레노이드(3/2W) 코일 Y1도 소자된다. 따라서 밸브는 방향을 전환하게 되고 단동 실린더는 후진한다.(동시 버튼: T+G)

누름 버튼 TB1을 놓으면 편솔레노이드 코일 Y1이 여자되므로 밸브는 전환되고 단동 실린더는 전진하게 된다.

/ 전 + \ 후 -

간접제어

회로도(기호, 전기)

초기

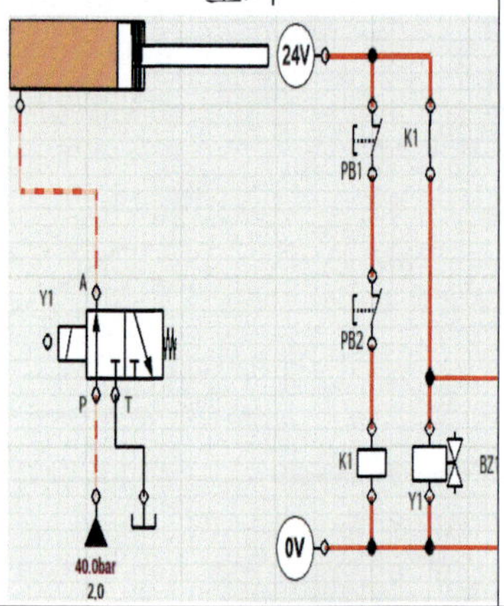

PB1= PB2= ON

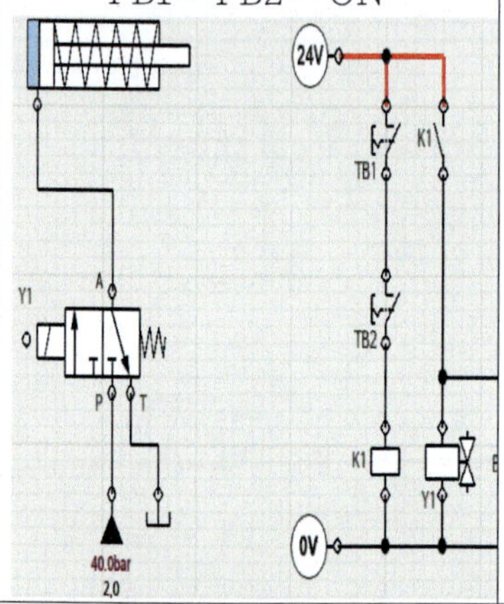

변위단계도

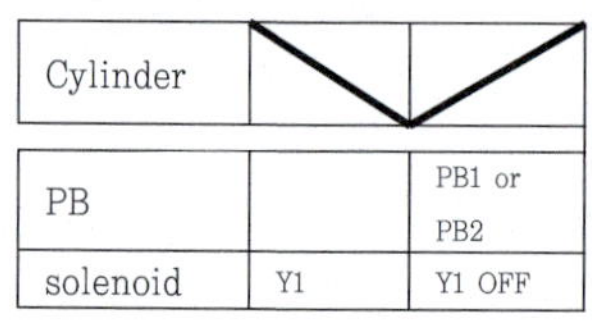

회로도(실물)

초기

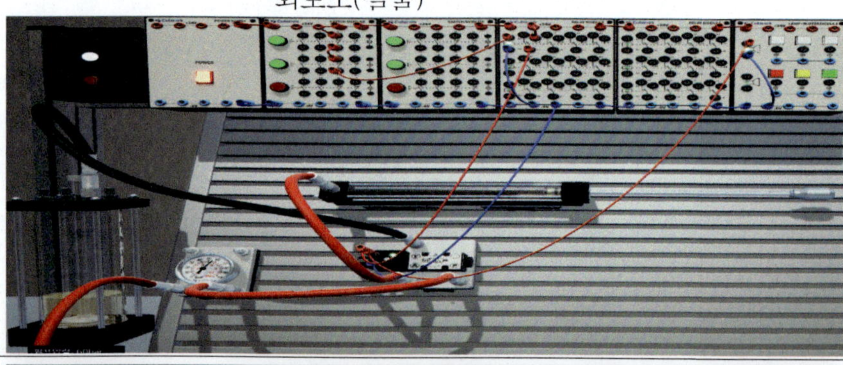

PB1=ON
PB2=ON

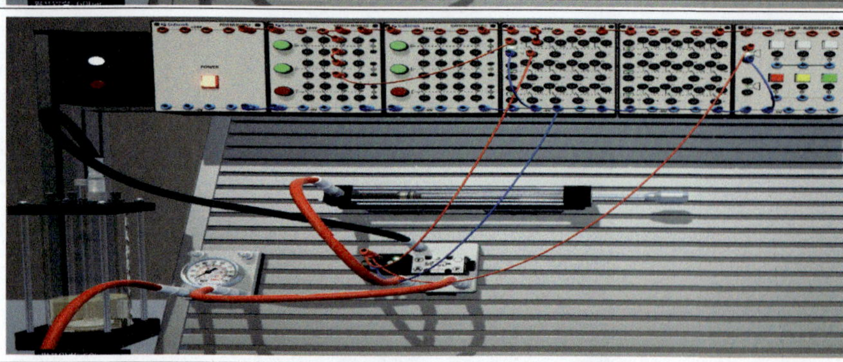

실습6 : 편솔레노이드를 이용한 단동 실린더(자기유지)

초기 상태, 단동 실린더는 후진 상태가 된다. 누름 버튼 PB1을 ON하면 편솔레노이드(3/2 W) 코일 Y1이 여자되고, K1과 a접점 K1에 의해 입력 신호가 자기유지 된다. 이때 단동 실린더는 전진하게 된다.

누름 버튼 PB1을 OFF하여도 입력 신호가 자기유지 되어있으므로 단동 실린더는 전진 상태를 유지한다. 후진용 누름 버튼 PB2를 ON하면 K2가 여자되고 동시에 b접점 K2가 OFF되면서 릴레이 K1과 편솔레노이드 코일 Y1이 소자되어 스프링에 의해 밸브는 원위치로 전환되고 단동 실린더는 후진한다.

전 + 후 -

<table>
<tr><td rowspan="5">간
접
제
어</td><td colspan="2">회로도(기호, 전기)</td><td>변위단계도</td></tr>
<tr><td>PB1= ON</td><td>PB2= ON</td><td rowspan="2">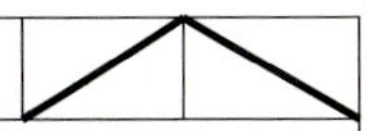

Cylinder		
PB	PB1	PB2
Relay	K1	K2
solenoid	Y1	Y1 OFF

</td></tr>
<tr><td>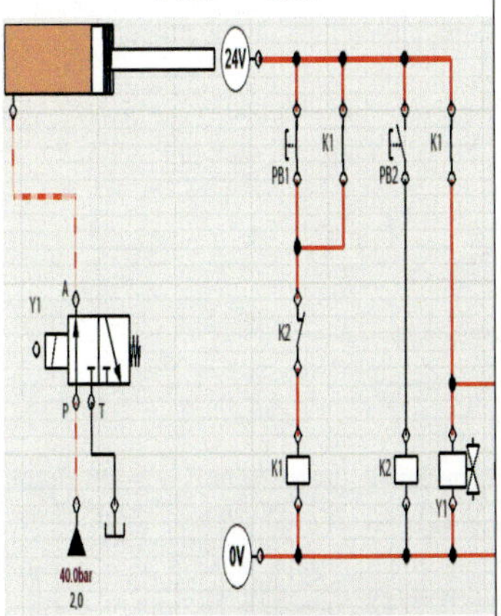
</td><td>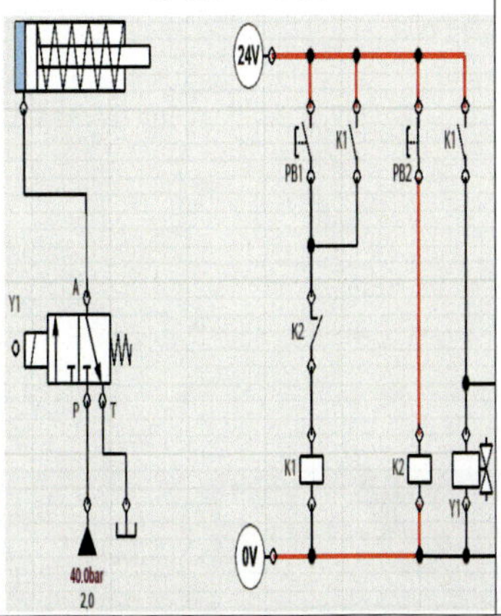
</td></tr>
<tr><td colspan="3">회로도(실물)
PB1= ON 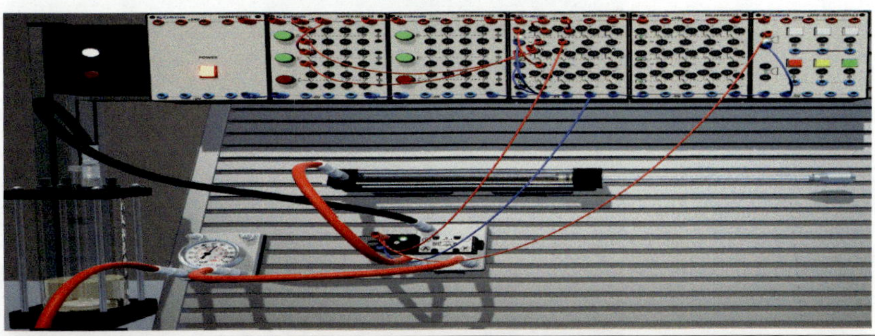</td></tr>
<tr><td colspan="3">PB2= ON 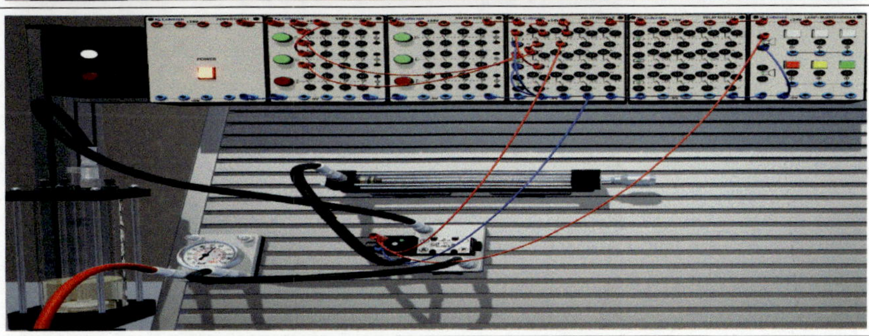</td></tr>
</table>

누름 버튼 PB1을 ON하면 K1이 여자되어 K1 a접점이 붙어 자기유지 된다. 동시에 편솔레노이드(3/2W) 밸브의 코일이 여자되어 편솔레노이드 밸브가 동작하여 유압이 포트 P에서 포트 A로 공급되어 실린더 로드가 전진한다.

이 때 PB1을 OFF로 조작하여도 자기유지로 인하여 실린더 로드는 전진 상태를 계속 유지한다. PBS2를 누르면 자기유지가 해제되고 전원이 차단되면서 실린더 로드가 후진한다.

╱ 전 + ╲ 후 -

간접제어

회로도(기호, 전기)

PB1= ON

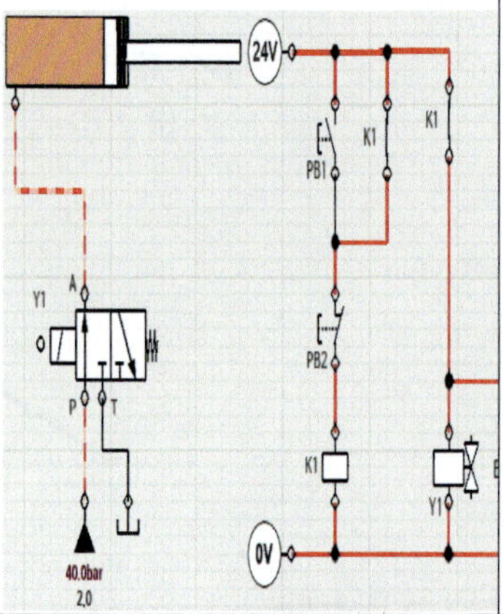

PB2= ON

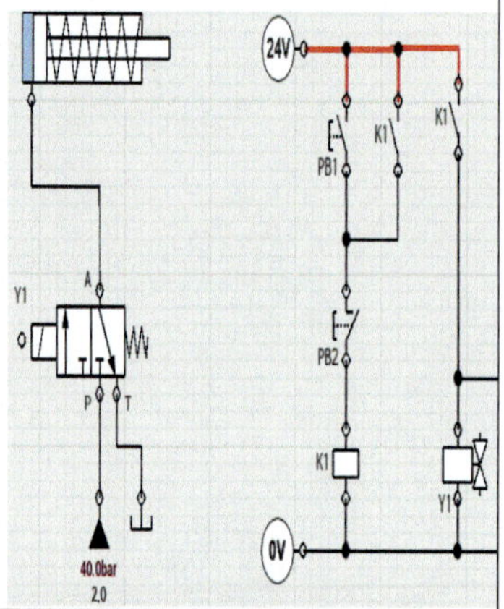

변위단계도

Cylinder		
PB	PB1	PB2
Relay	K1	K2
solenoid	Y1	Y1 OFF

회로도(실물)

PB1= ON

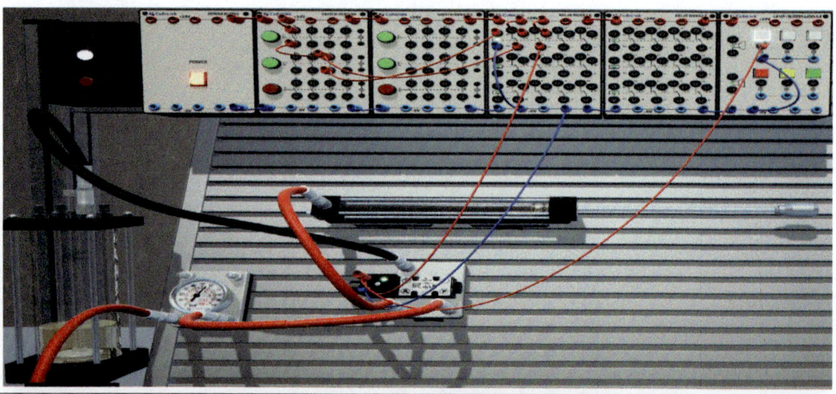

PB2= ON

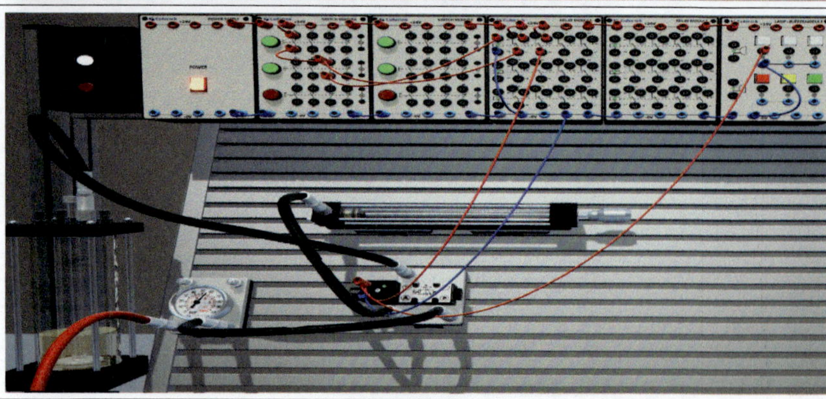

실습7 : 편솔레노이드를 이용한 복동 실린더(자기유지-자동복귀)

누름 버튼 PB1을 ON↔OFF 조작하면 릴레이 K1이 여자되어 K1 a접점이 붙어 자기 유지되며, 편솔레노이드(4/2W) 밸브의 Y1이 여자되어 편솔레노이드 밸브가 동작하여 유압이 포트 P에서 포트 A로 공급되어 실린더 로드가 전진한다.

복동 실린더 로드가 전진 완료되어 LS2 스위치를 ON시키면 K1 b접점이 열려 편솔레노이드 밸브의 코일이 소자되어 편솔레노이드 밸브가 유압이 포트 P에서 포트 B로 공급되어 복동 실린더 로드가 후진한다.

╱ 전 + ╲ 후 -

간접제어

회로도(기호, 전기)

PB1= ON

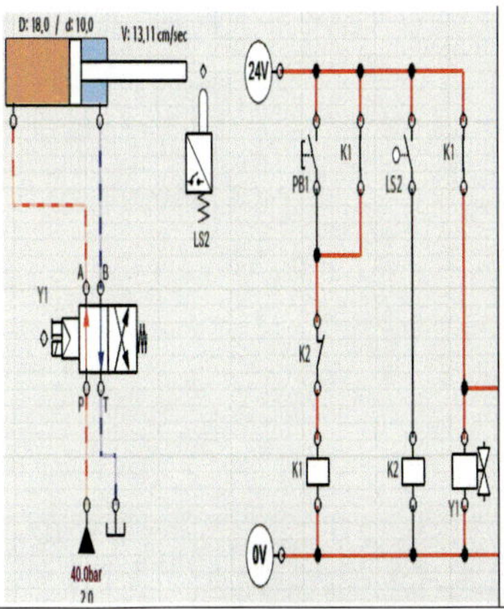

LS2= ON

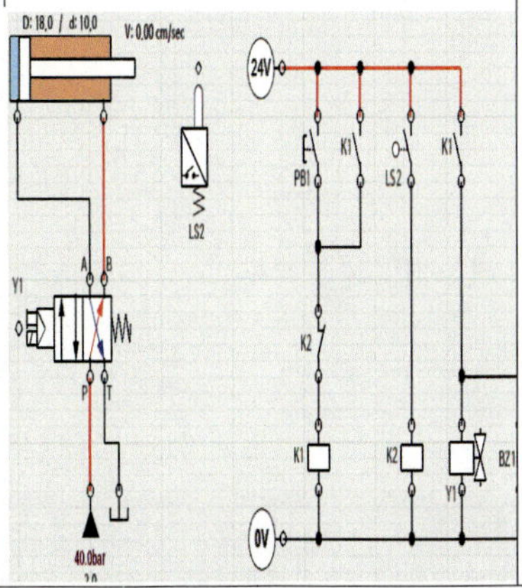

변위단계도

Cylinder	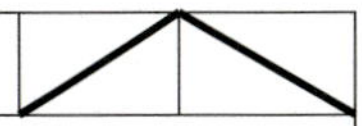	
PB	PB1	KS2
Relay	K1	K2
solenoid	Y1	Y1 OFF

회로도(실물)

PB1= ON

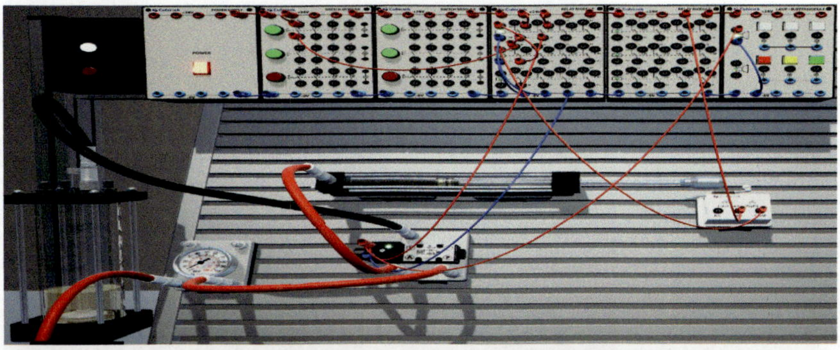

LS2= ON

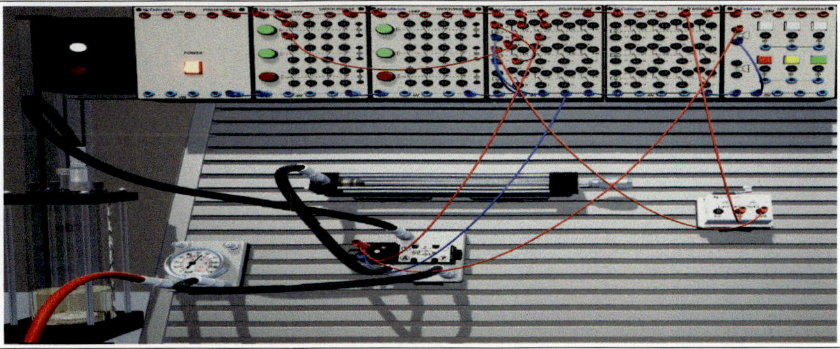

실습8 : 편솔레노이드를 이용한 복동 실린더(타이머)

누름 버튼 PB1을 ON상태를 유지하면 설정시간(T1)이 경과한 후에 접점이 ON 되어, 타이머(T1) a접점을 통하여 편솔레노이드(4/2W) 밸브의 Y1 여자되어 복동 실린더는 전진한다.
누름 버튼 PB1를 OFF하는 순간 복동 실린더는 후진한다.

/ 전 +   \ 후 -

간접제어

회로도(기호, 전기)

초기

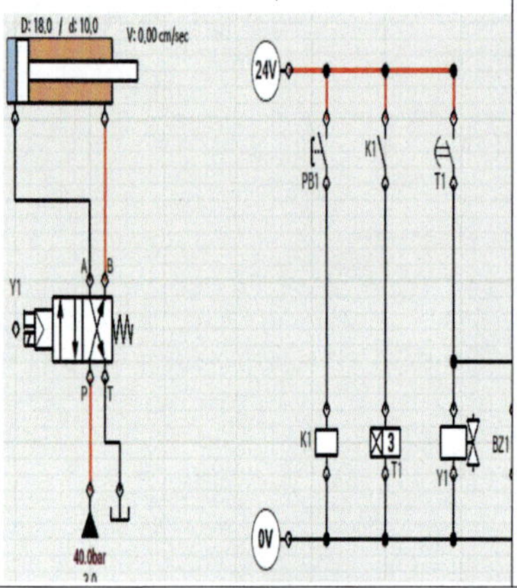

PB1= ON

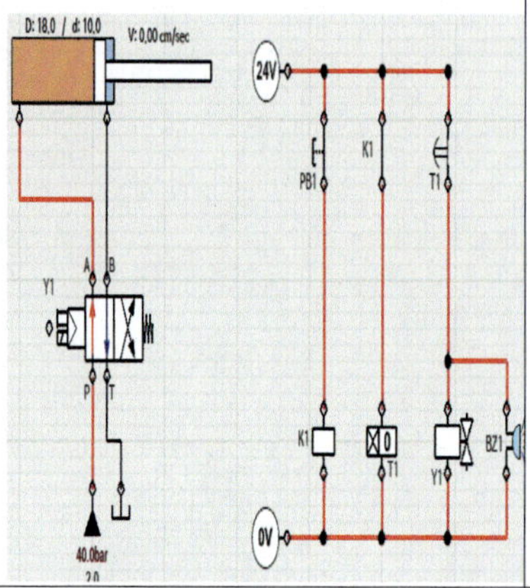

변위단계도

Cylinder		TON	/
PB	PB1		
Relay	K1	K1	T1
solenoid		T1	Y1

회로도(실물)

초기

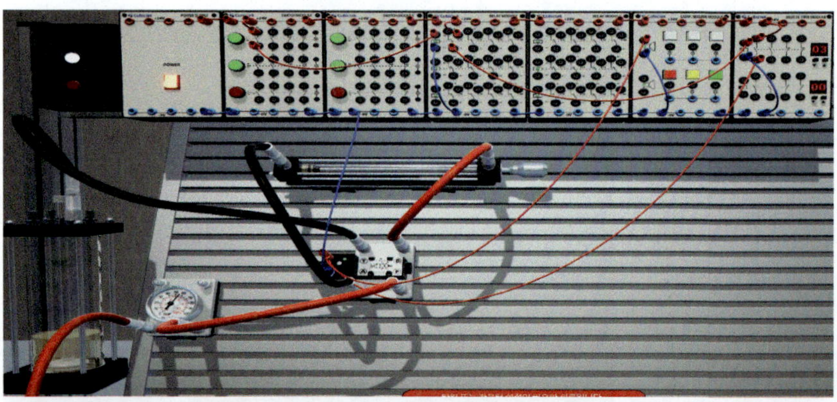

PB1= ON
(3초)

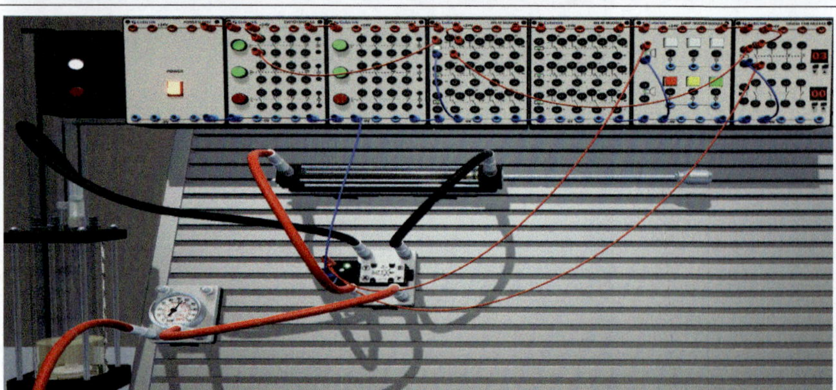

실습9 : 양솔레노이드를 이용한 복동 실린더(우선회로–인터록)

누름 버튼 PB1을 ON하면 K1이 자기유지 되고 K1 a접점이 닫혀 양솔레이노이드(4/3W) Y1은 여자되고 복동 실린더가 전진을 시작한다. 전진단에서 LS2 리밋 스위치에 접촉하면 K1의 자기유지가 해제되고 Y1의 양솔레이노이드가 소자되어 복동 실린더 전진단에서 정지한다.

누름 버튼 PB2를 ON하면 K2가 자기유지 되고 Y2가 여자되어 양솔레이노이드는 후진하고 후진 끝단에서 LS1에 접촉하면 복동 실린더는 정지한다.

／ 전 +　＼ 후 -

간접제어

회로도(기호, 전기)

PB1= ON

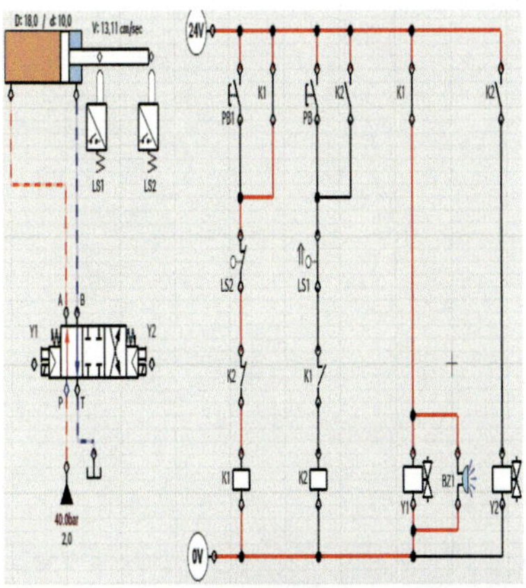

PB2= ON

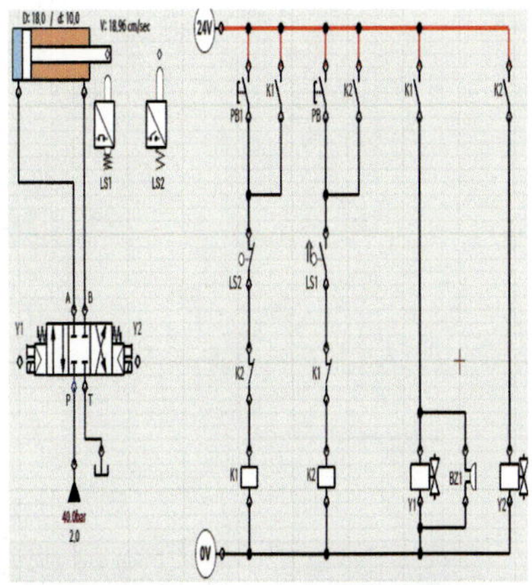

변위단계도

Cylinder	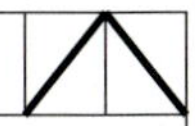	
PB	PB1	PB2
리밋S/W	LS2	LS1
Relay	K1	K2
solenoid	Y1	Y2

회로도(실물)

PB1= ON

PB2= ON

실습10 : 편솔레노이드를 이용한 복동 실린더(카운터)

누름 버튼 PB1을 ON↔OFF하면 카운터가 증가하고 설정치에 도달하면 카운터 코일이 여자되어 카운터 a접점이 ON되어 편솔레노이드(4/2W) 코일 Y1는 여자되어, 복동 실린더는 전진된다. 누름 버튼 PB2을 ON하면 카운터 코일이 소자되면서 카운터는 '0'으로 리셋되고, Y1는 소자되어 복동 실린더는 후진한다.

전 + / 후 -

간접제어

회로도(기호, 전기)

초기

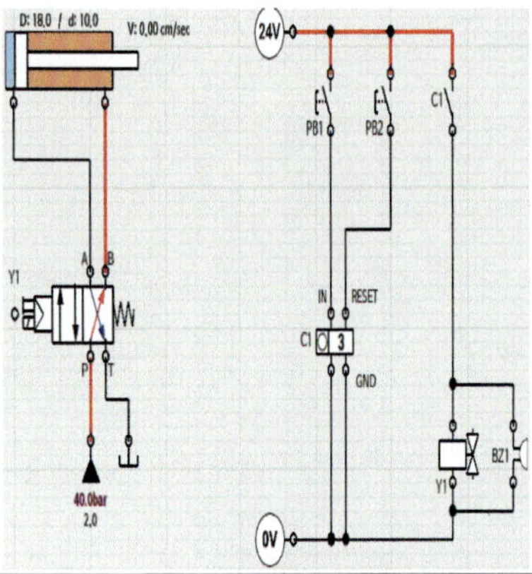

PB1= ON 3회

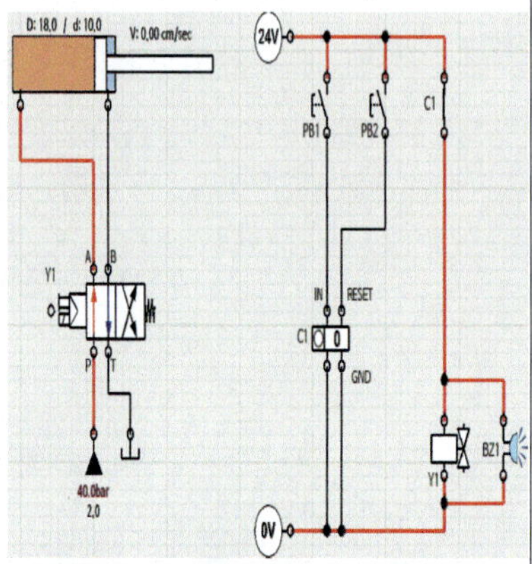

변위단계도

Cylinder	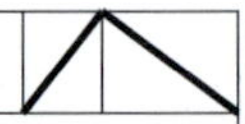	
PB	PB1	PB2
Count	C1	Reset
solenoid	Y1	Y1 off

회로도(실물)

초기

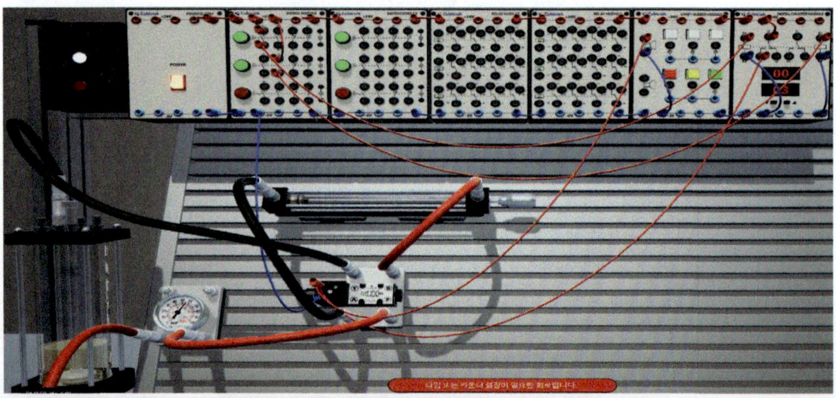

PB1= ON 3회

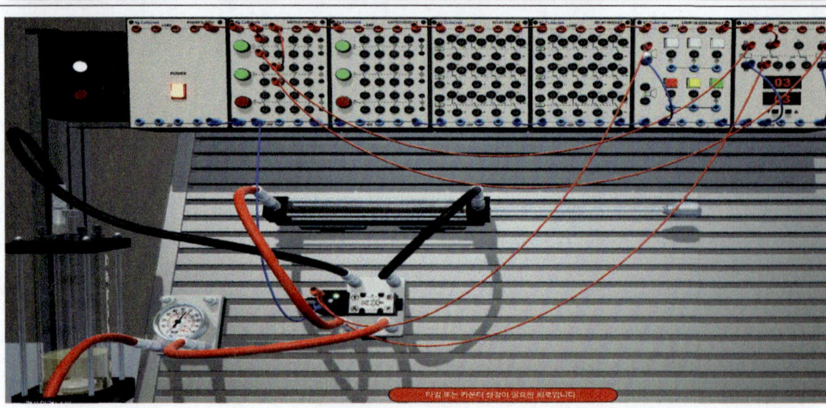

실습11 : 편솔레노이드를 이용한 복동 실린더(연속 반복)

누름 버튼 PB1을 ON하면 K1이 여자되고 K1이 ON 상태로 자기유지 된다. 편솔레노이드(4/2W) Y1이 ON되어 복동 실린더는 전진한다. LS2에 접촉되면 K3는 여자되고 자기유지 되며 K2 b접점은 OFF 되어 K2의 자기유지가 해제된다. K2가 OFF되어 복동 실린더는 후진한다. 복동 실린더가 후진 끝까지 도달하여 LS1에 접촉하면 K3의 여자가 해제되고 K3 접점은 다시 b접점으로 돌아온다. K2 코일이 자기유지 되고 K2이 ON 되어 복동 실린더는 다시 전진한다.

이처럼 복동 실린더는 계속적으로 전·후진을 반복하게 되고, 정지시키려면 정지 버튼 PB2를 눌러 b 접점의 자기유지를 해제시켜야 한다.

/ 전 + \ 후 -

간접제어

회로도(기호, 전기)

PB1= ON ⇒ 실린더 전·후진 반복

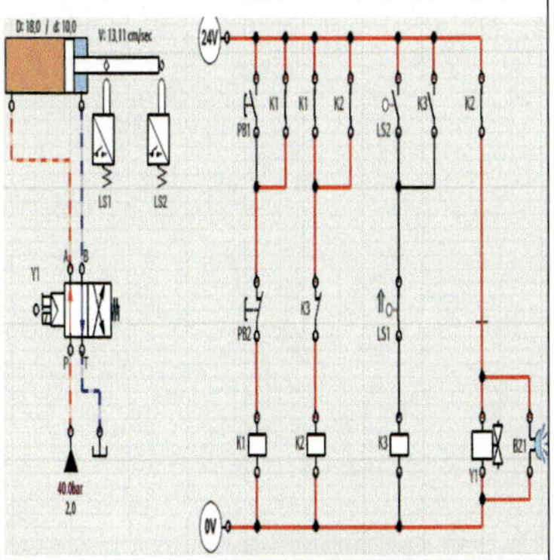

PB2= ON⇒ 실린더 OFF

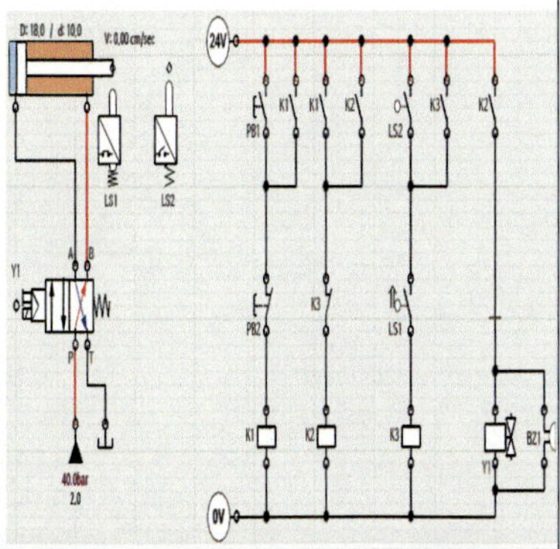

변위단계도

Cylinder			정지
PB	PB1	⇒	PB2
리밋S/W	LS2	LS1	
Relay	K1	K2	K3
solenoid	Y1	Y1 OFF	

회로도(실물)

PB1= ON 실린더 전·후진 반복

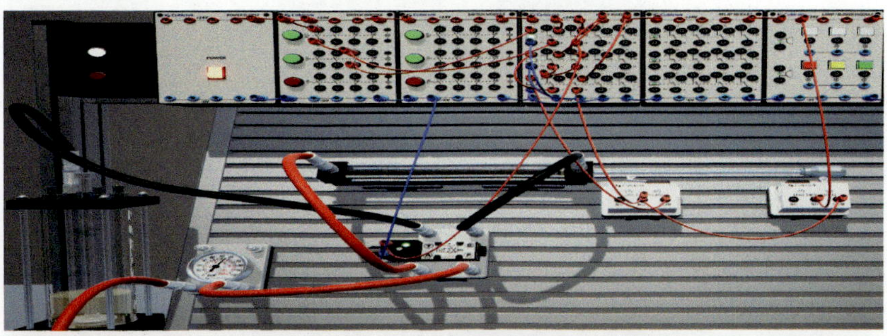

PB2= ON 실린더 OFF

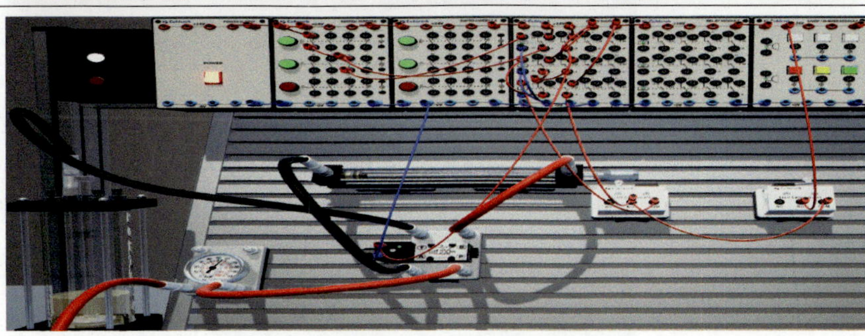

실습12 : 편솔레노이드를 이용한 복동 실린더(단속/연속 반복)

누름 버튼 PB1을 ON하면 복동 실린더는 1회 왕복 작동한다. 연속 사이클 신호용 스위치 PB2를 ON하면 K3가 여자되어 자기유지 되고 K3 a접점에 의해 양솔레노이드(4/2W)가 ON 되어 시동 신호를 주므로 복동 실린더는 연속 왕복 작동한다.

PB3는 연속 사이클 정지 스위치로 PB3가 ON하면 복동 실린더는 초기 상태인 후진 된 위치에서 정지된다.

전 + 후 -

간접제어

회로도(기호, 전기)

PB1= ON ⇒ 전·후진 반복(단속)

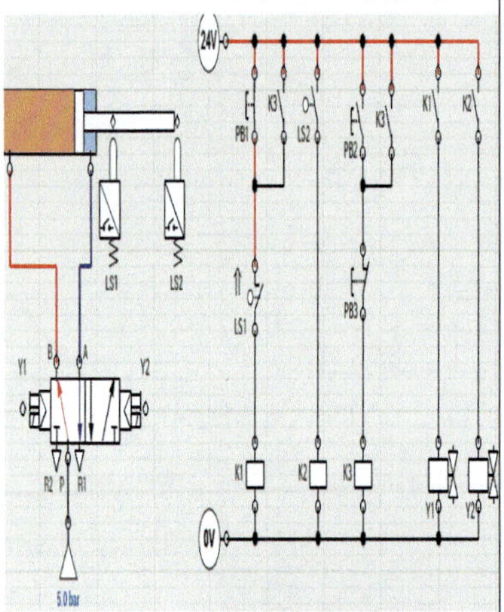

PB2= ON ⇒ 전·후진 반복(연속)

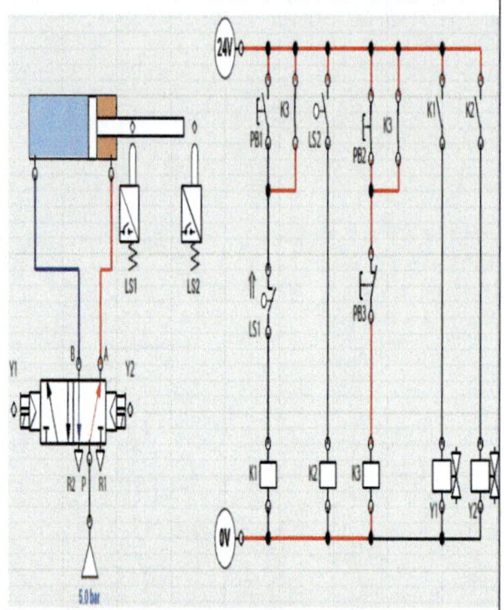

변위단계도

Cylinder			반복	정지
PB	PB1		PB2	PB3
리밋S/W	LS2	LS1		
Relay	K1	K2		
solenoid	Y1	Y2		

회로도(실물)

PB1= ON
전·후진
반복(단속)

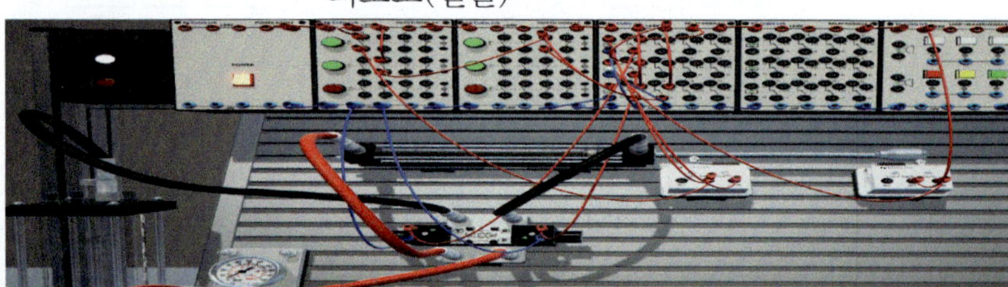

PB2= ON
전·후진
반복(연속)

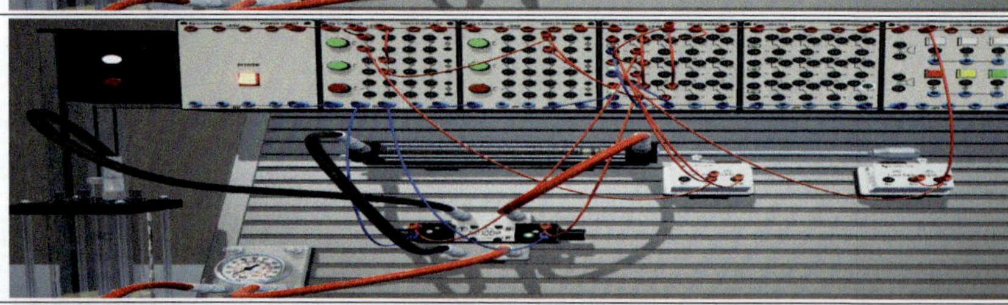

PB3= ON

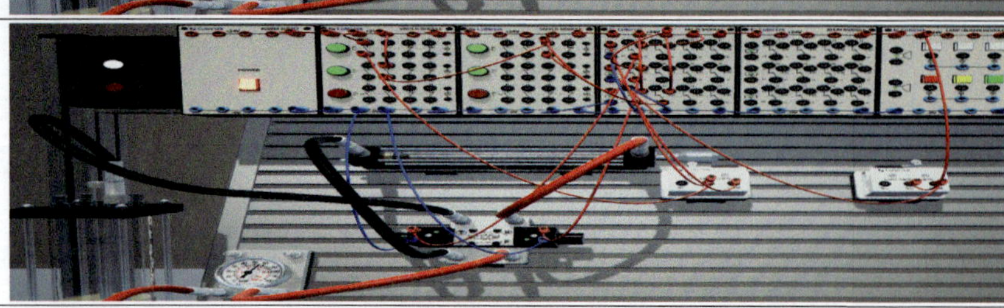

제 8 장

유압 응용 실습

(공개문제 중심으로)

유압1 [기본] [15점=13점(기본)+1점(정돈)+1점(안전)]

▶ 기본동작 – 유압력: 4 ± 0.2[MPa] = 40[Bar]

(1) PB1을 1회 ON-OFF하면 변위단계선도와 같이 1 사이클 단속 동작하도록 전기회로도를 설계하여 시스템을 구성하고 시험감독위원에게 확인받으시오.

① 전기 배선은 "+ 는 적색"으로, "– 는 청색 또는 흑색"으로 연결하고, 전선이 시스템 동작에 영향을 주지 않도록 정리하시오.

② 지정되지 않은 누름 버튼 스위치는 자동복귀형 스위치를 사용하시오.

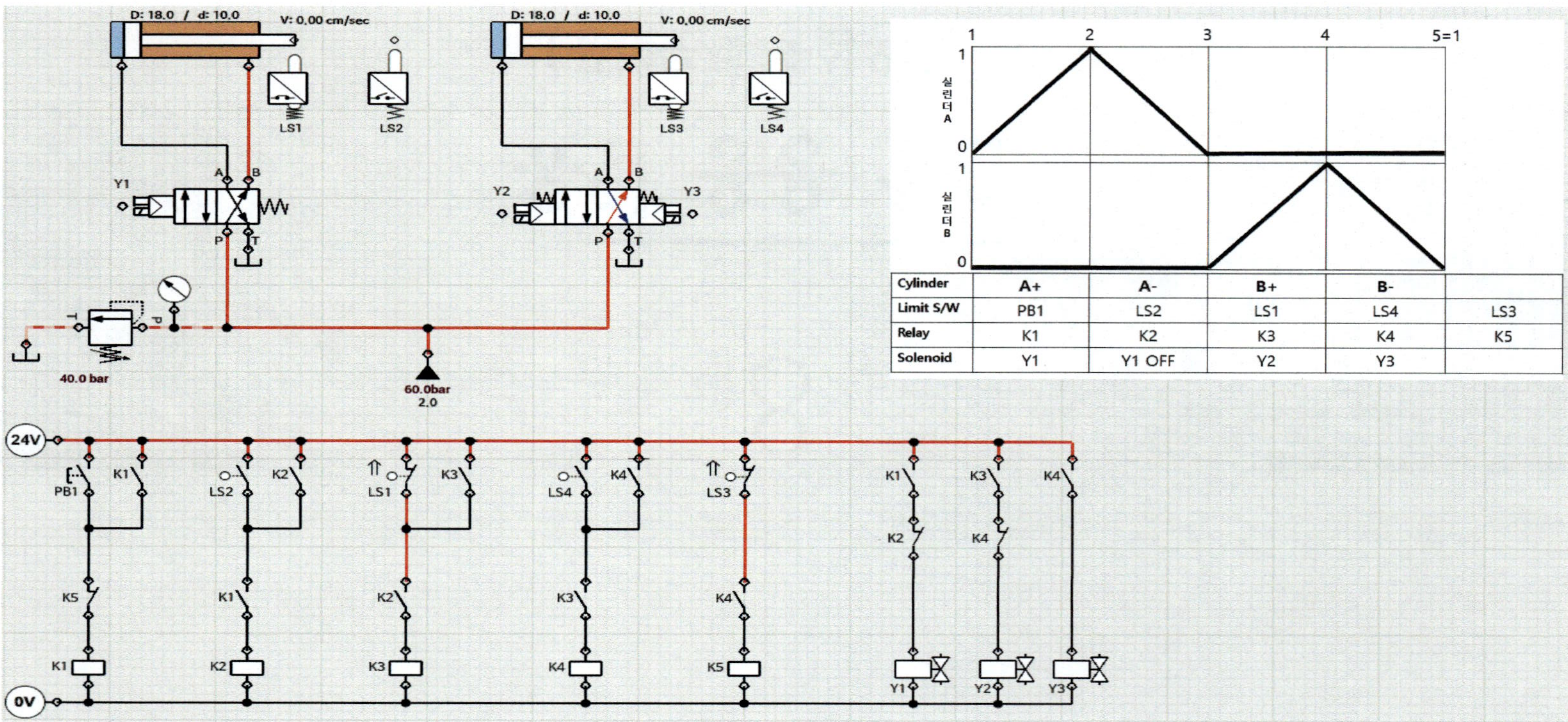

Cylinder	A+	A-	B+	B-	
Limit S/W	PB1	LS2	LS1	LS4	LS3
Relay	K1	K2	K3	K4	K5
Solenoid	Y1	Y1 OFF	Y2	Y3	

유압1 [기본] [15점=13점(기본)+1점(정돈)+1점(안전)]

▶ 기본동작 – 유압력: 4 ± 0.2[MPa] = 40[Bar]

(1) PB1을 1회 ON-OFF하면 변위단계선도와 같이 1 사이클 단속 동작하도록 전기회로도를 설계하여 시스템을 구성하고 시험감독위원에게 확인받으시오.

① 전기 배선은 "+ 는 적색"으로, "– 는 청색 또는 흑색"으로 연결하고, 전선이 시스템 동작에 영향을 주지 않도록 정리하시오.

② 지정되지 않은 누름 버튼 스위치는 자동복귀형 스위치를 사용하시오.

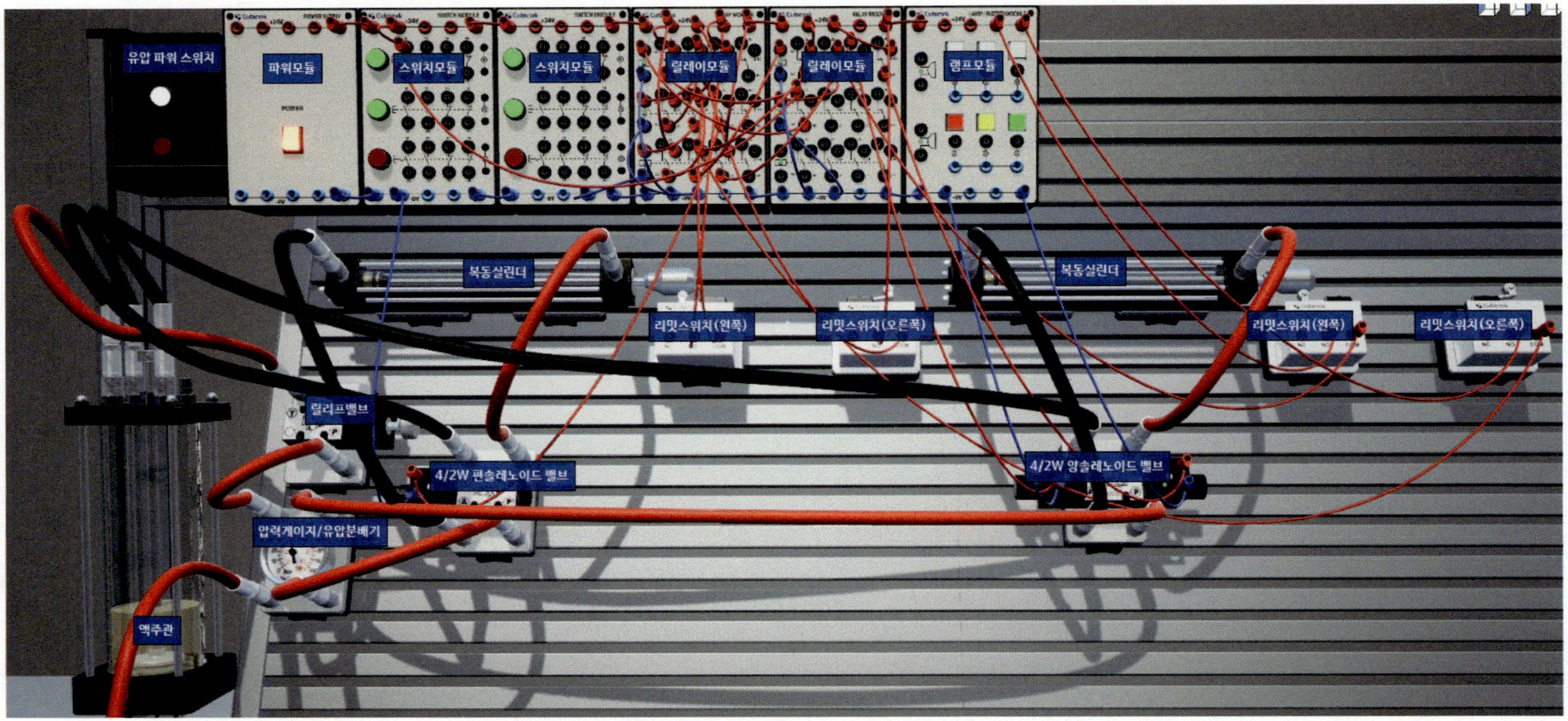

유압1 [(1)유지보수] [7점]

▶ (1)유지보수 동작

① 실린더 A 전진시 일방향 유량 제어 밸브를 사용하여 미터 인 회로를 구성하고
실린더 로드 측에 카운터 밸런스 밸브와 압력계를 사용하여 자중낙하방지 회로를 구성하시오
(단, **속도는** 약 50[%] 정도로, **압력은** 3±0.5[MPa]이 되도록 설정하시오)

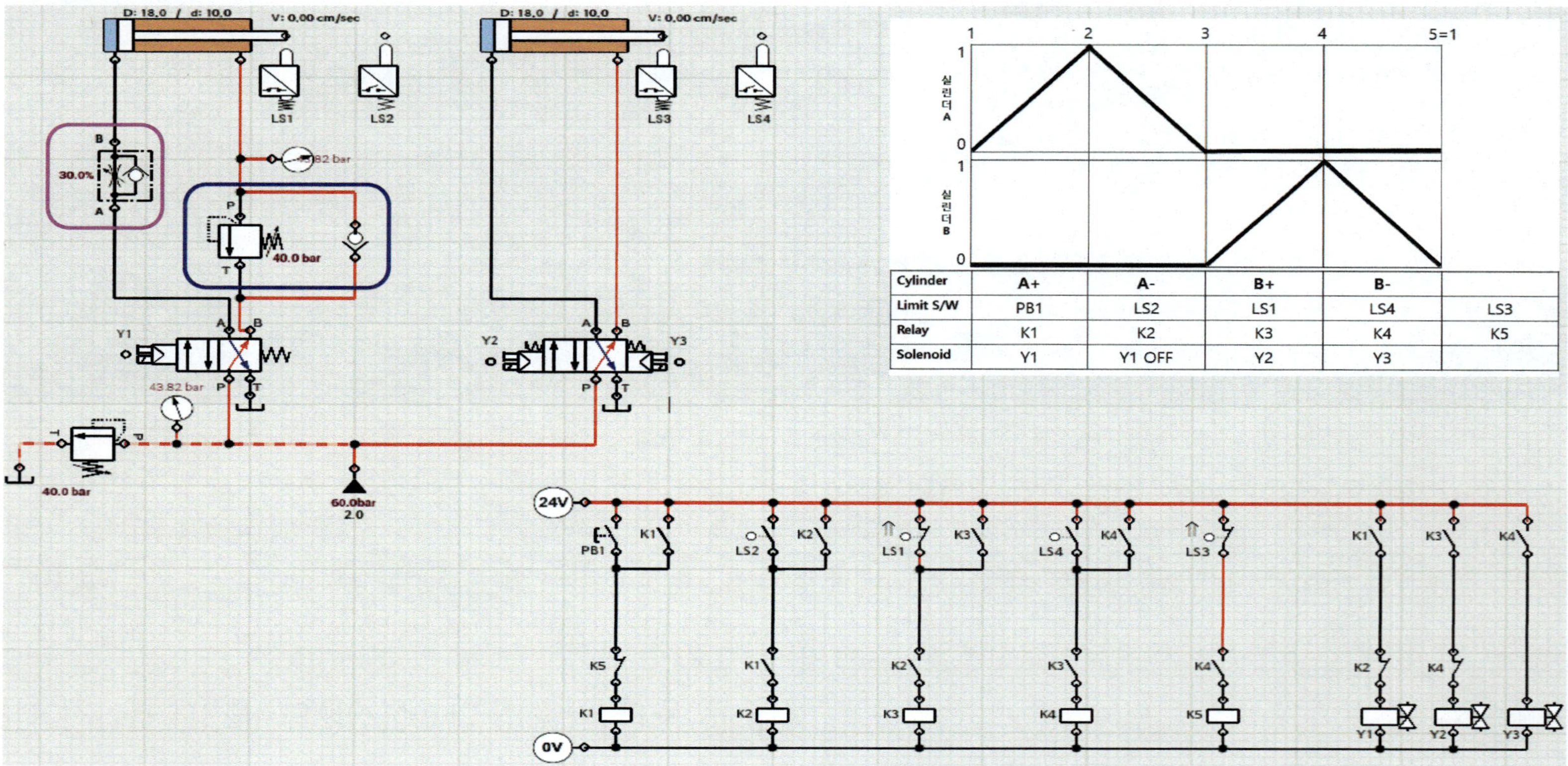

Cylinder	A+	A-	B+	B-	
Limit S/W	PB1	LS2	LS1	LS4	LS3
Relay	K1	K2	K3	K4	K5
Solenoid	Y1	Y1 OFF	Y2	Y3	

유압1 [(2)유지보수] [5점]

▶ (2)유지보수 동작

② 실린더 B의 압력 라인(P)에 감압밸브와 압력계를 설치하여 유압 회로도를 변경하고, 2차측의 압력이 2±0.5[MPa]이 되도록 조정

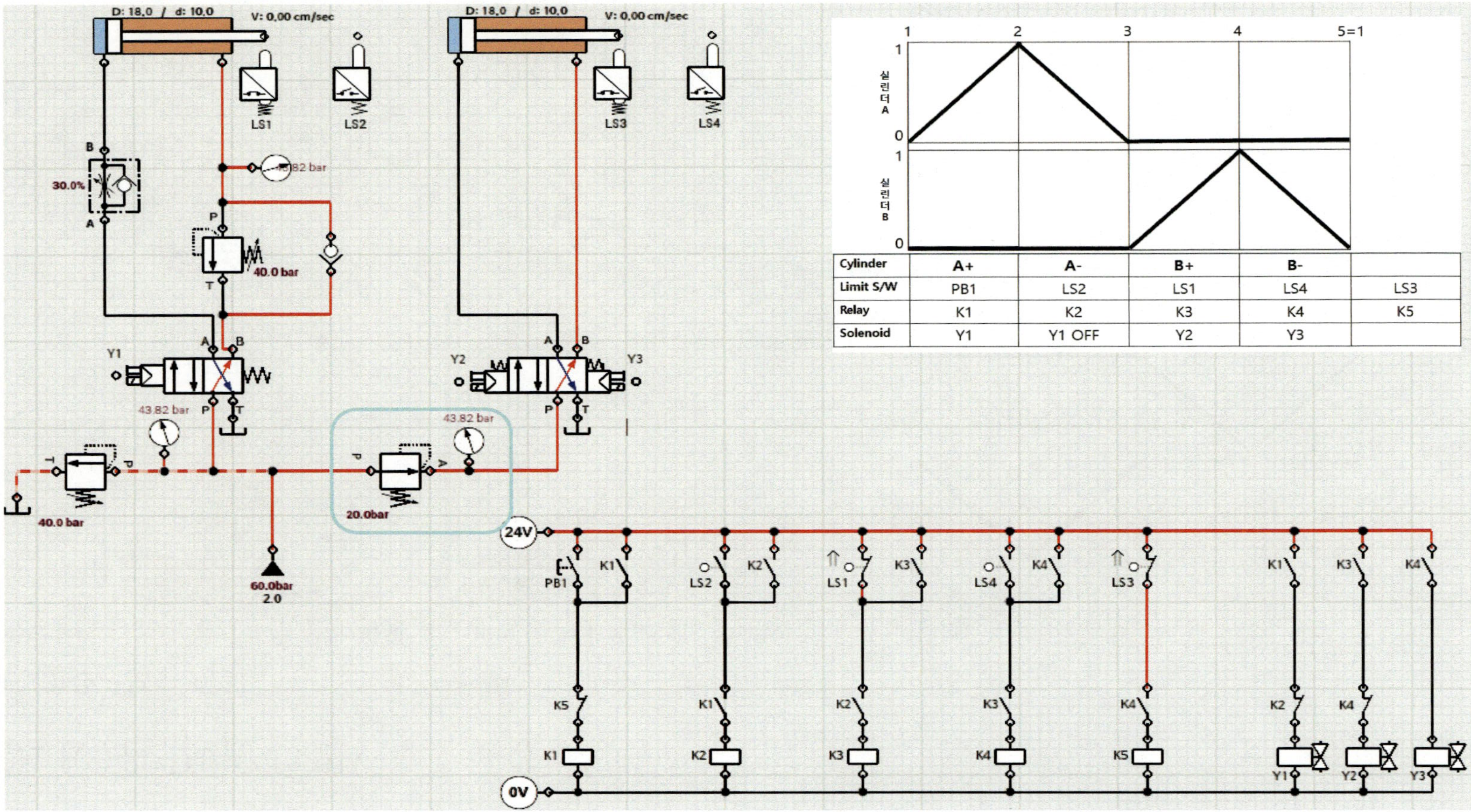

Cylinder	A+	A-	B+	B-	
Limit S/W	PB1	LS2	LS1	LS4	LS3
Relay	K1	K2	K3	K4	K5
Solenoid	Y1	Y1 OFF	Y2	Y3	

유압1 [(3)유지보수] [3점]

▶ (3)유지보수 동작

③ 유압유의 역류를 방지하기 위해 **파워 유닛의 토출구에 체크 밸브를 추가**하여 구성하시오.

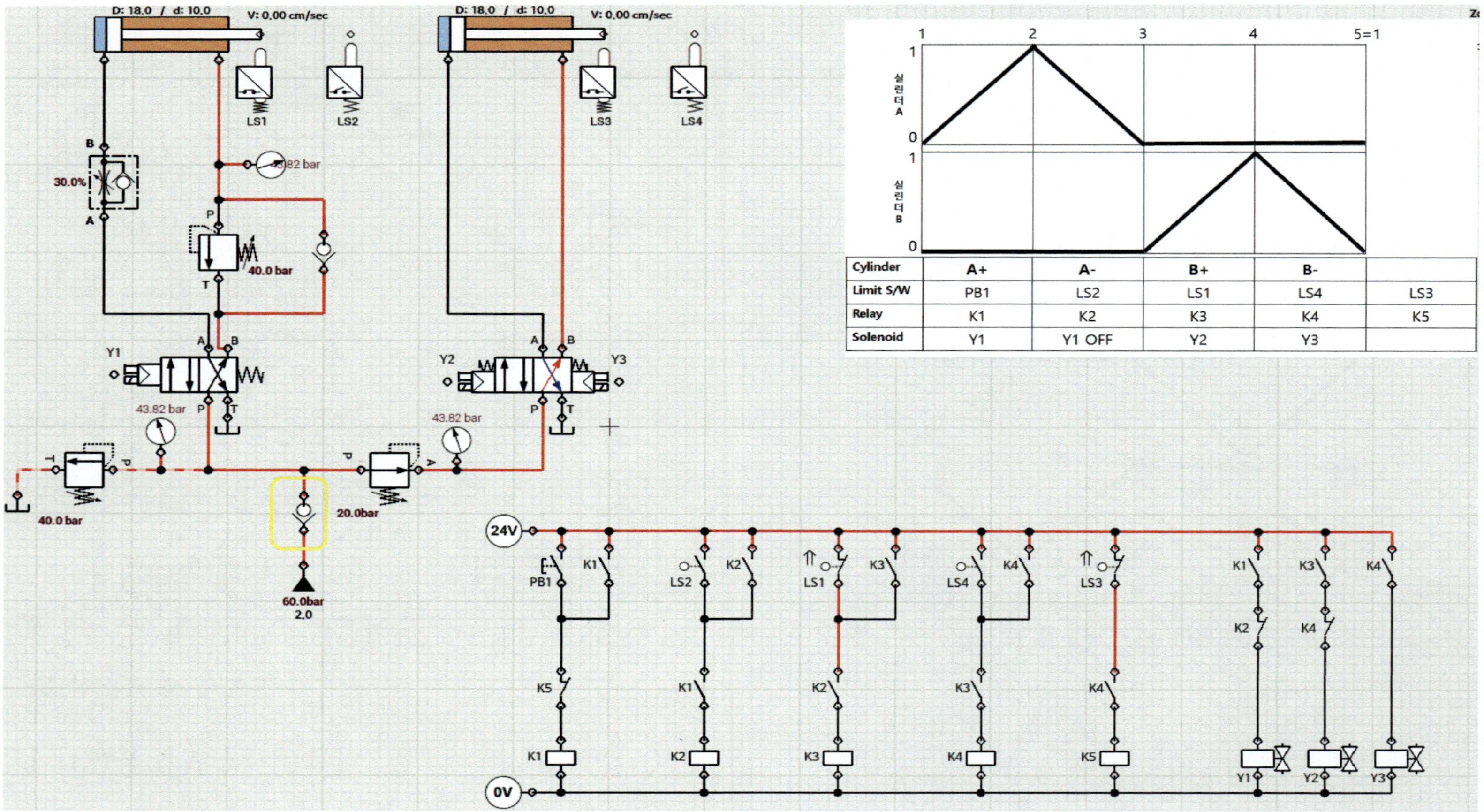

Cylinder	A+	A-	B+	B-	
Limit S/W	PB1	LS2	LS1	LS4	LS3
Relay	K1	K2	K3	K4	K5
Solenoid	Y1	Y1 OFF	Y2	Y3	

유압2 [기본] [15점=13점(기본)+1점(정돈)+1점(안전)]

▶ 기본동작 – 유압력: 4 ± 0.2[MPa] = 40[Bar]

(1) PB1을 1회 ON-OFF하면 변위단계선도(타이머 포함)와 같이 1 사이클 단속 동작하도록 전기회로도를 설계하여 시스템을 구성하고 시험감독위원에게 확인받으시오.

① 전기 배선은 "+ 는 적색"으로, "– 는 청색 또는 흑색"으로 연결하고, 전선이 시스템 동작에 영향을 주지 않도록 정리하시오.

② 지정되지 않은 누름 버튼 스위치는 자동복귀형 스위치를 사용하시오.

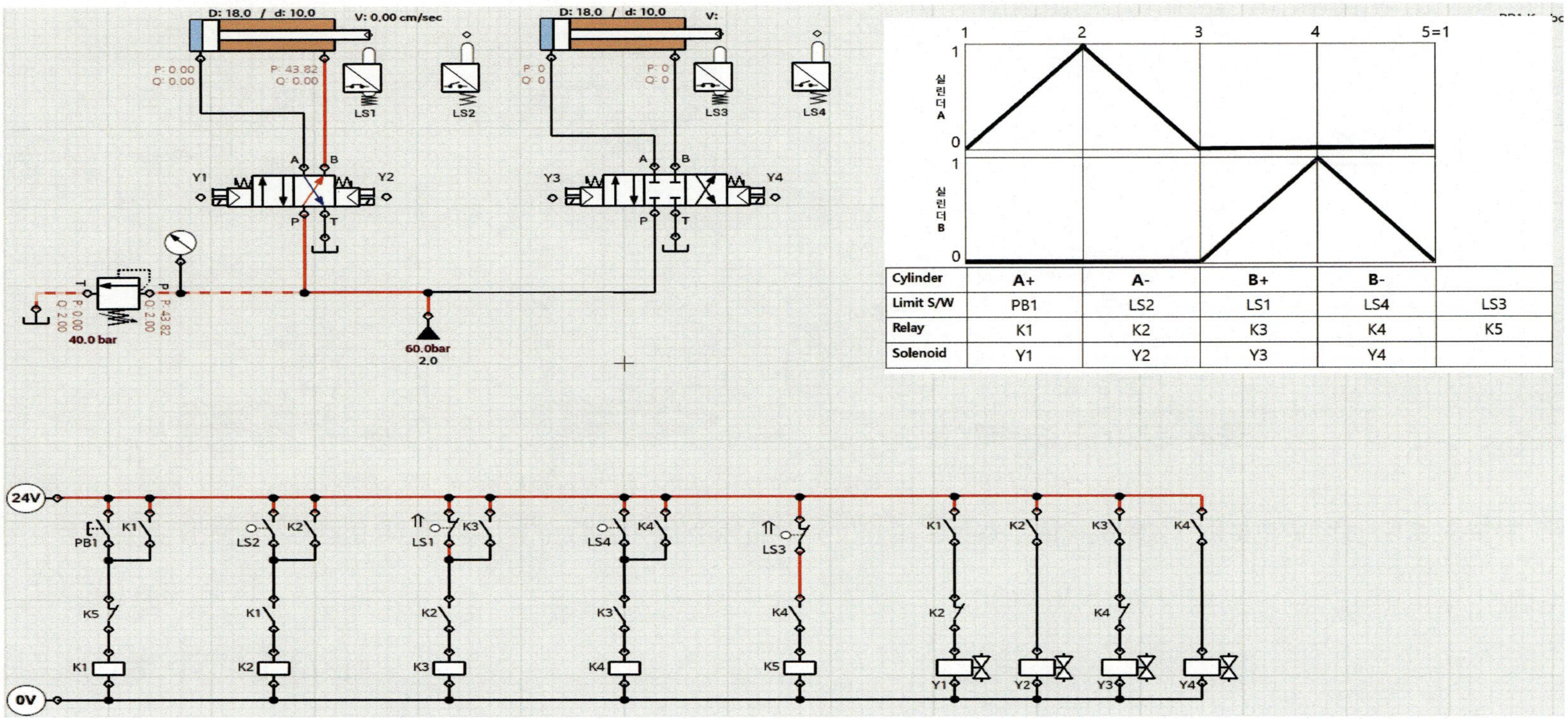

Cylinder	A+	A-	B+	B-	
Limit S/W	PB1	LS2	LS1	LS4	LS3
Relay	K1	K2	K3	K4	K5
Solenoid	Y1	Y2	Y3	Y4	

유압2 [(1)유지보수] [7점]

▶ (1)유지보수 동작

① 실린더 A의 전진 리밋 스위치(LS2)를 제거하고 압력 스위치와 압력 게이지를 설치하여 전진 완료 후 압력 스위치의 설정 압력에 도달했을 때 실린더 A가 후진하도록 회로를 변경하시오(단, 압력은 3±0.5[MPa]이 되도록 설정하시오)

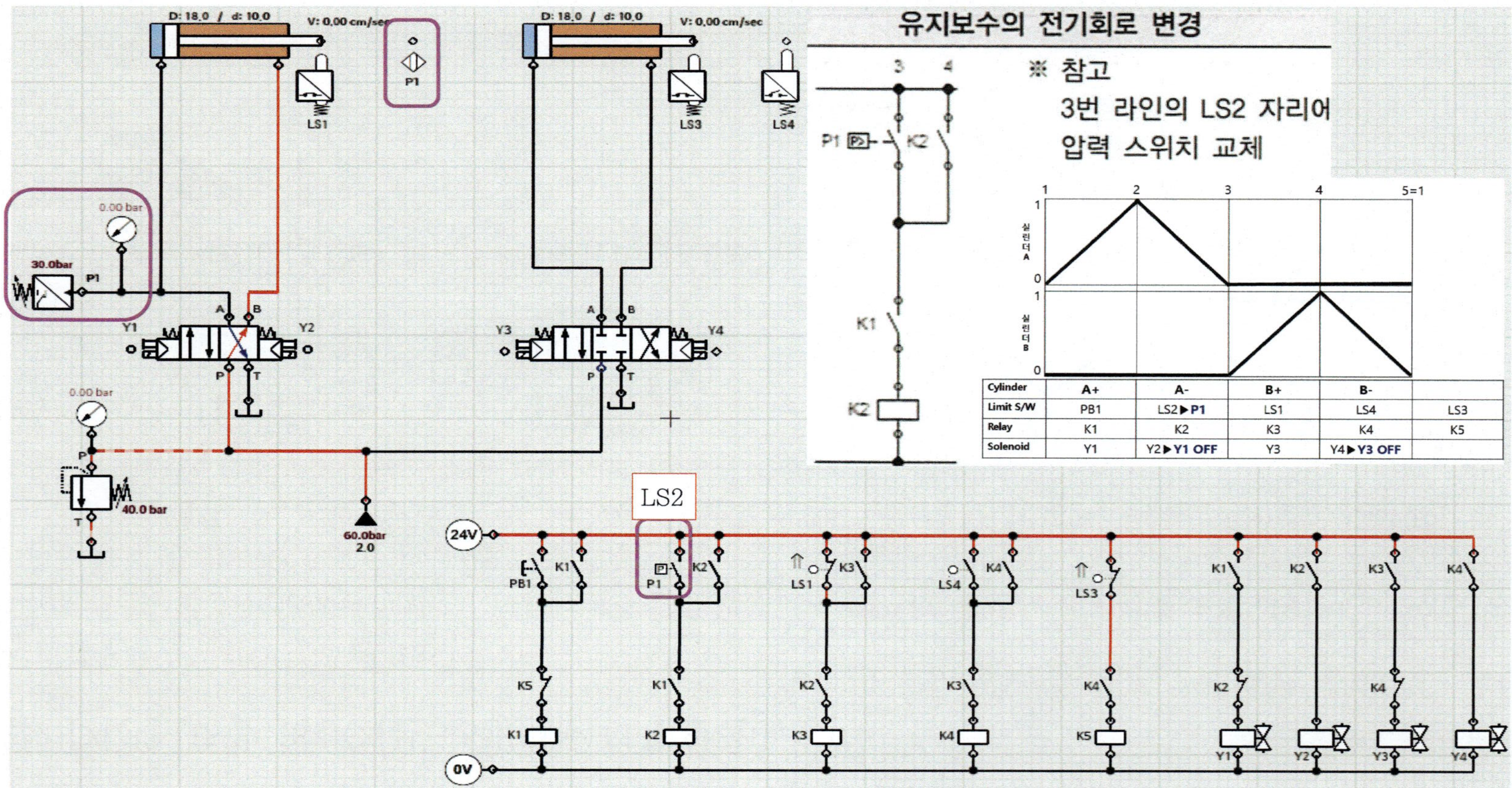

유압2 [(2)유지보수] [5점]

▶ (2)유지보수 동작

② 실린더 B의 압력 라인(P)에 감압밸브와 압력계를 설치하여 유압 회로도를 변경하고, 2차 측의 압력이 2±0.5[MPa]이 되도록 조정하시오.

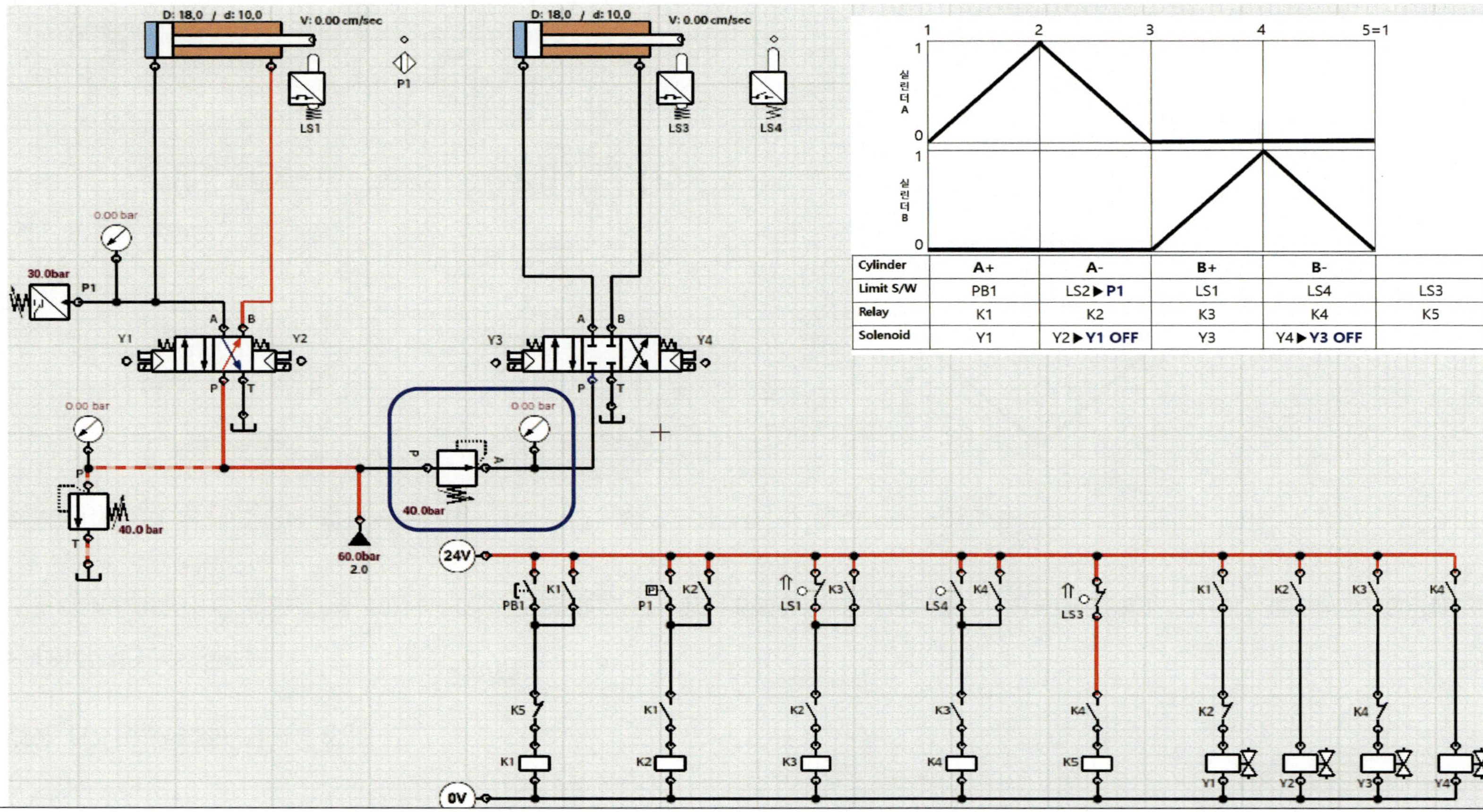

Cylinder	A+	A-	B+	B-	
Limit S/W	PB1	LS2▶**P1**	LS1	LS4	LS3
Relay	K1	K2	K3	K4	K5
Solenoid	Y1	Y2▶**Y1 OFF**	Y3	Y4▶**Y3 OFF**	

유압2 [(3)유지보수] [3점]

▶ (3)유지보수 동작

③ 실린더 A, B의 전진 속도를 제어하기 위하여 **일방향 유량 제어 밸브를 사용하여 미터인 회로**를 구성하시오(단, **속도는 약 50[%]** 정도가 되도록 설정하시오).

참고: 실린더 A의 전진 라인에 압력 스위치를 설치 (밸브 A 포트와 일방향 유량 제어 밸브 사이)

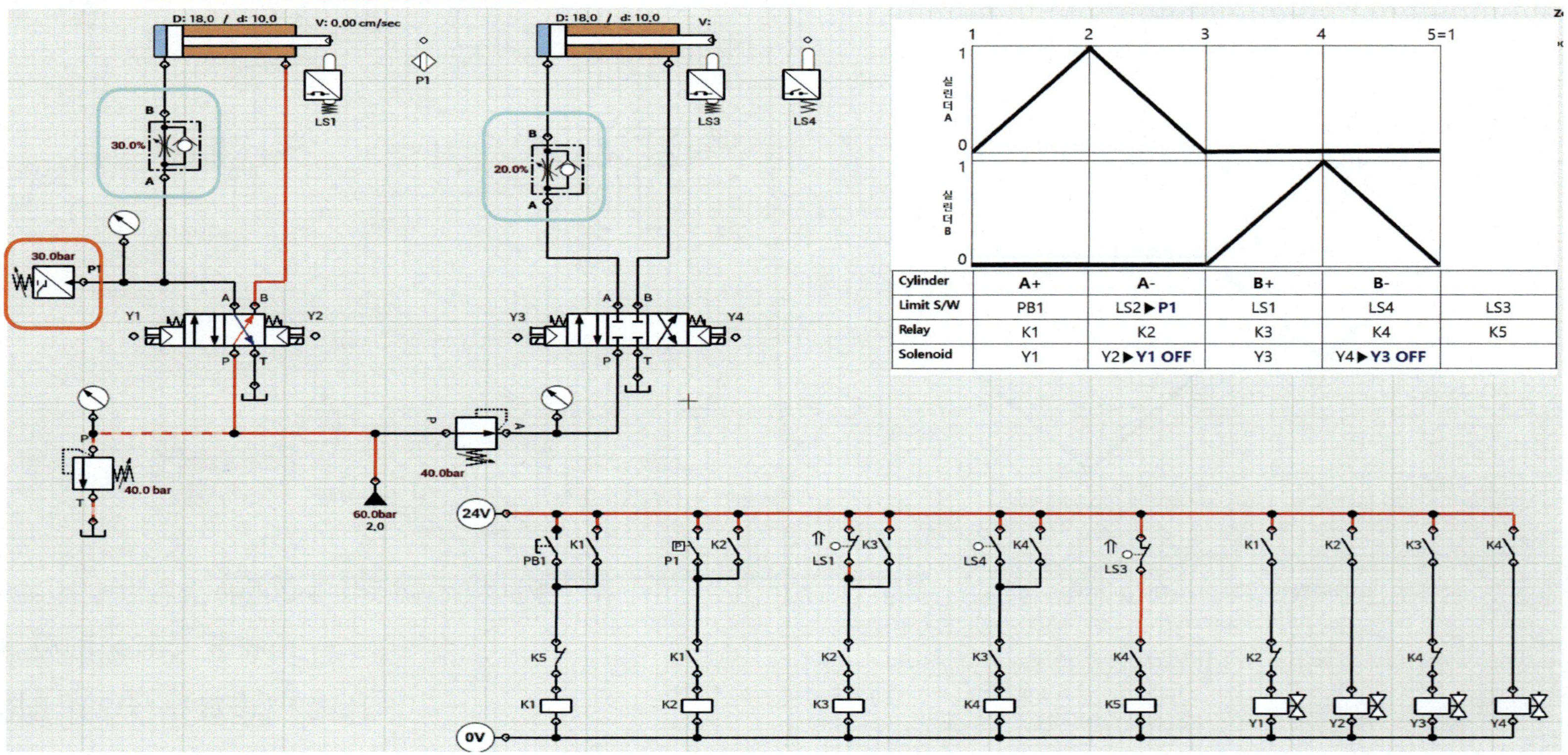

Cylinder	A+	A-	B+	B-	
Limit S/W	PB1	LS2▶P1	LS1	LS4	LS3
Relay	K1	K2	K3	K4	K5
Solenoid	Y1	Y2▶Y1 OFF	Y3	Y4▶Y3 OFF	

유압3 [기본] [15점=13점(기본)+1점(정돈)+1점(안전)]

▶ 기본동작 – 유압력: 4 ± 0.2[MPa] = 40[Bar]

(1) PB1을 1회 ON–OFF하면 변위단계선도(타이머 포함)와 같이 1 사이클 단속 동작하도록 전기회로도를 설계하여 시스템을 구성하고 시험감독위원에게 확인받으시오.

① 전기 배선은 "+ 는 적색"으로, "– 는 청색 또는 흑색"으로 연결하고, 전선이 시스템 동작에 영향을 주지 않도록 정리하시오.

② 지정되지 않은 누름 버튼 스위치는 자동복귀형 스위치를 사용하시오.

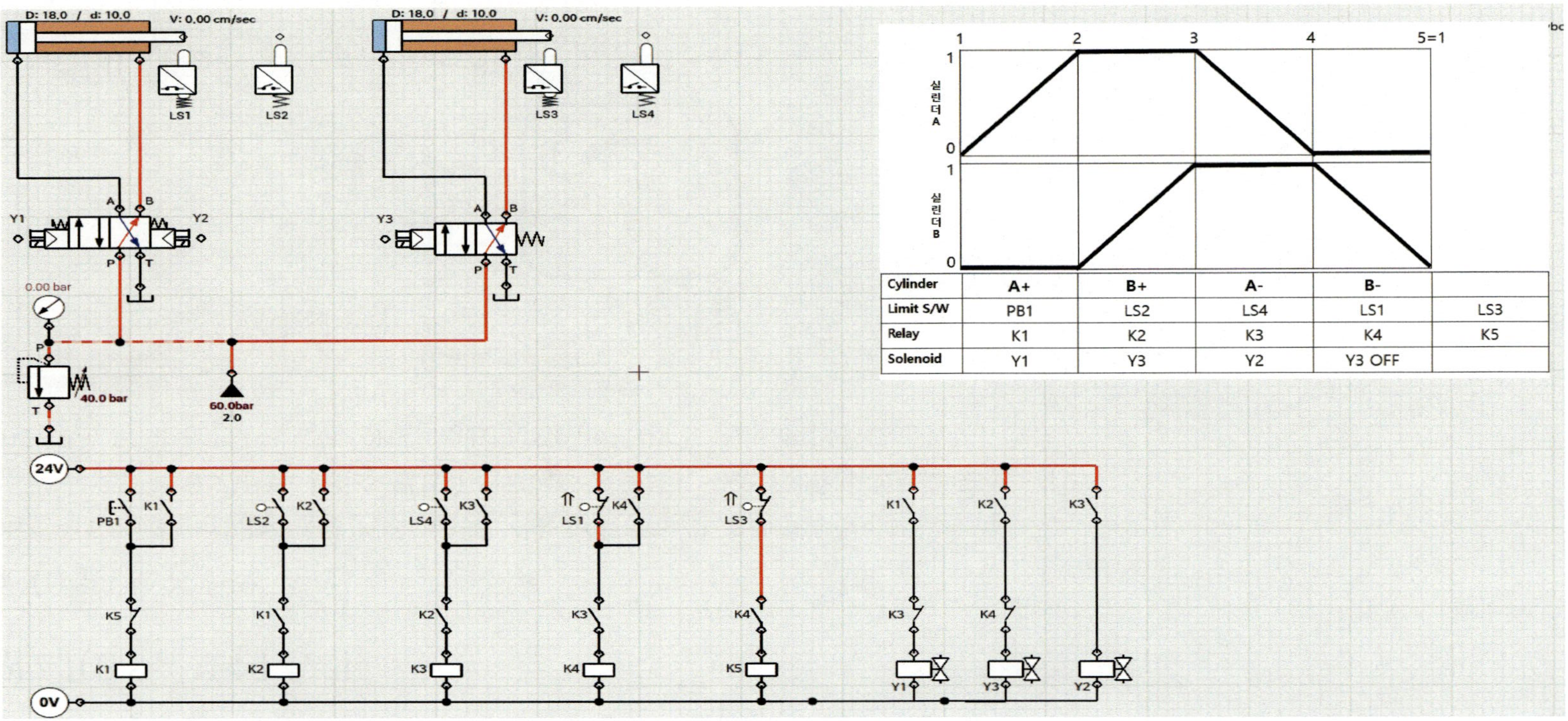

Cylinder	A+	B+	A-	B-	
Limit S/W	PB1	LS2	LS4	LS1	LS3
Relay	K1	K2	K3	K4	K5
Solenoid	Y1	Y3	Y2	Y3 OFF	

유압2 [(1)유지보수] [7점]

▶ (1)유지보수 동작

① 실린더 B 전진시 일방향 유량 제어 밸브를 사용하여 미터 인 회로를 구성하고,
실린더 로드 측에 카운터 밸런스 밸브와 압력계를 사용하여 자중낙하방지 회로를 구성하시오
(단, 속도는 약 50[%] 정도로, 압력은 3±0.5[MPa]이 되도록 설정하시오)

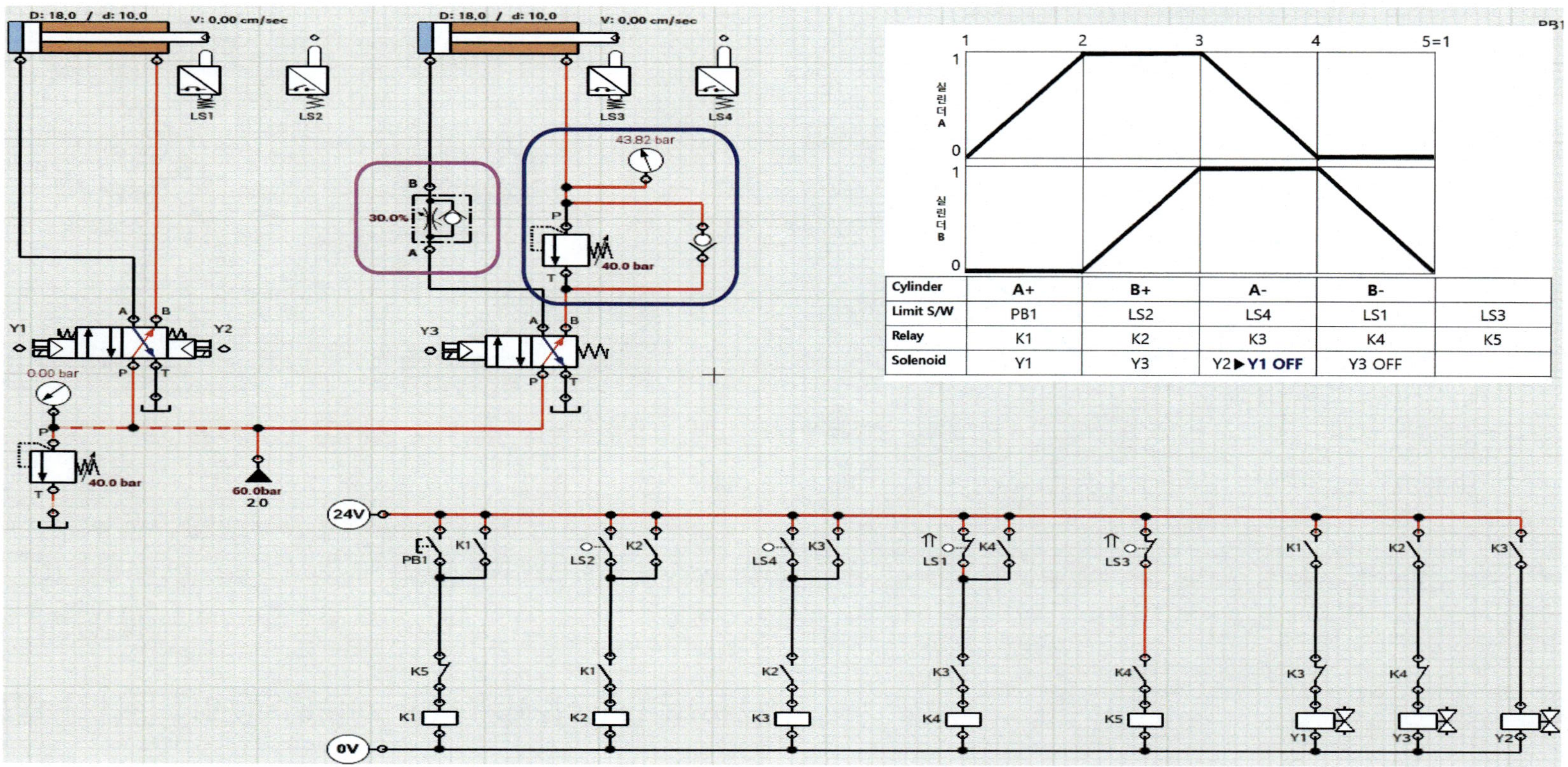

Cylinder	A+	B+	A-	B-	
Limit S/W	PB1	LS2	LS4	LS1	LS3
Relay	K1	K2	K3	K4	K5
Solenoid	Y1	Y3	Y2▶**Y1 OFF**	Y3 OFF	

유압2 [(2)유지보수] [5점]

▶ (2)유지보수 동작

② 실린더 A의 전진 속도가 제어되도록 플리드 오프 회로를 구성하시오.

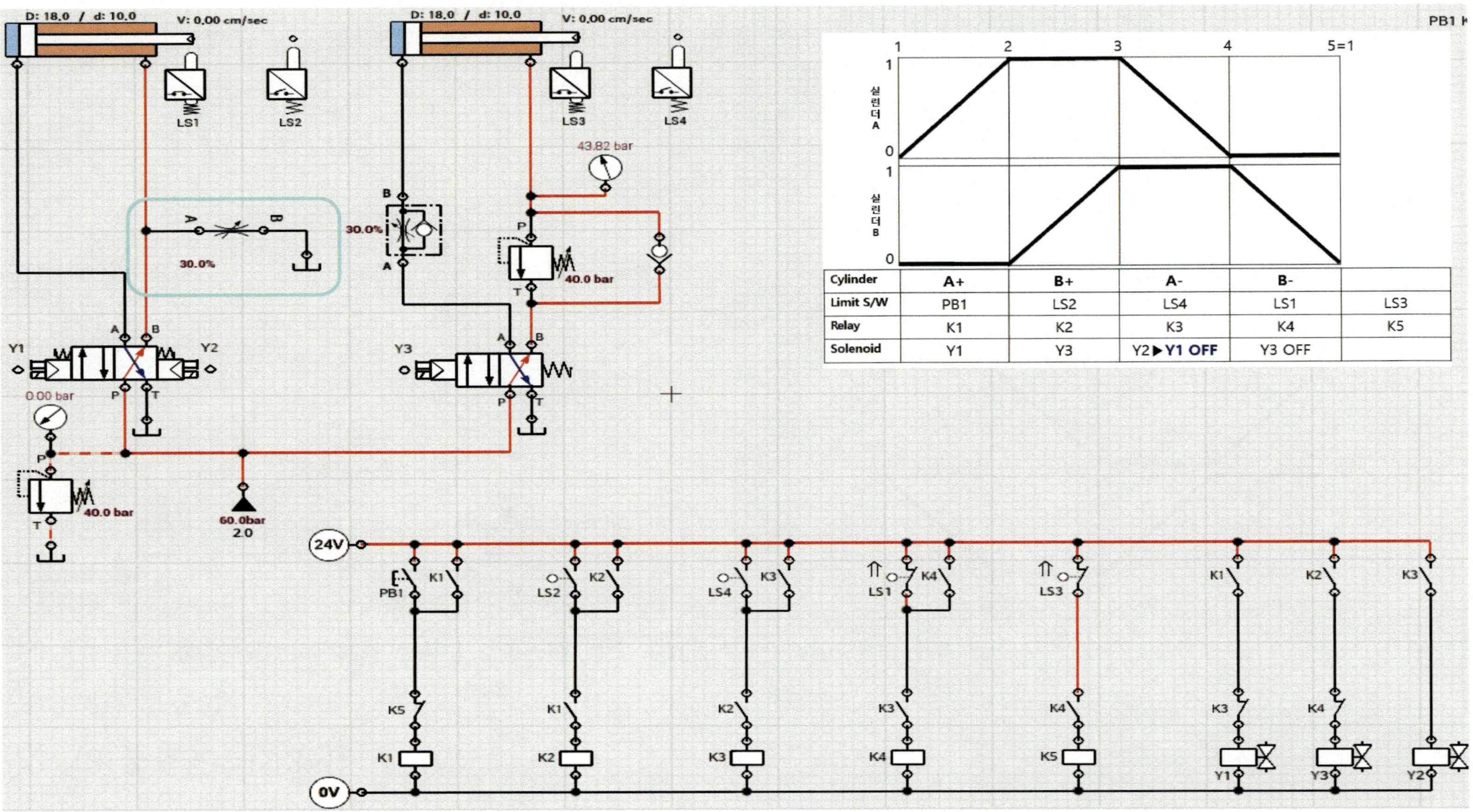

Cylinder	A+	B+	A-	B-	
Limit S/W	PB1	LS2	LS4	LS1	LS3
Relay	K1	K2	K3	K4	K5
Solenoid	Y1	Y3	Y2▶**Y1 OFF**	Y3 OFF	

유압2 [(3)유지보수] [3점]

▶ (3)유지보수 동작

③ 유압유의 역류를 방지하기 위해 <u>파워 유닛의 토출구에 체크 밸브를 추가</u>하여 구성하시오.

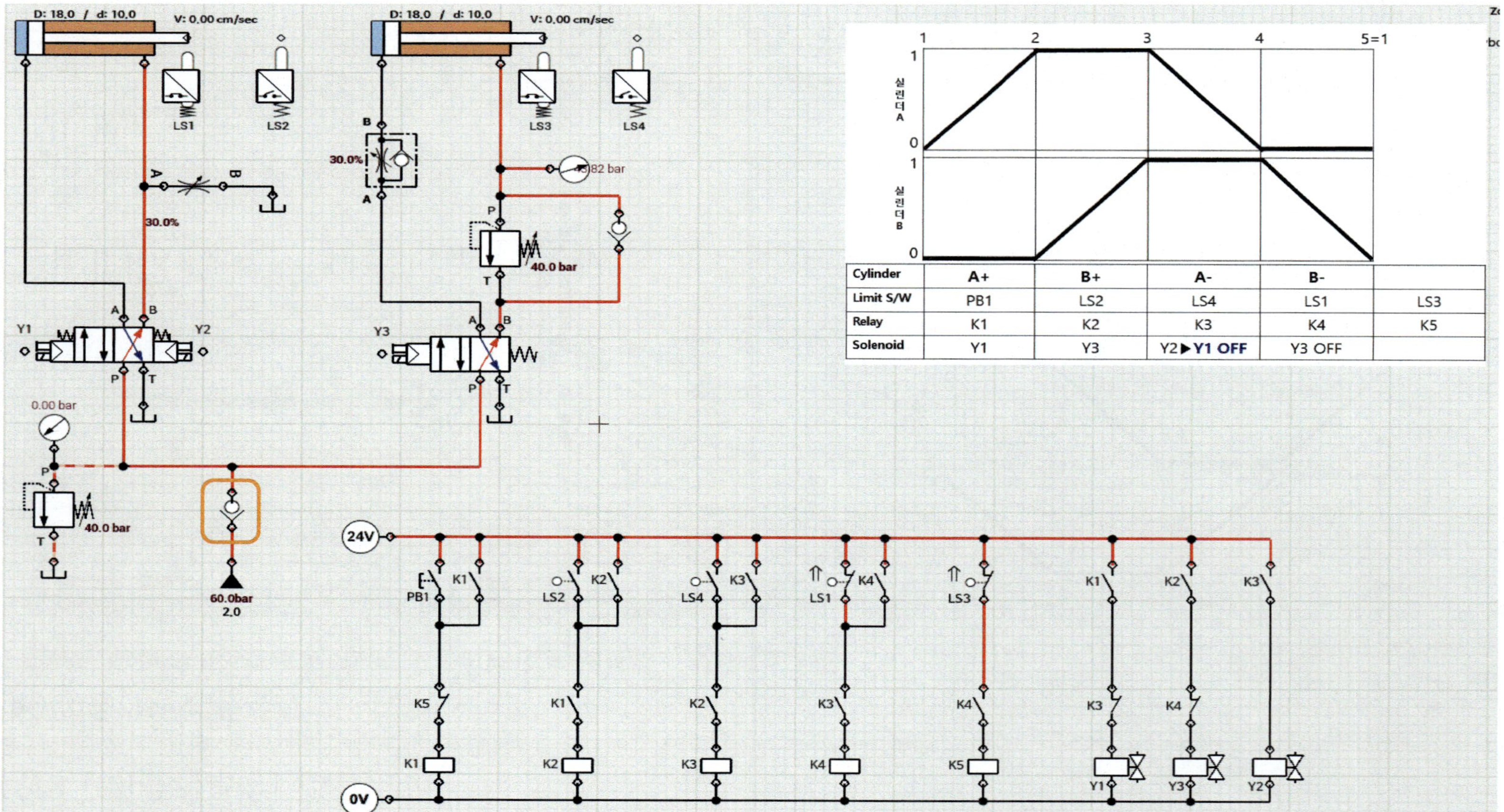

Cylinder	A+	B+	A-	B-	
Limit S/W	PB1	LS2	LS4	LS1	LS3
Relay	K1	K2	K3	K4	K5
Solenoid	Y1	Y3	Y2▶**Y1 OFF**	Y3 OFF	

유압4 [기본] [15점=13점(기본)+1점(정돈)+1점(안전)]

▶ 기본동작 – 유압력: 4 ± 0.2[MPa] = 40[Bar]

(1) PB1을 1회 ON-OFF하면 변위단계선도(타이머 포함)와 같이 1 사이클 단속 동작하도록 전기회로도를 설계하여 시스템을 구성하고 시험감독위원에게 확인받으시오.

① 전기 배선은 "+ 는 적색"으로, "– 는 청색 또는 흑색"으로 연결하고, 전선이 시스템 동작에 영향을 주지 않도록 정리하시오.

② 지정되지 않은 누름 버튼 스위치는 자동복귀형 스위치를 사용하시오.

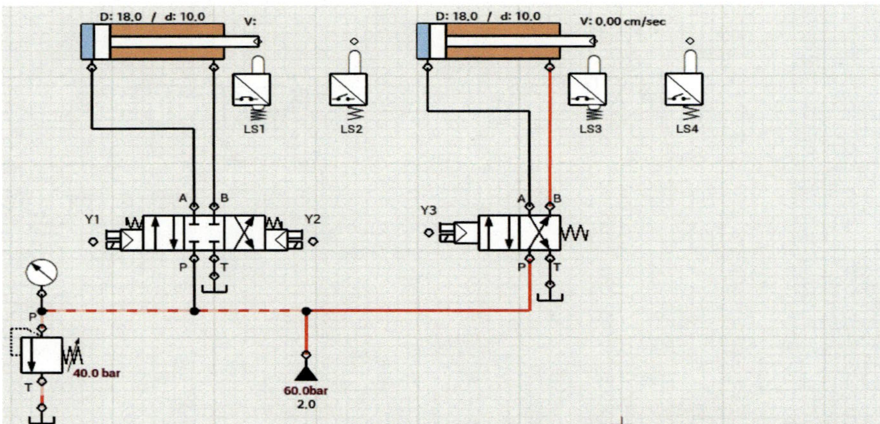

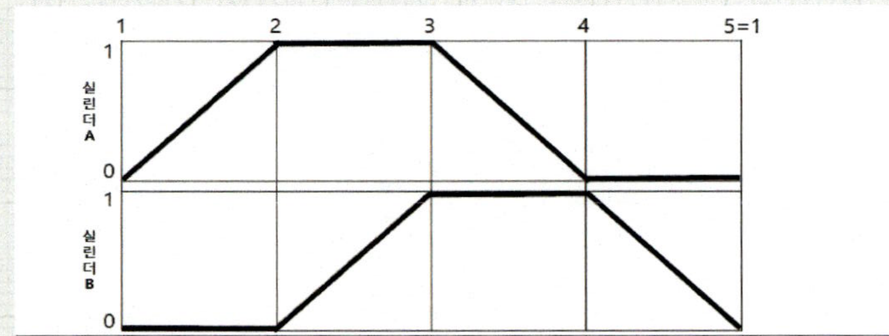

Cylinder	A+	B+	A-	B-	
Limit S/W	PB1	LS2	LS4	LS1	LS3
Relay	K1	K2	K3	K4	K5
Solenoid	Y1	Y3	Y1 OFF	Y3 OFF	

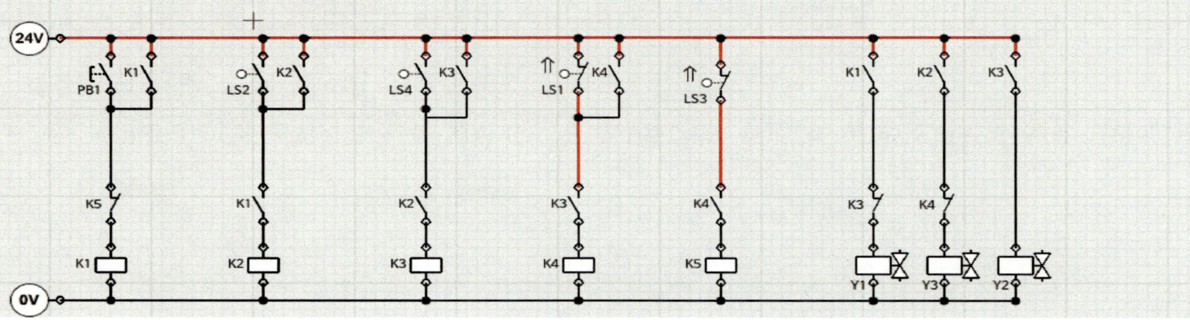

유압2 [(1)유지보수] [7점]

▶ (1)유지보수 동작

① 실린더 A의 전진 리밋 스위치(LS2)를 제거하고 압력 스위치와 압력 게이지를 설치하여 전진 완료 후 압력 스위치의 설정 압력에 도달했을 때 실린더 B가 전진하도록 회로를 변경하시오(단, 압력은 3±0.5[MPa]이 되도록 설정하시오)

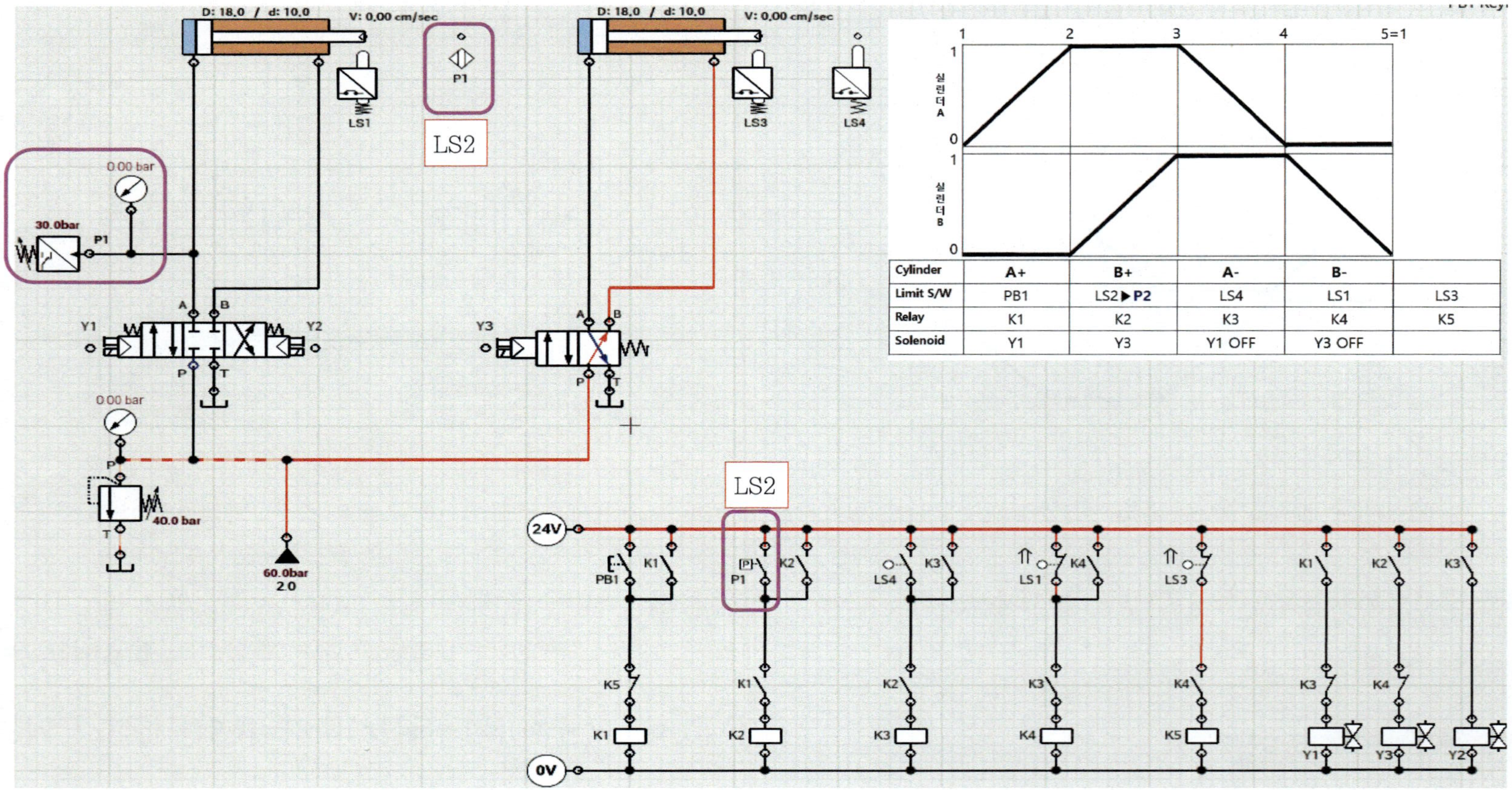

Cylinder	A+	B+	A-	B-	
Limit S/W	PB1	LS2▶P2	LS4	LS1	LS3
Relay	K1	K2	K3	K4	K5
Solenoid	Y1	Y3	Y1 OFF	Y3 OFF	

유압2 [(2)유지보수] [5점]

▶ (2)유지보수 동작

② 실린더 B의 압력 라인(P)에 감압밸브와 압력계를 설치하여 유압 회로도를 변경하고, 2차 측의 압력이 2±0.5[MPa]이 되도록 조정하시오.

참고: 실린더 B의 압력 라인(P)에 3W 감압밸브 사용함(2W 감압밸브 사용해도 됨)

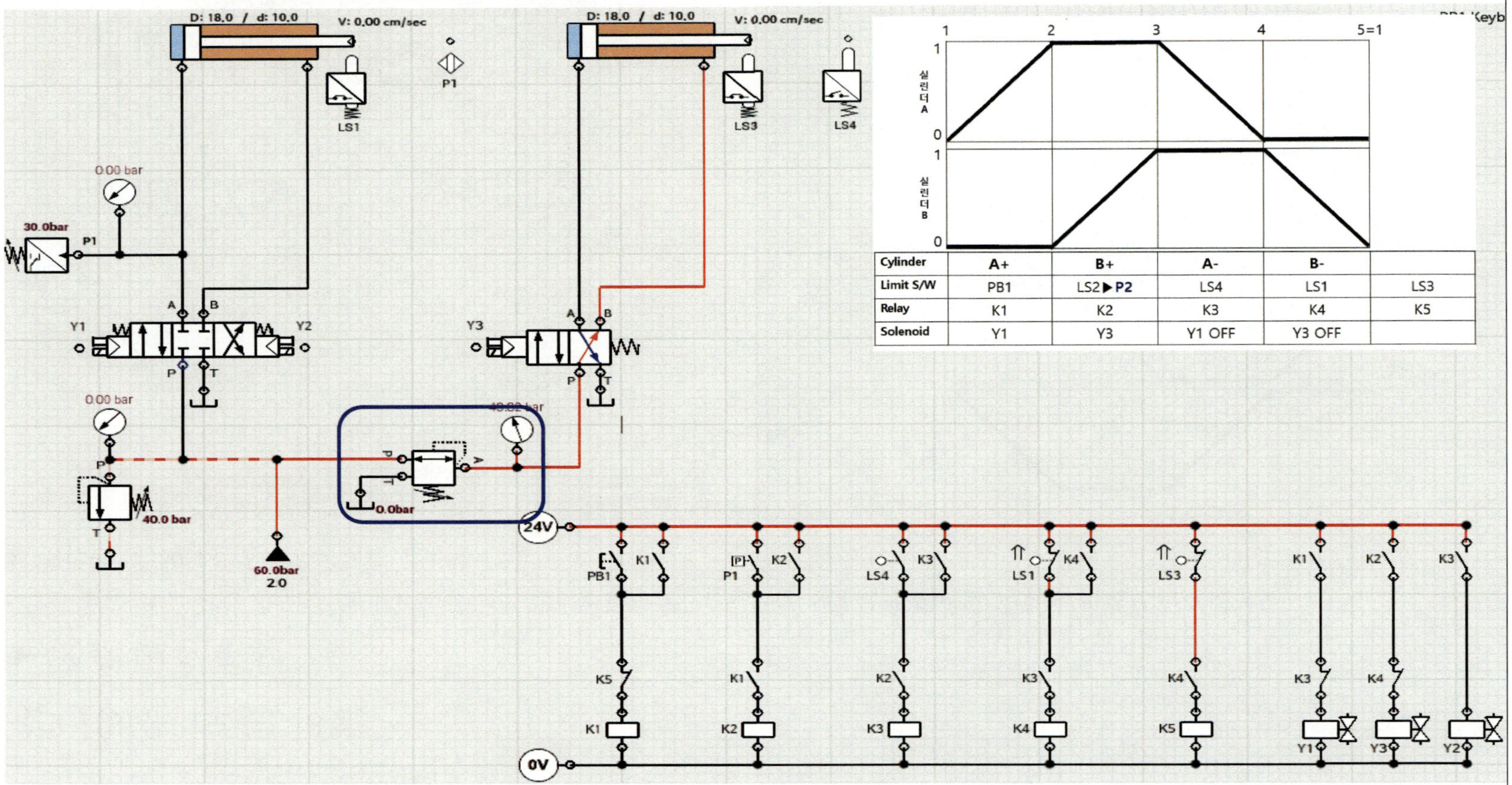

Cylinder	A+	B+	A-	B-	
Limit S/W	PB1	LS2▶P2	LS4	LS1	LS3
Relay	K1	K2	K3	K4	K5
Solenoid	Y1	Y3	Y1 OFF	Y3 OFF	

유압2 [(3)유지보수] [3점]

▶ (3)유지보수 동작

③ 실린더 A, B의 전진 속도를 제어하기 위하여 **일방향 유량 제어 밸브를 사용하여 미터인 회로**로 회로를 구성하시오

(단, **속도는 약 50[%]** 정도가 되도록 설정하시오).

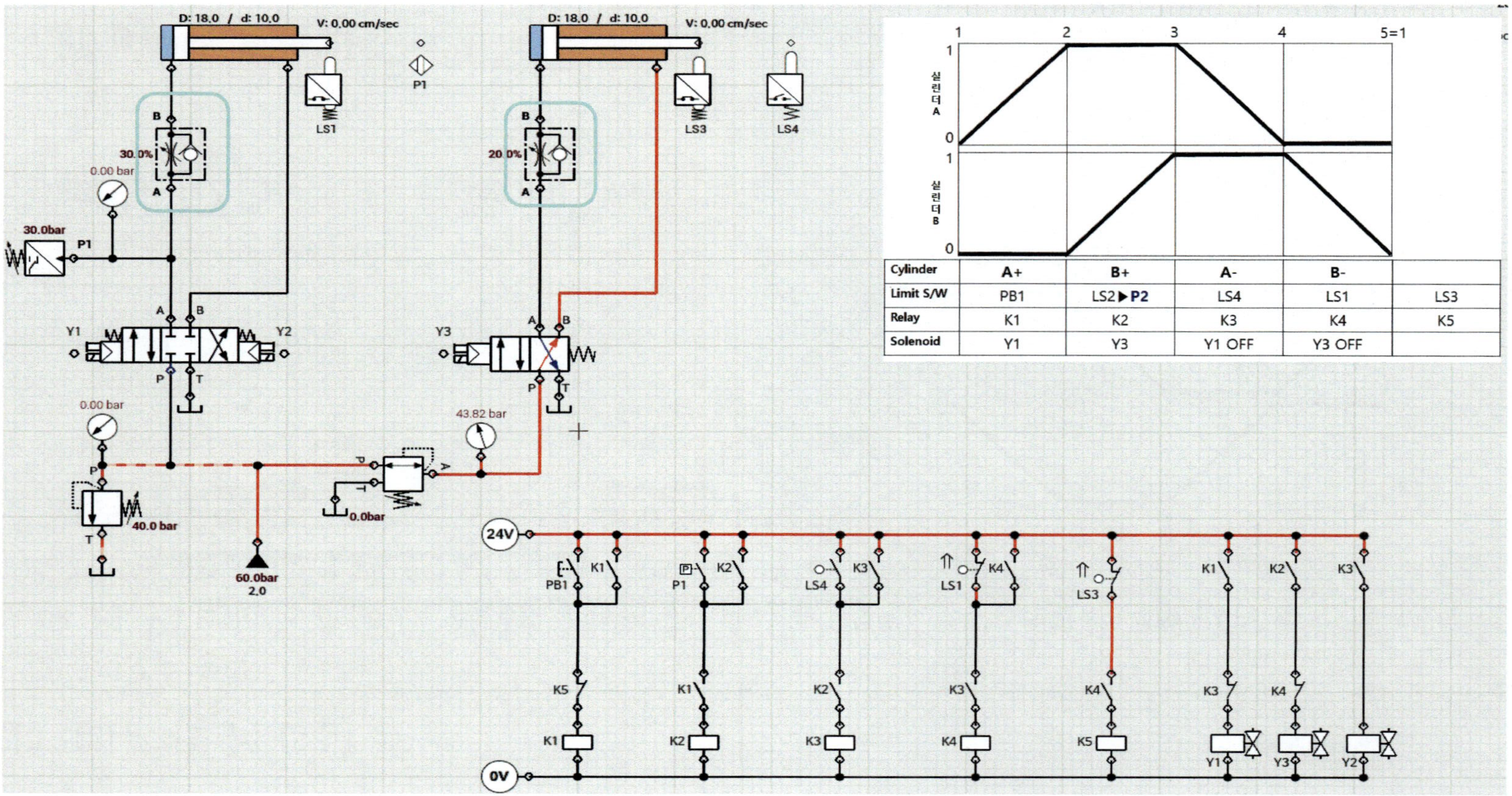

Cylinder	A+	B+	A-	B-	
Limit S/W	PB1	LS2▶P2	LS4	LS1	LS3
Relay	K1	K2	K3	K4	K5
Solenoid	Y1	Y3	Y1 OFF	Y3 OFF	

유압5 [기본] [15점=13점(기본)+1점(정돈)+1점(안전)]

▶ 기본동작 – 유압력: 4 ± 0.2[MPa] = 40[Bar]

(1) PB1을 1회 ON-OFF하면 변위단계선도(타이머 포함)와 같이 1 사이클 단속 동작하도록 전기회로도를 설계하여 시스템을 구성하고 시험감독위원에게 확인받으시오.

① 전기 배선은 "+ 는 적색"으로, "– 는 청색 또는 흑색"으로 연결하고, 전선이 시스템 동작에 영향을 주지 않도록 정리하시오.

② 지정되지 않은 누름 버튼 스위치는 자동복귀형 스위치를 사용하시오.

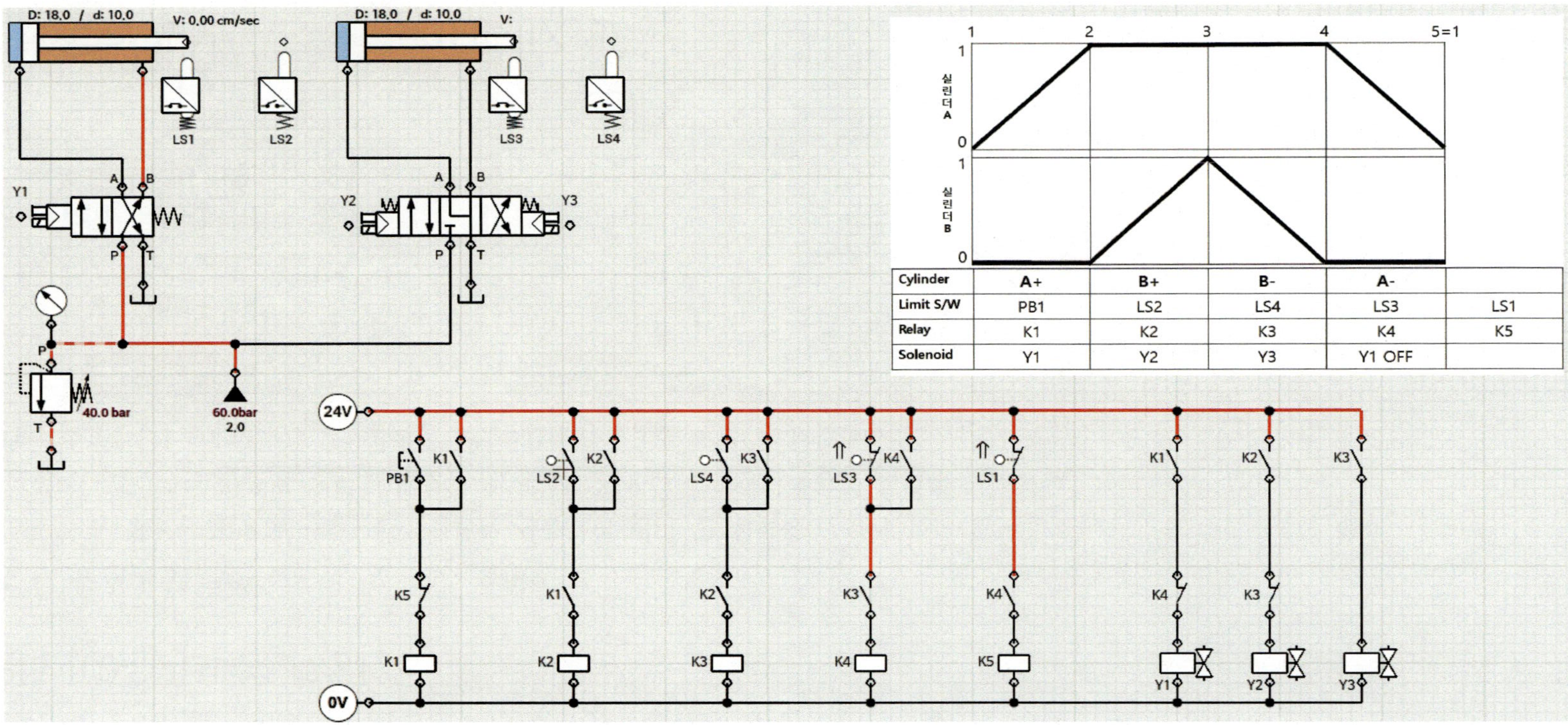

Cylinder	A+	B+	B-	A-	
Limit S/W	PB1	LS2	LS4	LS3	LS1
Relay	K1	K2	K3	K4	K5
Solenoid	Y1	Y2	Y3	Y1 OFF	

유압5 [(1)유지보수] [7점]

▶ (1)유지보수 동작

① 실린더 A 전진시 일방향 유량 제어 밸브를 사용하여 미터 인 회로를 구성하고,
실린더 로드 측에 카운터 밸런스 밸브와 압력계를 사용하여 자중낙하방지 회로를 구성하시오
(단, 속도는 약 50[%] 정도로, 압력은 3±0.5[MPa]이 되도록 설정하시오)

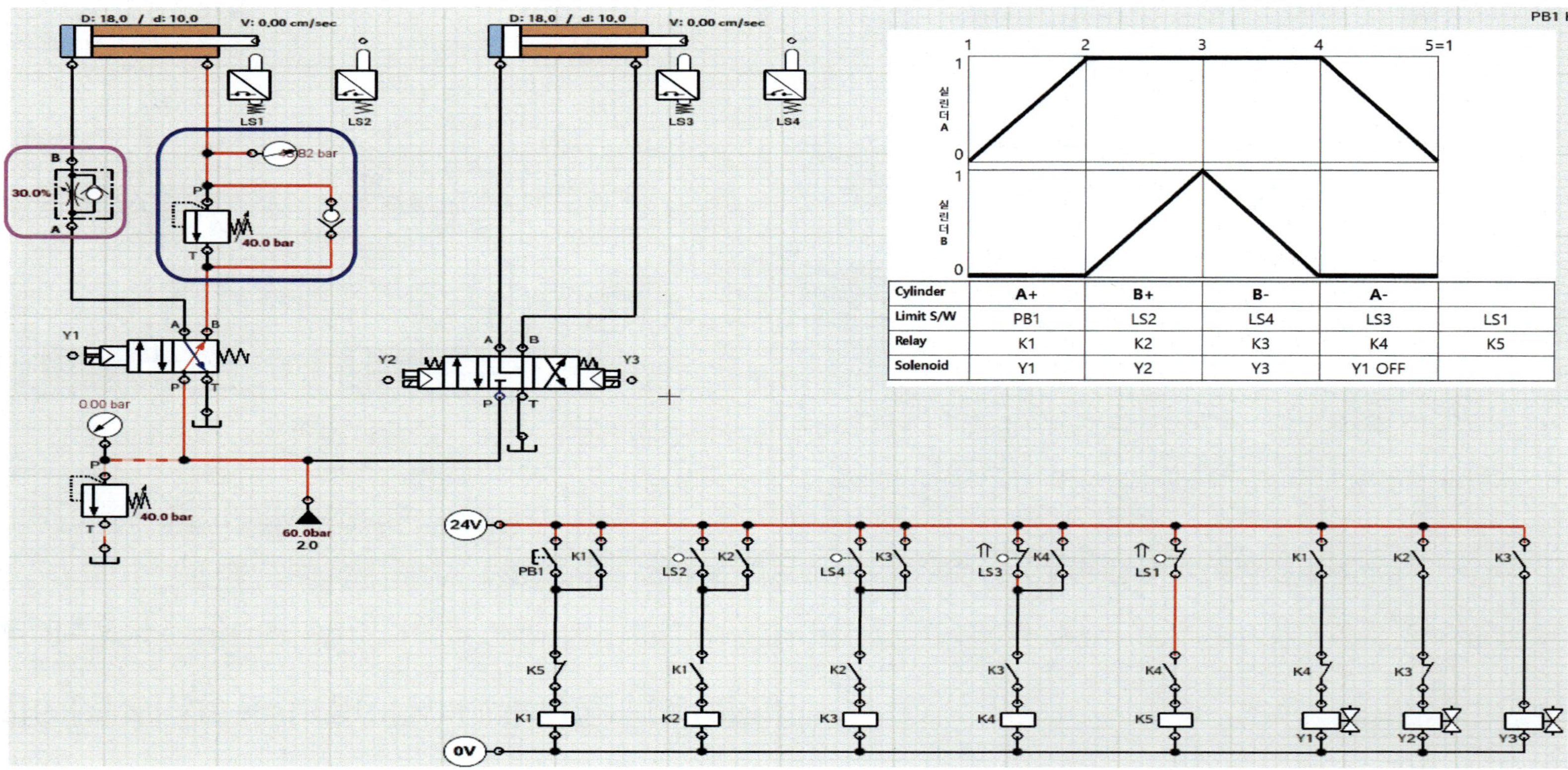

Cylinder	A+	B+	B-	A-	
Limit S/W	PB1	LS2	LS4	LS3	LS1
Relay	K1	K2	K3	K4	K5
Solenoid	Y1	Y2	Y3	Y1 OFF	

유압5 [(2)유지보수] [5점]

▶ (2)유지보수 동작

② 실린더 B의 방향 제어 밸브를 4포트 3위치 A-B-T 접속형 밸브로 교체하고, 로드 측에 파일럿 조작 체크밸브를 사용하여 로킹회로가 되도록 변경하시오.

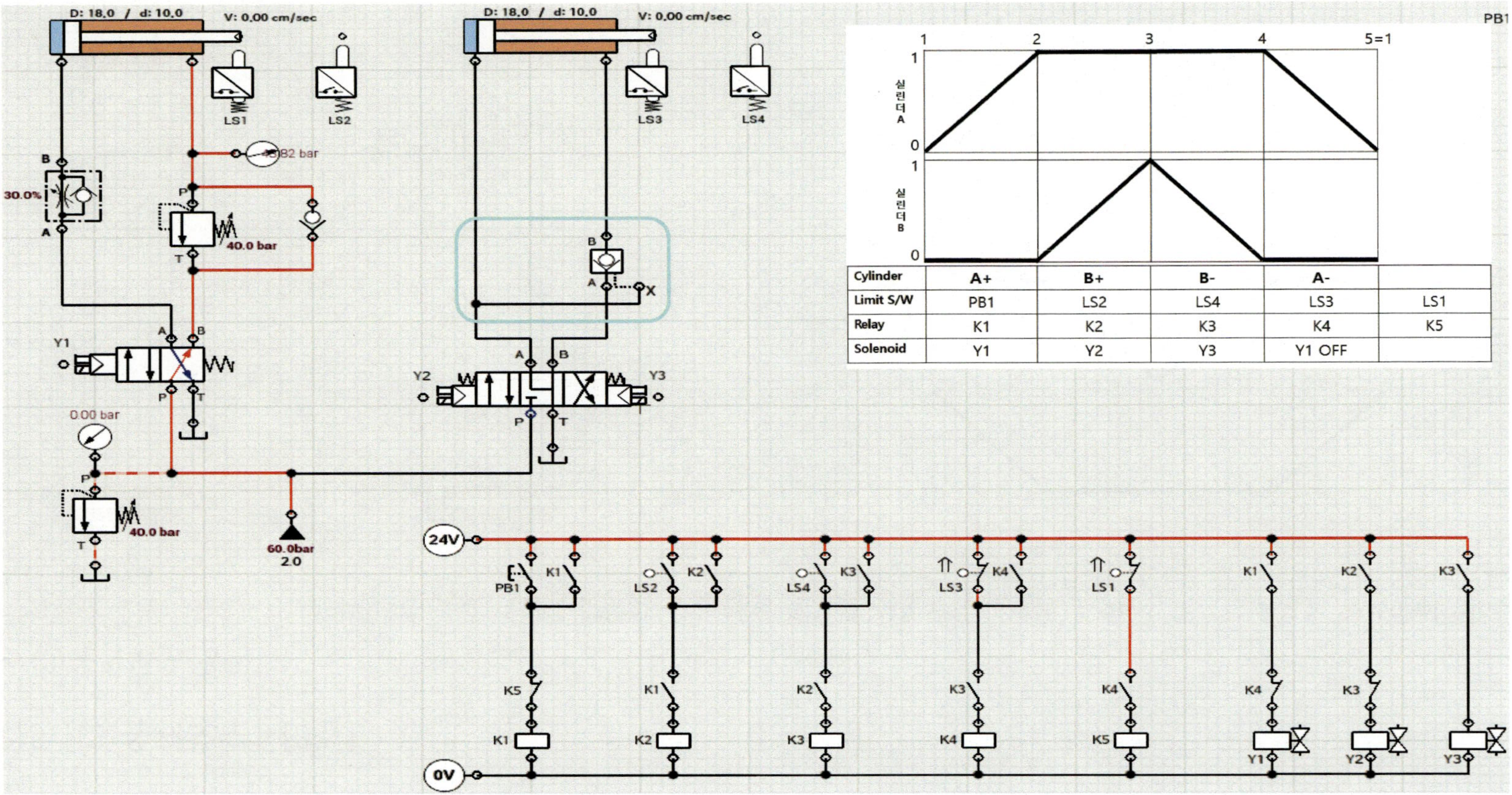

Cylinder	A+	B+	B-	A-	
Limit S/W	PB1	LS2	LS4	LS3	LS1
Relay	K1	K2	K3	K4	K5
Solenoid	Y1	Y2	Y3	Y1 OFF	

유압5 [(3)유지보수] [3점]

▶ (3)유지보수 동작

③ 실린더 B의 전후진속도가 제어되도록 **공급 라인에 양방향 유량 제어 밸브를 사용**하여 회로를 구성하시오.(단, **속도는 약 50[%]** 정도가 되도록 설정하시오)

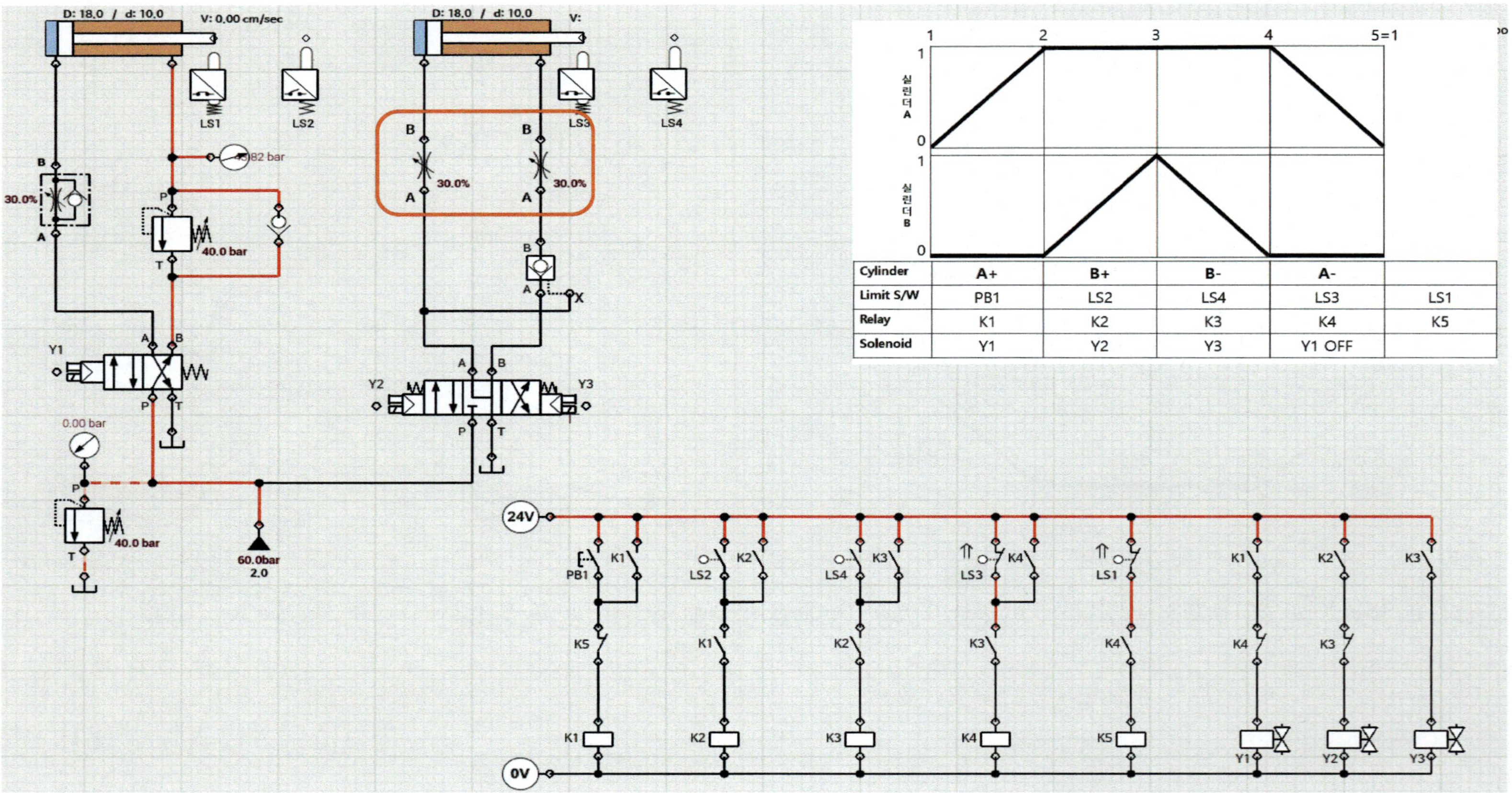

Cylinder	A+	B+	B-	A-	
Limit S/W	PB1	LS2	LS4	LS3	LS1
Relay	K1	K2	K3	K4	K5
Solenoid	Y1	Y2	Y3	Y1 OFF	

유압6 [기본] [15점=13점(기본)+1점(정돈)+1점(안전)]

▶ 기본동작 – 유압력: 4 ± 0.2[MPa] = 40[Bar]

(1) PB1을 1회 ON-OFF하면 변위단계선도(타이머 포함)와 같이 1 사이클 단속 동작하도록 전기회로도를 설계하여 시스템을 구성하고 시험감독위원에게 확인받으시오.

① 전기 배선은 "+ 는 적색"으로, "– 는 청색 또는 흑색"으로 연결하고, 전선이 시스템 동작에 영향을 주지 않도록 정리하시오.

② 지정되지 않은 누름 버튼 스위치는 자동복귀형 스위치를 사용하시오.

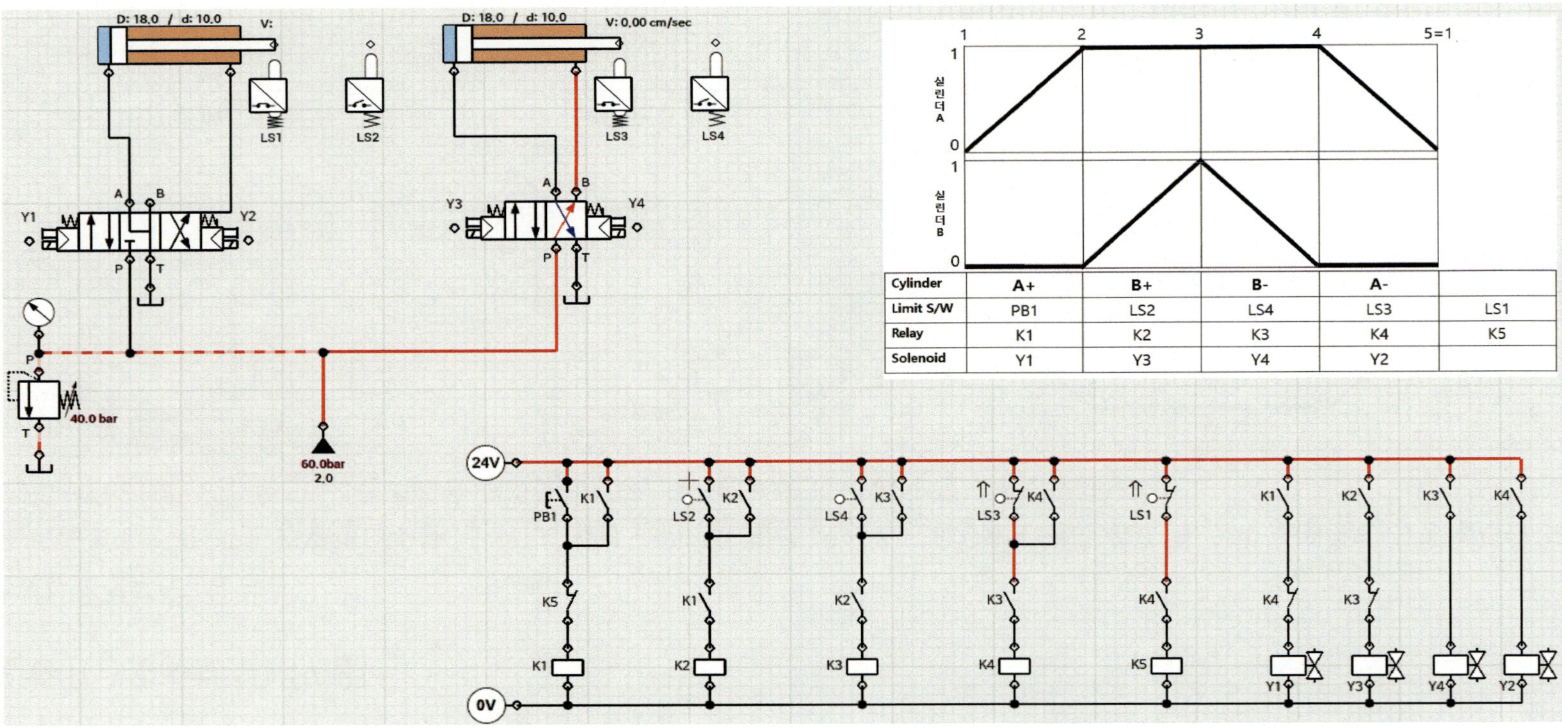

Cylinder	A+	B+	B-	A-	
Limit S/W	PB1	LS2	LS4	LS3	LS1
Relay	K1	K2	K3	K4	K5
Solenoid	Y1	Y3	Y4	Y2	

유압6 [(1)유지보수] [7점]

▶ (1)유지보수 동작

① 실린더 B의 전진 리밋 스위치(LS4)를 제거하고 압력 스위치와 압력 게이지를 설치하여 전진 완료 후 압력 스위치의 설정 압력에 도달했을 때 실린더 B가 후진하도록 회로를 변경하시오(단, 압력은 3±0.5[MPa]이 되도록 설정하시오)

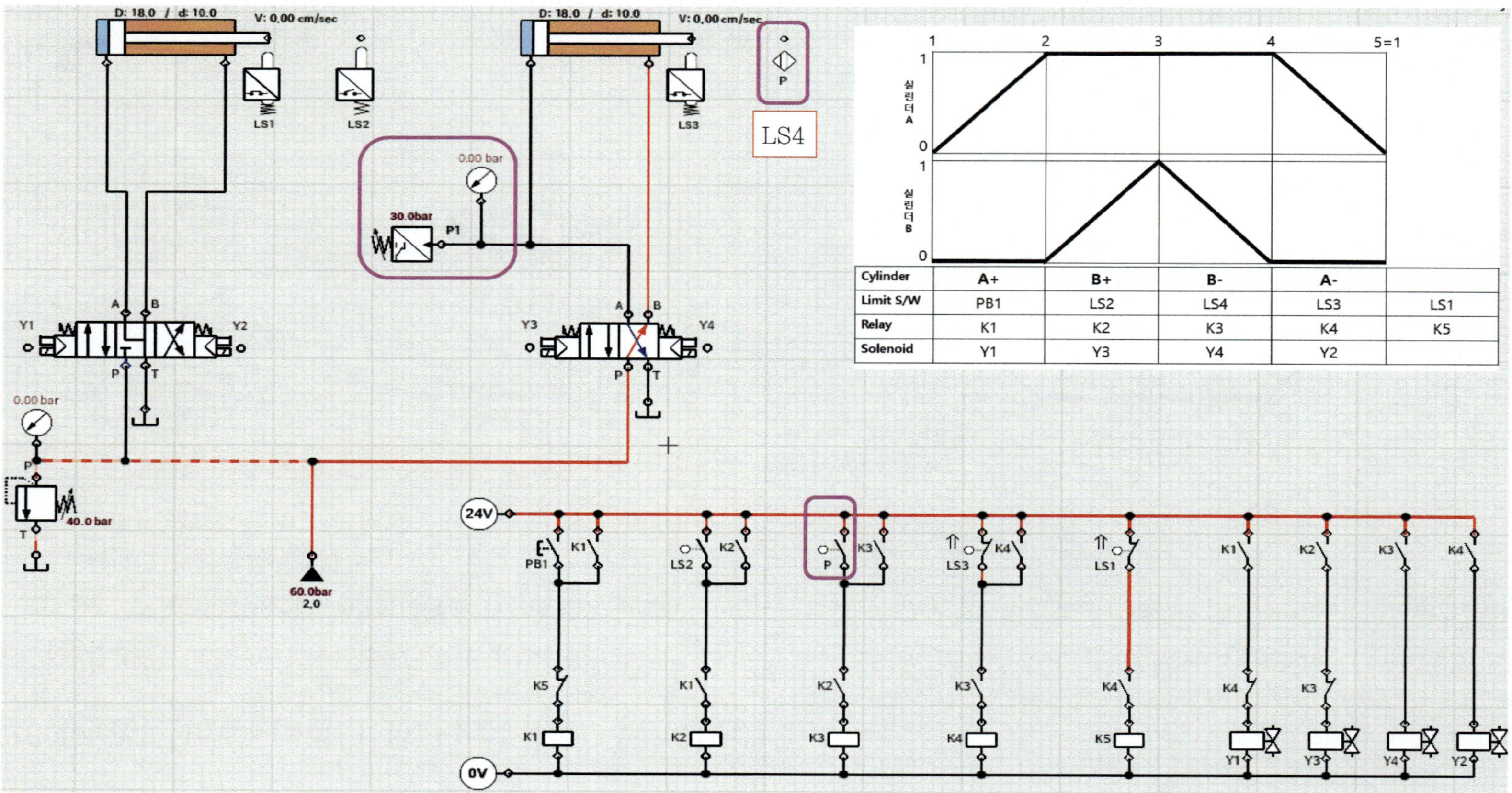

Cylinder	A+	B+	B-	A-	
Limit S/W	PB1	LS2	LS4	LS3	LS1
Relay	K1	K2	K3	K4	K5
Solenoid	Y1	Y3	Y4	Y2	

유압6 [(2)유지보수] [5점]

▶ (2)유지보수 동작

② 실린더 A의 방향 제어 밸브를 4포트 3위치 A-B-T 접속형 밸브로 교체하고, 로드 측에 파일럿 조작 체크밸브를 사용하여 로킹회로가 되도록 변경하시오.

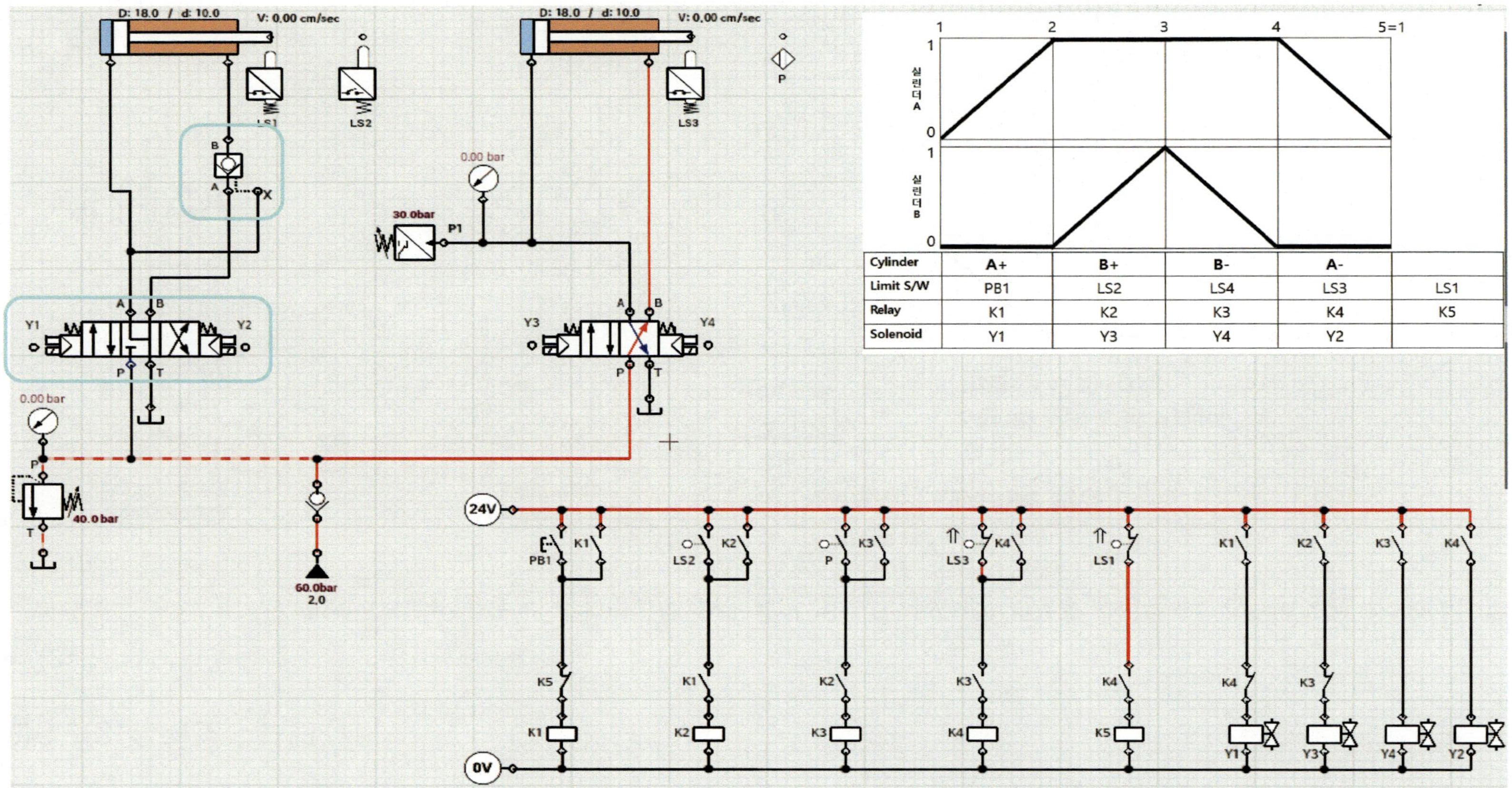

유압6 [(3)유지보수] [3점]

▶ (3)유지보수 동작

③ 실린더 B의 전 후진 속도가 제어되도록 **공급 라인에 양방향 유량 제어 밸브를 사용**하여 회로를 구성하시오.(단, **속도는 약 50[%]** 정도가 되도록 설정하시오)

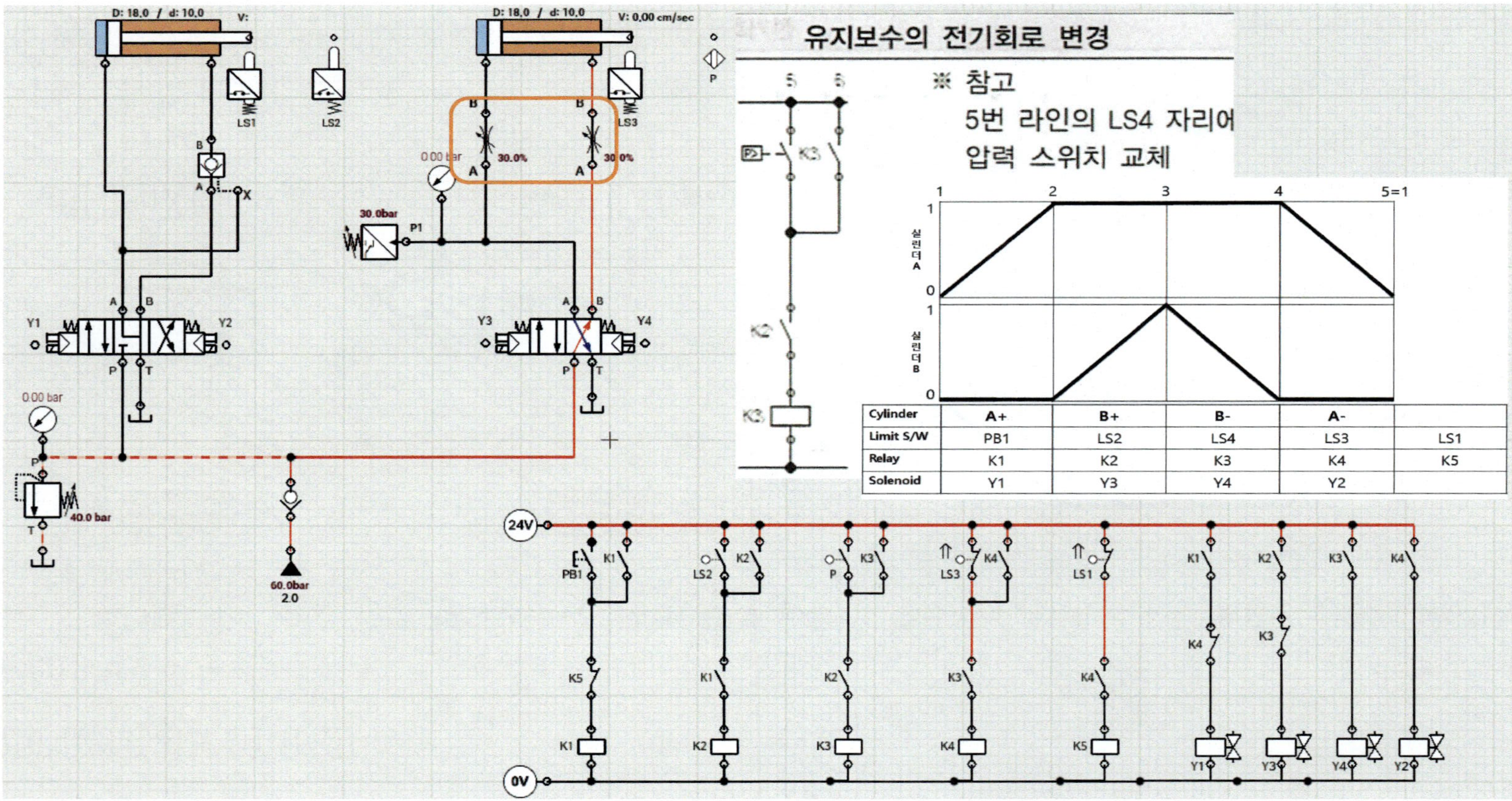

유압7 [기본] [15점=13점(기본)+1점(정돈)+1점(안전)]

▶ 기본동작 – 유압력: 4 ± 0.2[MPa] = 40[Bar]

(1) PB1을 1회 ON–OFF하면 변위단계선도(타이머 포함)와 같이 1 사이클 단속 동작하도록 전기회로도를 설계하여 시스템을 구성하고 시험감독위원에게 확인받으시오.

① 전기 배선은 "+ 는 적색"으로, "– 는 청색 또는 흑색"으로 연결하고, 전선이 시스템 동작에 영향을 주지 않도록 정리하시오.

② 지정되지 않은 누름 버튼 스위치는 자동복귀형 스위치를 사용하시오.

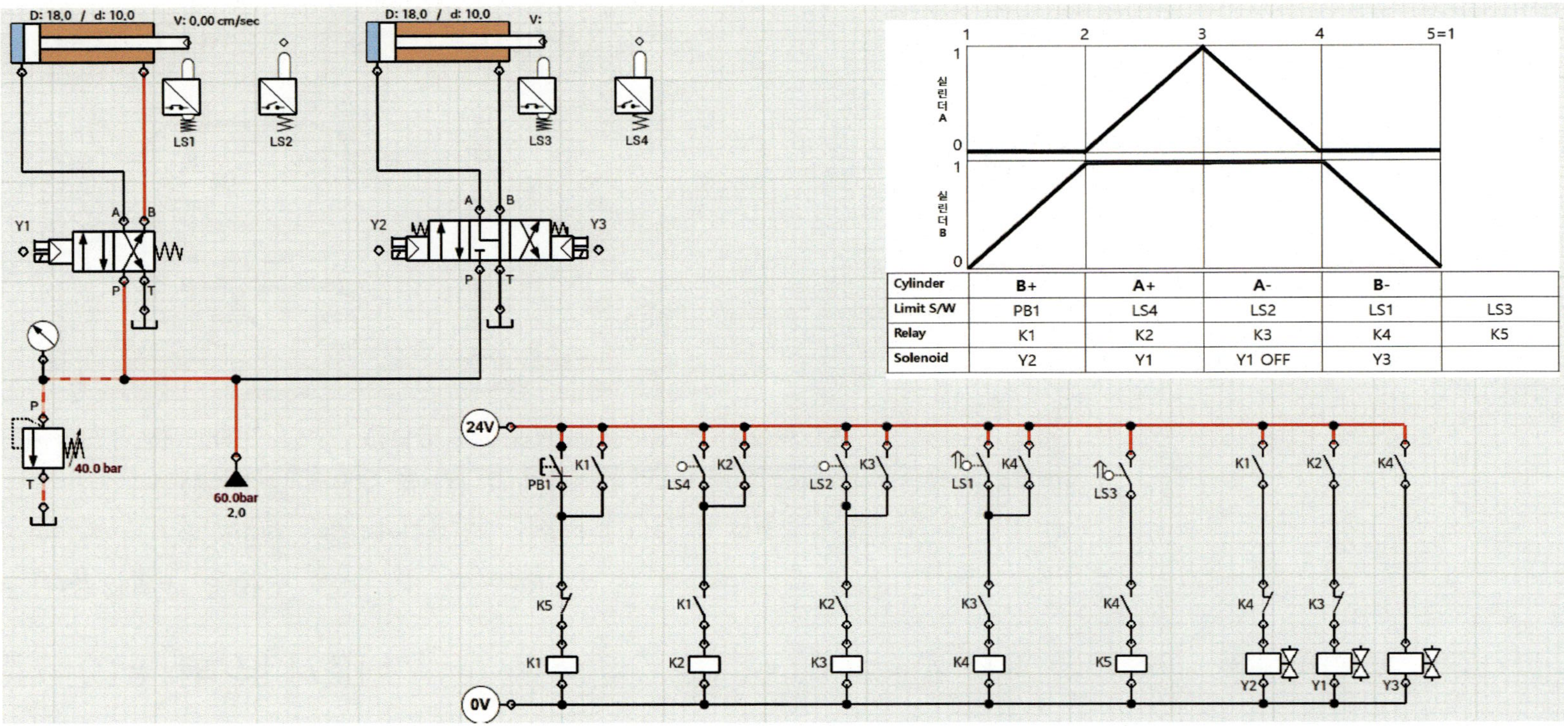

Cylinder	B+	A+	A-	B-	
Limit S/W	PB1	LS4	LS2	LS1	LS3
Relay	K1	K2	K3	K4	K5
Solenoid	Y2	Y1	Y1 OFF	Y3	

유압7 [(1)유지보수] [7점]

▶ (1)유지보수 동작

① 실린더 A 전진시 일방향 유량 제어 밸브를 사용하여 미터 인 회로를 구성하고, 실린더 로드 측에 카운터 밸런스 밸브와 압력계를 사용하여 자중낙하방지 회로를 구성하시오

(단, 속도는 약 50[%] 정도로, 압력은 3±0.5[MPa]이 되도록 설정하시오)

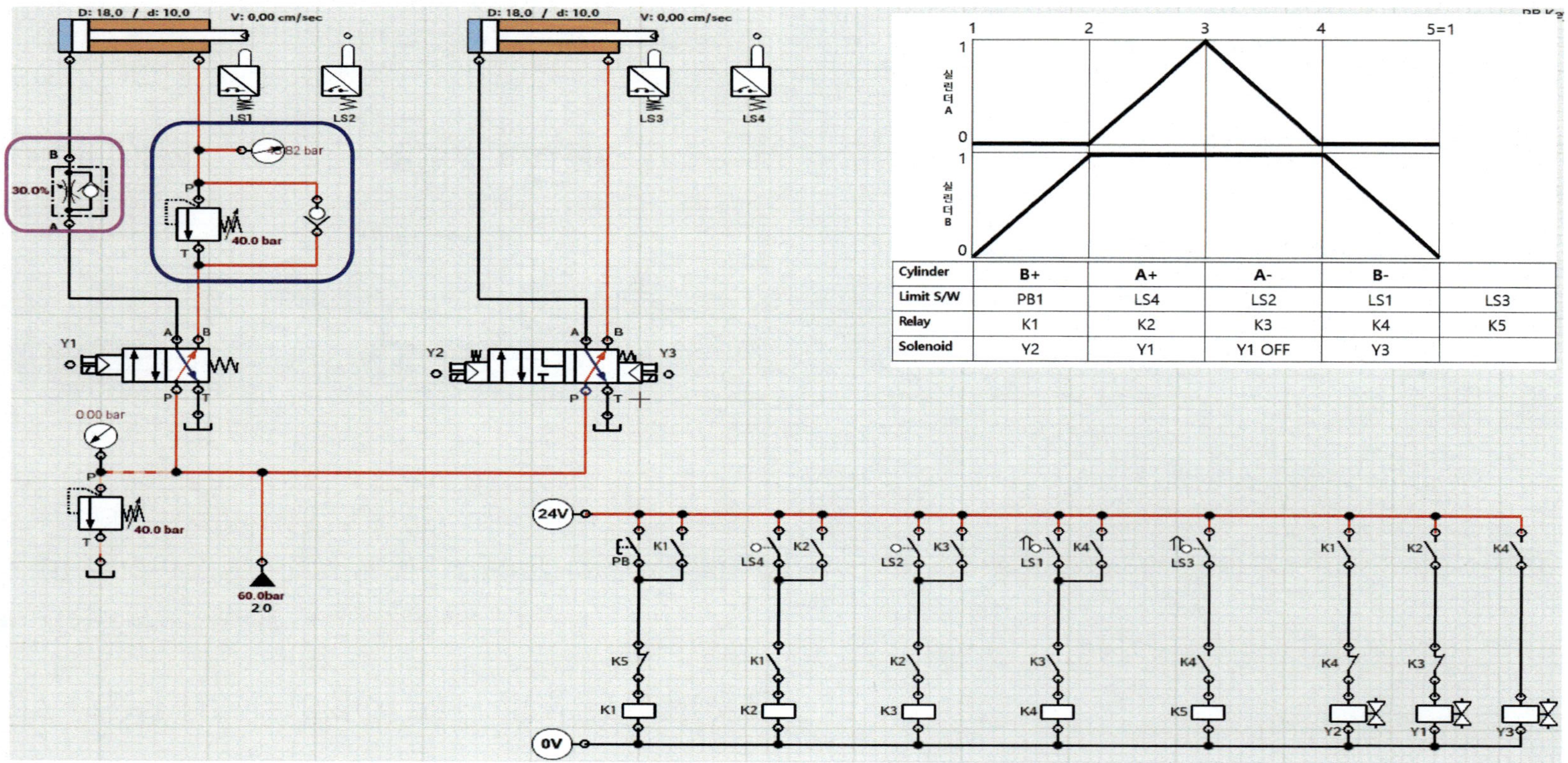

Cylinder	B+	A+	A-	B-	
Limit S/W	PB1	LS4	LS2	LS1	LS3
Relay	K1	K2	K3	K4	K5
Solenoid	Y2	Y1	Y1 OFF	Y3	

유압7 [(2)유지보수] [5점]

▶ (2)유지보수 동작

② 실린더 B의 압력 라인(P)에 감압밸브와 압력계를 설치하여 유압 회로도를 변경하고, 2차 측의 압력이 2±0.5[MPa]이 되도록 조정하시오.

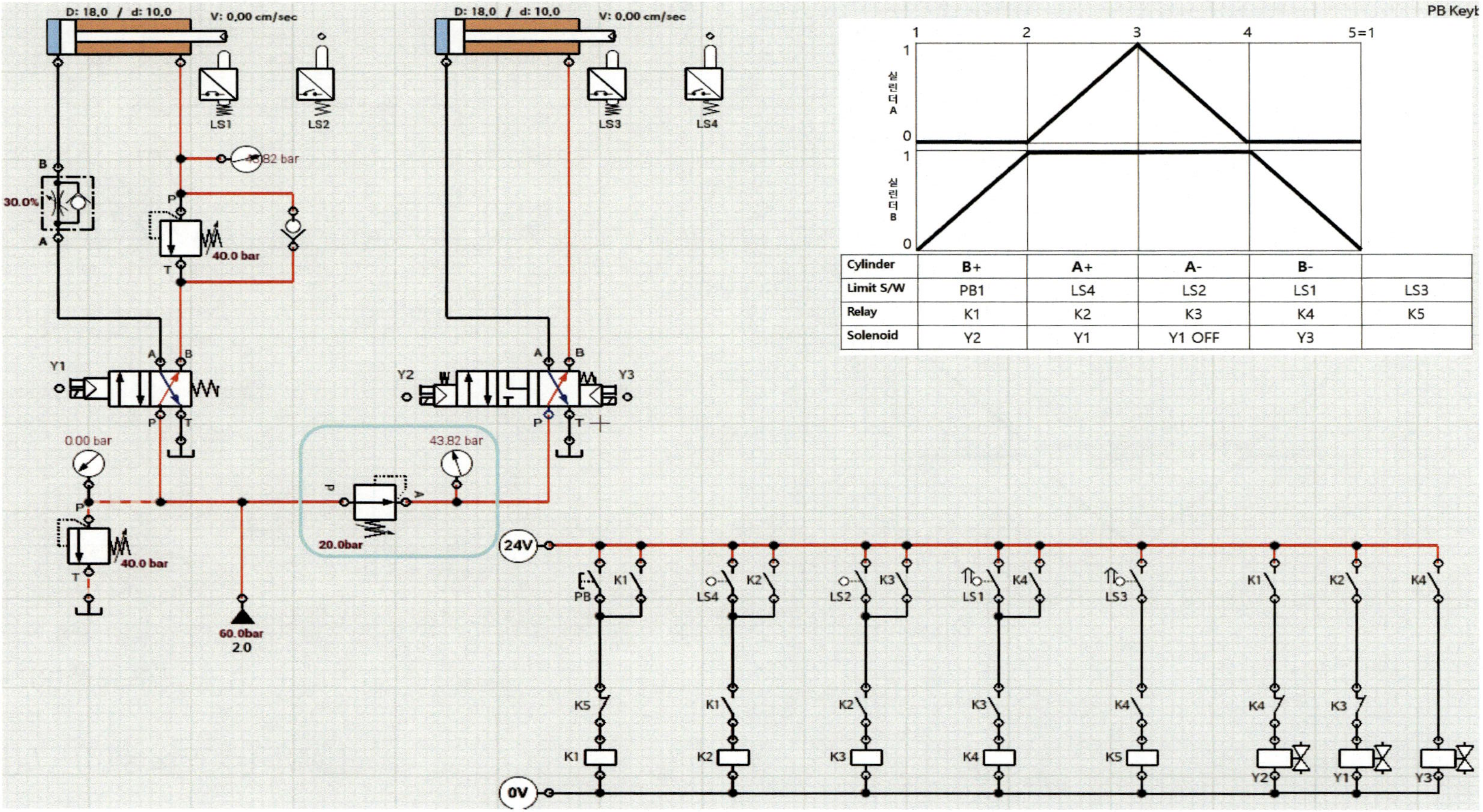

Cylinder	B+	A+	A-	B-	
Limit S/W	PB1	LS4	LS2	LS1	LS3
Relay	K1	K2	K3	K4	K5
Solenoid	Y2	Y1	Y1 OFF	Y3	

유압7 [(3)유지보수] [3점]

▶ (3)유지보수 동작

③ 유압유의 역류를 방지하기 위해 <u>파워 유닛의 토출구에 체크 밸브를 추가</u>하여 구성하시오.

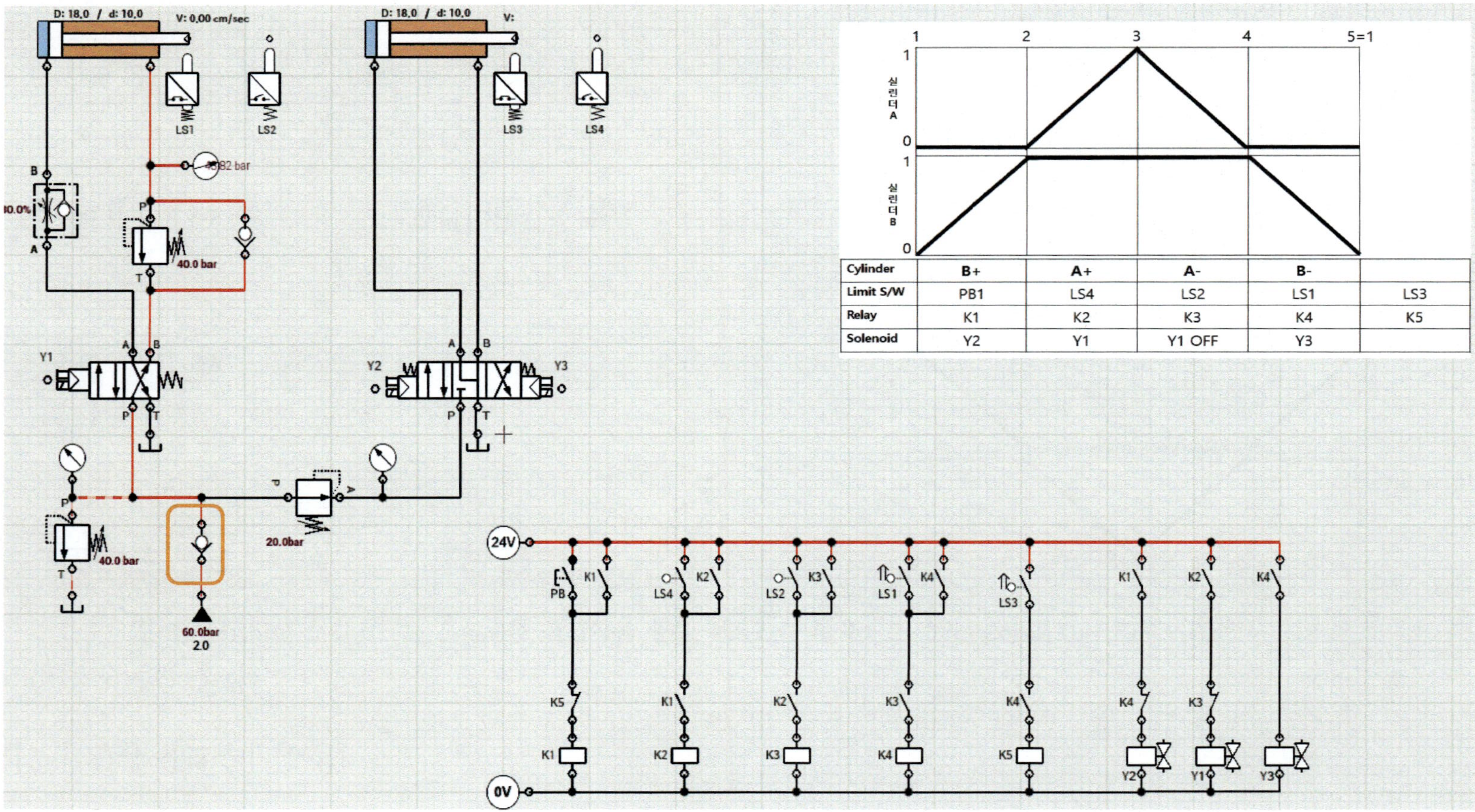

Cylinder	B+	A+	A-	B-	
Limit S/W	PB1	LS4	LS2	LS1	LS3
Relay	K1	K2	K3	K4	K5
Solenoid	Y2	Y1	Y1 OFF	Y3	

유압8 [기본] [15점=13점(기본)+1점(정돈)+1점(안전)]

▶ 기본동작 – 유압력: 4 ± 0.2[MPa] = 40[Bar]

(1) PB1을 1회 ON-OFF하면 변위단계선도(타이머 포함)와 같이 1 사이클 단속 동작하도록 전기회로도를 설계하여 시스템을 구성하고 시험감독위원에게 확인받으시오.

① 전기 배선은 "+ 는 적색"으로, "– 는 청색 또는 흑색"으로 연결하고, 전선이 시스템 동작에 영향을 주지 않도록 정리하시오.

② 지정되지 않은 누름 버튼 스위치는 자동복귀형 스위치를 사용하시오.

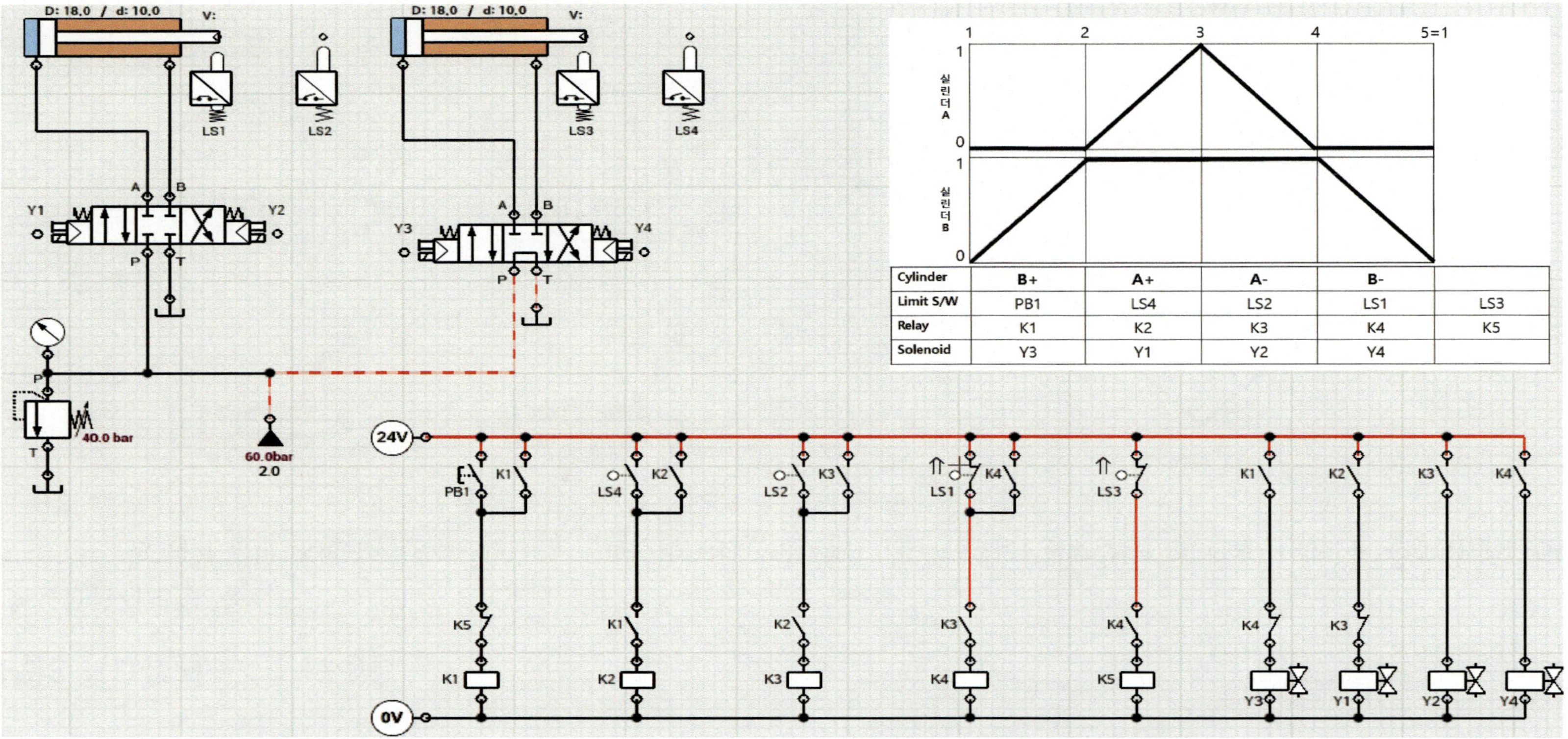

Cylinder	B+	A+	A-	B-	
Limit S/W	PB1	LS4	LS2	LS1	LS3
Relay	K1	K2	K3	K4	K5
Solenoid	Y3	Y1	Y2	Y4	

유압8 [(1)유지보수] [7점]

▶ (1)유지보수 동작

① 실린더 A의 전진 리밋 스위치(LS2)를 제거하고 압력 스위치와 압력 게이지를 설치하여 전진 완료 후 압력 스위치의 설정 압력에 도달했을 때 실린더 A가 후진하도록 회로를 변경하시오(단, 압력은 3±0.5[MPa]이 되도록 설정하시오)

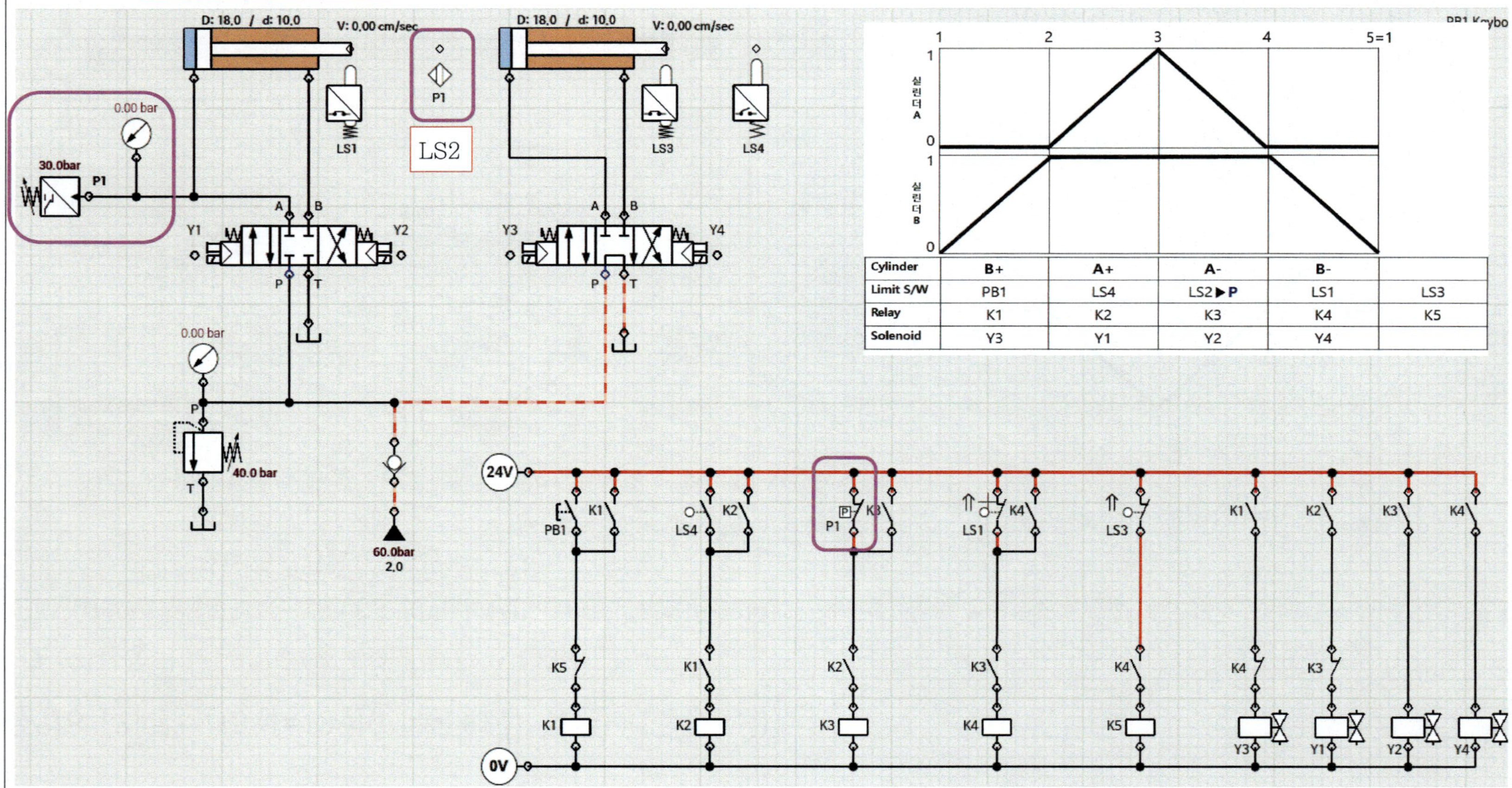

Cylinder	B+	A+	A-	B-	
Limit S/W	PB1	LS4	LS2▶P	LS1	LS3
Relay	K1	K2	K3	K4	K5
Solenoid	Y3	Y1	Y2	Y4	

유압8 [(2)유지보수] [5점]

▶ (2)유지보수 동작

② 실린더 B의 방향 제어 밸브를 4포트 3위치 A-B-T 접속형 밸브로 교체하고, 로드 측에 파일럿 조작 체크밸브를 사용하여 로킹회로가 되도록 변경하시오.

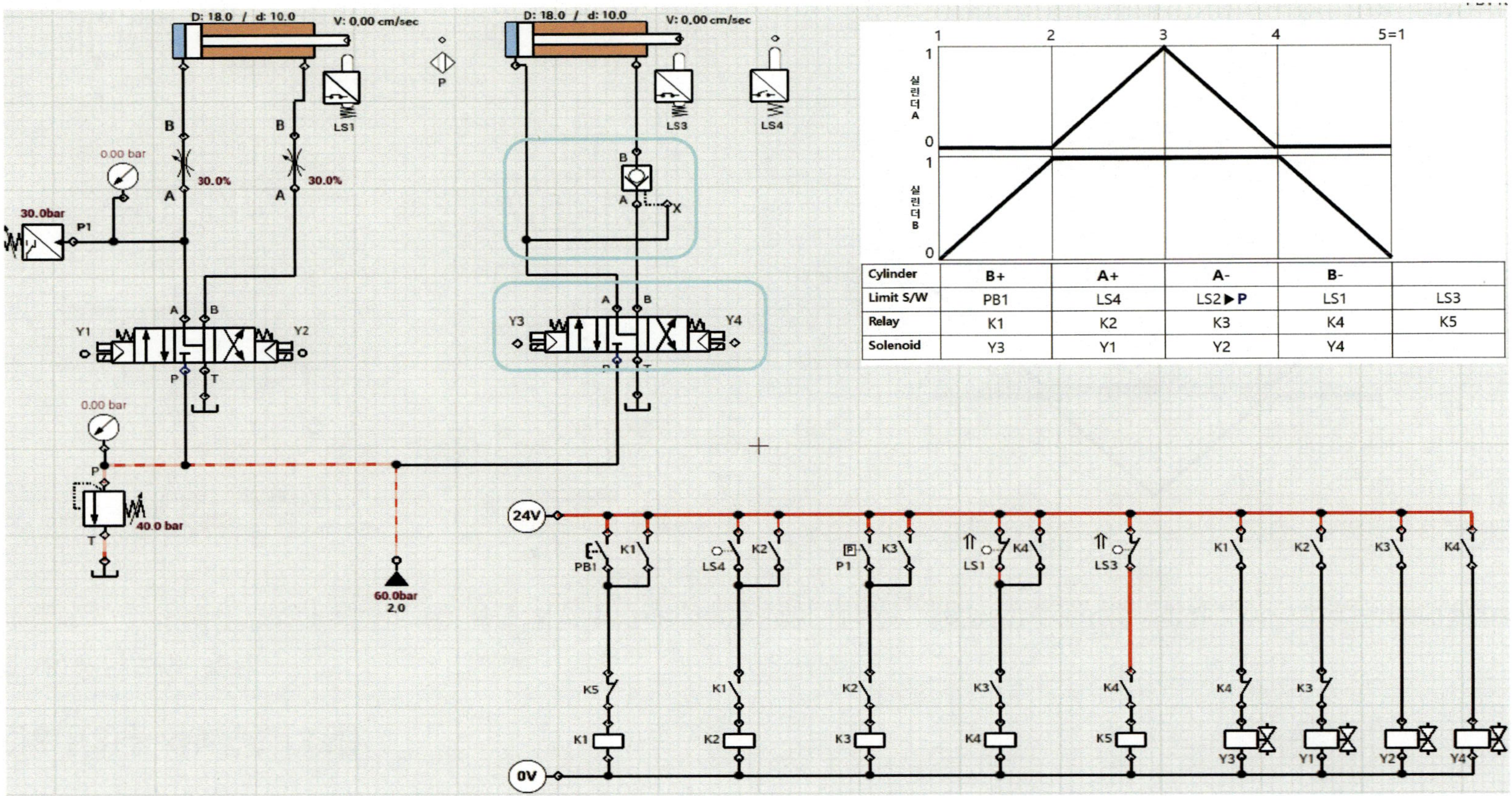

Cylinder	B+	A+	A-	B-	
Limit S/W	PB1	LS4	LS2▶P	LS1	LS3
Relay	K1	K2	K3	K4	K5
Solenoid	Y3	Y1	Y2	Y4	

유압8 [(3)유지보수] [3점]

▶ (3)유지보수 동작

③ 실린더 A의 전 후진 속도가 제어되도록 **공급 라인에 양방향 유량 제어 밸브를 사용**하여 회로를 구성하시오.(단, **속도는 약 50[%]** 정도가 되도록 설정하시오)

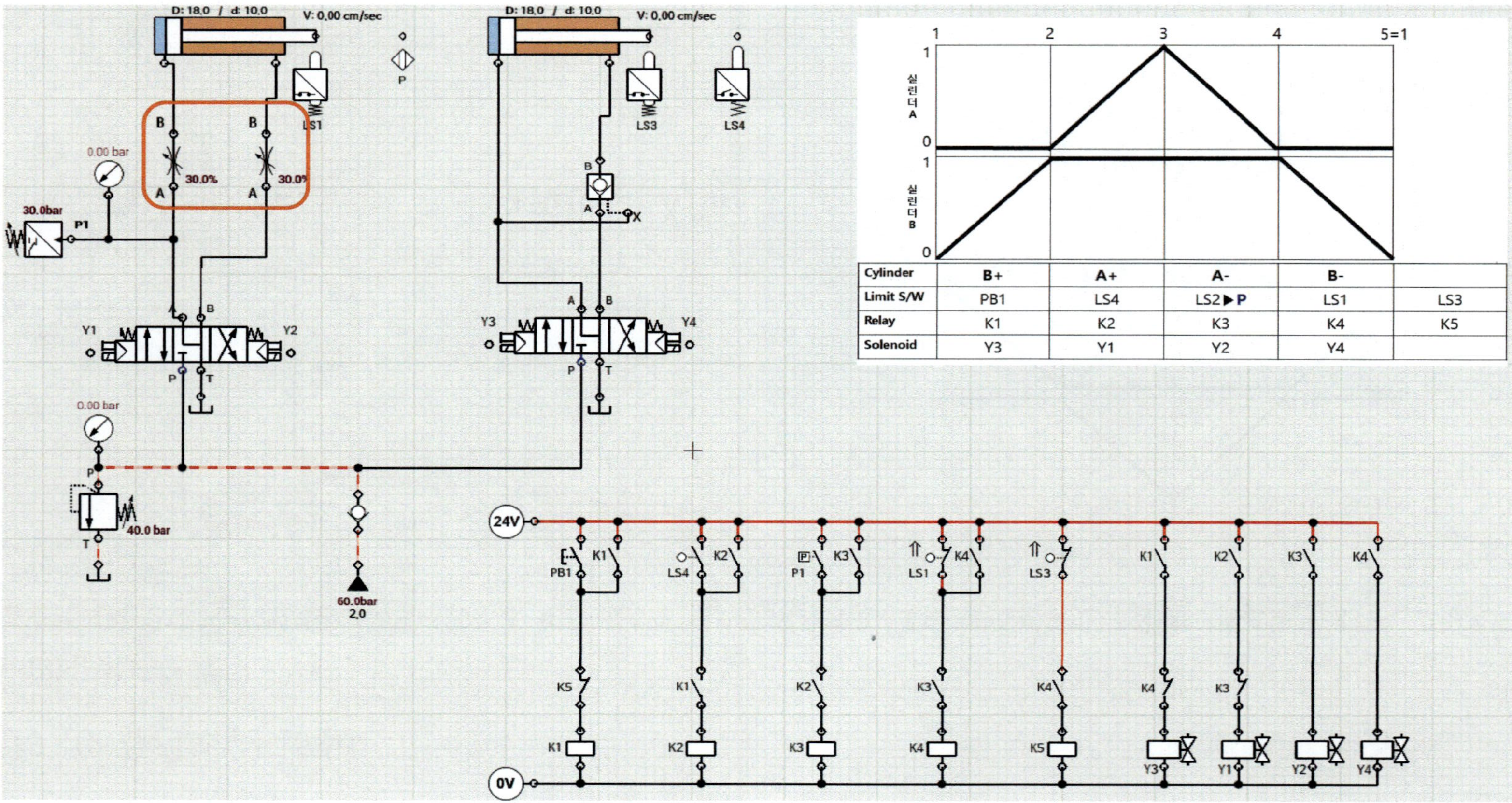

Cylinder	B+	A+	A-	B-	
Limit S/W	PB1	LS4	LS2▶P	LS1	LS3
Relay	K1	K2	K3	K4	K5
Solenoid	Y3	Y1	Y2	Y4	

제 9 장

가스절단 및 용접

(작업 개요)

가스절단 및 용접

※ 시험시간: [제3과제] 60분

9.1 요구사항

※ 지급된 재료와 시설을 사용하여 아래 작업을 완성하시오.
※ 한번 제출한 작품의 재작업은 허용되지 않습니다.
※ 작업 시작 전 지급된 연강판에 각인 여부를 반드시 확인하시오.
※ **가스절단 → 구멍 가공 → 용접 → 보수 용접 → 조립 → 정리정돈** 순서로 작업하시오.

가. 가스절단 및 구멍 가공

※ **가스절단 작업은 10분 이내에 완료**하여야 합니다.

1) 주어진 연강판을 **절단 및 가공 도면(4-3p)과 같이 절단**하시오.
   (단, 작업 후 절단면 외관을 채점하므로 줄이나 그라인더 가공을 금합니다.)
   가) 가스절단 장치 또는 가스 집중 장치의 가스 누설 여부를 확인하시오.
   나) 각 압력 조정기의 핸들을 조정하여 절단 작업에 사용 가능한 적정 압력으로 제어하시오.
   다) 점화 후 가스 불꽃을 조정하여 도면과 같이 작업 수행 후 소화하시오.
   라) 각 호스의 내부 잔류가스를 배출시킨 후 작업 전의 상태로 정리하시오.
2) 절단된 연강판을 **절단 및 가공 도면(4-3p)과 같이 Drilling 및 Tapping** 하시오.

나. 용접

1) 절단 및 가공된 연강판을 용접 및 **조립 도면(4-4p)과 같이 피복 아크 용접**하시오.
   가) 용접전류 등 작업에 필요한 조건은 수험자가 직접 결정하여 설정하시오.
   나) 가용접은 2곳 이하, 가용접 길이는 10 mm 이내로 용접하시오.
   다) 도면에서 지시하는 본 용접구간 모두 필릿 용접하시오.
   (단, **비드 폭과 높이가 각각 요구된 목길이(각장)의 -20 ~ +50% 범위에서 용접**하시오.)

다. 보수 용접

1) 도면에 지시된 보수 용접 **HOLE(1개소)의 상단을 빈틈없이 메우기 위해 용접**하시오.
   (단, HOLE에 보충물(잔봉 또는 철심 등)을 임의로 추가하여 용접하지 않습니다.)
2) 보수 용접 판재 **후면에 용락(처짐)이 없도록 용접**하시오.
   (단, 용락 방지를 위한 이면판(철판 등) 등 관련 장치를 사용하지 않습니다.)

라. 조립(2점)

1) 주어진 볼트(M10)를 이용하여 **용접 및 조립 도면(4-4p)과 같이 조립**하여 제출하시오.

마. 치수

1) 도면에 제시된 치수로 제작하세요.

바. 정리정돈, 안전

1) 평가 종료 후 작업한 자리의 장비, 부품, 공기구 등을 초기 상태로 정리하시오.

9.2 수험자 유의사항

※ 다음의 유의사항을 고려하여 요구사항을 완성하시오.

※ 작업형 과제별 배점은 [공압 시스템 설계 및 구성 30점, 유압 시스템 설계 및 구성 30점, 가스절단 및 용접 40점]이며, 이외 세부항목 배점은 비공개입니다.

▶가스절단 시간: 10분 이내
▶절단면 상태: 완전히 절단되지 않거나 절단면에 후가공하면 실격
▶절단면 단차: 10 mm 이상이면 실격
▶필릿 용접부 상태: 용접구간 내에 10 mm 이상 용접되지 않거나 후가공하면 실격
▶보수 용접수 상태: 지름과 높이가 각각 6 mm 초과하면 실격
▶조립부 상태: 볼트 미채결 및 볼트 훼손의 경우 실격
▶치수 오차: 10 mm 이상이면 실격
▶직각도: 10 mm 이상이면 실격
▶정리정돈
▶안전

1) 시험 시작 전 장비 이상 유무를 확인합니다.
2) 작업 중 안전수칙 준수 여부를 평가하므로, 안전수칙을 준수하여 작업합니다.
3) 전기 용접 작업 시 감전 및 화상 등의 재해가 발생하지 않도록 전기 케이블과 안전보호구를 사전에 점검하여 사용하며, 필요한 안전수칙을 반드시 준수하시기 바랍니다.
   (단, 슬리퍼·샌들 착용, 보안경 미착용 등 복장이 작업에 부적합할 경우 응시가 불가능합니다.)
4) 구멍 가공 시 보안경을 반드시 착용하시기 바랍니다.
5) 시험 중에는 반드시 시험감독위원의 지시에 따라야 하며, 시험시간 동안 시험감독위원의 지시가 없는 한 시험장을 임의로 이탈할 수 없습니다.
6) 시험에 필요한 기기 이외에 임의로 접촉하지 않도록 주의하시기 바랍니다.
7) 가스절단 작업 후 절단면 외관을 평가하므로 줄이나 그라인더 가공을 금합니다.
8) 공단에서 지정한 각인이 날인된 강판으로 작업하여야 합니다.
9) 수험자는 작업이 완료되면 시험감독위원의 확인을 받아야 합니다.
10) 다음 사항은 실격에 해당하여 채점 대상에서 제외됩니다.
   가) 수험자 본인이 수험 도중 시험에 대한 기권 의사를 표현하는 경우
   나) 실기시험 과정 중 1개 과정이라도 불참한 경우
   다) 시설·장비의 조작 또는 재료의 취급이 미숙하여 위해를 일으킬 것으로 시험감독위원 전

원이 합의하여 판단한 경우

라) 기능이 해당 등급 수준에 전혀 도달하지 못한 것으로 시험감독위원이 판단할 경우
마) 부정행위를 한 경우
바) 시험시간 내에 작품을 제출하지 못한 경우
사) 용접봉을 포함한 지급된 재료 이외의 재료를 사용한 경우
아) 강판에 각인이 날인되지 않은 경우
자) 결과물이 주어진 도면과 다른 작품
차) 결과물의 직각도가 ±10 mm, 치수 및 단차가 한 부분이라도 ±10 mm를 초과한 경우
카) 필릿 용접부의 비드 폭과 높이가 각각 요구된 목길이(각장)의 범위를 벗어나는 작품
타) 용접구간 내에 10 mm 이상 용접되지 않았거나, 완전히 절단되지 않은 경우
파) 시험감독위원이 판단하여 더 이상 가스절단 작업을 수행할 수 없다고 인정하는 경우
하) 시험감독위원이 판단하여 전원 합의로 용접의 상태(언더컷, 오버랩, 비드 상태 등 구조상의 결함 등)가 채점 기준에서 제시한 항목 이외의 사항과 관련하여 용접작품으로 인정할 수 없는 경우
거) 용접 시 비드 내에서 전진법이나 후진법을 혼용하여 작업한 경우(용접 시점과 종점은 모두 동일해야 함)
너) 외관 평가 전에 줄이나 그라인더 등으로 후가공한 경우
더) 보수 용접 시 지급된 용접봉 외에 보충물(잔봉 또는 철심 등)을 임의로 추가하여 작업한 경우
러) 보수 용접 후 표면 비드의 높이가 6 mm를 초과하거나 용락이 발생한 작품
머) 보수 용접 시 용락 방지를 위한 이면판(철판 등) 등 관련 장치를 사용한 경우
버) 볼트 미체결 및 볼트를 훼손한 경우

9.3 도면

9.3.1 공개문제 ①

가. 절단 및 가공 도면

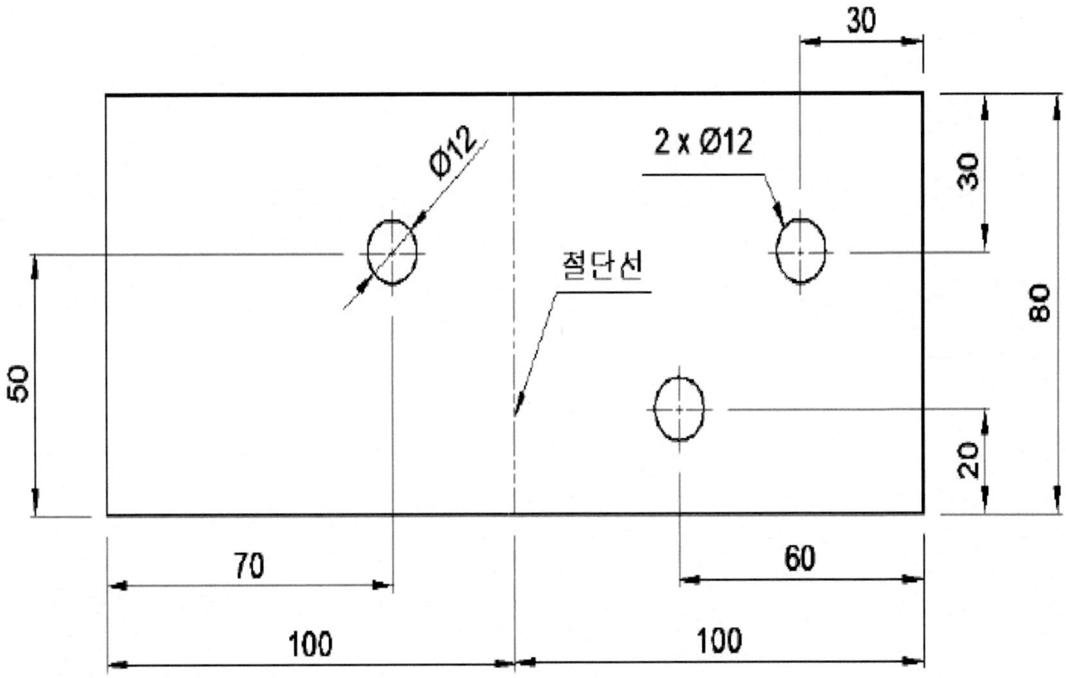

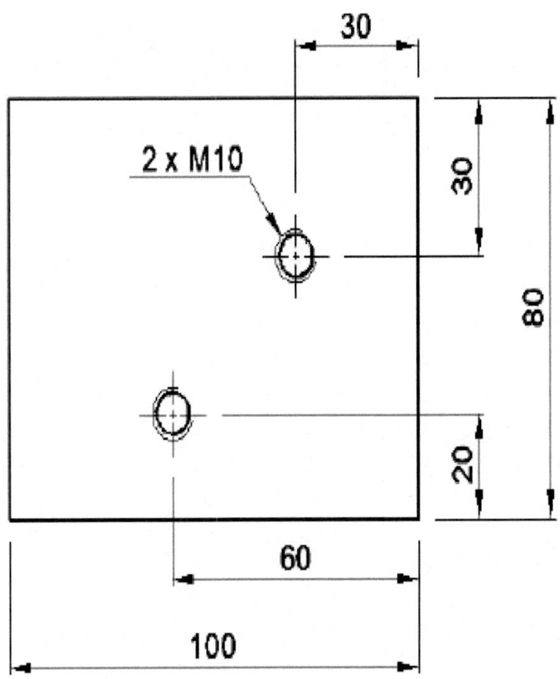

나. 용접 및 조립 도면

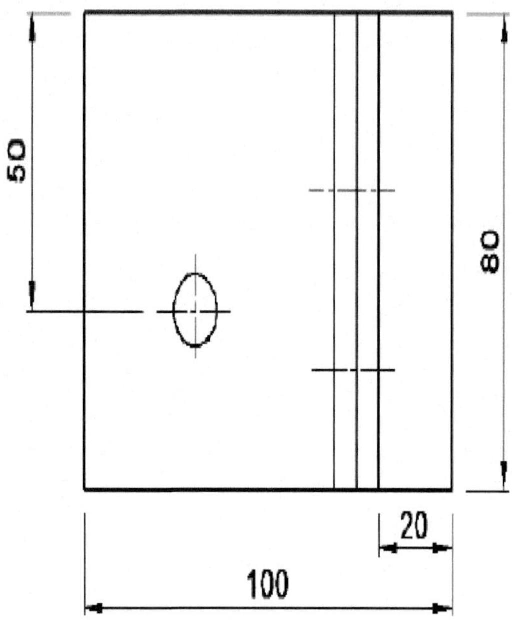

주서

1. 보수용접은 화살표로 지시한 상단부만 작업합니다.

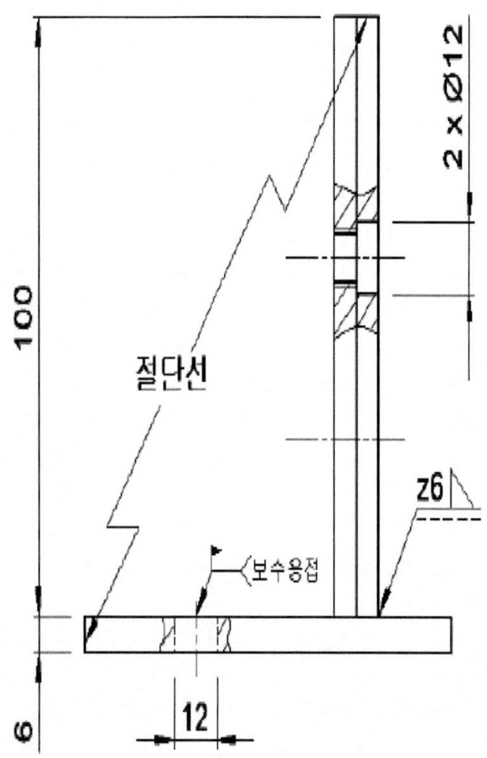

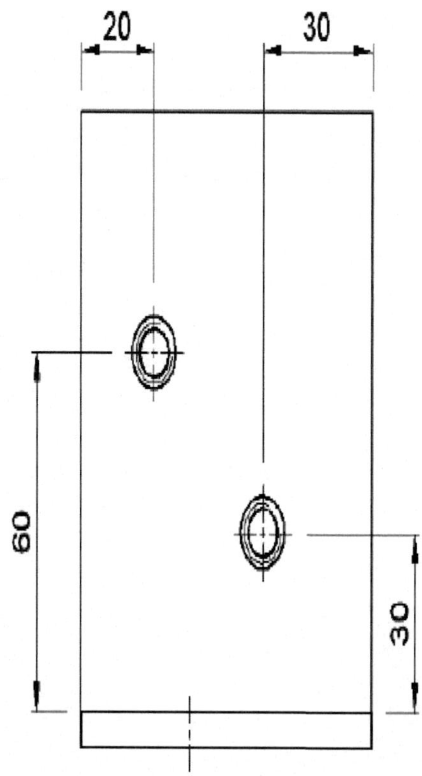

9.3.2 공개문제 ②

가. 절단 및 가공 도면

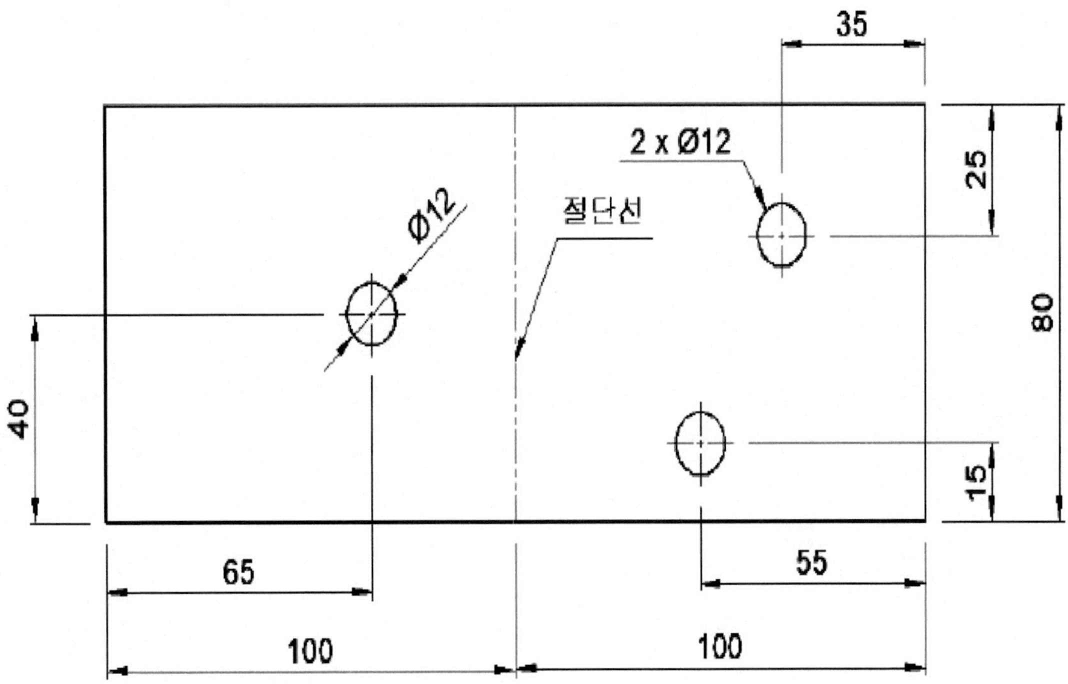

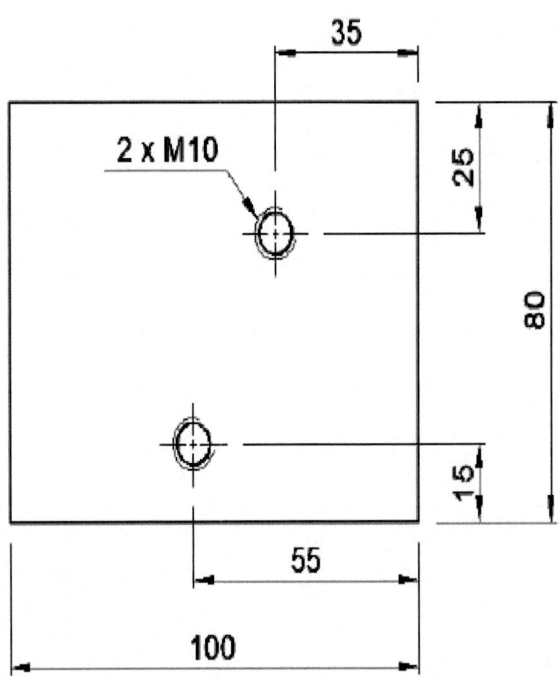

나. 용접 및 조립 도면

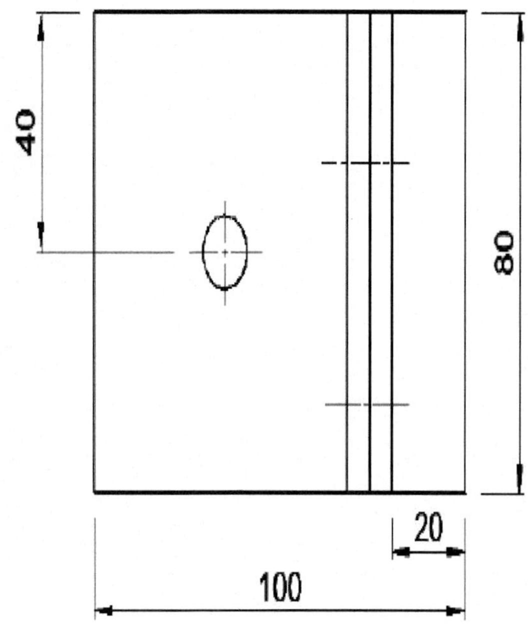

주서

1. 보수용접은 화살표로 지시한 상단부만 작업합니다.

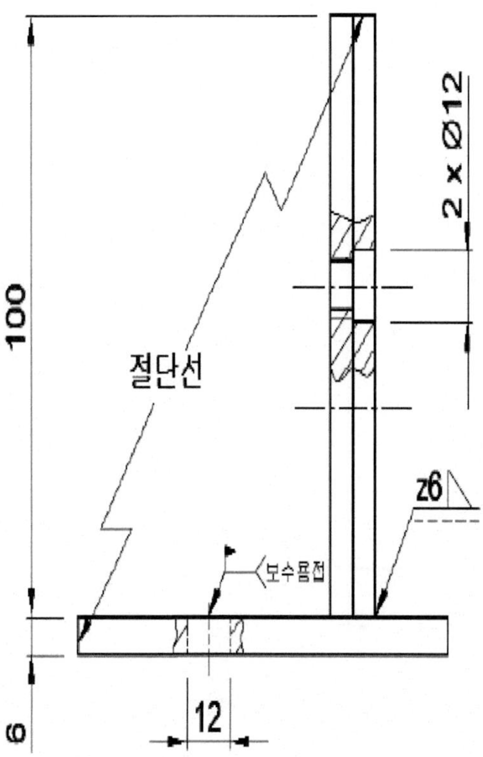

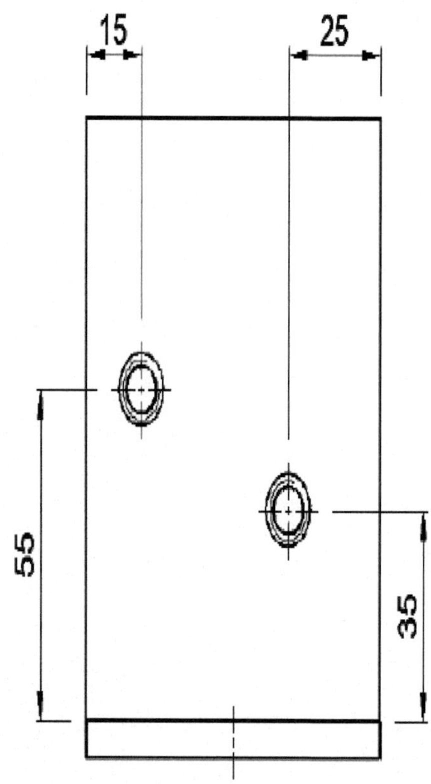

9.3.3 공개문제 ③

가. 절단 및 가공 도면

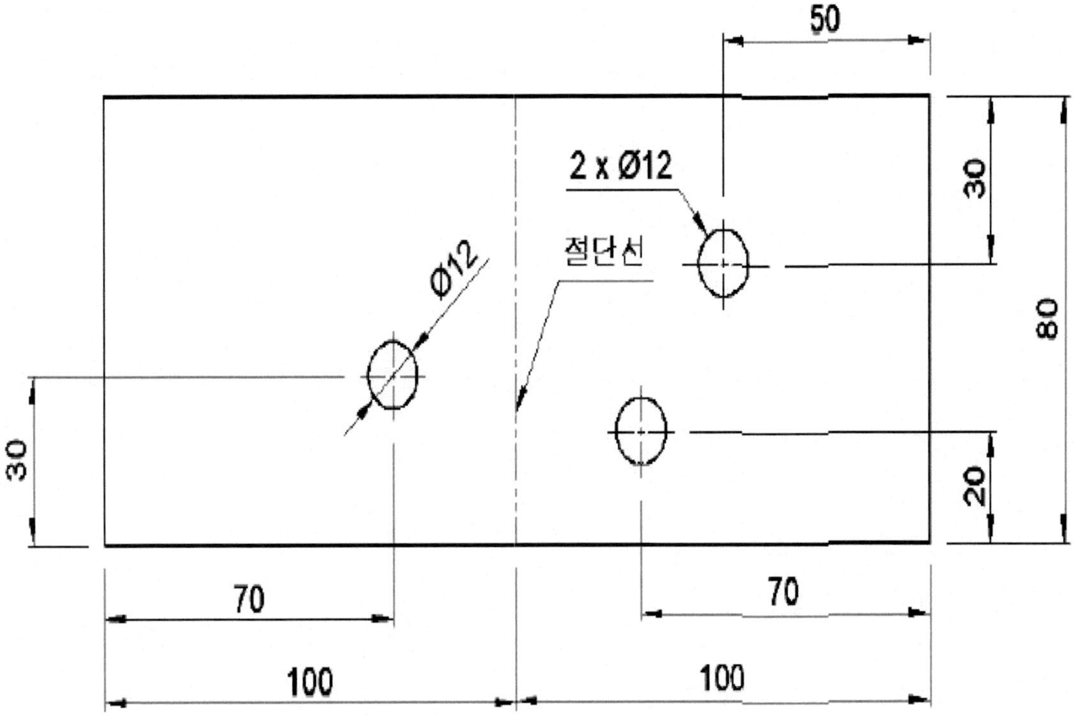

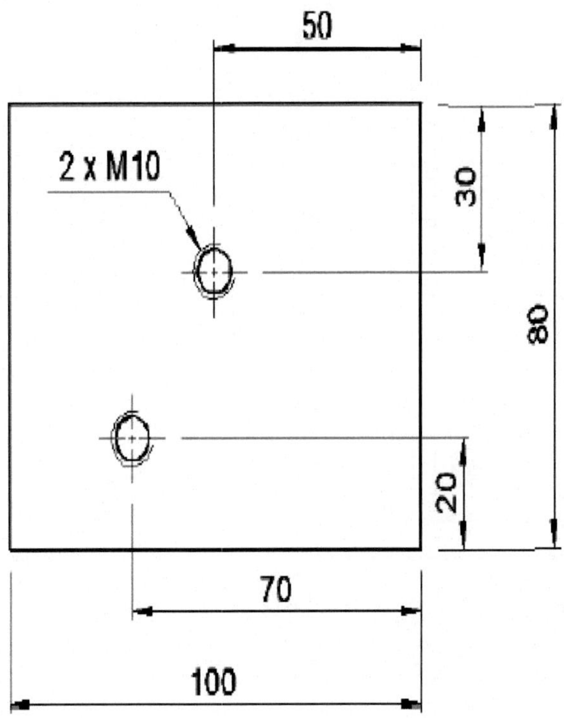

나. 용접 및 조립 도면

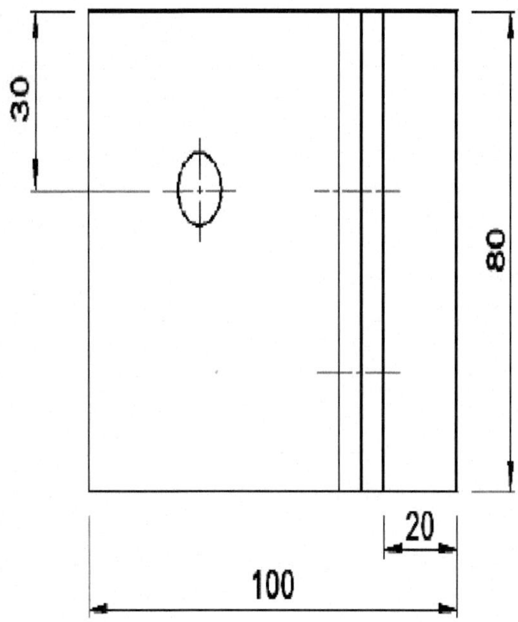

주서

1. 보수용접은 화살표로 지시한 상단부만 작업합니다.

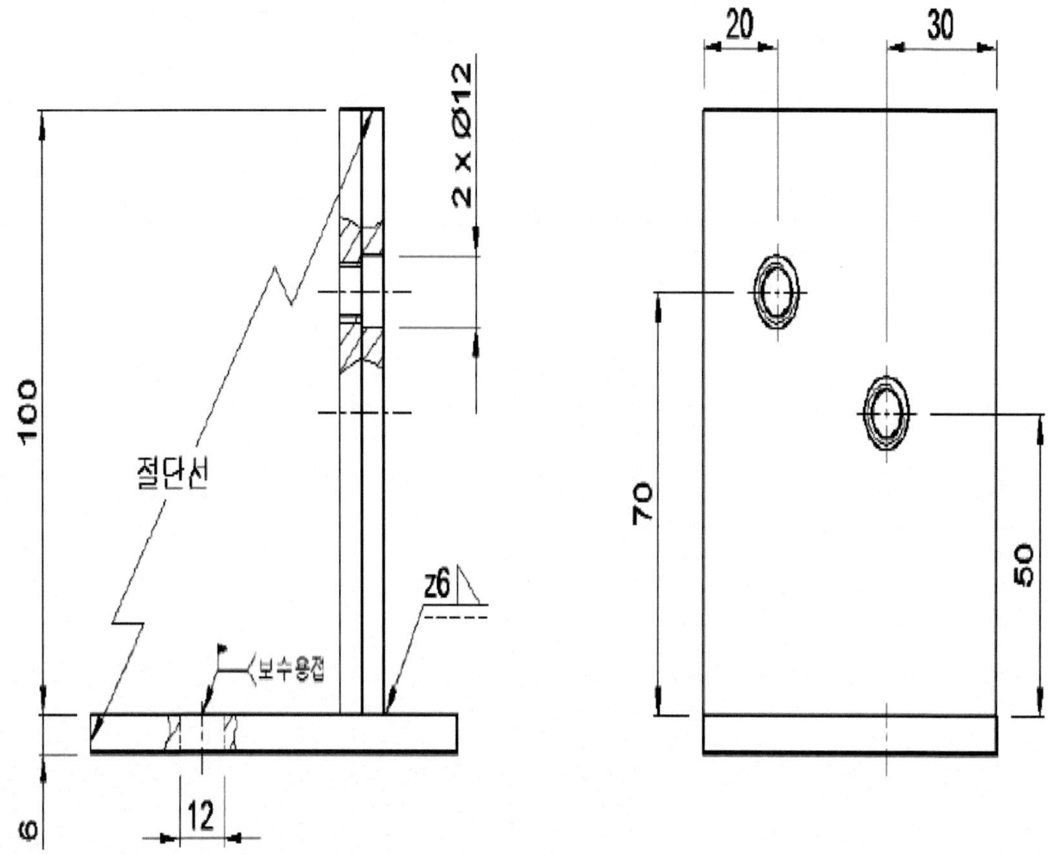

9.3.4 공개문제 ④

가. 절단 및 가공 도면

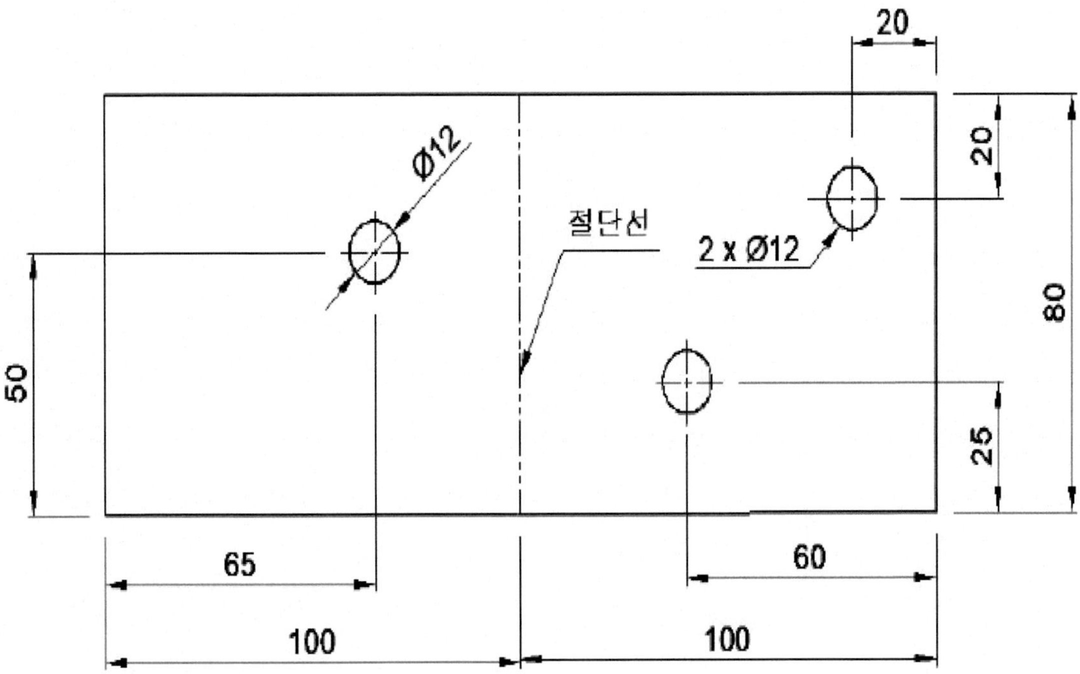

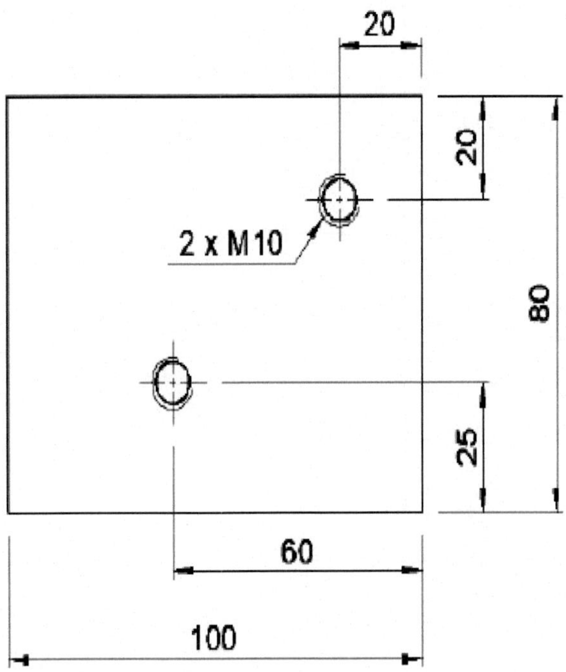

나. 용접 및 조립 도면

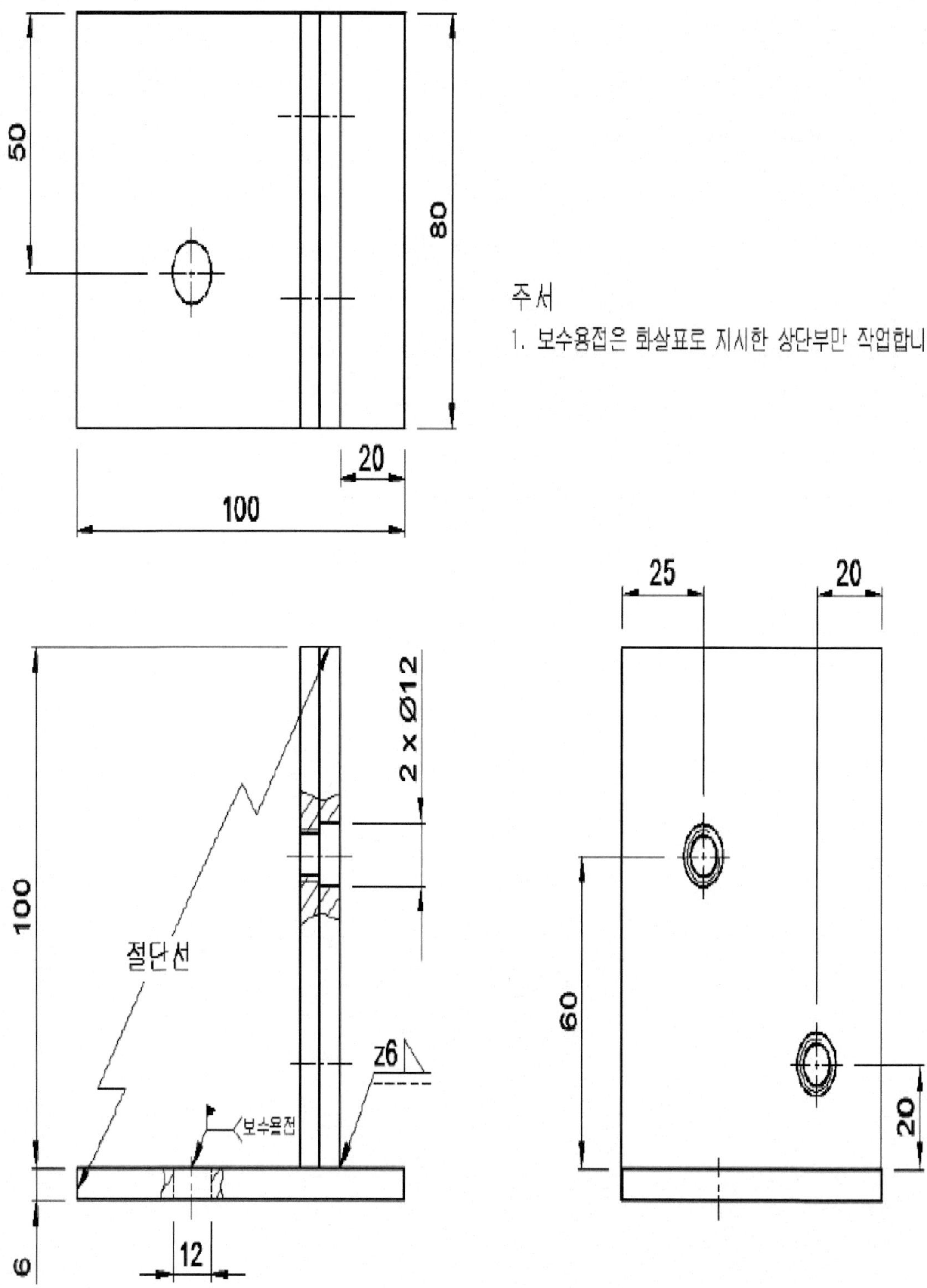

주서

1. 보수용접은 화살표로 지시한 상단부만 작업합니다

9.3.5 공개문제 ⑤

가. 절단 및 가공 도면

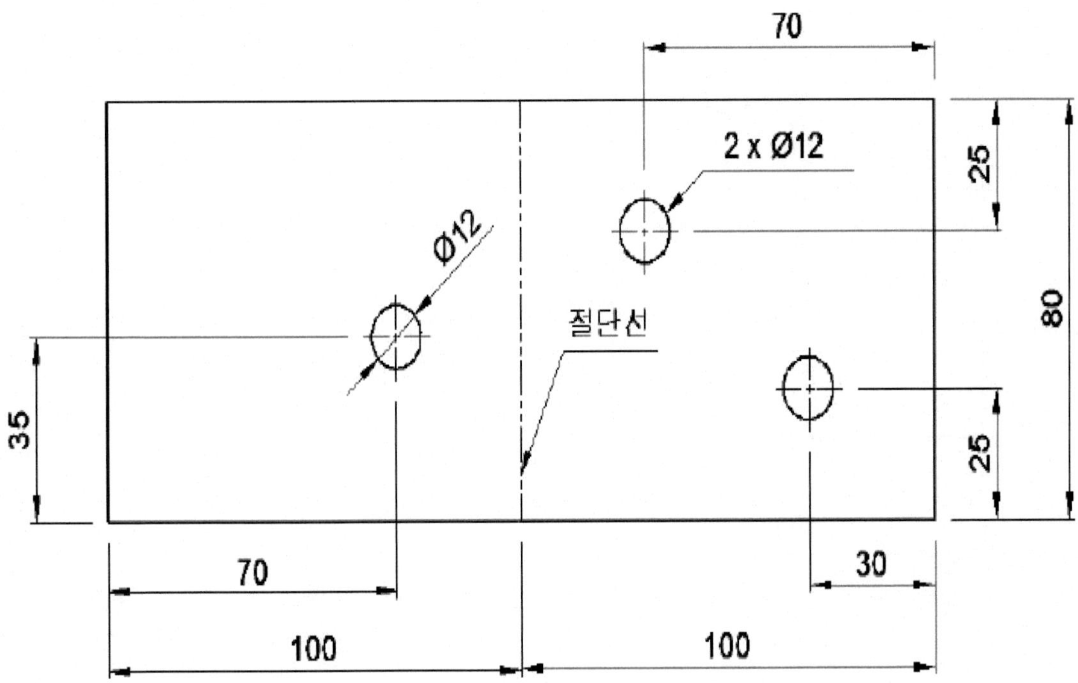

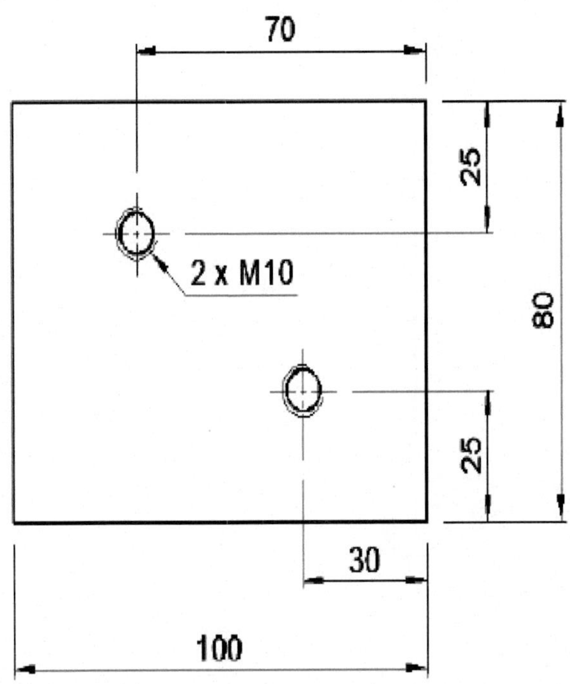

나. 용접 및 조립 도면

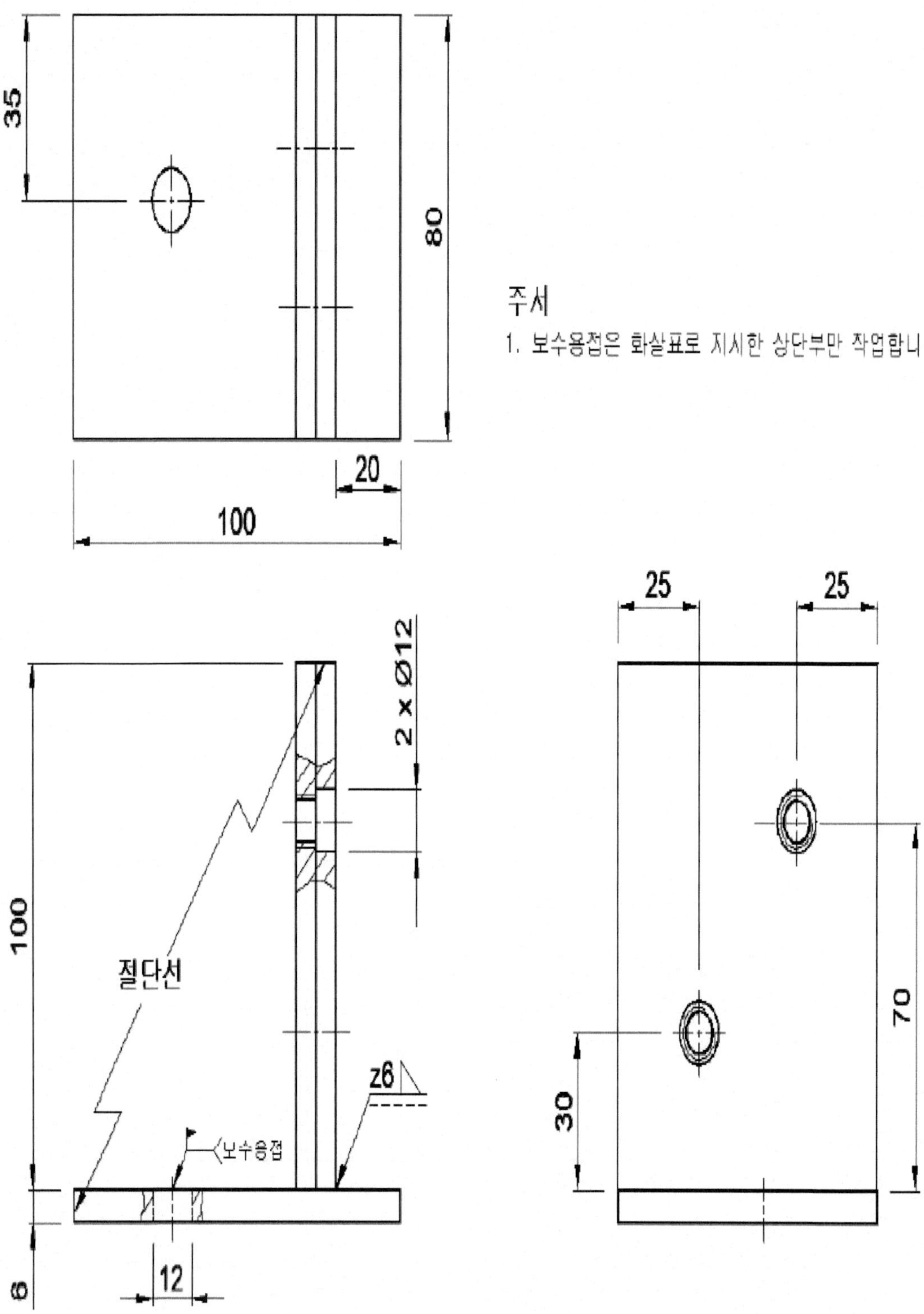

주서

1. 보수용접은 화살표로 지시한 상단부만 작업합니다.

9.3.6 공개문제 ⑥

가. 절단 및 가공 도면

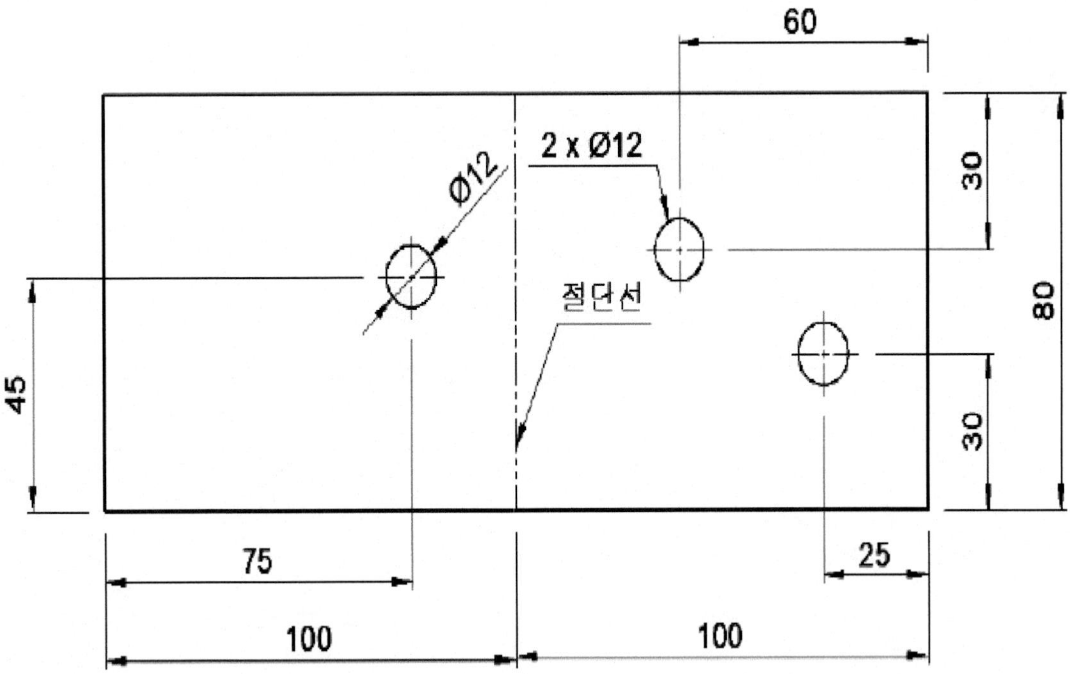

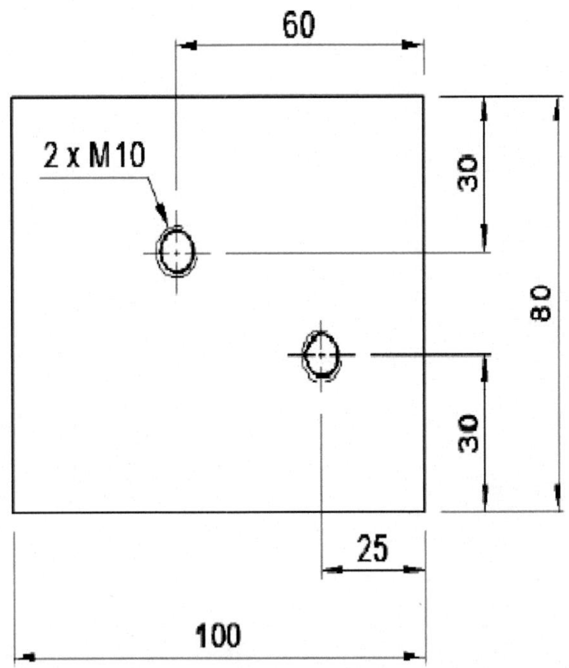

나. 용접 및 조립 도면

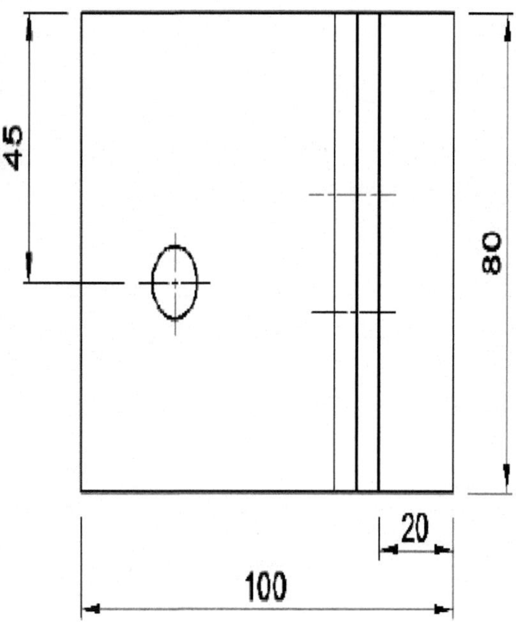

주서

1. 보수용접은 화살표로 지시한 상단부만 작업합니다.

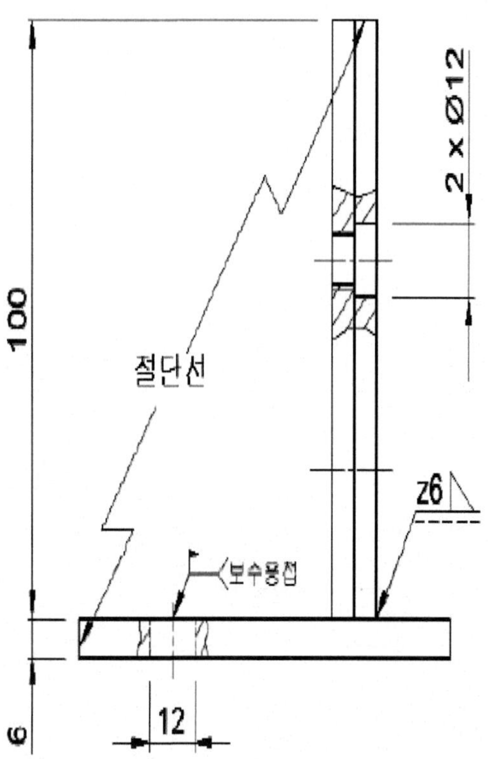

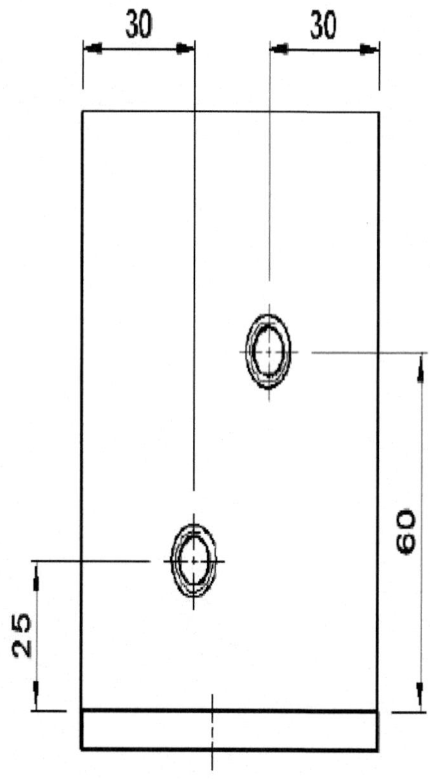

9.3.7 공개문제 ⑦

가. 절단 및 가공 도면

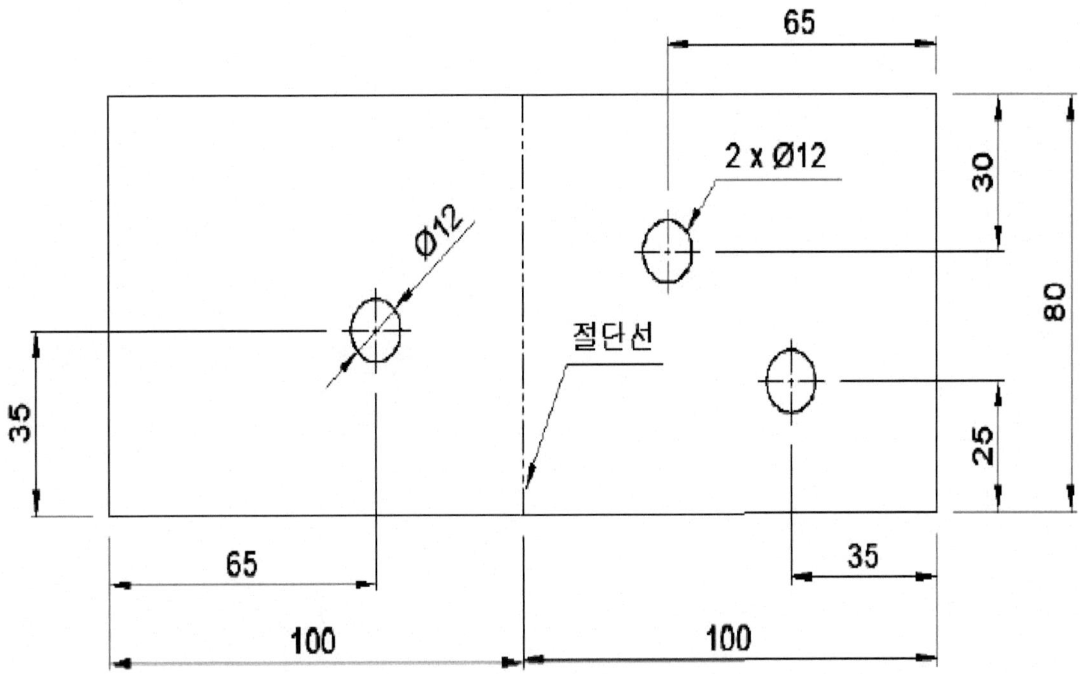

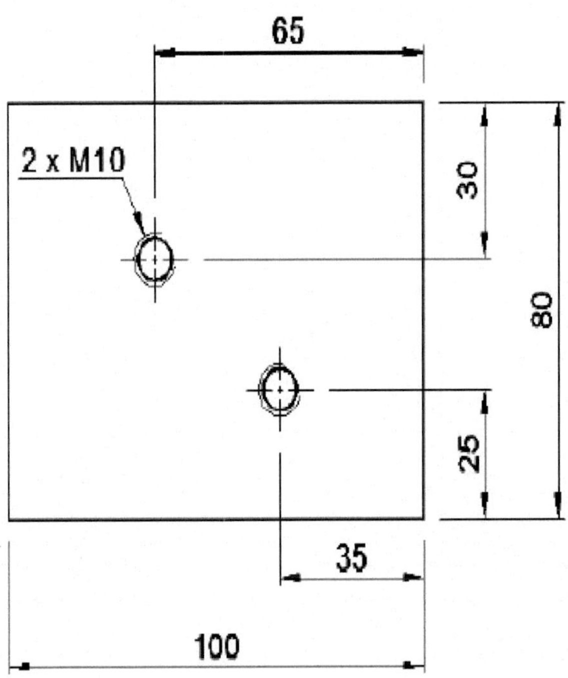

나. 용접 및 조립 도면

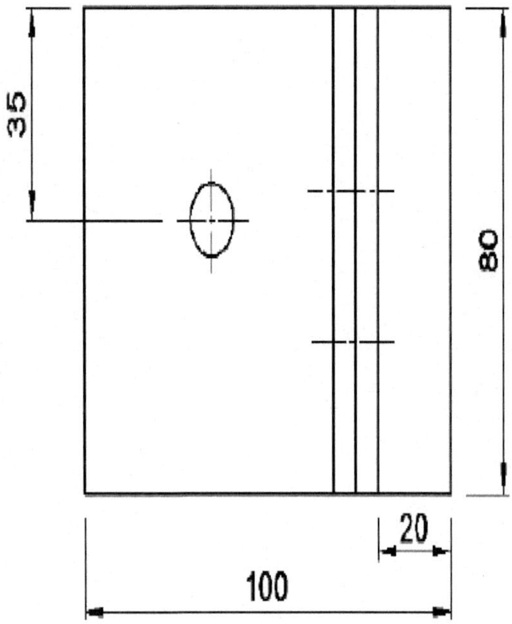

주서

1. 보수용접은 화살표로 지시한 상단부만 작업합니다.

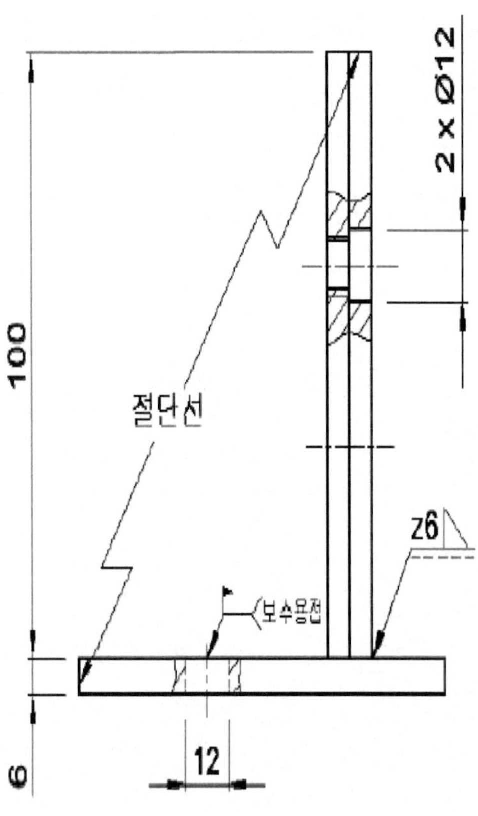

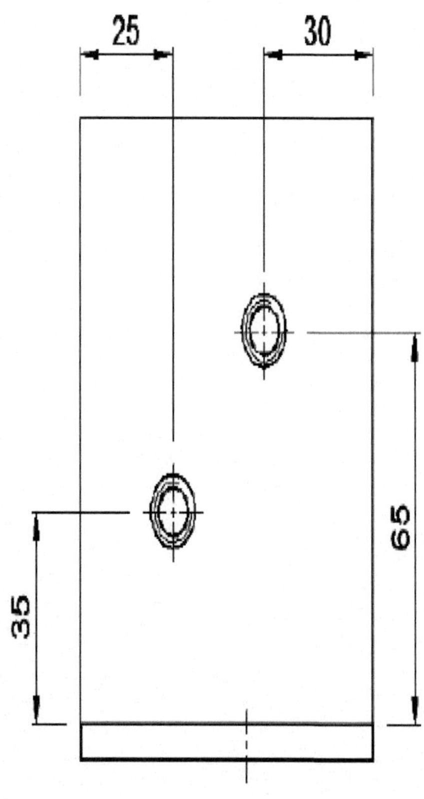

9.3.8 공개문제 ⑧

가. 절단 및 가공 도면

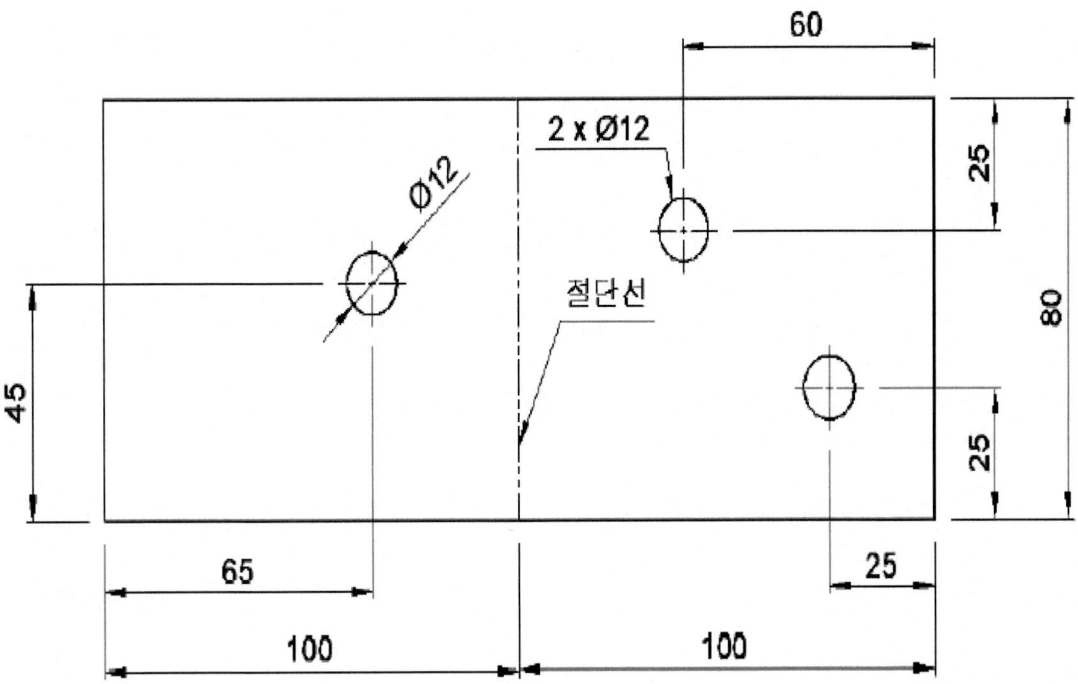

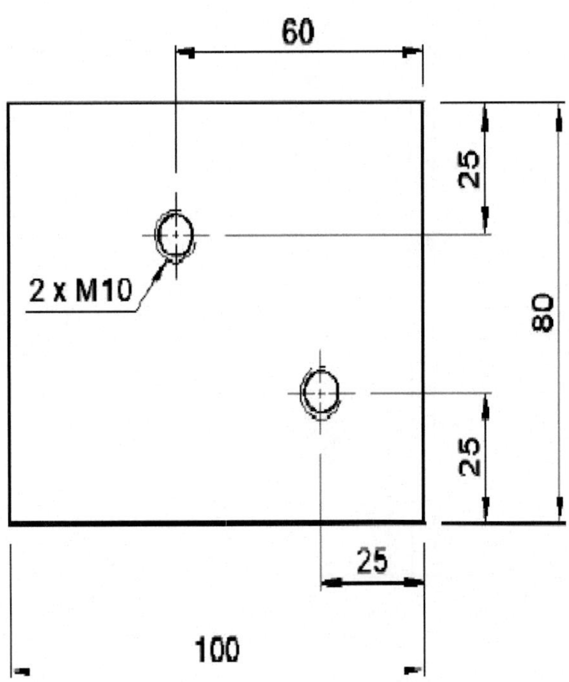

나. 용접 및 조립 도면

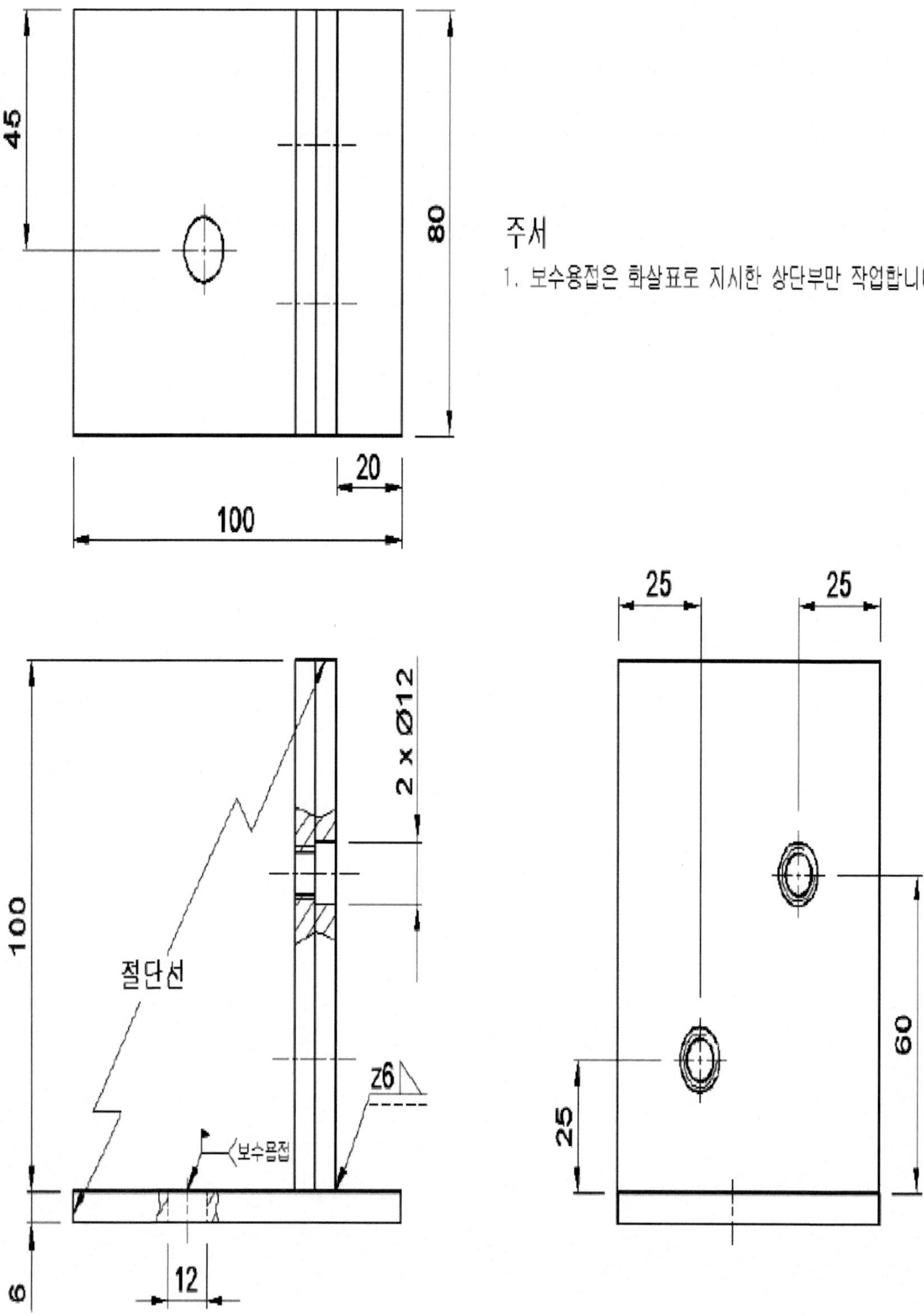

주서

1. 보수용접은 화살표로 지시한 상단부만 작업합니다.

9.4 작업 재료 목록

번호	재료명	규격	단위	수량	비고
1	연강판	200 X 80, 6t	EA	1	
2	연강판	100 X 80, 6t	EA	1	
3	절단 가스	LPG 또는 아세틸렌	EA	-	
4	드릴	Ø8.5, Ø12	EA	각 1개	
5	핸드탭	M10×1.5	SET	1	
6	육각머리 볼트	M10×20	EA	2	
7	전기용접봉	E4316, Ø3.2	EA	3	
8	용접기	직류 또는 교류	EA	-	개인 지참 불가

출처: 한국산업인력공단(Q-net)

9.5 수험자 지참준비물 목록

번호	재료명	규격	단위	수량	비고
1	강철자	300 mm	EA	1	
2	금긋기 바늘	150	EA	1	표시용
3	마그네틱 베이스	제품고정용	EA	1	모재고정용
4	바이스 플라이어	중	EA	1	모재고정용
5	보안경	기계 가공용	EA	1	
6	석필	보통	EA	1	표시용
7	센터펀치	100 mm	EA	1	
8	용접용 보호 기구 일체		EA	1	산업용 용접면, 용접 앞치마, 용접 장갑
9	조절 렌치	150 mm	EA	1	멍키스패너
10	줄	세목, 중목, 황목	EA	1	
11	탭 핸들	300 mm	EA	1	

※ 수험자는 작업에 필요한 기타 필요 공구를 추가로 지참할 수 있습니다.
(단, 자체제작 지그를 포함하여 용접용 지그 등은 지참 불가합니다)

※ 수험자는 수행하는 작업에 적합한 안전보호구를 반드시 지참하여야 하며, 시험 중 안전수칙을 준수해야 합니다.

※ 작업 복장 상태, 정리정돈 상태, 안전수칙 준수 여부 들이 채점에 포함됩니다.

출처: 한국산업인력공단(Q-net)

APPENDIX

1.1 출제기준(필기)

직무분야	기계	중직무 분야	기계장비설비·설치	자격종목	설비보전산업기사

○ 직무내용 : 생산시스템이나 설비(장치)의 설비보전에 관한 이론 및 실무 지식을 가지고, 설비의 장치와 기계를 효율적으로 관리하기 위해 예측, 예방 및 사후 정비 등을 통하여 정비작업 등을 수행하는 직무이다.

필기검정방법	객관식	문제수	60문제	시험시간	1시간 30분

필기 과목명	문제수	주요항목	세부항목	세세항목
공유압 및 자동제어	20	1. 공기압제어	1. 공기압제어 방식 설계	1. 공기압 기초 2. 공기압 제어 3. 공기압축기 4. 공기압 밸브 5. 공기압 액추에이터 6. 공기압 기타 기기
			2. 공기압제어 회로구성	1. 공기압제어 회로기호 2. 공기압제어 회로
			3. 시험 운전	1. 공기압기기 관리
		2. 유압제어	1. 유압제어 방식 설계	1. 유압 기초 2. 유압 제어 3. 유압 펌프 4. 유압 밸브 5. 유압 액추에이터 6. 유압 기타 기기
			2. 유압제어 회로 구성	1. 유압제어 회로기호 2. 유얍제어 회로
			3. 시험 운전	1. 유압기기 관리

		3. 제어 기초	1. 제어의 기초이론	1. 자동제어의 기본개념 2. 제어계의 전달함수 3. 주파수 응답
		4. 전기전자 장치조립	1. 전기전자장치 조립	1. 전기전자 조립 공구와 장비 2. 전기전자 부품
			2. 전기전자장치 기능검사	1. 전류·전압·저항 측정
			3. 전기전자장치 안전성 검사	1. 전기전자장치 검사방법 2. 계측기기 유지보수
		5. 센서 활용 기술	1. 센서 선정	1. 센서의 종류와 특성
			2. 센서 회로 구성	1. 신호 변환, 전송, 처리, 출력
			3. 센서 신호	1. 센서 신호 측정방법
			4. 센서 관리	1. 센서 관리
		6. 모터 제어	1. 제어방식 설계	1. 모터 구조와 특성
			2. 제어회로 구성	1. 모터 제어기
			3. 시험 운전	1. 제어기 간 상호 인터페이스
			4. 유지 보수	1. 모터 관리
설비진단 및 관리	20	**1. 설비진단**	1. 설비진단의 개요	1. 설비진단 기술의 기초 2. 설비진단 기법
			2. 진동이론	1. 진동의 기초 2. 진동의 물리량

			3. 진동측정	1. 진동측정의 개요 2. 진동측정 시스템 3. 진동측정용 센서
			4. 소음이론과 측정	1. 소음의 개요 2. 소음의 물리적 성질 3. 음의 발생과 특성
			5. 진동소음 제어	1. 기계진동 방지대책 2. 공장소음 방지대책 3. 공장 소음과 진동 발생원
			6. 회전기계의 진단	1. 회전기계 진단의 개요 2. 회전기계의 간이진단 3. 회전기계의 정밀진단
			7. 윤활관리 진단	1. 윤활의 개요 2. 윤활의 종류와 특성 3. 윤활제의 급유·급지법 4. 윤활유의 열화와 관리기준
		2. 설비관리	1. 설비관리 개요	1. 설비관리의 이해 2. 설비의 범위와 분류 3. 설비관리의 조직과 구성원
			2. 설비계획	1. 설비계획의 개요 2. 설비배치 3. 설비의 신뢰성 및 보전성 관리 4. 설비의 경제성 평가 5. 정비계획 수립방법

			3. 설비보전의 계획과 관리	1. 설비보전과 관리 시스템 2. 설비보전 조직과 표준 3. 설비보전의 본질과 추진방법 4. 설비의 예방보전 5. 공사관리 6. 보전용 자재관리와 보전비 관리 7. 보전작업관리와 보전효과 측정
			4. TPM	1. TPM의 개요 2. 설비효율 개선방법 3. 만성손실 개선방법 4. 제조부문의 자주보전 활동 5. 보전부문의 계획 보전활동
기계보전, 용접 및 안전	20	**1. 기계장치 보전**	1. 기계요소 보전	1. 체결용 기계요소 2. 축 기계요소 3. 전동용 기계요소 4. 제어용 기계요소 5. 관계 기계요소
			2. 기계장치 보전	1. 밸브의 점검 및 정비 2. 펌프의 점검 및 정비 3. 송풍기의 점검 및 정비 4. 압축기의 점검 및 정비 5. 감속기의 점검 및 정비 6. 전동기의 점검 및 정비
		2. 기본측정기 사용	1. 기본측정기 사용	1. 측정기 선정 2. 기본측정기 사용
		3. 드릴·보링 가공	탭·드릴·보링 가공	1. 탭·드릴·보링 가공 작업 2. 절삭 공구의 특성과 종류 3. 공구 수명 및 마모

		4. 기계부품조립	기계부품조립	1. 조립작업계획 2. 도면해독 3. 공구 활용 4. 조립측정검사
		5. 용접일반 이론	1. 아크 용접	1. 용접의 총론 2. 피복금속아크용접 3. 서브머지드 아크용접 4. 가스·텅스텐 아크용접 5. 가스·금속 아크용접 6. 플럭스코어드 아크용접 7. 기타 아크용접
		6. 용접시공	1. 용접시공 및 검사	1. 용접이음과 결함의 종류 2. 용접변형과 잔류응력 3. 용접결함의 생성과 특성 및 방지대책
		7. 안전관리	1. 작업 안전관리	1. 기계작업 안전 2. 용접 및 가스작업 안전 3. 전기취급 안전 4. 산업시설 안전 5. 안전보호구 6. 산업안전보건법령

1.2 출제기준(실기)

직무분야	기계	중직무야	기계장비설비·설치	자격종목	설비보전산업기사

○ 직무내용 : 생산시스템이나 설비(장치)의 설비보전에 관한 복합적인 지식을 가지고, 설비의 장치 및 기계를 효율적으로 관리하기 위해 예측, 예방, 및 사후 정비 등을 통하여 정비작업 등을 수행하는 직무이다.

○ 수행준거 :
1. 공기압장치를 설치 및 조립하여 작동시킬 수 있다.
2. 유압장치를 설치 및 조립하여 작동시킬 수 있다.
3. 기계장치 제어를 위한 전기전자장치의 요소별 특성을 이해하고 조립에 필요한 요소를 선정할 수 있다.
4. 강판을 절단하기 위해 절단기를 조작할 수 있다.
5. 용접절차사양서에 따라 용접조건을 설정하고 작업에 필요한 용접부 온도관리를 하며 필릿용접을 할 수 있다.
6. 본용접 작업 후 용접부의 결함과 보수기준을 확인하여, 용접결함에 대한 보수작업을 수행할 수 있다.
7. 제품의 형상, 특성에 따른 기준면을 선정하고 탭, 드릴, 보링 작업을 수행할 수 있다.
8. 기계장치의 정확한 동작과 규격 조건을 만족시키기 위하여 작업공정 순서에 따라 정확히 조립할 수 있다.
9. 작업을 안전하게 수행하기 위하여 안전기준을 확인하고 안전수칙을 준수하며 안전예방 활동을 할 수 있다.

실기검정방법	작업형	시험시간	3시간 정도
실기 과목명	**주요항목**	**세부항목**	**세세항목**
설비보전 응용 실무	**1. 공기압 장치조립**	1. 공기압 회로도면 파악하기	1. 공기압 회로도를 파악하기 위하여 도면을 해독할 수 있다. 2. 공기압 회로도에 따라 부품의 규격을 파악할 수 있다. 3. 공기압 회로도에 따라 고장 원인과 비정상 작동원인을 파악할 수 있다.

		2. 공기압 장치 조립하기	1. 공기압 장치 부품의 지정된 위치를 파악하고 정확히 조립할 수 있다. 2. 공기압 장치를 조립하기 위하여 규격에 적합한 조립 공구와 장비를 사용할 수 있다. 3. 공기압 장치 조립 작업의 안전을 위하여 공기압 장치 조립 시 안전사항을 준수할 수 있다.
		3. 공기압 장치기능 확인하기	1. 공기압 장치의 기능을 확인하기 위하여 조립된 공기압 장치를 검사하고 조립도와 비교할 수 있다. 2. 조립된 공기압 장치를 구동하기 위하여 동작 상태를 확인하고 이상발생 시 수정하여 조립할 수 있다. 3. 공기압 장치의 기능을 확인하기 위하여 측정한 데이터를 기록하고 관리할 수 있다.
	2. 유압 장치 조립	1. 유압 회로도면 파악하기	1. 유압 회로도를 파악하기 위하여 도면을 해독할 수 있다. 2. 유압 회로도에 따라 부품의 규격을 파악할 수 있다. 3. 유압 회로도에 따라 고장 원인과 비정상 작동원인을 등을 파악할 수 있다.
		2. 유압 장치 조립하기	1. 유압 장치 부품의 지정된 위치를 파악하고 정확히 조립할 수 있다. 2. 유압 장치를 조립하기 위하여 규격

			에 적합한 조립 공구와 장비를 사용할 수 있다. 3. 유압 장치 조립 작업의 안전을 위하여 유압 장치 조립 시 안전사항을 준수할 수 있다.
		3. 유압 장치기능 확인하기	1. 유압 장치의 기능을 확인하기 위하여 조립된 유압 장치를 검사하고 조립도와 비교할 수 있다. 2. 조립된 유압 장치를 구동하기 위하여 동작 상태를 확인하고 이상발생 시 수정하여 조립할 수 있다. 3. 유압 장치의 기능을 확인하기 위하여 측정한 데이터를 기록하고 관리할 수 있다.
	3. 전자장치조립	1. 전기전자장치 조립하기	1. 전기전자 장치 부품의 지정된 위치를 파악할 수 있다. 2. 전기전자 장치를 조립하기 위하여 규격에 적합한 조립 공구와 장비를 사용할 수 있다. 3. 전기전자장치 도면에 따라 지정된 위치에 부품을 조립할 수 있다.
		2. 전기전자장치 기능검사하기	1. 전기전자 장치의 기능을 확인하기 위하여 조립된 전기전자 장치를 측정하고 조립도와 비교할 수 있다. 2. 조립된 전기전자 장치를 구동하기 위하여 간섭과 동작 상태를 확인하

			고, 이상 발생 시 수정하여 조립할 수 있다. 3. 전기전자 장치의 기능을 확인하기 위하여 측정한 데이터를 기록하고 관리할 수 있다.
		3. 전기전자장치 안전성 검사하기	1. 전기전자장치의 안전성 검사항목을 선정할 수 있다. 2. 작성된 안전성 기준서를 토대로 전기전자장치의 안전성 검사를 실시할 수 있다. 3. 전기전자 장치의 안전을 확인하기 위하여 측정한 데이터를 기록하고 관리할 수 있다.
	4. 수동·반자동 가스절단	1. 수동·반자동 절단기 조작 준비하기	1. 매뉴얼에 따라 절단기 이상 유무를 확인할 수 있다. 2. 제작사 작업안전절차에 따라 가스 및 전기 등 유틸리티 상태를 점검하고, 이상 유무를 확인할 수 있다. 3. 도면 확인 후, 절단 형상을 확인하고, 용접가능성 및 방법에 있어 작업자가 어려움이 없는지 확인할 수 있다.
		2. 수동·반자동 절단기 조작하기	1. 사용 매뉴얼을 숙지하여 절단기를 조작할 수 있다. 2. 작업 안전절차에 따라 절단작업을 수행할 수 있다. 3. 절단기 이상 발견 시, 제작사 절차에 따라 작업 수리를 의뢰할 수 있다.

			4. 강판 두께에 따라 불꽃 세기를 조정하고, 육안으로 확인할 수 있다. 5. 강판 두께에 따라 예열시간, 절단속도를 확인·조정할 수 있다.
		3. 수동·반자동 가스 절단 측정· 검사하기	1. 절단기 부속품을 검사·측정하여 불량 시, 제작사 절차에 따라 교체·수리할 수 있다. 2. 결과물 절단부위에 대한 작업표준 준수여부를 검사할 수 있다. 3. 제작사 절차에 따른 절단부위 검사항목을 측정하여 기록할 수 있다.
		4. 수동·반자동 절단기 유지·관리하기	1. 제작사 관리 기준에 의하여 일일점검, 정기점검 등을 수행할 수 있다. 2. 소모품 및 사용기한이 만료된 부속품을 교체할 수 있다. 3. 조작 및 동작상태 점검으로 이상 유무를 판단하여 적절한 조치를 취할 수 있다. 4. 사용매뉴얼을 숙지하여 분해, 조립 및 고장에 대하여 처리할 수 있다.
	5. 피복아크용접 필릿용접	1. T형 필릿 용접하기	1. 용접절차사양서에 따라 용접기의 종류를 선정하고 용접조건을설정할 수 있다. 2. 용접절차사양서에 따라 T형 필릿 용접작업을 수행할 수 있다. 3. 용접절차사양서에 따라 용접 전후 처리를 할 수 있다.

	6. 피복아크용접 결함부 보수용접 작업	1. 용접부 결함 확인하기	1. 치수상 결함여부를 확인할 수 있다. 2. 용접형상, 오버랩, 언더컷, 용접균열 등의 여부를 확인할 수 있다. 3. 용접부의 기계적성질을 확인할 수 있다.
		2. 보수기준 확인하기	1. 규격(KS, ASME, AWS 등) 의한 결함 판정기준을 파악할 수 있다. 2. 기공, 슬래그혼입, 언더컷 등에 대한 보수용접 기준을 파악할 수 있다. 3. 확인한 용접결함에 대해 보수기준을 적용하여 보수작업 진행 여부를 결정할 수 있다.
		3. 용접결함 보수하기	1. 확인된 용접결함부의 제거를 실시한 후 보수 용접작업을 수행할 수 있다. 2. 보수 용접작업을 수행한 용접부에 후처리를 실시할 수 있다. 3. 후처리까지 마친 용접부에 비파괴 검사를 실시하여 결함 보수 완료 여부를 확인할 수 있다.
	7. 탭·드릴·보링 가공	1. 작업 준비하기	1. 제품의 형상에 적합한 공구를 선택할 수 있다. 2. 공작물의 설치방법에 따라 공작물을 설치할 수 있다. 3. 작업순서를 고려하여 절삭공구를 설치할 수 있다. 4. 도면에 의해서 제품의 형상, 특성에 따른 기준면을 설정할 수 있다.

		2. 본가공 수행하기	1. 작업요구사항에 따라 장비를 설정하고, 가공작업을 수행할 수 있다. 2. 수동작업 시 절삭조건을 충족할 수 있도록 이송속도, 이송범위, 절삭깊이를 제어할 수 있다. 3. 이상발생시 조치를 취하고, 보고할 수 있다. 4. 절삭조건이 부적합한 경우 수정할 수 있다. 5. 절삭칩으로 인한 안전사고, 공구의 파손, 제품의 불량을 방지할 수 있다. 6. 보링작업 시 열, 진동에 의한 치수 변화를 최소화할 수 있다. 7. 도면에 따른 가공을 하기 위해 각 좌표축의 기준점을 설정할 수 있다.
		3. 검사 · 수정하기	1. 측정 대상별 측정방법과 측정기의 종류를 파악하여 측정오차가 생기지 않도록 측정할 수 있다. 2. 공구수명 단축원인과 가공치수 불량의 원인을 파악하고 적절한 대처방안을 강구할 수 있다. 3. 측정 후 불량부위 발생 시 수정여부를 결정할 수 있다.
	8. 기계부품조립	1. 기계부품조립 준비하기	1. 기계조립 계획을 수립할 수 있다. 2. 수립된 기계 조립 계획에 따라 기계장치 조립에 필요한 공구와 기계장치, 소요부품의 수량을 확인하고 준비할 수 있다. 3. 조립공간을 확보하고 주변 정리정돈할 수 있다.

		2. 기계부품 조립하기	1. 기계조립계획에 따라 기계장치 조립을 할 수 있다. 2. 기계조립 시 올바른 조립을 위하여 규격에 맞는 공구와 부품을 사용할 수 있다. 3. 기계조립 작업의 안전을 위하여 작업 안전 규정에 따라 기계조립을 할 수 있다.
		3. 기계부품조립 기능 확인하기	1. 정확히 조립이 되었는지 확인하기 위하여 기계조립도면과 비교할 수 있다. 2. 조립된 기계장치의 이상발생 시 수정을 위하여 기계장치의 동작 상태를 확인하고 수정하여 보완 할 수 있다. 3. 기계조립 장치의 정확한 구동을 위하여 측정하고 검사한 데이터를 기록하고 관리할 수 있다.
	9. 조립안전관리	1. 안전기준 확인하기	1. 작업장에서 안전사고를 예방하기 위해 안전기준을 확인 할 수 있다. 2. 정기 또는 수시로 안전기준을 확인하여 보완할 수 있다.

		2. 안전수칙 준수하기	1. 안전기준에 따라 안전보호장구를 착용할 수 있다. 2. 안전기준에 따라 작업을 수행할 수 있다. 3. 안전기준에 따라 준수사항을 적용할 수 있다. 4. 안전사고를 방지하기 위한 예방활동을 할 수 있다.

1.3 기호 및 단위

1.3.1 그리스 문자

A	α	알파(alpha)	I	l	요타(jota)	P	ρ	로(rho)
B	β	베타(beta)	K	k	카파(kappa)	Σ	σ	시그마(sigma)
r	ζ	감마(gamma)	Λ	λ	람다(lambda)	T	τ	타우(tau)
Δ	δ	델타(delta)	M	μ	뮤(mu)	Y	υ	입실론(upsilON)
E	ε	엡실론(epsilON)	N	ı	뉴(nu)	Φ	Φ	피(phi)
Z	ζ	제타(zeta)	E	ε	크시/크사이(xi)	X	χ	키(chi)
H	η	에타(eta)	O	o	오미크론(omikrON)	Ψ	ψ	프시/파이(psi)
Θ	θ	세타(theta)	Π	π	파이(pi)	Ω	ω	오메가(omega)

1.3.2 전기전자 기호

항목	기호 표시	산출공식	SI 위	SI 기호	CGS단위	배수 (CGS/SI)
전류	I, i	I=E/R, I=E/Z, I=Q/t	Ampere	A	Abampere	10^{-1}
전하량	Q, q	Q=I*t, Q=C*E	Coulomb	C	Abcoulomb	10^{-1}
전압	E, e	E=I*R, E=W/Q	Volt	V	Abvolt	10^{8}
저항	R, r	R=E/I, R=(ρ×l)/A	Ohm	Ω	Abohm	10^{9}
저항률	ρ	p=(R*A)/l	Ohm-meter	Ω·m	Abohm-cm	10^{11}
CONductance	G, g	G=(γ*A)/l, G=A/(ρ*l)	Siemens	S	Abmho	10^{-9}
도전율	G	$G=R/Z_2$	Siemens	S	Abmho	10^{-9}
Capacitance	γ	γ=l/ρ, γ=l/(R*A)	Siemens-meter	S/m	Abmho/cm	10^{-11}
	C	C=Q/E	Farad	F	Abrarad	10^{-9}
유전율	ε		Farad/meter	F/m	Stat farad/cm	$8.85*10^{-12}$
상대유전율	εr	εr=ε/εo	Numerical		Numerical	1
자기유도	L	L=-N*(d/dt)	Henry	H	Abhenry	10^{9}
상호유도	M	$M=K*(L_1*L_2)/2$	Henry	H	Abhenry	10^{9}
Energy	J	J=e*I*t	Joule	J	Erg	10^{7}
	kWh	kWh=kW/3.600, 3.6M*J	Kilowatthour	kWh		$36*10^{12}$
유효전력	W	W=J/t, W=E*I*cosθ	Watt	W	Abwatt	10^{7}
무효전력	jQ	jQ=E*I*sinθ	Var	var	Abvar	10^{7}
피상전력	VA	VA=E*I	Volt-ampere	VA		
역률	PF pf	PF=W/(V*A) PF=W/(W+jQ)	Ohm			1
유도 Reactance	XL	XL=2π*f*L	Ohm	Ω	Abohm	10^{9}
용량 Reactance	XC	XC=1/(2π*f*C)	Ohm	Ω	Abohm	10^{9}
Impedance	Z	$Z=E/I,\ Z=R+j*(X_L-X_C)$	Siemens	Ω	Abohm	10^{9}
Susceptance	B	$B=X/Z_2$	Siemens	S	Abohm	10^{-9}
Adimittance	Y	Y=I/E, Y=G+jB	Hertz	S	Abohm	10^{-9}
주파수	f	f=1/T	SecONd	Hz	Cps, Hz	1
주기	T	T=1/f	SecONd	s	SecONd	1
시간상수	T	T=L/R, T=R*C	Radians/secONd	s	SecONd	1
각속도	ω	ω=2π*f		rad/s	Radians/secONd	1

1.3.3 SI 기본 단위

기 본 량	SI 기본 단위	
	명 칭	기 호
길 이	미 터	m
질 량	킬로그램	kg
시 간	초	s
전 류	암 페 어	A
전 압	볼트	V
저 항	옴	Ω
온 도	켈 빈	K
용 량	몰	mol
광 도	칸 델 라	cd

1.3.4 SI 유도 단위

(1) 기본단위로 표시된 SI 유도단위

유 도 량	SI 유 도 단 위	
	명 칭	기 호
넓 이	제곱미터	m^2
부 피	세제곱미터	m^3
속 력, 속 도	미터 / 초	m/s
가 속 도	미터 / 초 제곱	m/s^2
파 동 수	역 미터	m^{-1}
밀 도, 질량 밀도	킬로그램 / 세제곱미터	kg/m^3
비(比) 부피	세제곱미터 / 킬로그램	m^3/kg
전류 밀도	암페어 / 제곱미터	A/m^2
자기장의 세기	암페어 / 미터	A/m
농도(물질)	몰 / 세제곱미터	mol/m^3
광 휘 도	칸델라 / 제곱미터	cd/m^2

(2) 특별한 명칭과 기호를 가진 SI 유도단위

유 도 량	SI 유 도 단 위			
	명 칭	기호	SI 표시(1)	SI 표시(2)
평 면 각	라디안	rad		$m \cdot m^{-1} = 1$
입 체 각	스테라디안	sr		$m^2 \cdot m^{-2} = 1$
주 파 수	헤르츠	Hz		s^{-1}
힘	뉴턴	N		$m \cdot kg \cdot s^{-2}$
압력, 응력	파스칼	Pa	N/m^2	$m^{-1} \cdot kg \cdot s^{-2}$
에너지, 일, 열량	줄	J	$N \cdot m$	$m^2 \cdot kg \cdot s^{-2}$
일률, 전력	와트	W	J/s	$m^2 \cdot kg \cdot s^{-3}$
전하량, 전기량	쿨롱	C		$s \cdot A$
전위차, 기전력	볼트	V	W/A	$m^2 \cdot kg \cdot s^{-3} \cdot A^{-1}$
전기용량	패럿	F	C/V	$m^{-2} \cdot kg^{-1} \cdot s^4 \cdot A^2$
전기저항	옴	Ω	V/A	$m^2 \cdot kg \cdot s^{-3} \cdot A^{-2}$
전기전도도	지멘스	S	A/V	$m^{-2} \cdot kg^{-1} \cdot s^3 \cdot A^2$
자기선속	웨버	Wb	$V \cdot s$	$m^2 \cdot kg \cdot s^{-2} \cdot A^{-1}$
자기선속밀도	테슬라	T	Wb/m^2	$kg \cdot s^{-2} \cdot A^{-1}$
인덕턴스	헨리	H	Wb/A	$m^2 \cdot kg \cdot s^{-2} \cdot A^{-2}$
섭씨온도	섭씨도	℃		K
광 선 속	루멘	lm	$cd \cdot sr$ (다)	$m^2 \cdot m^{-2} \cdot cd = cd$
조 명 도	럭스	lx	lm/m^2	$m^2 \cdot m^{-4} \cdot cd = m^{-2} \cdot cd$
방사능(핵종)	베크렐	Bq		s^{-1}
흡수선량, 비에너지,	그레이	Gy	J/kg	$m^2 \cdot s^{-2}$
조직당 선량	시버트	Sv	J/kg	

유도량	SI 유도 단위		
	명 칭	기 호	SI 표시
점성도	파스칼 초	Pa · s	$m^{-1} \cdot kg \cdot s^{-1}$
힘의 모멘트	뉴턴 미터	N · m	$m^2 \cdot kg \cdot s^{-2}$
표면장력	뉴턴 / 미터	N/m	$kg \cdot s^{-2}$
각속도	라디안 / 초	rad/s	$m \cdot m^{-1} \cdot s^{-1} = s^{-1}$
각가속도	라디안 / 초 제곱	rad/s^2	$m \cdot m^{-1} \cdot s^{-2} = s^{-2}$
열속밀도, 복사조도	와트 / 제곱미터	W/m^2	$kg \cdot s^{-3}$
열용량, 엔트로피	줄 / 켈빈	J/K	$m^2 \cdot kg \cdot s^{-2} \cdot K^{-1}$
비열용량, 비엔트로피	줄 / 킬로그램 켈빈	J/(kg · K)	$m^2 \cdot s^{-2} \cdot K^{-1}$
비에너지	줄 / 킬로그램	J/kg	$m^2 \cdot s^{-2}$
열전도도	와트 / 미터 켈빈	W/(m · K)	$m \cdot kg \cdot s^{-3} \cdot K^{-1}$
에너지 밀도	줄 / 세제곱미터	J/m^3	$m^{-1} \cdot kg \cdot s^{-2}$
전기장의 세기	볼트 / 미터	V/m	$m \cdot kg \cdot s^{-3} \cdot A^{-1}$
전하밀도	쿨롬 / 세제곱미터	C/m^3	$m^{-3} \cdot s \cdot A$
전기선속밀도	쿨롬 / 제곱미터	C/m^2	$m^{-2} \cdot s \cdot A$
유전율	패럿 / 미터	F/m	$m^{-3} \cdot kg^{-1} \cdot s^4 \cdot A^2$
투자율	헨리 / 미터	H/m	$m \cdot kg \cdot s^{-2} \cdot A^{-2}$
몰에너지	줄 / 몰	J/mol	$m^2 \cdot kg \cdot s^{-2} \cdot mol^{-1}$
몰엔트로피, 몰열용량	줄 / 몰 켈빈	J/(mol · K)	$m^2 \cdot kg \cdot s^{-2} \cdot K^{-1} \cdot mol^{-1}$
(X선 및 γ선의)	쿨롬 / 킬로그램	C/kg	$kg^{-1} \cdot s \cdot A$
조사선량	그레이 / 초	Gy/s	$m^2 \cdot s^{-3}$
흡수선량률	와트 / 스테라디안	W/sr	$m^2 \cdot kg \cdot s^{-3}$
복사도	와트 / 제곱미터	$W/(m^2 \cdot sr)$	$kg \cdot s^{-3}$
복사휘도	스테라디안		

(3) SI 접두어

인 자	접두어	기 호	인 자	접두어	기 호
10^{24}	요 타	Y	10^{-1}	데 시	d
10^{21}	제 타	Z	10^{-2}	센 티	c
10^{18}	엑 사	E	10^{-3}	밀 리	m
10^{15}	페 타	P	10^{-6}	마이크로	μ
10^{12}	테 라	T	10^{-9}	나 노	n
10^{9}	기 가	G	10^{-12}	피 코	p
10^{6}	메 가	M	10^{-15}	펨 토	f
10^{3}	킬 로	k	10^{-18}	아 토	a
10^{2}	헥 토	h	10^{-21}	젭 토	z
10^{1}	데 카	da	10^{-24}	욕 토	y

(4) 국제단위계와 함께 사용되는 것이 용인된 SI 이외 값

명 칭	기 호	SI 단위로 나타낸 값
분	min	1 min = 60 s
시간(가)	h	1 h = 60 min = 3,600 s
일	d	1 d = 24 h = 8,6400 s
도(나)	°	1°= (π/ 180) rad
분	′	1′= (1 / 60)°= (π / 10,800) rad
초	″	1″= (1 / 60)′= (π / 648,000) rad
리터(다)	l, L	1 L = 1 dm^3 = $10^{-3} m^3$
톤(라,마)	t	1 t = 10^3 kg
네퍼(바,아)	Np	1 Np = 1
벨(사,아)	B	1 B = (1/2) ln 10 (Np)(자)

(5) SI 단위로 표현된 그 값들은 실험적 값

명　칭	기 호	SI 단위로 나타낸 값
전자볼트	eV	$1\,\mathrm{eV} = 1.602\,177\,33\,(49) \times 10^{-19}\,\mathrm{J}$
통일원자질량단위	u	$1\,\mathrm{u} = 1.660\,540\,2\,(10) \times 10^{-27}\,\mathrm{kg}$
천문단위	ua	$1\,\mathrm{ua} = 1.495\,978\,706\,91\,(30) \times 10^{11}\,\mathrm{m}$

(6) 국제단위계와 함께 사용되는 SI 이외의 값

명　칭	기 호	SI 단위로 나타낸 값
해리	–	1 해리 = 1852m
놋트	–	1 해리 매 시간 = (1852/3600) m/s
아르	a	$1\,\mathrm{a} = 1\,\mathrm{dam}^2 = 10^2\,\mathrm{m}^2$
헥타아르	ha	$1\,\mathrm{ha} = 1\,\mathrm{hm}^2 = 10^4\,\mathrm{m}^2$
바아	bar	$1\,\mathrm{bar} = 0.1\,\mathrm{MPa} = 100\mathrm{kPa} = 1000\mathrm{hPa} = 10^5\,\mathrm{Pa}$
옹스트롬	Å	$1\,\text{Å} = 0.1\,\mathrm{nm} = 10^{-10}\,\mathrm{m}$
바안	b	$1\mathrm{b} = 100\,\mathrm{fm}^2 = 10^{-26}\,\mathrm{m}^2$

1.4 용어

1.4.1 공압

번호	용어 (한글)	용어 (영문)	설명
1	**3/2W 밸브**	3/2 Valve	3포트 2위치의 방향제어 밸브.
2	**5/2W 밸브**	5/2 Valve	5포트 2위치의 방향제어 밸브.
3	**ISO 기호**	ISO Symbol	국제 표준화기구에서 정한 도면 기호.
4	**JIS 기호**	JIS Symbol	일본 공업규격에서 정한 기호 체계.
5	**PLC**	Programmable Logic Controller	산업용 자동화 장비의 논리 제어 장치.
6	**PLC 래더**	PLC Ladder Diagram	프로그래밍에 사용되는 논리 회로 형식.
7	**고속 배기 밸브**	Quick Exhaust Valve	배기 속도를 높여 실린더의 속도를 증가.
8	**고장진단**	Troubleshooting	공압 시스템에서 발생한 문제의 원인을 분석하는 과정.
9	**공기 누설 시험**	Air Leak Test	시스템 누설 여부를 확인하는 시험.
10	**공기 배출구**	Air Vent	공기 배출을 위한 통로.

11	**공기 소모량**	Air Consumption	공압 장치가 소비하는 압축 공기의 양.
12	**공기 유입구**	Air Inlet	공기가 장치로 들어오는 입구.
13	**공기 해제**	Air Bleeding	시스템 내 공기를 제거하는 작업.
14	**공압 기술**	Pressures Tech.	압축 공기를 이용하여 기계를 제어하는 기술.
15	**공압 감속기**	Pressure Brake	공기의 저항을 이용한 감속 장치.
16	**공압 모터**	Air Motor	압축 공기를 동력으로 회전력을 발생.
17	**공압 클램프**	Pressure Clamp	공압으로 고정하는 장치.
18	**과압 방지 밸브**	Safety Valve	일정 압력 이상이 되면 공기를 배출.
19	**근접 센서**	Proximity Sensor	금속 등 대상체의 접근을 감지하는 센서.
20	**공압 기초 회로**	Pressure Basic Circuit	공압 제어의 기초가 되는 간단한 회로 구성.
21	**공압(내압) 시험**	Pressure Test	시스템이 견딜 수 있는 최대 압력 시험.
22	**공기 누기**	Air Leak	공압 시스템에서 공기가 새는 현상.
23	**누설율**	Leakage Rate	시스템에서 누출되는 공기의 비율.

24	**단동 실린더**	Single Acting Cylinder	한 방향만 공압으로 작동하고 반대는 스프링 복귀.
25	**로봇 실린더**	Robotic Cylinder	자동화 설비에 사용되는 정밀 공압 실린더.
26	**로터리 액추에이터**	Rotary Actuator	회전 동작을 출력하는 공압 장치.
27	**리니어 가이드**	Linear Guide	직선 이동을 위한 정밀 가이드.
28	**리드선**	Lead Wire	전자기 코일에 연결되는 전선.
29	**리밋 스위치**	Limit Switch	물체의 위치를 기계적으로 감지하는 스위치.
30	**리버스 밸브**	Reversing Valve	흐름 방향을 반대로 전환하는 밸브.
51	**릴레이**	Relay	전기 신호로 회로를 개폐하는 장치.
52	**멀티포트 밸브**	Multi-port Valve	여러 방향으로 공기를 분배할 수 있는 밸브.
53	**배관**	Piping	공기 흐름을 전달하기 위한 통로.
54	**백 프레셔**	Back Pressure	유량 반대 방향의 압력 저항.
55	**밸브 매니폴드**	Valve Manifold	여러 밸브를 집적 설치하는 구조.

56	**베인 압축기**	Vane Compressor	로터 내 베인이 회전하여 공기를 압축.
57	**병렬 회로**	Parallel Circuit	두 회로가 나란히 연결된 회로 방식.
58	**복동 실린더**	Double Acting Cylinder	양방향 공압으로 작동하는 실린더.
59	**블로 오프 밸브**	Blow OFF Valve	과도한 공기를 배출하는 안전밸브.
60	**서보 제어**	Servo Control	정밀 위치 제어가 가능한 시스템.
61	**서킷 다이어그램**	Circuit Diagram	공압 회로를 나타낸 도식.
62	**센서**	Sensor	상태 정보를 감지하여 제어기로 전달하는 장치.
63	**센터 위치**	Center Position	밸브의 중립 위치로 기능에 따라 P-T 차단 등 다양.
64	**솔레노이드**	Solenoid	전자기유도 작용을 이용한 제어 장치.
65	**순차 제어기**	Sequence Controller	순서를 정해 제어하는 컨트롤러.
66	**스크루 압축기**	Screw Compressor	회전식 압축기. 높은 압력에서 사용.
67	**스택 밸브**	Stack Valve	여러 밸브를 하나로 적층한 구성.

68	스톱퍼	Stopper	실린더 끝단에서 충돌 방지 기기.
69	스풀 밸브	Spool Valve	밸브 몸체 내부에 스풀을 움직여 공기를 제어.
70	스프링 리턴	Spring Return	스프링 힘으로 원위치 복귀 기능.
71	슬라이드 밸브	Slide Valve	슬라이딩 구조로 작동하는 방향 제어 밸브.
72	시퀀스 다이어그램	Sequence Diagram	공정 순서를 시각적으로 나타낸 도식.
73	시퀀스 제어	Sequence Control	정해진 순서대로 작동하는 제어 방식.
74	실린더	Cylinder	공기의 힘으로 직선 운동을 수행하는 액추에이터.
75	실린더 스트로크	Cylinder Stroke	실린더 피스톤의 작동 거리.
76	실링	Sealing	기밀 유지 또는 누설 방지를 위한 밀봉.
77	실속 속도	Stall Speed	실린더가 정지하는 최소 공기속도.
78	압력	Pressure	공압 시스템의 기본 물리량, 단위는 Pa 또는 bar.
79	압력 강하	Pressure Drop	시스템 내 공기 흐름 중 압력 손실.

80	**압력 센서**	Pressure Sensor	공기 압력을 측정하는 센서.
81	**압축 공기**	Compressed Air	공압 시스템에서 사용하는 압축된 공기.
82	**에어 블로우**	Air Blow	공기로 이물질을 제거하거나 건조하는 기술.
83	**에어 퍼지**	Air Purge	공기를 이용하여 내부 잔류물 제거.
84	**연동 회로**	Interlocking Circuit	두 동작이 서로 영향을 주지 않도록 구성된 회로.
85	**예방보전**	Preventive Maintenance	고장을 미리 방지하기 위한 사전 유지보수.
86	**왕복 운동**	Reciprocating Motion	실린더가 전진/후진을 반복하는 운동.
87	**유량**	Flow Rate	단위 시간당 흐르는 공기의 양.
88	**유지보수**	Maintenance	설비의 정상 작동을 위한 정기적 점검 및 수리.
89	**이젝터**	Ejector	베르누이 원리를 이용해 진공을 생성하는 장치.
90	**이중 솔레노이드**	Double Solenoid	2개의 솔레노이드로 밸브를 제어.

91	**인터록**	Interlock	충돌 방지 및 안정 동작을 위한 제어 기법.
92	**자동 드레인**	Auto Drain	필터 내 수분 자동 배출 장치.
93	**작동 압력**	Operating Pressure	기기의 정상 동작에 필요한 최소 압력.
94	**작동 신호**	Control Signal	공압 또는 전기적 동작을 유도하는 신호.
95	**작업 순서도**	Work Flow Chart	공정 순서를 표현한 도식.
96	**전기적 제어**	Electrical Control	전기 신호를 이용한 공압 제어 방식.
97	**전자 밸브**	Electro Pressure Valve	전기 신호로 제어되는 공압 밸브.
98	**절연 릴레이**	Isolation Relay	회로를 분리하여 보호하는 릴레이.
99	**접점**	Contact	릴레이 등의 스위치류에서 전류의 흐름을 제어하는 접속점.
100	**중간 위치 밸브**	Mid-position Valve	중립 위치에서 모든 포트가 막히거나 연결됨.
101	**직렬 회로**	Series Circuit	한 선상에 여러 장치가 연결된 방식.
102	**직선 운동**	Linear Motion	실린더에서 생성되는 직진 운동.

103	**진공 센서**	Vacuum Sensor	진공도를 측정하는 센서.
104	**진공 패드**	Vacuum Pad	진공으로 물체를 흡착하는 패드.
105	**체결력**	Clamping Force	공압 클램프 등에서 물체를 고정하는 힘.
106	**캐비테이션**	Cavitation	유체 내 기포가 생기며 손상을 유발하는 현상.
107	**크로스 포트**	Cross-Port	두 포트를 교차 연결하는 구성.
108	**타이머**	Timer	시간 지연 동작을 위한 제어 장치.
109	**타이밍 다이어그램**	Timing Diagram	신호의 시간적 순서를 나타낸 도식.
110	**터치 센서**	Touch Sensor	접촉 감지를 위한 센서.
111	**티포트**	T Port	공기의 방향을 T형으로 분배.
112	**팝펫 밸브**	Poppet Valve	개폐 방식이 팝펫 구조인 빠른 응답성 밸브.
113	**포토 센서**	Photo Sensor	광센서, 빛을 감지하여 제어 신호를 생성.
114	**프리셋 압력**	Preset Pressure	설정된 기준 압력.
115	**플로우 센서**	Flow Sensor	공기 유량을 측정하는 센서.

116	**피스톤 압축기**	Piston Compressor	왕복 피스톤으로 공기를 압축.
117	**핀치 밸브**	Pinch Valve	유연한 튜브를 눌러 흐름을 제어하는 밸브.
118	**회로 시뮬레이션**	Circuit Simulation	공압 회로의 동작을 컴퓨터로 예측.
119	**회전 운동**	Rotary Motion	공압 모터나 로터리 실린더의 운동.

1.4.2 유압

번호	용어 (한글)	용어 (영문)	설명
1	**가변형 모터**	Variable Displacement Motor	회전량이 제어 가능한 유압 모터
2	**과부하 방지 회로**	Overload Protection Circuit	시스템이 설정 압력 이상이 되지 않도록 보호하는 회로.
3	**굴착기 메인 암 제어**	Excavator Main Arm Control	건설기계에서 메인 암을 유압으로 움직이는 시스템.
4	**기계식 리밋 스위치**	Mechanical limit switch	실린더의 왕복 위치를 검출하여 제어에 활용되는 스위치.
5	**기어 펌프**	Gear Pump	기어의 회전으로 유체를 이송

6	**기어 펌프**	Gear Pump	기어의 회전으로 유체를 이송하는 구조의 펌프.
7	**기어형 유압 모터**	Gear Type Hydraulic Motor	두 개의 기어로 작동하여 회전 동력을 생성하는 유압 모터.
8	**냉각기**	Cooler	기름 온도를 일정하게 유지하여 시스템 과열을 방지하는 장치.
9	**더블 로드 실린더**	Double Rod Cylinder	양쪽으로 로드가 나와 있어 힘과 속도를 동일하게 전달할 수 있는 실린더.
10	**로봇 팔 실린더 제어**	Robot Arm Cylinder Control	산업용 로봇의 관절을 제어하는 유압 시스템 응용.
11	**릴리프 밸브**	Relief Valve	설정 압력 초과 시 유체를 우회시켜 압력 방지
12	**방향 제어 밸브**	Directional Control Valve	유체 흐름의 방향을 제어
13	**베르누이의 정리**	Bernoulli's Principle	유체 에너지 보존의 법칙
14	**베인 펌프**	Vane Pump	로터에 장착된 베인으로 유체 이송
15	**베인형 유압 모터**	Vane Type Hydraulic Motor	베인(Vane)이 회전하면서 유체 에너지를 회전력으로 전환.
16	**병렬 회로**	Parallel Circuit	여러 구성 요소가 독립적으로 동작할 수 있도록 병렬 연결된 회로.

17	비압축성	Incompressibility	압력 변화에 따른 부피 변화가 거의 없는 특성
18	비압축성	Incompressibility	압력 변화에 따른 부피 변화가 거의 없는 특성
19	사후 정비	Post Maintenance	고장이 발생한 이후 원인을 분석하고 복구하는 방식.
20	서보 밸브	Servo Valve	정밀 제어를 위한 고응답 유압 밸브.
21	서보 유압 응용	Servo Hydraulic Application	정밀 위치 제어가 필요한 시스템에서 유압 서보 밸브를 사용하는 응용.
22	솔레노이드	Solenoid	전기 자계로 작동하는 제어 장치
23	솔레노이드 밸브	Solenoid Valve	전기 자석의 힘으로 유압 흐름을 제어하는 전자식 밸브.
24	스풀	Spool	밸브 내부에서 유로를 전환하는 부품
25	시뮬레이션	Simulation	설계 전 미리 작동 조건을 가상 환경에서 실험하는 과정.
26	시퀀스 밸브	Sequence Valve	작동 순서를 제어
27	시퀀스 회로	Sequence Circuit	작동 순서를 제어하여 순차적으로 구성 요소를 움직이게 하는 회로.

28	**시험기 제어 시스템**	Tester Control System	재료 시험 등에서 정밀 제어를 위해 사용되는 유압 제어 방식.
29	**싱글 로드 실린더**	Single Rod Cylinder	한쪽만 로드가 나와 있으며 구조가 간단하고 일반적으로 많이 사용됨.
30	**안전 계수**	Safety Factor	예상 하중보다 여유 있는 강도를 설정하는 설계 기준.
51	**압력**	Pressure	단위 면적당 작용하는 힘
52	**압력 제어**	Pressure Control	유압 회로의 압력 유지 또는 제어
53	**압력 제어 밸브**	Pressure Control Valve	시스템의 압력을 제어하기 위한 밸브로 릴리프, 리듀싱, 시퀀스 밸브 등이 있음.
54	**예방 정비**	Preventive Maintenance	고장이 발생하기 전에 미리 점검하고 부품을 교환하는 정비 방식.
55	**기름 점도**	Oil Viscosity	기름의 끈적한 정도로 윤활성과 작동 특성에 영향.
56	**기름 탱크 용량**	Oil Tank Capacity	시스템에 필요한 기름의 양을 저장하기 위한 적정 크기의 탱크.
57	**우선 밸브**	Priority Valve	특정 회로에 우선으로 유량을 공급하는 밸브.
58	**유량**	Flow Rate	단위 시간당 흐르는 유체의 양

59	유량 제어 밸브	Flow Control Valve	유체 흐름 속도를 제어
60	유압	Hydraulics	액체를 이용한 동력 전달 방식
61	유압 모터	Hydraulic Motor	유체 에너지를 기계적 회전 운동으로 변환
62	유압 펌프	Hydraulic Pump	기계적 에너지를 유체 에너지로 변환
63	자동화 라인 유압 구동	Automation Line hydraulic Drive	생산 자동화 공정에서 다양한 유압 액추에이터를 활용한 시스템.
64	작동유	Hydraulic Fluid	유압 시스템에서 동력 전달을 담당하는 유체
65	재생 회로	Playback Circuit	유압 기름을 실린더의 양쪽에 동시에 공급하여 속도를 향상시키는 회로.
66	점검 일지	Inspection Log	정기적인 유지보수 사항을 기록하여 추후 진단에 활용.
67	점도	Viscosity	유체의 끈적한 정도로 유동 저항을 의미
68	정량형 모터	Fixed Displacement Motor	회전량이 일정한 유압 모터
69	제어 밸브	Control Valve	유체의 방향, 유량, 압력을 제어
70	조속 밸브	Speed Valve	속도를 제어하는 유량 제어용 밸브.

71	**직렬 회로**	Series Circuit	유압 구성요소가 직렬로 연결되어 차례대로 동작하는 회로.
72	**체크 밸브**	Check Valve	유체의 역류 방지
73	**테일로드 실린더**	Telescopic Cylinder	단계적으로 커지는 구조의 실린더로 제한된 공간에서 큰 스트로크를 제공.
74	**토크**	Torque	회전 운동에서 축을 중심으로 발생하는 힘.
75	**파스칼의 법칙**	Pascal's Law	액체 내의 압력은 모든 방향으로 동일하게 전달됨
76	**파일럿 밸브**	Pilot Valve	다른 밸브를 제어하기 위한 제어 밸브
77	**펌프 용량**	Pump Capacity	펌프가 단위 시간당 전달할 수 있는 유체의 양.
78	**플런저형 실린더**	Plunger Cylinder	로드 대신 큰 지름의 플런저로 힘을 직접 전달하는 실린더.
79	**피스톤 펌프**	Piston Pump	피스톤 운동으로 고압 유체 이송
80	**피스톤형 유압 모터**	Piston Type Hydraulic Motor	왕복 운동하는 피스톤을 이용해 회전력을 발생시키는 고출력 모터.
81	**회전 속도**	Speed Rotation(RPM)	모터가 단위 시간에 몇 회전하는지를 나타냄.

1.5 Reference

[1] 지전공, 알기쉬운 전기입문, 기전연구사, 1995.

[2] 공압제어 시스템 기초와 실무, 오성훈 저, 기전연구사, 2025

[3] 설비보전산업기사 실기, 성안당, 2025

[4] PLC를 이용한 전기-공압 제어, 기계공학회 편저

[5] 유공압 제어, 이종호 저, 성안당, 2023.

[6] 유압 시스템 해석과 설계, 김철수 저, 기전연구사, 2022.

[7] 기초 유압 공학, 이재훈 외 저, 한빛아카데미, 2021.

[8] 기계공학 핸드북 - 유공압 편, 대한기계학회, 2020.

[9] ISO 1219-1: Fluid power systems and components - Graphic symbols and circuit diagrams.

[10] 한국산업인력공단(Q-net)

[11] 기술표준원, 한국표준과학연구원, 제단위계 제7판

[12] ㈜큐빅테크 V_AMT 1.7.3

[13] ㈜퍼시엠 V-AMT 간단 매뉴얼

[14] 네이버, 구글, 위키, 다음, 두산동아 백과사전, 산업안전대사전, 도해 기계용어사전, 컴퓨터 상식 대백과.